未来始于当下

采用带IO-Link功能的
传感器和系统

更多信息请访问
pepperl-fuchs.com/tr-io-link

IO-Link

传感器与PLC及其他设备的数据交换
——标准化且透明

Your automation, our passion.

PEPPERL+FUCHS
倍加福

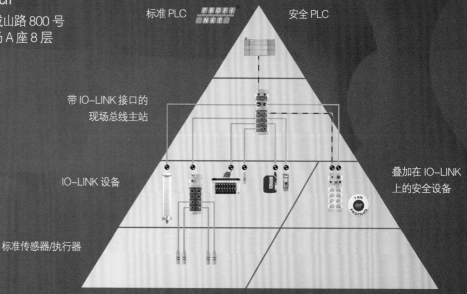

IO-Link主站性能测试工具

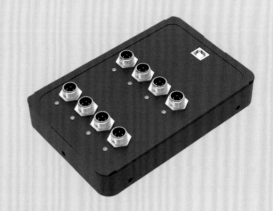

测试工具软硬件

特点：

1.同时模拟8个任何类型的IO-Link设备；

2.配置M序列、最小周期时间、COM
速率等参数；

3.实时检测通信周期时间；

4.实时记录数据帧、数据丢失信息等；

5.每个Pattern测试时间可以自由设置；

6.测试界面简单易操作，测试内容实时显示；

7.支持生成PDF测试报告。

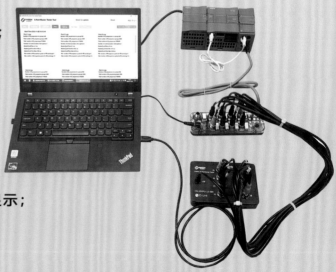

测试系统

地址：合肥市高新区莱康产业园3栋4层
网址：www.onsoon.cn
联系人：刘聪 13771578359
邮箱：service@onsoon.cn

官方抖音号　　　公众号　　　公司网址

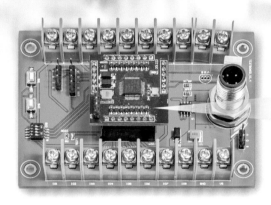

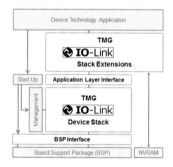
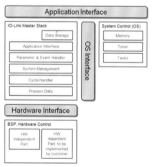

WELLAUTO®
华茂欧特

为全球客户提供

IP67现场型总线系统方案

- IO-Link四级扩展
- IO-Link端口类型多样
- IP67高防护结构，支持多种主流现场总线协议
- 单机可实现扩展896DI/896DO/304AI/304AO

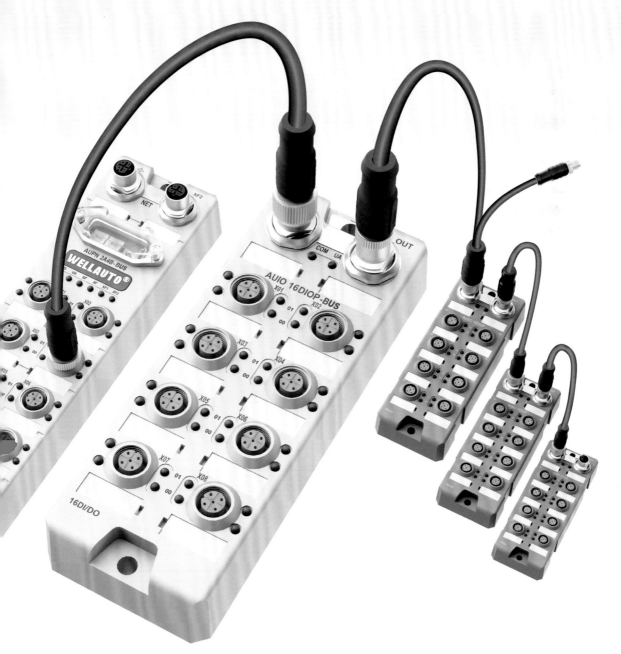

吉诺科技

IP20防护等级 IO-LINK信号集线器

吉诺科技推出新款IP20防护等级IO-LINK信号集线器，包括32DI、32DO、16DI、16DO、16DIO等信号模块，结构紧凑，一体化设计，方便分布式安装。

可广泛应用于汽车零部件、锂电、电子、半导体、机床、制药等行业。

鼎实

新一代工业自动化网关V20

— 实现控制层多协议设备互连

V20网关可实现多种协议工业控制网络之间数据交换。将工业现场不同协议设备（MODBUS RTU、CANOPEN、232/485自由协议、CAN2.0A/B自由协议、MODBUS TCP）接入PROFINET等工业以太网。

  EtherCAT Technology Group   Modbus-TCP   EtherNet/IP

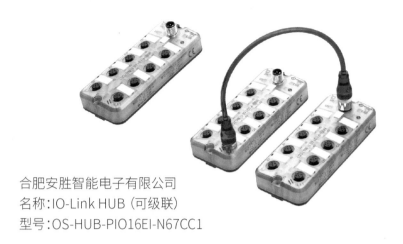

合肥安胜智能电子有限公司
名称：IO-Link HUB（可级联）
型号：OS-HUB-PIO16EI-N67CC1

巴鲁夫自动化(上海)有限公司
名称：工业网络主站
型号：BNI00HL

广州虹科电子科技有限公司
名称：IO-Link&IO-Link wireless
　　　一站式开发通信解决方案

Use

Universal · Smart · Easy

天津市森特奈电子有限公司
名称：IO-Link主站及从站设备
型号：EL、SIOL系列

 IO-Link

上海倍加福工业自动化贸易有限公司
名称：IO-Link系列产品

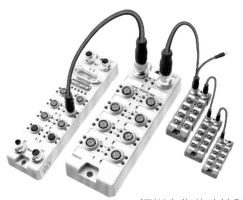

深圳市华茂欧特科技有限公司
名称：IO-Link主从站
型号：AUPN 2A4B-BUS&AUIO 16DIOP

Use

Universal · Smart · Easy

什么是IO-Link?

通用的 智能的 简单的

如果您想成为IO-Link的会员?

请联系我们

IO-Link中国委员会
电话：＋ 86 10 63314939
E-Mail： io-link@pi-china.org.cn

IO-Link中国委员会

IO-Link中国委员会成立于2019年9月，是IO-Link委员会在中国地区唯一承认和支持的区域性组织机构。
持续开发和推广IO-Link技术，并提供本地化信息发布和技术支持是IO-Link中国委员会的使命。

IO-Link

工业 4.0 的 DNA

〔德〕约阿希姆·乌费尔曼 (Joachim R. Uffelmann)

〔德〕彼得·温泽克 (Peter Wienzek)　　　　　著

〔德〕米里亚姆·雅恩博士 (Dr. Myriam Jahn)

机械工业仪器仪表综合技术经济研究所　译

中国财富出版社有限公司

图书在版编目（CIP）数据

IO - Link：工业 4.0 的 DNA ／（德）约阿希姆·乌费尔曼（Joachim R. Uffelmann），
（德）彼得·温泽克（Peter Wienzek），（德）米里亚姆·雅恩博士（Dr. Myriam Jahn）著；
机械工业仪器仪表综合技术经济研究所译 . —北京：中国财富出版社有限公司，2021. 12
书名原文：IO - Link The DNA of Industry 4. 0
ISBN 978 - 7 - 5047 - 7602 - 0

Ⅰ. ①I… Ⅱ. ①约… ②彼… ③米… ④机… Ⅲ. ①工业企业—物联网—通信协议
Ⅳ. ①TN915. 04

中国版本图书馆 CIP 数据核字（2021）第 257229 号

著作权合同登记号 图字：01 - 2021 -6599

IO - Link
The DNA of Industry 4. 0
Joachim R. Uffelmann，Peter Wienzek，Dr. Myriam Jahn
1. edition 2019

© 2019 Vulkan - Verlag GmbH

策划编辑 周 畅		**责任编辑** 周 畅		**版权编辑** 刘 斐	
责任印制 梁 凡		**责任校对** 卓闪闪		**责任发行** 杨 江	

出版发行 中国财富出版社有限公司

社 址 北京市丰台区南四环西路 188 号 5 区 20 楼	**邮政编码** 100070
电 话 010 - 52227588 转 2098（发行部）	010 - 52227588 转 321（总编室）
010 - 52227566（24 小时读者服务）	010 - 52227588 转 305（质检部）
网 址 http：//www. cfpress. com. cn	**排 版** 宝蕾元
经 销 新华书店	**印 刷** 宝蕾元仁浩（天津）印刷有限公司
书 号 ISBN 978 - 7 - 5047 - 7602 - 0/TN · 0009	
开 本 787mm × 1092mm　1/16	**版 次** 2024 年 5 月第 1 版
印 张 26. 5　彩 页 12	**印 次** 2024 年 5 月第 1 次印刷
字 数 565 千字	**定 价** 188. 00 元

译者委员会名单

主　任：梅　恪

副主任：周学良

译　审：李玉敏

主　编：李钟琦

副主编：王　静　刘　刚　单　博

编　委：吕　宁　李　旭　罗　宏　佟　畅　王　彪　朱　奕

　　　　马　骞　江丽凤　李　涛　邵　娟　张永来　李思引

　　　　杨宏庆　楚　杰　刘　聪　柳凯丰　刘非非　姚金龙

　　　　朱文强　王洁莉　李正辉　梁中秋　杨志家　徐兆虹

　　　　高双辉　董尧杰　邓梧鹏　顾洁洁　胡海峰　唐佳敏

　　　　周家鸽　李素瑾　殷福根　张超衡　孙蔚鑫

（排名不分先后）

给读者朋友的一封信

亲爱的读者朋友：

非常感谢您对本书和 IO-Link 技术给予厚爱。本书的德语版（*IO-Link：Die Brückent-echnologie für Industrie 4.0*）是关于 IO-Link 技术一书的第二次出版版本，其内容包含一些技术更新和 IO-Link 主题以外的更多细节信息。

您购买本书，或许是因为您之前没有听说过"IO-Link"，想要了解一下这项技术的概念及其功能；或许是因为您已经知道 IO-Link 技术是什么，但想要更深入了解其技术细节；又或许是因为您想获取有关 IO-Link 技术的最新进展和其应用前景的信息。

您可能会问，或者可能会被问到："什么是 IO-Link？为什么我们需要一个新的通信标准？"将通信技术深入现场层的想法早已有之，可以追溯到 20 世纪。而实现这一想法的方法有很多，本书中有提及。

有时候，一项技术取得成功需要时间，或者说需要正确的时间点。就 IO-Link 技术而言，它的成功一定是因为找到了这个正确的时间点。不赘述，现在就由我带您来了解一下促使 IO-Link 成为国际标准的前提条件。

随着 20 世纪 90 年代后期微控制器技术发展和小型化趋势，人们获得了实现现场层通信的重要基础。有了这些新的技术，即使是对最小的现场设备，也可以为其配置更多功能。既然其具备了更多功能，就需要进行第二步，即让用户可以访问这些功能。在工业环境中，让每台设备都具备用户接口或显示器显然并非实现这一需求的理想方案。一方面其成本高，另一方面用户难以操作。最好的方法是让用户通过单个通信接口即可访问这些新功能和新信息。有了这一基本构想，一些公司（特别是传感器解决方案的供应商）便开始了自己的开发工作。显然，利用专有解决方案很难为客户建立广泛的应用。

2000 年以后，人们逐渐达成一种共识，即"只有采用通用标准的通信才能取得成功"。于是，以下三大因素促成了 IO-Link 的诞生：

- 已有的技术基础
- 控制系统需要更多的功能和访问权限
- 采用统一通信接口的共同意愿

多家公司对此很感兴趣。在初步讨论后，其发现了实现这一技术的一些要求：

- 开放性和现场总线中立性

- 向后兼容性

- 易于安装性

一小部分公司（包含系统供应商、传感器和执行器供应商，以及服务供应商）最初的目标是，实现控制系统（PLC）与现场设备之间的精益化通信，以处理配置、参数化的问题以及实现典型自动化系统中的诊断功能。IO-Link 只是一种新的总线系统吗？人们在最初的阶段就对这一问题展开了讨论。为了降低复杂性，特别是相对于小型设备的复杂性，同时为了实现与现有设备的兼容性，点对点通信架构被认为是一个可行的方案。基于这些内容，在2008 年前后，第一代版本的 IO-Link 规范正式确定并被发布。根据第一批客户的反馈和要求，在不久之后的2013 年，IO-Link 规范添加了一些与系统相关的扩展信息，这一更新版本被确定为 IO-Link 1.1 和国际标准 IEC 61131 – 9 （SDCI），并于同年发布。

这就是 IO-Link 的发展简史的部分内容。本书描述了通信的基本技术细节。

成功通信的一个重要方面，不仅是定义如何通过介质传输位和字节，还有明确如何构建内容，以及如何处理数据和解释数据。同样，相关问题在开始部分讲述 IO-Link 定义时已经被回答。

设备识别和诊断的一些基本功能被定义为标准参数。此外，对 IO-Link 主站的端口配置进行了标准化。IO-Link 确切实现的一项重要功能是，针对设备的相应数据结构和功能参数，定义了通用且标准的 IO 设备描述 （IODD） 文件，通过任何能够解释 IODD 的工具，都可以访问设备功能。

有关通信和集成选项的定义均已具备，加上作为一项关键要求的系统标准，无疑促使 IO-Link 技术取得当前成功。本书通过一些示例介绍了 IO-Link 设备和主站集成的重要方面，并展示了一些工具。

通过在现场应用中"实际"使用 IO-Link 技术（设备和主站），人们发现了一些需要改进的内容。随着现场设备功能的增加，进一步标准化成为一个值得考虑的内容。为什么不能针对特定的设备类别来协调数据表达和参数呢？例如，从用户的角度看，其希望能够在不阅读用户手册的情况下就能使用基本的传感器功能和参数。通过定义配置文件，IO-Link 满足了这些新需求，并以此建立了应用层面的新标准。其中有一类行规，是大家较熟悉的智能传感器配置文件。需要指出的重要一点是，对于 IO-Link 而言，这种标准化只是一个演变（逐渐发展的）过程，不需要对通信规范进行任何更改。

使 IO-Link 技术可随即用于安全应用，是该技术的方向之一。而今，第一批 IO-Link 安全设备和主站已准备完毕。在这里，IO-Link 标准通信和作用仍然保持不变。安全性只是 IO-Link 性能的一个延伸方面。

您可能会问："IO-Link 是否仅限于有线介质传输？"基于 IO-Link 标准定义，IO-Link 无线标准也可以满足自动化行业要求，进行确定性数据传输。

几年前，当"工业 4.0"和"智慧工厂"成为讨论焦点之时，IO-Link 委员会展开了全面分析，探索这两者对于 IO-Link 技术的影响。这两者将会对 IO-Link 技术提出哪些新要求？需要解决哪些问题？后来，通过分析，大家很快发现 IO-Link 早已为"工业 4.0"做好了准备。通过此前的定义，尤其是标准的设备系统描述文件（IODD）的集成以及定义设备配置文件的活动，工业 4.0 应用所需的数据已经存在。基于这些事实，达成了"IO-Link 是工业 4.0 的赋能技术"这一共识。

您可能还会问："IO-Link 技术支持物联网吗？"当然！对于物联网支持协议而言，重要的是数据可用、设备功能可以轻松寻址并映射到任何合适的物联网协议。同时其具备了将 IO-Link 集成到开放性生产控制和统一架构（OPC UA），以及将 IO-Link 映射到 JSON 在 REST API 或 MQTT 中使用的规范，这些都突显了 IO-Link 支持物联网的能力。在本书中，您将会找到有关在物联网和自动化应用中结合使用 IO-Link 架构的信息。

如今的 IO-Link 已涵盖 IO-Link 技术创始人曾经想到的方方面面。特别是无缝集成到物联网世界的可能性，为未来的技术强化和扩展提供了广泛的机会。IO-Link 的成功是以开放性、系统中性、国际标准、易于集成和可扩展性为基础的。目前已经出现的 2 万多个不同的 IO-Link 设备（小到传感器，大到拥有数百个参数的大型复杂设备）以及种类繁多的主站解决方案，均展示了对该项技术的接受程度。

这本书主题广泛，涵盖了从通信和数据传输的技术细节到关于物联网集成的理念。本书的作者一直是 IO-Link 委员会的活跃成员。因此，书中的信息建立在对该技术深入了解的前提之上。编制本书的初衷不是取代一项规范，而是让您全面了解从物理连接层到整套网络系统之间的不同主题是如何关联的。

在未来，IO-Link 技术还会不断发展。因此，我想这本书还会更新迭代，新的改进内容和扩展内容将会在适当的时间呈现给大家。

希望您能喜欢本书，也希望它能满足您的期望。

Hartmut Lindenthal

Pepperl+Fuchs SE，IO-Link 指导委员会成员

2022 年 1 月 6 日于柏林

目 录

1 IO-Link 背后的理念

传感器产生需要分析、监测和存档的生产数据，它们要求提供信息和参数，从而可以对机器进行配置和控制。要做到这一点，必须将连续的生产数据从机器传输到生产数据库，并且在机器提出要求时，这些数据能够从生产数据库转发到机器（Rögner，2010）。随着工业4.0的发展，现在基本的传感器只监测物理量或状态，如位置、距离、压力或温度等信息是不够的（见图1.1）。

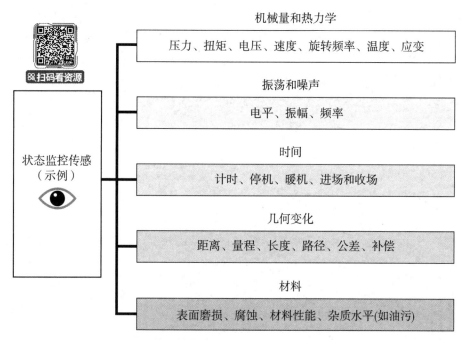

图 1.1 传感器获取的物理量（记录系统的状态）

随着数字化的发展，新的强制性功能一方面是对传感器功能的内部监控，另一方面是对机器功能和生产进度的外部监控。IO-Link 作为一种标准，回答了如何在不增加单个传感器和执行器成本的情况下额外编译和传输这些信息的问题。就解释传感器和执行器信息的共同标准达成一致是迟早的事情。

关于数字化和工业4.0，人们往往会抱怨自动化技术的标准缺失和标准的过度多样化。然而，IT界对此并没有任何理由抱怨。传感器就像机器和植物的感觉器官，是车间所有输入内容的来源，并且有一个全球标准：IO-Link。

就像在IT领域一样，测量结果通过IO-Link以数字方式传输，出现在模拟传输中的伪造值实际上是不现实的。其最大的优势在于额外信息的双向传输：IO-Link传感器可自我识别和诊断，传输过程参数和测量值。因此，如果温度和压力的测量单位是℃和K，办公桌上的显示器可以向用户显示哪个传感器集成在哪个机器上。人们可以直观地找到并理解相应的软件。它还能自动识别机器中的所有IO-Link传感器和执行器。

因此，整个工厂完全自动生成的虚拟映射成为"数字孪生"，这是一种创新，只有通过IO-Link才能实现。用于SAP等IT系统的传感器数据可与IO-Link一起使用，也适用于工业4.0，因为传感器的数据是不言自明的。现在，利用IO-Link（与通用IT接口相结合）可以实现透明度和过程优化，而其价格只是以前接口价格的一小部分。

IO-Link是成功实施工业4.0和技术数字化的基础。

2　智能传感器和执行器

　　作为19世纪初第一次工业革命（"工业1.0"）的一部分，开发自动记录信息的传感器成为必要的事。甚至在所谓的"前电气化"时代也有传感器，如带有蒸汽机的离心控制器（1790年前后），它测量速度并直接用于控制压力管道中的节流阀。这是一个纯粹的机械测量进气口，可将测量结果直接机械耦合传输给执行器（见图2.1），同时是一个完全可控的系统，可以在框图中映射出来（见图2.2）。一个类似的例子自古以来就为人所知：浮球或限位开关利用特定液位的浮力来关闭进气阀（见图2.3）。

　　第二次工业革命（"工业2.0"）带来了电磁技术。20世纪30年代人们发明了簧片触点，它与磁铁一起，带来了更高的开关精度（见图2.4）。这种解决方案适用于与电磁继电器控制器的连接。但是，即使在改变干簧管的情况下，开关点也不能被精确设置。机械磨损和污染取决于即将被测量的液体的状态，这是例子中电磁容量液位传感器的缺点。

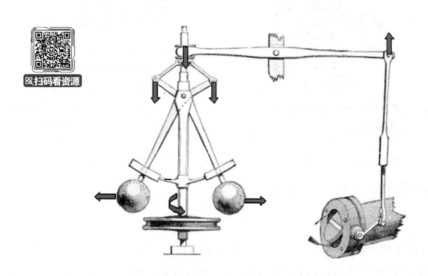

图2.1　机械进气和传输到执行器（离心控制器）

资料来源：维基百科。

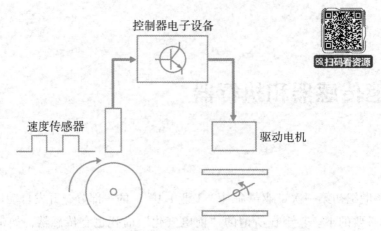

扫码看资源

图 2.2 （机械）测量传输控制系统框图（离心控制器）

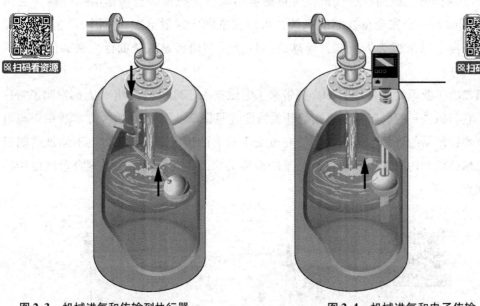

扫码看资源

扫码看资源

图 2.3 机械进气和传输到执行器
（填充液位）

图 2.4 机械进气和电子传输
（填充液位和电磁阀）

2.1 电子传感器——工业 3.0

随着自动化程度的不断提高，第三次工业革命（"工业3.0"）始于20世纪70年代，实现了通过气动、液压或机电模块执行简单的运动控制。其目的是自动控制简单的、重复的工作流程。在这个阶段，传感器大多是机械式开关，执行器大多是磁阀、保护装置或继电器，外围和控制器之间没有必要进行通信。即使是运动控制简单更改也需要复杂的重新布线、重新布管或重新换管工作。

在 20 世纪 70 年代末，人们引入了可编程逻辑控制器（PLC），极大地改变了应用场景。电工变成了电气工程师，安装人员变成了调试人员。PLC 是工业 3.0 的一个重要组成部分。自动化控制系统成为工厂的大脑，通过收集传感器信号，以程序为主导来触发设备机器的每一个动作。设备机器有了如同自己大脑的计算能力，并且有了作为感觉器官的传感器和作为肢体的执行器。现在可以在不改变硬件的情况下更改机器的主要功能。新技术的优势是在实现所需的运动过程方面具有更大的灵活性。现在，只通过调整控制系统软件，无须改变线路或管道，即可完成此操作。更复杂的后续过程现在可以通过 PLC 在所谓的"梯形图"中完成。

数字控制技术以软件重现了宝贵的硬件开关功能。这增大了控制器的灵活性，但牺牲了开关的速度，现在开关的速度取决于处理器的性能和程序的复杂程度（见图 2.5）。

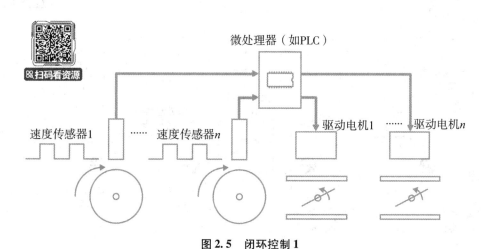

图 2.5　闭环控制 1

精确和快速控制需要高效的编程和性能强大的控制器硬件。为了利用控制器的微处理器（起初相当昂贵）来提高性能，几个处理单元需在一个共同的硬件平台上运行。

因此，控制器的集中化相应地需要更复杂的布线。在极端的情况下，延伸至几百米的整个设备机器或工厂的某一部分是由一个中央控制单元操作的。越来越复杂的机器和工厂需要更多的外围信号，就像输入/输出（I/O）模块需要越来越快、越来越昂贵的处理器一样。尽管是集中化，应保持尽可能低的程序周期时间。随着软件复杂性的增大，数百个接线点的大量布线以及带有控制器和扩展架的中央开关柜的出现，初始化、诊断和故障排除的费用也在增加。

随着电子技术的影响越来越大，传感器和执行器也发生了变化。机械式开关变成了电气开关，继电器控制元件变成了功率元器件。基本上，重点是减少机械磨损，从而提高机器使用寿命和工厂的可靠性。

2.2 20世纪90年代的"现场总线战争"和自动化金字塔

与IT一样，通信接口在20世纪80年代也越来越多地用于自动化技术（OT）。就像最早的PC处理器有外围总线用于灵活地集成分布式输入和输出设备以及存储模块一样，最早的现场总线出现了，它用于将逻辑分发给分散的模块（见图2.6）。分布式和序列化的点对点接口向点对多点系统的过渡从这里开始。识别连接到同一电缆上的单个参与者变得更加重要。第一个总线系统由此被设计出来。

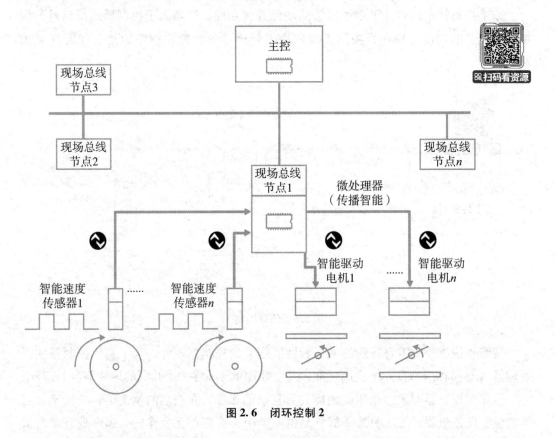

图2.6 闭环控制2

因此，需要一个通信基础设备，就像控制器的本地背板总线，来收集现场的相同信号。最早的发展之一是1979年的Modbus。对这种现场总线的要求与对开关柜的单纯总线的要求不同。由驱动器、磁场等引起的随机的电磁干扰会影响现场总线。因此，需要一个强大的现场总线，它可以在更大的范围内收集信号，并在没有干扰的情况下将它们传输到控制器。同轴电缆（作为传输介质）很少被安装人员接受。RS485接口至今仍然存在，这是一种双绞线屏蔽电缆，传输距离可达1.2千米。

最初，总线系统只用于I/O点的分散分布，在20世纪末，人们引入了智能的、具有总线功能的设备，它们可以直接与控制器通信，不需要任何中间的 I/O 模块。但是，随着全球不同地区的不同 PLC 制造商占据了市场主导地位，不同的软件协议作为准标准或区域性的垄断出现了。这些协议包括欧洲的 Profibus 和工厂实施协议（FIP），美国的 Devicenet 和日本的 CC-Link。

这些地区性的不同的准标准导致了德国和其他欧洲机器制造商向全世界提供机器的成本增加。哪种控制系统或哪种现场总线被全世界接受？如何才能最大限度地降低硬件设计、软件开发和调试的成本？

用户表达了对开放标准和从控制器互连到传感器和执行器层面的通用现场总线的渴望。这个愿望被带到了各个国家和国际委员会。很快人们就发现，地区性的游说者在主导并强烈影响着讨论。经过艰苦的斗争，IEC 61158 作为最小的共同基准出现（Gevatter 和 Grünhaupt，2006，第 512 页等），它允许使用例如 Foundation Fieldbus、Profibus 及其衍生产品，结果与一些制造商可能希望的有所不同。图 2.7 为总线系统的发展。

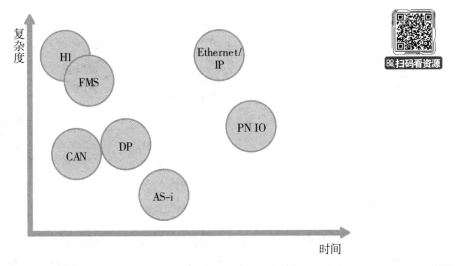

注：IP 为工业协议，PN IO 为 PROFINET IO，AS-i 为执行器/传感器接口，DP 为 Profibus DP，FMS 为现场总线报文规范，H1 为 Foundation Fieldbus-H1，CAN 为 CAN 总线协议。

图 2.7　总线系统的发展

如果通用的现场总线已经标准化，将不同的控制器与现场模块以及传感器和执行器相互连接，就会更符合预期的结果。例如：

- 标准化的开发工具
- 标准化的调试工具
- 标准化的硬件
- 为调试人员和维护人员提供标准化的培训

遗憾的是，根据今天的知识，这将只是一个梦想。由于不同的现场总线的分散，自动化不同控制层的要求在以下方面差异太大：

- 数据大小
- 速度
- 复杂性
- 成本

自动化金字塔如图2.8所示。

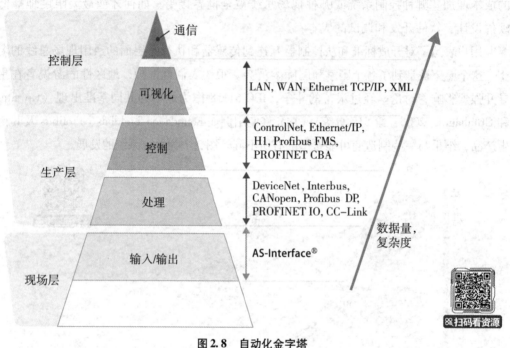

图2.8 自动化金字塔

资料来源：P. Wienzek。

RS485技术不足以处理较大的数据量。因此，涉及互联网和内部网的以太网技术IEEE 802.3的实时协议被发明出来。对于一个全球性的新标准来说，这将是千载难逢的机会。但是，制造商的利益再次占主导地位，尽管用户仍然梦想着统一的通信系统和诊断工具，还是出现了无数的协议。

至少，现在生产中使用的大多数现场总线都有用户组织，这也使得其他制造商能够建立符合要求的I/O模块或设备开关，并获得认证。

尤其是：

- Modbus，1979年由莫迪康发起，现在属于施耐德电气，自2007年起规范为Modbus TCP。

- Interbus，1987年由菲尼克斯开发，远远领先于时代，至今仍用作基于以太网的PROFINET的快速穿梭总线。

- Profibus/PROFINET，1987年由西门子（以及其他厂家）发起，由于Profibus用户

组织（PNO）的存在，在欧洲市场占据主导地位。

● AS-interface（AS-i），1990 年由巴鲁夫、堡盟、Elesta、费斯托、易福门电子、劳易测电子、倍加福、西克、西门子和图尔克发起。

● CANopen，1993—1995 年在博世的指导下开发，主要用于具有标准化用户配置文件的移动应用，如垃圾车或农用车。

● Sercos，20 世纪 80 年代中期以来由 ZVEI 和 VDW 开发，尤其适用于执行器（特别是驱动器），1995 年得到认可；Sercos Ⅲ自 2005 年开始使用。

● CIP（Common Industrial Protocol）与 Ethernet/IP（2000）、DeviceNet、CompoNet 和 ControlNet，由美国或亚洲市场的主导控制器制造商如 Allen Bradley 和欧姆龙推动。

● Foundation Fieldbus（FF），1994 年由 WorldFIP 和 ISP 在美国成立，在美国过程自动化行业中占主导地位。

● CC-Link，1996 年由三菱电机开发，主导亚洲市场，基于以太网的进一步开发被称为 CC-Link IE。

● 以太网 POWERLINK，2001 年由贝加莱推出。

● EtherCAT，由倍福自动化开发，从 2005 年起规范化。快速总线系统现在主要在德国工程中应用，其高性能对于不断增长的数据需求很重要。这样，用户就可以选择现场总线外围设备。

在 2018 年，现场总线的市场份额如图 2.9 所示。

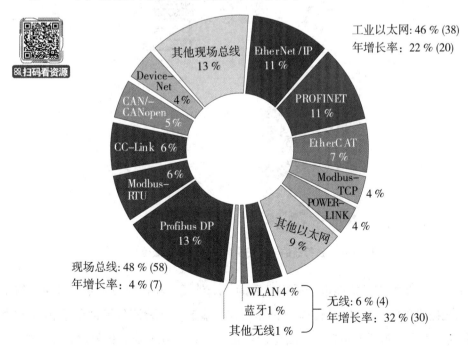

图 2.9　现场总线的市场份额

今天的许多现场总线基于来自 IT 领域的以太网。其优势是速度更快，数据量更大。工业以太网可能还会以更高的速度在工业 4.0 的自动化世界中占据一席之地。但是，即使是工业以太网也只能在传感器本身变得更加智能的情况下从传感器收集更多数据。

2.3 智能传感器

随着第三次工业革命（"工业 3.0"）的出现，生产领域的自动化不断变得更加智能，而传感器在不断变小。这种智能的分散化以传感器中的小型可编程单元的形式继续存在，并与控制器的集中化相对立。传感器不仅要作为总线系统的参与者，还要作为"机器的感觉器官"产生越来越多的信息，不过，其尺寸越来越小。

微电子技术在这里发挥了很大的作用，因为其确保了板上模块的小型化和功能密度的增大。首先，无磨损的晶体管级取代了继电器开关级。其次，开发了新的传感器技术，例如通过电容测量原理、超声波或激光束进行非接触式物位测量。电子液位计可以进行电子测量，实现无磨损的检测过程，具有更好的重复精度，只需一个传感器就可以有更多的开关点，并且可以对过程数据进行精细调整（见图 2.10）。

图 2.10 执行器的电子记录和传输（填充液位）

光学传感器是物理量智能电子采集发展的一个例子。在提取技术中，可使用简单的二进制光栅来确定一些量，例如，产品是否在运输道上（检测目标物在那里/不在那里）。在这一点上，重要的是在工厂或生产停止之前识别发射器二极管的污染、错位、故障和其他关键状态。智能和简单的二进制光栅有什么区别？前者通常可以通过一个或多个开关位识别关键状态并通知系统。在运行操作过程中若需同时检查传感器的功能，如果发送/接收单元与必须识别的对象无关，只向开关发送永久信号就仍然可以使用（见图2.11）。

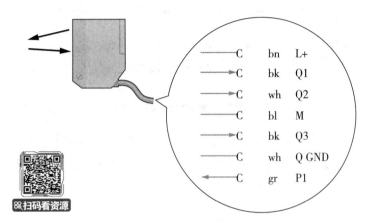

图2.11 具有硬接线诊断功能的智能光学传感器

第一批电子传感器被认为是对机械部件的替代，通常带有用于设置参数的显示屏和控制开关。

设备的设置必须由用户现场在传感器上完成。由于过程技术工厂规模庞大，必须覆盖数千米才能做到这一点。还需要通过参数数据传输进行桌面参数化，从而实现双向通信，以获取有关传感器本身及其监控过程的更多信息。

智能传感器应该满足许多新的要求：

- 不仅在总线系统中，而且在整个系统中都能识别；
- 必要时，将过程数据传输到主机系统；
- 用于诊断的附加传感器信号传输到主机，例如开关信号加上预故障和可用性；
- 通过主机系统的工具或软件进行（离线）参数化，自动更换设备与传感器的双向通信。

IO-Link 是一个发展的缩影，它试图将所有这些标准作为一个标准来实现，而不需要昂贵而复杂的布线和调试。

智能传感器的结构（见图2.12）表明，其由三个基本模块组成。非电气测量量（如温度、压力、流量或距离）转换为电气量（如电压、电流或电阻），发生在电子基础的传感器（获取—上传）上。通常，测量转换是在模拟信号中完成的。这个信号在评估电子设备中以比例、线性或数字化形式（作为阈值）给出。然后，接口驱动程序根据周围条件调整这个值。

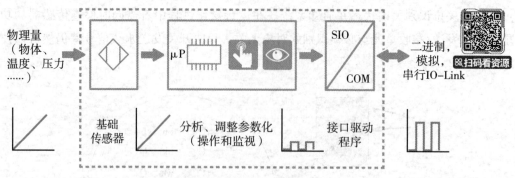

图2.12　智能传感器的结构

智能传感器的特殊功能是微处理器、半导体输出和数据端口（传感器的创新历史见表2.1）。通过微处理器，以前的模拟开关技术可以被传感器内的数字技术相继取代（见图2.13）。

表2.1 传感器的创新历史

	传感器	基本传感器（接收器）	数据分析	通信/接口驱动	PLC端口	离线参数化、诊断、缩放、识别功能
工业1.0	机械式	机械	机械连接	直接与执行器连接	否	否
工业2.0	机电式	机械	机械—电气连接	电气开关接触	是	否
工业3.0	电子式	电子测量	分析电子	电气或半导体输出	是	否
工业4.0	智能型	电子测量	微处理器分析	半导体输出和数据端口	是	是

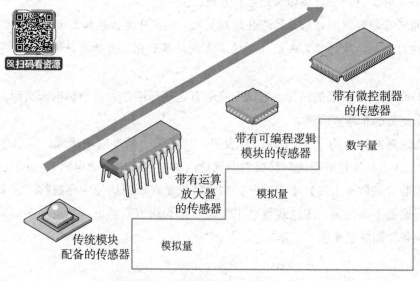

图2.13　用数字技术取代开关技术

微处理器承担了以下任务:

- 评估来自基本传感器的数据并通过算法进行潜在处理;
- 调试显示屏和控制界面;
- 为 PLC 指定识别、过程、参数和诊断数据;
- 操作通信接口,例如 IO-Link。

需要在从纯传感器到智能传感器的阈值上找到一种方法,以在控制器单元和其他评估单元之间,双向传输传感器中可用的数据。这需要在不用花很多钱重新安置许多信号电缆和不用重新布线的情况下完成。

2.3.1 智能传感器的第一个问题解决方法

上述对通信设备的要求比 IO-Link 更早,这就是为什么市场上有几个 IO-Link 的先锋。由于不同的规格或技术限制,相关解决方案很多且完全不一致。其范围从开放的区域性解决方案到企业特定的解决方案。大多数情况下,这些接口的优势是适用于单一设备、单元系列或行业。

附加传感器信息的传输是通过并行和/或串行信号传输进行的。传统传感器具有用于数据传输的模拟量输出,主要是电压 (0~10 V),电流 (0/4~20 mA),一个或几个数字 24 V 开关信号。对于后者,24 V DC 相当于逻辑值 1 (已切换),0 V DC 相当于逻辑值 0 (未切换)。24 V 接口是世界公认的,并在 IEC 61131-2 中进行了规范,在过去几十年的工业实践中已经证明了自己,并证明了其抗故障能力。传统的传感器如图 2.14 所示。

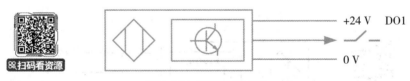

图 2.14 传统的传感器

为了解决控制器、I/O 模块和传感器之间最后一米的通信瓶颈,人们多年来设计了多种解决方案。我们想在此只列举几个例子,以表明 IO-Link 在大多数情况下要简练得多。

传输附加用户信息(识别、参数化、过程和诊断数据)的最简单方法是使用现有的 PLC 输入技术。传感器用多芯电缆连接到控制器上。具有并行信号传输功能的智能传感器如图 2.15 所示。

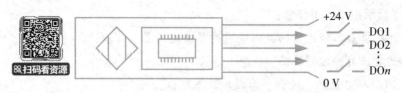

图2.15 具有并行信号传输功能的智能传感器

带有多极端口的传感器的数字和模拟信号的并行传输使用现有的 PLC 输入。因此，它们的优势是与所有流行的控制器输入兼容。传感器用几根并行的芯线连接到控制器上。通常只有一根信号线可用于一个数字信息位。一个十极（多极）的传感器，除了两根连接到电源的电缆外，还有八个信息位可用。当然，这些也可以是模拟信号，像运行状态、污染或其他开关信号等信息可以通过附加输出传输。但有这些附加诊断数据的优势同时有一些不足。

不需要特殊的 PLC 输入卡，典型 PLC 模块的输入和输出是用不同的电压操作的，以便能够单独关闭执行器。在双向通信传感器（将输入和输出信号合并在一个设备中）的情况下，则有必要合并这两种电位。由于输出卡大多以 8 或 16 为一组的形式提供，这些传感器只有在大量使用时才具有成本效益。此外，并行布线相当复杂，需要额外的电缆和开关柜中更多的空间，以及更多的编程工作。这就是为什么多极传感器只用于少数关键应用，在这些应用中，缺少诊断会导致例如昂贵的停机时间等现象。

串行数据传输将带有附加信息的传感器信号转换为串行数据流。然而，数据不是通过并行电缆传输，而是只通过一根信号电缆按时间逻辑传输。由于串行电缆通常是双向工作的，因此在下文中将它们称为端口而不是输出。串行端口还可以从控制器向传感器发送参数（写），并在另一个方向接收（读）。带串口的传感器如图2.16 所示。

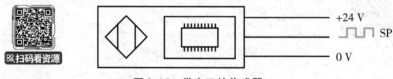

图2.16 带串口的传感器

串口的最大缺点是远端设备，如 PLC，也需要制造商的特定模块。由于这个原因，许多制造商已经开发了组合式传感器，它融合了两大分类的优势。带有并行信号传输和串口的智能传感器如图2.17 所示。这些传感器原则上统一了串行和并行数据传输的优势：经典的数字或模拟输出到所有当前的 PLC 和串口上的连接，用于现场参数化或诊断。串行和并行数据传输的对比如表2.2 所示。

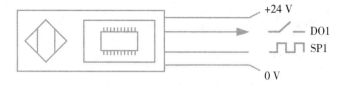

图 2.17　带有并行信号传输和串口的智能传感器

表 2.2　　　　　　　　　　　串行和并行数据传输的对比

	串行数据传输	并行数据传输
速度	根据数据量和数据传输速度而异	非常快
数据量	制造商特定	低
布线工作量	低	高
兼容性	制造商特定	高
工程师成本	中等	低
顾客成本	中等	高

在现有的传感器接口和串口的组合中，现有的传感器可以被新的智能设备所取代。参数化或诊断可以与 PLC 或任何其他合适的评估设备并行进行。

2.3.2　先锋：HART 协议

在过程工业中，将参数化数据传输到传感器的一种广泛的可能性是基于 HART（Highway Addressable Remote Transducer）协议。它最初是由罗斯蒙特在 20 世纪 80 年代中期开发的，被称为智能现场设备的先锋。收购发生在 1990 年，HART 通信基金会（www. hartcomm. org）将其不断扩大，并保持为开放标准。HART 起源于并仍然广泛使用于制药、化学和过程工程，但它很少用于工厂自动化中。

HART 传感器有一个经典的 4 ~ 20 mA 电流接口，用于传输实际过程信号（见图 2.18）。基于这种最初用于传感器和简单定位器的强大电流接口，串行数据流被调制到该接口。然后以半双工的方式操作，例如，以数字方式将参数数据从控制器传输到设备，反之亦然。通常，可以找到一个点对点的拓扑结构，IO-Link 也是如此，但可以同时操作第二个主站，例如手动诊断工具。有一些不寻常的拓扑规范，如多点、多路复用器或总线布线。这三种方法都是对参与者扩展的试验，且无法在实践中证明自己，因为它们要么需要额外的组件，要么不应该超过特殊的限制以防止危及当前的接口。今天，现场总线模块主要是 Profibus PA 接口与 HART 端口的组合，倾向于在过程技术工厂中使用。

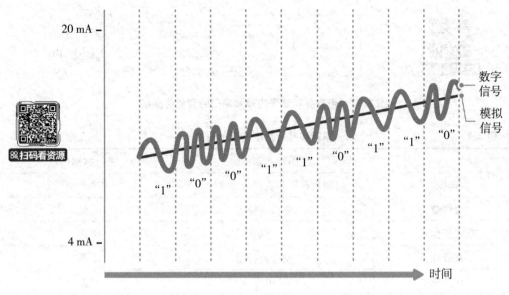

图 2.18　HART 传感器

资料来源：Fieldcomm Group。

　　HART 的优势当然是在既定且坚固的布线。由于测量仍然通过模拟电流接口传输，可以很容易地发现测量设备的故障。不过这个优势也可能是劣势，因为模拟传输可能会由于轨道上的转换损失量而导致控制器中出现错误值。HART 的一个劣势是反应时间相对较长。这在批量处理中可以被容忍，但最终排除了其在工厂自动化中的应用。与 IO-Link 相比，设备的 HART 接口开发成本更高，这就是它主要用于价格较高的设备的原因。

2.3.3　总线能力：AS-interface（AS-i）的例子

　　带有总线连接的传感器有两种：一种是连接到生产控制层的更昂贵、更复杂的设备（如 Profibus），另一种是在现场层带有简单传感器/执行器总线的经典传感器。从实际情况来看，80%以上的设备都属于后一种，因为它们已经在现场证明了自己。确切地说，对于这些设备，AS-i 用户组织在 1994 年开始时就希望开发一个到传感器的总线系统（Kriesel 和 Madelung，1994，第 24 页等），但这个目标仍然没有实现。

　　人们可以猜测其中的原因：是否存在与技术或公司政策相关的负面情绪？必须提到的是可集成的智能传感器的数量很少，最初限制为 31 个，后来增加到 62 个（AS-i 2.1）。传感器和与 AS-i 专用适配器相连的特殊电缆以及 PLC 中的特殊主卡的 30% 附加费用并没有帮助 AS-i 在传感器和执行器中的集成上取得经济成功。AS-i 的最大优势是减少了输入/输出模块的电线。由于具备扁平电缆的快速装配技术和可能的 I/O 数量，基于 RS485 或以太网的竞争对手有很多优势。不过，与点对点连接相比，AS-i 的调试相当复杂，因为必须对单个参与者（如传感器）进行寻址。传感器并不能自我识别。为了完成这一切，必须补充的是现在 AS-interface 主站具有自动寻址功能，在调试期间，AS-i 传感器会自动注册到总线上并识别自己。

2.3.4　制造商专用：专用通信接口

由于缺乏足够的开放接口，许多传感器制造商在 21 世纪初开始为自家日益智能化的设备开发自己的参数接口。

开发这些专有接口的目标是：

- 执行设备的离线参数化；
- 直接提供一个匹配的接口；
- 开发一个用于诊断、趋势分析等的处理接口。

在 IO-Link 协议标准化之前，有许多这类制造商特定的串口。这种解决方案的最大缺点是，另一端（PLC）需要制造商特定的模块。这通常是通过一个黑匣子来解决的。这个黑匣子将带有特殊处理接口的传感器连接到控制设备上，并通过串行、计算机兼容的 RS232 或（现在占主导地位的）USB 等接口连接到 PC 或诊断设备上，以便进行参数化或诊断。大多数情况下，参数接口只通过一个转换盒与传感器或执行器连接。带有集成黑匣子的传感器是一个例外，在这种情况下，PC 和诊断接口已经在传感器上引出。

参数化存在缺点：如果涉及不同制造商的传感器，则需要多个软件工具。这确实是一个挑战，一个普通的压力传感器有 150 多个可改变的参数，涉及不同软件工具的不同知识。

专有接口如图 2.19 所示，该解决方案对于机器的长期在线操作也是不合适的。从那时起，人们就希望有一个相互的处理接口，能够在线传输识别、过程、参数和诊断数据，就像在调试过程中描述的黑匣子接口一样。IO-Link 满足了这一愿望。

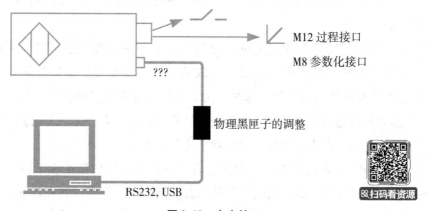

图 2.19　专有接口

2.4 IO-Link 作为智能传感器和执行器的全球标准

2005 年年底，Profibus 供应商组织（PNO）的跨制造商工作组萌生了将 IO-Link 标准与当前专有开发相结合的想法。其目的是将传统与智能传感器和执行器连接到 PLC 接口。尽管该工作组的成员不断变化，但其一直致力于 IO-Link 的定义、硬件和软件集成以及国际标准。与现场总线技术的发展相比，这个位于德国的工作组无疑是幸运的。在当时，德国的中型传感器制造商引领全球市场，因此该工作组在"工业 4.0"成为全球话题之前，已设定了全球标准。与现场总线不同，该开放标准协议未出现激烈竞争。通信接口的发展如图 2.20 所示。

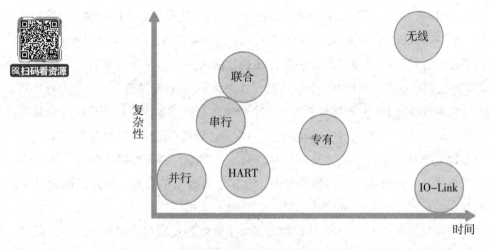

图 2.20 通信接口的发展

那么，为什么 IO-Link 标准早在工业 4.0 之前就出现了？原因说简单也简单，说复杂也复杂。

回顾设备在过去 20 多年来的发展，可以看到随着微处理器逐步集成到如接近开关和光栅等"简单"设备中，内部可获取的信号日益增多，不仅局限在纯开关信号。如果处理器不具备与设备工作的能力，则可以添加额外的通信功能。

用来获取附加信息的专有接口越来越多，导致只有少数客户愿意参与其中，即使他们希望对这些附加信息进行分析。2005 年，工作小组汇聚一堂，在结合一部分市场研究结果的情况下，分析现有接口，尝试组合最佳接口，进而创造出 IO-Link。"IO-Link"这一名称源自输入、输出通道以及其在公共链路中的组合，它现在基本代表双向通信。"这是一个根据 IEC 61131－9 标准，将智能传感器和执行器集成到自动化系统的通信系统。它被命名为'用于小型传感器和执行器的单点数字通信接口'（SDCI），品牌名称为IO-Link"（摘自2008年的维基百科）。

IO-Link的基本理念是通过通信接口对现有传感器和执行器进行低价改造，从而为整个系统提供来自智能传感器的附加信息。

- 标识数据：IO-Link传感器标识自身。它的号码唯一，这也就是它的名字。除此之外，它可以携带类型名称、客户ID和其他识别数据。
- 参数数据：IO-Link传感器传达其功能。例如，以℃或K为单位测量温度，还是测量压力，或者两者兼有。
- 过程数据：测量值采用哪种方式传输。
- 诊断数据：监控单元是否工作，传感器是否仍在工作。

实现智能传感器以及新传感器/执行器接口的想法需要所有来自不同公司的参与开发人员的专业知识，其中调派开发人员的制造商的自身利益并不重要。IO-Link希望让智能传感器更简单，希望更多地实现即插即用，并且适用于所有制造商。

核心需求：

- 对标识、参数、过程、事件和诊断数据的描述；
- 双向通信；
- 简单而稳固的设备接口，可抗EMV干扰；
- 符合IEC规范的国际标准化要求，保证后续投资安全；
- 互操作性：独立于制造商、现场总线和控制器，因此可在全球范围内使用、与现有的控制器和设备兼容，并且可在现有工厂中简便添加；
- 在现有基础设施上简便使用，例如端子连接、接线；
- 传感器和执行器的通用接口，可省略输入和输出I/O模块的区别；
- 最低程度的软件工作量且与IT工作兼容；
- 有利可图或与传统传感器价格相同；
- 得到开发人员、制造商、工程师和用户的广泛认可；
- 即插即用。

2.4.1 IO-Link的奇思妙想

为什么不用通信组件扩展目前的纯开关状态24 V接口（标准IO、SIO）？这样一来，串行数据流可在第二种操作模式即通信模式（COM）下传输，但仍可使用相同的接线。IO-Link模式如图2.21所示。

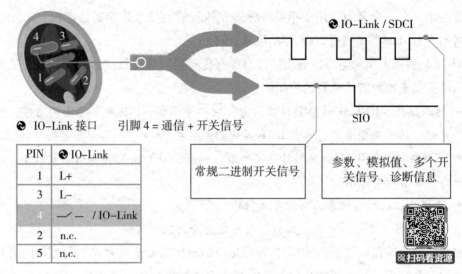

图 2.21　IO-Link 模式

并行和串行传输以前所未有的单一方式组合在一起，但适用以下规则。

规则1：同时只能激活一种操作模式。在数据传输期间，开关信号不可用。

这种采用两种工作模式的 24 V 通信接口的方法具有一系列优势，几乎完全满足了 IO-Link 的核心诉求：

● 基础是集成速率为一百万次的标准 24 V 接口，再加上串行 UART（通用异步收发传输器）接口模块，该模块通常由传感器和执行器中使用的微处理器提供支持。

● 与具有 24 V 接口的标准设备、IO-Link 和标准设备的任意组合具有互操作性和兼容性。

● 没有总线系统，因此调试简单，无须寻址。

● 具备以下特点，开发人员、制造商、工程师和用户广泛接受。

– 使用现有资源、设备实现更简单，因此设备端的额外成本最小化；

– 使用现有的非屏蔽连接电缆以及现有的工具和专有技术，因此用户端的额外成本最小。

与以上优点相对，其缺点仅有几项：

● 不能用于 4～20 mA 的模拟接口；

● 可能会因为 IO-Link 矩形边缘信号导致故障。

IO-Link 在通信处理方式上无法与现场总线进行对比。IO-Link 主站如图 2.22 所示，它是传感器、执行器、混合设备（IO-Link 设备）和具有网关功能的组合设备（IO-Link 主站）之间的点对点连接，最终通向控制器或总线 I/O 模块。IO-Link 通信路径如图 2.23 所示。

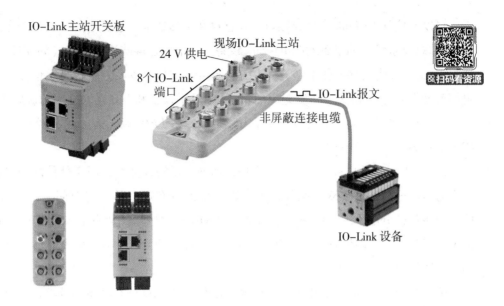

IO-Link主站开关板

现场IO-Link主站

24 V 供电

8个IO-Link
端口

IO-Link报文

非屏蔽连接电缆

IO-Link 设备

扫码看资源

图 2.22 IO-Link 主站

资料来源：易福门电子。

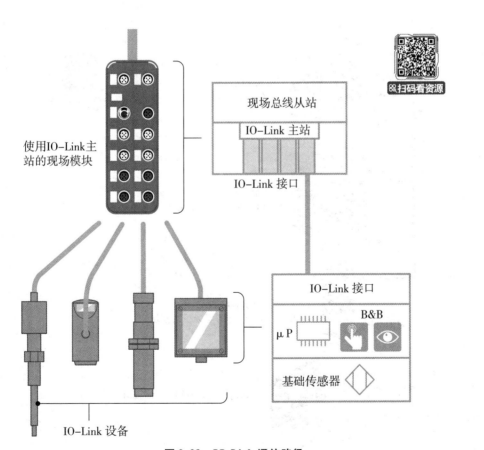

扫码看资源

现场总线从站

IO-Link 主站

IO-Link 接口

使用IO-Link主
站的现场模块

IO-Link 接口

μP

B&B

基础传感器

IO-Link 设备

图 2.23 IO-Link 通信路径

可以连接到 IO-Link 主站或接口，并且仅在主站请求后进行通信（类似于主站的从站/从站总线系统）的设备就叫 IO-Link 设备。标准的非屏蔽连接电缆（如 M12、M8 或 M5 连接器，或者是标准化电缆）可用于连接 IO-Link 设备。为获得高质量数据，最大电缆长度不应超过 20 米。可通过 IO-Link 覆盖外围设备和 I/O 模块之间的最后几米。

规则2：考虑到点对点连接方式，长距离传输到PLC时，如考虑性价比，需要为IO-Link配备一个总线系统。

由于 IO-Link 不是总线，如要不出现任何通信误解或冲突，两个部件之间只能进行一次通信。这是一个半双工操作，每个数据单元具有定义的实时时间。由于每个 IO-Link 设备都被分配了一个单独的通信接口（IO-Link 接口），因此它与连接的设备数量无关。相对于与许多设备共享一个主站的总线系统，IO-Link 不会出现通信冲突和可变循环周期的问题。

规则3：由于只有一个设备与主站接口通信，IO-Link通信与连接的设备数量无关。

IO-Link 主站通常集成在 I/O 模块中，或是主要集成在总线（开关板集成采用 IP20）具有更高安全性的现场模块中（见图 2.24）。IO-Link 主站提供了连接设备的

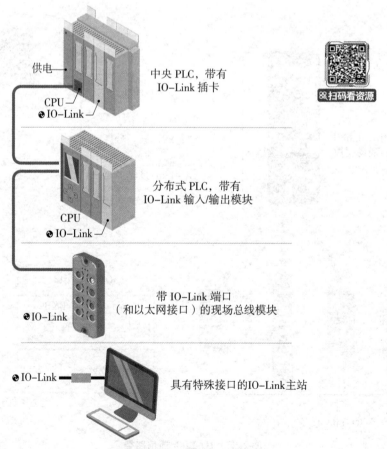

图2.24　支持总线的 IO-Link 主站

接口（端口）。它们也可以直接集成到 PLC 或其他控制器机架的插卡中。简言之：IO-Link 主站可用于任何规格的输入/输出模块。将 IO-Link 接口组合用作通信接口或普通数字输入/输出是一个巨大优势。

规则 4：选择现场模块时，必须注意将使用的设备设置为相应电压电位和电流容量。

IO-Link 接口可以通过配置选择输入或输出，因此主站可以替换传统的输入或输出模块。

IO-Link 报文结构简单，仍然可以传输周期性和非周期性数据以及事件。与总线通信相比，它不需要地址，因为其始终是两个部件之间的简单点对点通信。

主动通信仍然来自主站，其设备无法自行报告。根据图 2.25 所示的 IO-Link 报文交换大纲，主站发起了一个周期性的报文交换。非周期性数据通过几个 IO-Link 循环在类似的框架中传输。与电信一样，一个 IO-Link 周期包括主站调用，接下来的等待时间和随后成功的设备响应，及其中最后一位报告事件的发生。

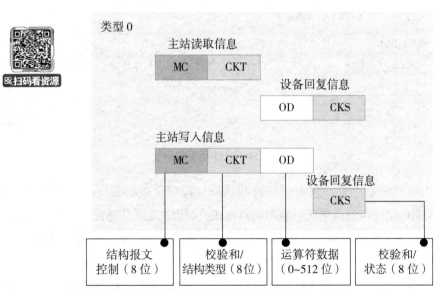

图 2.25　IO-Link 报文交换大纲

从实用的角度考虑执行操作，通信接口可以三种速度工作：

- 4800 波特（COM1），用于对低处理性能的简单传感器进行更新；
- 38400 波特（COM2），作为大多数设备的接口使用；
- 230400 波特（COM3），具有更高的硬件复杂性，适用于大量数据或要求反应时间非常快的情况。

COM 模式下的循环时间取决于速度。例如，在 38400 波特接口下，2 个字节的数据的循环时间为 2.3 毫秒。主站首先尝试以更快的速度进行通信。在设备无法应对时，主站将切换到下一个较低的速度，例如模拟电话调制解调器的后备方案。IO-Link 主站必须支持所有波特率。不要忘记，整个系统反应时间的瓶颈在于现场总线或控制器；同时使用时，传输速率大多较慢。

　　规则5：*COM模式下的IO-Link循环时间取决于使用的波特率，在SIO模式下，它与标准传感器保持一致。*

　　IO-Link 规范中的设备定义了三线制技术（PHY3-W）。其基于标准 IEC 61131 – 2。因此，IO-Link 作为设备接口，是已建立的 3 线 24V 二进制接口的补充。COM 和 SIO 与 M12 配置共用一个引脚（见图 2.26）。

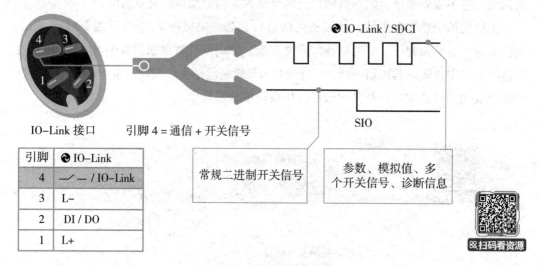

图 2.26　M12 的引脚配置

　　IO-Link 传感器主要在现有带二进制或模拟接口设备的拓展基础上使用。除了 IO-Link，模拟接口（电流或电压）有时仍然存在。配置决定了传感器在工厂中的运行方式：初始化期间进行参数设置，之后退回到二进制模式的 SIO 或用于传输测量值、参数和事件的永久 COM 模式。

　　IO-Link 传感器的一个简单型号（见图 2.27）是在工厂初始化期间通过 COM 模式设置参数的传感器。之后切换回 SIO 模式，使用一个或两个二进制开关信号进行操作。另一个型号属于经典的二进制设备，以"模拟"测量传输（过程数据）方式偶尔运行，这取决于 IO-Link 主站的参数设置。如果没有进行其他参数设置，引脚 4 在主站上的操作就像任何二进制传感器接口的正常数字输入一样。通过 COM 模式，可传输一个或多个二进制开关信息和一个或多个测量值。

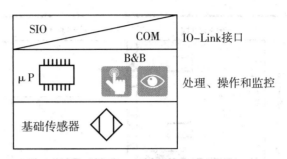

图 2.27　IO-Link 传感器的一个简单型号

规则6：具有开关输出的传统传感器以及 IO-Link 传感器和执行器可以连接到任何 IO-Link 接口。

2.4.2　与执行器连接

与机械工程中一样，执行器的创新周期比传感器的要长得多。因此，创新只能在之后派上用场。尽管如此，由于机器的工作过程更加精细和复杂，对执行器的识别、精细化参数设置、过程文档和诊断的需求随之而来。使用频率控制的驱动器代替具有固定转速的设备就是其中的一项改进。过去只有几个控制参数，如启动、停止、顺时针/逆时针旋转、速度1和2；但是，现代转换器整个参数表格中有数百个可用的设置参数。如果没有现代通信接口，这些设备几乎无法操作。

尽管执行器的价格水平通常高于传感器，但是，大多数执行器都是不那么复杂且更便宜的设备，例如没有现场总线接口的阀门、磁体或旋转驱动器。因此，可供选择的现场串行和并行接口组合几乎与传感器一样多。

此外，越来越多的设备不能单独归类为纯传感器或执行器。这种新形式的"混合设备"包含一个或多个用于调试机械运动的控制元件、用于反馈或调整的相应传感器、用于本地数据处理的相应处理器以及通信接口。

如果我们忽略微系统技术的微机电系统（MEMS）解决方案，智能阀头就是混合设备的经典示例。其包含用于调试阀门位置的两个或三个电磁阀、用于位置反馈的感应传感器、用于分析阀门正确功能的逻辑、行程计数器以及组合的并行和串行接口。图2.28 为传感器/执行器混合设备示意。

在微系统层面上，集成传感器/执行器解决方案的数量将会不断增加，因为随着技术更加成熟，分散化程度将会进一步提高，控制器将得到释放，过程速度将进一步加快。

由于 IO-Link 的接受度越来越高以及混合设备的日益发展，越来越多的执行器制造商将其现有设备升级或开发针对 IO-Link 性能的新设备。为了适应这种发展，专为 IO-

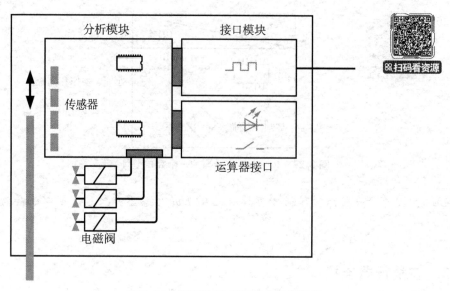

图 2.28 传感器/执行器混合设备示意

Link 主站上的执行器设计了 B 类接口。引脚 4 始终是 IO-Link 主站上的 IO-Link 引脚。引脚 1 和 3 保持24V（传感器）电源。对于 A 类接口，可使用引脚 2（未定义，数字或模拟输入），但 B 类接口利用引脚 5 承担执行器电源。IO-Link 主站的接口类型如表 2.3 所示。

表 2.3 IO-Link 主站的接口类型

IO-Link 主站	A 类接口	B 类接口
特别供操作	传感器	执行器
分配引脚 1	V + （传感器电源）	V + （传感器电源）
分配引脚 2	未定义，数字或模拟输入（DI 或 AI）	U + （执行器电源）
分配引脚 3	V − （传感器电源）	V − （传感器电源）
分配引脚 4	IO-Link，数字输入或输出（DI 或 DO），可配置	IO-Link，数字输入或输出（DI 或 DO），可配置
分配引脚 5	未定义	U − （执行器电源）

　　出于安全原因，如果没有在 IO-Link 接口上进行特殊配置，标准执行器无法运行，因为开关输出（在最坏的情况下）会导致接口损坏。作为标准操作，IO-Link 执行器型号（见图 2.29）处于 COM 操作模式，这意味着其正在等待主站的通信触发。IO-Link 执行器可以在非周期 COM 模式下使用，具有参数数据集的全带宽。成功进行参数设置后，主站切换到周期数据交换模式并控制驱动器。数据文字的配置有：启动/停止、右/左、速度 1/2 等。

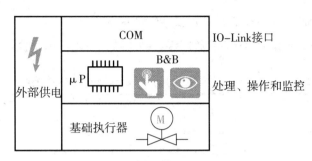

图 2.29　IO-Link 执行器型号

在执行器上使用 IO-Link 的规则如下。

规则 7：IO-Link 执行器不能在普通数字输出模块上运行。

规则 8：从主站的单独执行器电源供电的传统执行器只能连接到 IO-Link B 类接口。

规则 9：需要多个输入/输出的 IO-Link 混合设备必须在周期 COM 模式下工作才能双向处理信息。

IO-Link 开发和调试，特别是执行器和混合器开发和调试，要注意以下事项。

● 供电：来自 IO-Link 的可用电流（200/500 mA 或更大，请参阅制造商信息）是否足以供执行器使用，或者是否计划使用外部供电。

● 紧急停机：执行器应在哪些应用和停机类别中使用？IO-Link B 类接口型号允许在引脚 2 和 5 上进行单独的、可断开的供电。必须注意，根据现行安全标准，需额外关闭驱动能源（例如带气动阀的压缩空气）。

● 时间特性：正常操作模式下的执行器应该只包含启动/停止，还是应该通过 COM 协议操作？对于 16 位选择，必须预留至少 2.3 ms 的延迟时间。如需更快的请求速度，COM3 可提供大大加快的通信速度，但叠加的现场总线可能导致时间瓶颈。

● 数据量：必须通过下载参数组的调试行为查看所用时间，与周期选择分开。非周期参数数据大多比周期过程数据多得多。

● 可用连接：如果需要，可以将设备设计为通过一个带有 IO-Link I/O 模块的 IO-Link 接口操作多个传统执行器，或者能连接附加外围设备（如经典传感器）。这可提高效率并减少机器接线。

● 操作：IO-Link 通信可以连续深入到命令层，在许多情况下可以不要设备显示。这有助于成本效益和小型化。执行器通常安装在难以触及的地方。使用 IO-Link 后，这将不再是问题，因为参数设置和监控在总部进行。

● 机械结构：特别是在新技术的发展下，机械结构可根据客户需求进行调整。内部和外部模块化可以进一步优化制造流程，如机器集成。可以非常紧凑地完成 IO-Link 调试，通常可以更好地使用现有的处理器架构。

● 兼容性：可以独立于制造商根据配置文件对某些功能进行标准化，从而为客户提供适用于许多设备的用户程序编程指南。

表2.4是对IO-Link通信接口的总结，特别考虑了执行器。

表 2.4　　　　　　　　　　对 IO-Link 通信接口的总结

传输速度	COM1（4.8 kBit/s） COM2（38.4 kBit/s） COM3（230.4 kBit/s）	设备接口	M5、M8、M12 连接器单导体、 更多连接器
A 类接口	三芯（最低） 四芯（可选）	B 类接口	五芯（精确），类似于 A 类接口（三芯） 再加上引脚 2 + 引脚 5 上的单独执行器电源
引脚 1 + 3	电源 + 24 V/0 V	引脚 1 + 引脚 3	电源 + 24 V/0 V
引脚 4	SIO 输入（可配置） SIO 输出（可配置） COM 模式	引脚 4	SIO 输入（可配置） COM 模式
引脚 2 （可选）	DI 输入（可配置） DO 输出（可配置）	引脚 2	独立执行器电源 + 24 V
引脚 5 （未使用）	—	引脚 5	独立执行器电源 0 V
电流输出 （A 类）	200/250/500/1000/3600 mA （参见制造商数据表）	电流输出 （B 类）	1 A/1.6 A/可变 （参见制造商数据表）

2.4.3　通过 IO-Link 消除自动化金字塔——IO-Link 的实际应用

在前文介绍了 IO-Link 的基础知识之后，看一看现成的产品可能会更有趣。在工业4.0 将重点放在 IO-Link 这一全球标准之前，许多设备已经"悄悄地"调整为 IO-Link，因为其成本仅略高于"普通"传感器。易福门电子公司已经在现场拥有超过 400 万个 IO-Link 传感器，而且无须为客户强调这一点。这些客户在购买了"符合工业 4.0"的智能传感器后，如今能够使用 IO-Link 提供的更多数据。由于市场需求或 IO-Link 基础技术在不寻常产品中富有想象力的实施方式，制造商提出了不少的新点子。

自动化世界中的每个接口都必须将自身集成到现有的自动化金字塔中（在自动化金字塔中集成 IO-Link 见图 2.30）。这很重要，因为不同制造商的大多数组件必须在集成网络中工作。由于协调自动化层级不同，不同的硬件平台从传感器/执行器总线层运行到现场总线，再到工厂总线层，进一步到命令层。由于各自的网关不同（集线器、接口），这些严格分层的数据流可以通过不同的层次进行传输。

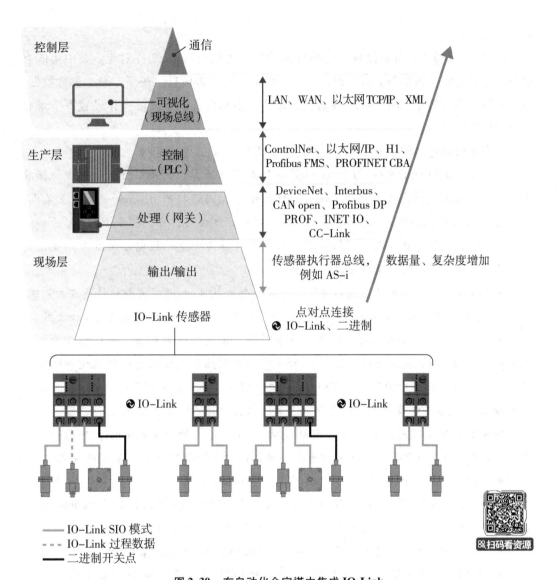

图 2.30 在自动化金字塔中集成 IO-Link

　　IO-Link 网关包含至少一个 IO-Link 主站和一个可双向交换数据的现场总线接口。多种设备可供使用，取决于其在现场、开关柜或服务实例中的用途。由于配备了标准化的设备描述文件和开放的网关功能，IO-Link 将用户编程与硬件配置清晰地分开，进而消除了自动化金字塔的严格层次结构。

　　由于 IO-Link 是一个相对年轻的系统，开发人员可以从过去的错误中吸取教训。现场总线的独立性从一开始就很重要，这样一来，可以覆盖广泛的客户群体并满足区域性需求。每个 IO-Link 设备制造商都提供一个单独的设备描述文件，即 IO-Link 设备描述（IODD），用于将设备集成到配置工具或其他软件设置中。尤其是对驱动器进行参数设置时，需要频繁使用 IODD，因为其包含最重要的默认值，这些值可以保证执行器安全运行。

IODD 中有描述了所有设备特征的详细信息，大致与 XML 文件对应。其中集成有准确的设备标识，包括制造商、设备类型、版本和规范等信息，按照型号、参数数据、过程数据、事件数据和用户特定数据进行排序。不同设备的连续可操作设置源于现有系统中的集成 IODD。

许多制造商已经使用 IODD 将各种现场总线与 IO-Link 连接起来。

● Profibus/PROFINET：由于 IO-Link 与 PNO 紧密连接，因此必须进行集成。标准化的数据范围和软件集成方式让 Profibus IO-Link 主站与连接的 IO-Link 设备相互集成，就像与其他 Profibus/PROFINET 设备连接一样轻松。集成后，可让整个 IO-Link 的功能范围供控制器使用并且可以被轻松寻址。西门子（作为领先的控制器制造商）提供完整的软件模块，可减轻应用程序员的负担。

● EtherCAT：创新的快速总线系统，是第一个为 IO-Link 开发完整软件集成的系统。由于其出色的性能，来自 IO-Link 传感器的附加信息可以与 IO-Link 驱动器完美结合使用。

● AS-interface：刚开始经常被视为竞争对手，但是，逐渐发展之后，已成为简单二进制和模拟设备之间的传输总线。将 AS-i 作为外围设备到现场总线的快速传输工具以及在 AS-i 现场模块中使用集成 IO-Link 来进行智能设备参数化都是很好的应用。结合 IO-Link 后，通过 I/O 模块最后一个仪表上的通信接口将 AS-i 总线扩展到传感器，实现了完美融合。在 AS-i 网关中集成 IO-Link 是由 AS-i 协会（AS-international）内的一个工作组实现的。其自发布后，即可用于开发。易福门的 AS-i/IO-Link 产品 2009 年已上市。

● CANopen、以太网/IP 和 Modbus TCP：举例来说，图尔克的产品自 2017 年起用作 CANopen、以太网/IP 和 Modbus TCP 的网关。由于报文相当紧凑，对于 Modbus TCP，必须以非周期方式传输更大值的表。以太网连接更快，因此可以接受实时操作。

● Sercos Ⅲ：博世力士乐于 2016 年进行了驱动器的 IO-Link 集成。

● CC-Link：举例来说，巴鲁夫拥有可连接到 CC-Link（IE）的 IO-Link 主站。

● 以太网 Powerlink：举例来说，贝加莱在 2014 年通过带有 IO-Link 的主站进行了连接。这种高性能现场总线（更新时间低于 200 微秒），可让 IO-Link 模块拥有超过 8 个全功能 IO-Link 接口。

● 基金会现场总线 FF：尽管 IO-Link 数据的优势可以与快速以太网很好地结合起来，但很明显，HART 仍然主导着这一专注于过程技术的现场总线。

有关可用 IO-Link 主站和网关的概述，请访问 IO-Link 委员会网站（IO-Link-Firmengemeinschaft 2018）。

作为 IO-Link 主站模块的示例，图 2.31 显示了倍福公司的 IP20 模块，其接口位于控制器的内部外围总线上。

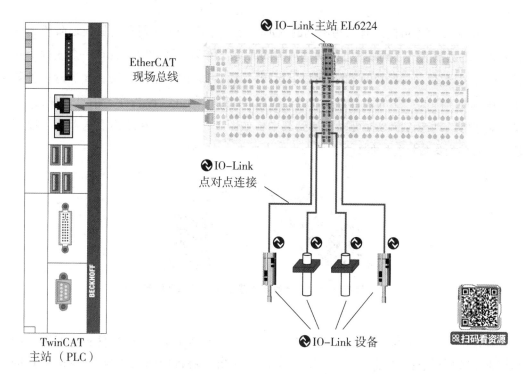

图 2.31 IO-Link 钳位

资料来源：倍福。

当设备具有除指定功能之外的附加功能，或是出于经济或其他原因按比例缩小并在之后针对特殊功能进行优化时，可以将设备称为具有特殊功能的 IO-Link 主站。其包括远程 IO-Link 主站，例如，在 IO-Link 传感器上扩展一个之前不附带的显示器，以及增加更多接口。

图 2.32 是 M12 适配器插头中的 IO-Link 主站的示例，其已按比例缩小并且功能有限。它可以轻松地在现有工厂中更新。这样一来，便可以在现有数字输入基础上操作智能传感器并在启动期间对其进行参数化。当需要更换设备时，新传感器的参数设置会通过存储在主机中的前设备值自动进行，无须更改 PLC 硬件和控制程序即可享受到此类 IO-Link 优势。

图 2.32 M12 适配器插头中的 IO-Link 主站

资料来源：易福门电子。

　　IO-Link 传感器可能具有意想不到的附加功能。这就是在计划和项目规划阶段需要查阅相应的数据表或手册的原因。一些 IO-Link 组合传感器可以用作具有一个或两个开关点的开关设备。如果在 IO-Link 接口上运行，其也可以像使用变送器一样进行多种测量。这有助于降低产品的多样性。如今，IO-Link 传感器可以诊断静态信息，如污染、错误调整等。动态诊断数据可以添加到其中：如图 2.33 所示，在压力变送器中可以创建历史存储或集成运行时间计数。

图 2.33　带有压力传感器和变送器组合的 IO-Link 传感器

资料来源：易福门电子。

　　即使没有可用的总线系统，IO-Link 也可以与 IO-Link 相连：如果 IO-Link 报文的两个周期字节用于连接外部二进制设备，则输入/输出模块将用作设备与 IO-Link 接口的直接连接。在这种情况下，必须特别注意接口的供电，因为其通常限制在 200 mA。如果使用输出模块，则必须提供外部电源。为构建"IO-Link 外围总线"，一些制造商提供了使用更高供电的主站，因此有时可以放弃外部电源（见图 2.34）。

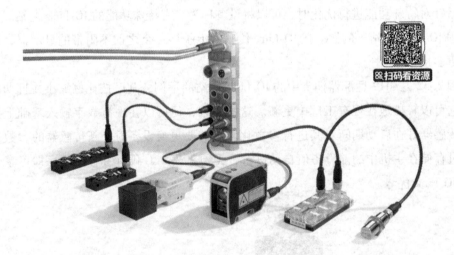

图 2.34　IO-Link I/O 模块（左下方）连接到现场总线模块的 IO-Link 接口

资料来源：巴鲁夫。

　　在使用特殊类型的 IO-Link 模块时，可以将 IO-Link 接线集成到适合现场使用的机体适配器中，从而接入传感器或执行器电缆环路（相关示例见图 2.35）。

图 2.35 IO-Link 监视器，适配 M12（2DI 或 1AI）

资料来源：穆尔电子。

举例来说，执行器的电机启动器可以配备 M12 IO-Link 接口作为现场设备。如此一来，可以触发启动、停止、逆时针/顺时针旋转、速度 1 和 2 等典型命令。运行就绪、电机运行等状态通知将依次传输到控制器。西门子的可级联电机触发器可插入电机接触器，支持直接启动、反向启动和星形/三角形转换的操作模式（见图 2.36）。

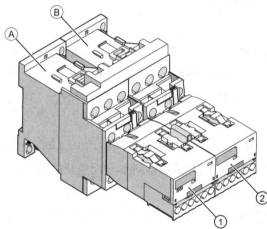

① IO-Link基本模块，可逆启动器
② 耦合模块，可逆启动器
Ⓐ 旋转方向1（顺时针旋转）的通信连接用接触器
Ⓑ 旋转方向2（逆时针旋转）的标准接触器

图 2.36 IO-Link 功能模块，反向启动

资料来源：西门子。

IO-Link 阀门触发器将简单的控制阀转变为通信设备（见图 2.37）。几乎所有领先的气动和液压制造商都提供此类升级电子设备。

图 2.37 IO-Link 八级阀门触发器

资料来源：派克汉尼汾。

集成阀在食品工业中被大规模使用。作为阀头，集成阀是典型的混合设备，由通信接口、多个电磁阀和用于收集阀设置的传感器组成。图2.38是IO-Link阀头的示例。

图2.38 IO-Link 阀头

资料来源：盖米。

举例来说，德国哈斯瓦谢的定位驱动器PSE3通过IO-Link简化了接线和编程，该驱动器可用于现场总线Sercos和IO-Link。使用Sercos的驱动器需要三个M12插头；如使用IO-Link，则只需要一个。由于所需插头数量变少，使用IO-Link的型号变短13%，从115 mm缩短至100 mm。

现场总线的得分与其性能方面有关：Sercos允许1 ms的循环时间，而IO-Link的则为8 ms。这意味着Sercos在设定点目标或是实际值/状态值的刷新率方面更快，但这对PSE3在定位应用的实际使用水平只产生很小的影响。

控制系统的编程也得到了简化，因为大型程序部分可在更多现场总线中重复使用。目前第一版已实现，并且已经在原型应用程序中使用了。

2.5 自动化工程中的 IO-Link——总结

如上一章所述，市面上有许多不同的IO-Link设备。用户和制造商的创造力无穷无尽，因此我们永远无法全面列举。不过，重要的是向用户展示其之前未曾想到、与IO-Link相关的设施设计方式。表2.5应该有助于让主站、设备和工具的不同规范更一目了然。

表2.6从OT的角度总结了IO-Link的技术术语。

表 2.5 IO-Link：可用的技术和产品

主站类型	PLC 插卡	紧凑型控制器，带集成 IO-Link 主站	主站机箱，带 USB 或其他 PC 接口
	带有 IO-Link 接口的开关板或现场模块	作为 IO-Link 网关的现场总线从站	IO-Link 主站，带有用于连接到单个设备的单接口
软件工具	离线设备管理器	基于以太网的设备管理器	PLC 功能模块，通信工具
传感器	电感式接近开关	光学传感器	超声波传感器
	电流传感器	压力传感器	温度传感器
	流量传感器	线性位置传感器，旋转编码器	倾斜传感器
	水平传感器	电容传感器	磁场传感器
	凸轮轴控制器	位置传感器	RFID 读取器
	距离传感器	阀门传感器	力测量、称重传感器
执行器	电机启动器	低压开关装置	阀门、阀岛
	驱动	真空发生器	阀门调试
混合设备	带反馈的机器人抓手	直线或回转驱动的阀门调试	气动夹具
I/O 模块	IO-Link 设备，带二进制输入和输出	IO-Link 设备，带模拟输入和输出	IO-Link 设备，带更多接口、信号转换器模拟/IO-Link
特殊设备	用于机器诊断的 IO-Link 灯	用于显示任何信息（设备）的 IO-Link 显示器	用于显示连接传感器的 IO-Link 内嵌显示器
用品	为 24 V 电路提供电压/电流监测的 IO-Link 熔断器	电感耦合器	IO-Link 内存模块
开发工具	用于现场总线集成的配置文件	软件驱动、主站堆栈、设备堆栈	开发板、评估板、ASIC、集成支持

表 2.6 IO-Link：技术术语和数据

IO-Link 技术术语	功能	示例	说明
SDCI	通信接口	IO-Link	IO-Link 基于 SDCI，是受保护的术语
IO-Link 主站	带有现场总线/PLC 连接的 IO-Link 设备的通信主站	用于控制器或现场总线的网关（2、4、8 通道现场总线模块）	功能类似于模拟模块

IO-Link 技术术语	功能	示例	说明
IO-Link 接口	IO-Link 设备的接口	IO-Link 主站中的 IO-Link 接口	A 类和 B 类接口在引脚 2 和引脚 5 的分配上有所不同
A 类和 B 类接口	A 类接口用于传感器，B 类接口用于 IO-Link 执行器	A 类接口最大值 200 mA，B 类接口最大值 3.5 A，使用 M12	B 类接口使用终端连接时可以实现更大的数据流
IO-Link 设备	所有连接到 IO-Link 主站的设备	IO-Link 传感器、执行器、混合器、指示灯、显示和控制设备	COM 模式下可获取周期性、非周期性数据和事件
SIO 模式	标准化 24 V 接口	数字开关输出	模式对应传统传感器的接口
COM 模式	用于识别、过程、诊断和参数化数据的通信模式	波特率： COM1——4800 波特 COM2——38400 波特 COM3——230400 波特	主站必须支持所有波特率
PHY – 3W	三芯电压接口	设备供电和通信	以往：物理参数 1（二芯）和 2（三芯）
拓扑结构	点对点连接	主控器与设备之间的连接	IO-Link 无总线系统
周期	COM 模式下两个连续主站报文和设备响应之间的时间间隔	COM2 为 2 ms，这意味着每 2 ms 就有一次新数据可供收集	确定数据交换的反应时间和速度，而不考虑整个系统的反应时间
连接线	接口（插孔）和设备（插头）之间	标准连接器，例如 M12、M8 或 M5，以及其他连接端子	可以进一步使用现有接线
电缆长度	IO-Link 接口和设备之间	<20 米	无须屏蔽
引脚分配	调试期间的线芯颜色	引脚 4（IO-Link）：黑色 引脚 3（0 V）：蓝色 引脚 1（24 V）：棕色	数据表中给出的规格是关键
IO-Link 报文	主站调用和设备响应	起始位 + 8 个数据位 + 奇偶校验位 + 结束位 + 设备响应	无须设备寻址

IO-Link 的总体理念是在 24 V 基础上建立一个强大的通信接口,该接口专为工业环境中的操作而设计。现有的工厂布线可以重复使用,布线标准采用非屏蔽电缆。

IO-Link 向前、向后兼容,因此现有工厂可以升级使用 IO-Link 模块,同时仍然可以运行传统的二进制设备。如今,设备无须寻址,因此可以在没有任何进一步帮助的情况下更换设备。使用 24 V 接口的解决方案不仅简单,同时可以提供无数有价值的数据,这一点令人惊叹,不得不说真是奇思妙想。这一点也体现在所选智能接口之间的直接比较上,其可以看作先行者。不同智能通信接口对比如表 2.7 所示。

表 2.7 不同智能通信接口对比

	IO-Link	HART	AS-i	专有
物理参数	24 V 电压	4～20 mA 电流回路	30 V 电压	多数为 RS232/RS485
数据传输	电压调制	频率调制,1.2 kBit/s	幅度调制,AFP,167 kBit/s	RS232/RS485
电缆	三芯	二/四芯,(成对)双绞,屏蔽	二芯平行,$2 \times 1.5 \ mm^2$	二芯,双绞,屏蔽
电缆长度	20 米	最长 3 千米	超 200 米	几米
部件	2	2 (16)	63	2
拓扑结构	点对点(P2P)	多数 P2P	开放	P2P
部件地址	无	必要	必要	无
测量值传输	数字	模拟	数字	无
每次典型测量的传输时间	2 ms	13 ms	40 ms	仅适用于第一次参数化
应用	循环参数设置、识别、过程(测量)和诊断值、事件	参数设置数据、测量,主要是通过 4～20 mA 模拟	参数设置数据、测量、事件	参数设置数据
标准	IEC 61131－9	IEC 61158	IEC 62026－2	—

跨制造商的 IO-Link 工作组萌发原始创意后,认为结果比较可信,因此开始实现 24 V 接口的标准化,以便在现场模块或控制器上的智能和通信传感器与执行器之间进行简单连接。如今,IO-Link 传感器可以收集和传输大量附加信息,在工业 4.0 之前,由于 IT 世界的成本、流程和性能,大部分信息都没有被使用或未被用来分析。工业 4.0 以来,IO-Link 标准和现有数据不仅在控制器程序员中使用,在 IT 世界中也日益流行。

3　IO-Link 和工业 4.0

自动化金字塔作为一个过滤数据的上层结构，唯一的数据信息来自传感器，限制了生产的控制反馈，就像信息技术金字塔使 IT 数据交换复杂化一样。这两个金字塔都是自动化和 IT 系统等级结构的标志，正在受到工业 4.0 发展的质疑。

3.1　工业 4.0——有意义和无意义

德国工业 4.0 始于 2011 年，当时人们希望将现实世界和虚拟世界联系起来，以提高生产的透明度。三位教授呼吁进行第四次工业革命，其中一位是 Kagermann 教授，SAP 公司（唯一具有全球影响力的德国软件制造商）的原董事长，以及诺贝尔奖委员会成员、德国工业界奖金最高——Hermes 奖评选小组主席 Wahlster 教授。

这样一场工业革命的意义何在？前三次工业革命——顺便说一下，不是预言，而是以事实命名——也带来了重大的经济变化，而不仅是之前描述的自动化技术的变化：蒸汽机的发明、装配线和电子自动化使整个行业过时并导致其他行业的发展。随着自动化和 IT 金字塔的解体以及流畅的过渡，第四次工业革命可能会产生类似的影响。

第四次工业革命基于技术可能性、IT 和传感器，这些技术已经存在多年，甚至数十年。只有纳入自动化和信息技术（OT 和 IT）的共同战略和经济思维，才能将这些技术的潜力提升到一个革命性的水平。新的商业模式（由于新的流程和服务）将在中型企业的工程和生产中发展。

制造业中型企业生产总值约占德国国内生产总值的 1/4（Ganschar 等，2013）。预测工业 4.0 将使它们再次成为国民经济中更重要、更不易受影响的部分（工业 4.0 平台，2015）。但是，德国小企业部门的资源有限，没有人负担得起或想要负担工业 4.0 和大数据中的预算。有了自动化和数字化，但是若没有经济上层建筑，则须担心工业 4.0 将不会有经济用途，而只会对过去的 IT 系统进行无意义和极端投资。为什么工业 4.0 能帮助我们克服信息技术的生产力悖论？为什么工业 4.0 可以提高生产力，而信息技术却无法做到这一点？

"相反，必须担心片面的机械化和自动化会带来新的甚至更严重的问题"［参见Zelewski，1998，第307页；关于SCM背景下的IOS，例如SAP（APO）、JD Edwards（SCOREx）、Oracle（供应链管理）及其不足，Knolmayer等，2000，第22页等］。借助传感器获取数据可能仍然具有成本效益，但通过自动化和信息金字塔获取数据的成本非常高，以至于必须在工业4.0之初提出盈利问题。

机器设备的盈利能力在工业4.0之前就已经被关注：由于20世纪90年代新一代PLC的性能更好，对机器设备制造商和用户的要求不断增加。制造商认识到了这些可能性并改变了自家的机器设备结构，因此今天工程师的专业知识主要在控制器方面。其目的是逐步加快组装速度，同时增加灵活性并缩短设置时间。由此，开始了一场以客户为导向的生产力和单位成本降低竞赛。谁想要比竞争对手更好，就必须提高每一代新设备的生产率。20世纪90年代末，出现了"总拥有成本（TCO）"的概念，它是对生产终端客户的机器设备耐用性的整体经济性的计算。它超越了纯粹的购置成本，并以机器设备的磨损及其生产效率为导向。

TCO相关方法从未在客户的购买决策中占据一席之地是有原因的：盈利能力取决于它在现场不断确定并使其透明的数据基础。盈利能力必须在生产地横向网络上查看，而不仅仅是从一台机器设备的角度来看。有了IO-Link，就有可能在金字塔的所有层面上纵向、经济地提供数据，并横向地在所有工艺流程中提供所需数据，同时它不会比预期的、纯理论的效率提高更昂贵。这种技术实用性连同工业4.0方法被视为自动化和信息技术的共同发展。通过这种方式，带有IO-Link的传感器和机器设备制造商提供了额外的服务和新的商业模式，这也为客户带来了额外的价值和持久的竞争优势（Schallmo，2013，第22页等，关于商业模式的术语）。

3.2 信息金字塔的发展

与生产相关的信息金字塔由亚琛生产计划和控制（PPS）模型中的任务模型来说明，该模型又来源于20世纪60年代末一直存在的物料需求计划（MRP）方法以及20世纪70年代中期出现的先进制造资源规划（MRPII）（Maskell，1994，第3页等；Wight，1995；Much等，Horung，1996，第3页等）。

根据亚琛模型，中央连续PPS的主要任务模块如下：
- 长期生产项目计划，计划周期为3到24个月，计划频率为1到12个月；
- 中期生产需求计划，计划周期为1到6个月，计划频率为1到4周；
- 短期生产控制计划，计划周期为1到4周，计划频率为1到5天；
- 跨部门的数据管理和订单控制。

基于计算机的 PPS 系统在 20 世纪 70 年代已经被推荐用于废弃的工厂，然后在 20 世纪 80 年代被用于由通用汽车公司开发的制造自动化协议（MAP），到了 20 世纪 90 年代，其被用于计算机集成制造（CIM）。要支持一个全面的系统，而不是单纯添加上述规划系统，以便在更高级别解决协调问题。这导致信息量呈指数增长，并在更高（网络）层级上重现协调问题。

因此，CIM 相关方法失败不仅是因为当时 IT 的性能缺失。有人指出，一个计划的过程越是精确地被预先确定，就越是不可能实现。相反，对生产反馈的要求是尽可能地接近实时和全面控制。

如今，根据与车间的密切程度，制造执行系统（MES）和企业资源规划（ERP）系统是与生产相关的 IT 系统（见图 3.1）。在三个层次（ERP 系统、MES 和车间）之间，数据交换在工业 4.0 之前是非常有限的。由于 ERP 系统主要是一个经济应用程序，MES 是生产中的技术过程与其经济性之间的联系，它过滤信息并跟踪产品和过程。ERP 系统通过从价值因素中识别时间和金额来预先确定目标数字。MES 则与之配合（Müller，2015，第 17 页等，关于 MES 的定义；Müller，2015，第 69 页，关于工业 4.0 的作用）。

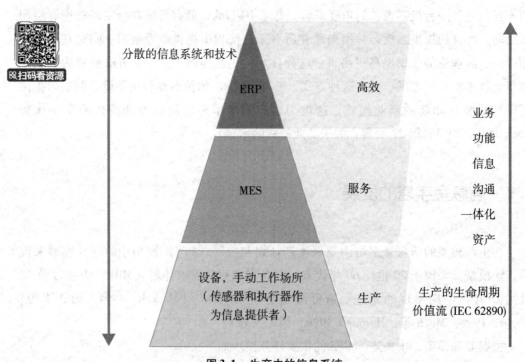

图 3.1 生产中的信息系统

资料来源：Bauernhansl 等，2015，第 35 页；ZVEI，2015，第 17 页。

ERP——作为领先的、分层叠加的 IT 系统——以一年为周期来规划生产，承担与公司外部场所的沟通，并为管理（生产计划规划）汇总价值因素。ERP 计划通过 MES

在集中组织中以更高的详细程度和更小的计划范围传递到生产中。计划中的困难导致在 MES 级别提取价值作为性能和成本目标的替代（例如，Szyperski，1989，第 2315 栏）。

第一个 MES 出现在 21 世纪初期。监控、操作来自生产公司的内部数据的 MES 被视为工业 4.0 最重要的先决条件。MES 通常可以在秒范围内读写生产数据（数据管理和订单控制）。尽管这对于操作员或工厂监控来说意味着实时，但这并不对应于自动化技术中的实时性，后者在毫秒范围内。

MES 通常用于工厂自动化，从而用于离散装配。它将单个订单的过程映射到装配中，并在自动化金字塔允许的范围内收集生产数据，分析数据，并在相应的监控或报告中描述它。MES 将这些数据存储在中央数据库中，并使其可用于 ERP 系统进行后期经济计算。来自实际生产的反馈通过主要受自动化技术限制的订单在 MES 中进行。MES 的实施通常很昂贵，因为必须为这些反馈中的每一个反馈创建与自动化系统的接口。

工业 4.0 要求增加此类反馈的数量，降低此类反馈的成本，并从 20 世纪 80 年代开始避免 CIM 的确定性计划。这种优势只有在工业 4.0 所要求的概率过程中才能实现，而不是在信息金字塔中进行的分层过程中。

随着越来越大的偏离实际的复杂性，ERP 计划导致了生产需求计划的 MES 水平的问题。特别是在随机发生故障的情况下，那些费尽周折制订的计划在实施后的几个小时内就必须被 ERP 重新考虑。例如，SAP-APO（高级计划和优化）的高度"紧张"一直受到批评。小数据更改会触发全面的计划修订，该修订仅修复症状，而非原因。

效率应该通过为工业 4.0 开发的算法来衡量和达到，它应该是经济的，而不应该像 MES 那样在技术维度上用数量和时间来衡量。ERP 系统作为主导系统，在计划中仍然体现了经济效益。尽管 MES 是技术生产过程和 ERP 计划之间的规划环节的一部分，但 ERP 系统从周期时间、时效性、产能利用率和库存等价值因素中确定目标值。MES 在没有经济上优化任何东西的情况下工作（Müller，2015，第 17 页与第 69 页）。

理论上可以根据相应的反馈数据实时确定库存、产能利用率、及时性和周期时间之间的经济上的最佳关系。工业 4.0 希望通过反馈让实时快速修正计划成为可能，从而更接近这一目标（Bauernhansl，2014，第 13 页）。但是现有的 MES 缺少允许在 IT 实时（秒范围）方面对生产进行经济优化的算法。

此外，工业 4.0 希望通过对实际故障的反馈，快速修正原本最优的 ERP 计划，从而接近经济最优。在工业 4.0 的意义上，控制器的提前协调需要被调节器的反馈协调所取代。快速反应比预测故障和提前防御更重要（DIN 19226；Mikus，1998，第 13 页），导致集中化的信息和自动化金字塔也受到工业 4.0 的质疑——就像分层组织一样。

由于生产力无法跟上 IT（生产力悖论），结论很明显，随着流程的复杂性和动态性的增加，集中式的等级组织无法完全管理控制层和强大的因素"信息"（Schuh，

2013)。这些思想对应信息经济学方法，该方法试图从信息成本和信息作为有行动的数据来解释组织规则的效率。

由于分散化，生产过程被分解为分散单元（带有机器的工作系统），这意味着在不破坏整个系统的情况下出现局部调整和变化（Frese，2000，第59页等）。工业4.0旨在实现工作系统之间的通信，以便它们建立一个网络（公司内部或外部；在这种情况下，就像术语"内部网络""分散的生产结构""分形公司""模块化""生产细分""控制中心""精益生产"）。中央实体现在只决定交付日期和后勤目标。工作系统沿着指令流在它们之间进行精细调整。工业4.0的应用程序（软件）更倾向于沟通和协作，而不是构建集中化的、单一的规划系统，如已建立的ERP系统（Bauernhansl，2014，第15页等；t. Hompel，2014，第618页等）。这种"应用交流"的分工不仅发生在执行层面，就像经典的工业生产分工一样，其还发生在管理层面。

与工作系统之间信息交换所需的时间相对应，交易或信息成本（启动、谈判与处理或控制与调整成本）出现了。工业4.0大大减少了它们的数量，因此分散的组织通常更合理（见图3.2）。这解释了工业4.0增加了对减少实际净产出比和合作设计的讨论，特别是生产网络（Picot，1991，第344页）。非等级化的组织形式"网络"体现在IT金字塔的瓦解上。

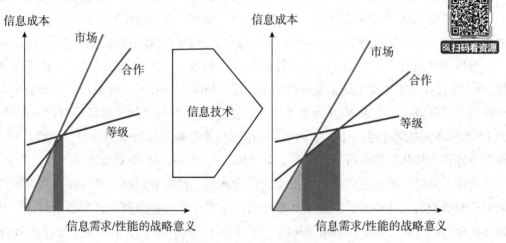

图3.2 信息成本与权力下放

3.3 信息物理生产系统（CPPS）

工业4.0的假设是，由于自动化和信息金字塔的解体以及CPPS的发展，生产网络的优化才有可能。虚拟信息技术和真实的生产世界正在密不可分地共同发展。

黑客或秘密机构可能是在2009年第一个提出这个想法的——不是为了改进，而是为了破坏现实的生产世界：如果我们把病毒、蠕虫和恶意软件的虚拟网络战争带到现实世界，会发生什么？在2011年之前，这只有在流程行业和通过安装在那里的控制装置中才有可能。因为在流程行业（如发电厂、化学和制药行业），工厂总是经历相同的顺序，它们的PLC已经与计算机相连，即虚拟世界与现实世界相连。

蠕虫病毒"Stuxnet"除了操纵PLC的程序，没有做任何事情，导致伊朗核电站的离心机超速运转。而电脑的显示器并没有显示它，因为其只是复制了来自控制器的操纵数据（Zetter，2014）。

在高度数字化一致性、横向和纵向IT/OT融合的系统中，可以通过直接连接IT的传感器来通知系统。被操纵的控制器将以这种方式被绕过，而同步操纵单独的第二IT系统则要付出更多的努力。在工业4.0网络中，这样的系统绕过了严格的自动化层次和IT金字塔，将现实映射为一个"数字孪生"，称为CPPS。

CPPS的定义如下：

- 整个生产工程具有数字一致性。
- 垂直集成在一个公共数据池中，自动化和软件层次结构的技术解体。
- 通过市场组织的应用通信进行横向协调，因此需要对订单进行自动跟踪。

工业4.0透明化的关键在于订单可追溯性、标识性和一般可追溯性。由于在材料或过程到产品中使用了"追溯"以及"跟踪"的术语，产品追溯通常被视为最终目标。例如，在公司范围之外的外部可追溯性，在战略公司网络中可以看到其类似于内部的可追溯性。

产品追踪可以跟踪、计算和可视化每一个订单、其质量和工艺数据以及相应的PPS参数。有关制造产品、其生产历史和材料组成的信息都是可用的，不需要手动添加："回溯是跟踪被关注产品的发展或地点的可能性"（DIN EN ISO 9000，第26页；以下也是如此：Gerdes，2015，第55页）。

因此，产品追踪可以测量和控制每个订单及工作站的时间和数量，同时它是生产网络经济优化的先决条件："因为公司只能管理其可以测量的东西"（cf. Fleisch，2005，第3页；Fleisch与matter，2005；ZVEI，2009，第10页）。

产品跟踪要求在分布式的工作系统之外进行横向集成，并与工业4.0的理念紧密相连，因为所有与过程相关的信息都伴随着产品的生产过程，其中最重要的是使用RFID技术。为了确保检查和过程可追溯性，使产品与相应的结果和过程数据相关联，必须进行垂直整合：在生产中的机器与PPS有关的系统之间建立双向接口。来自IO-Link传感器的过程数据与检查和过程可追溯性特别相关。

纳入检查和过程数据有助于得出有关产品结果、机器事件、错误通知和生产参数的结论。过程控制建立在检查和过程跟踪的基础上：自动中断运行过程（主动跟踪）。

双向接口是过程控制的必要条件，它不仅实时捕捉导致中断的检查和过程标准，而且通知执行器关于导致中断的命令。及时的数据收集、处理、分析和反馈允许安装反馈控制回路，反过来也允许安装控制电路，这是 FMEA（故障模式和影响分析）、DFM（制造设计）和 DFT（可测试性设计）所要求的。反馈的结果有助于形成过程控制。特别是检查和过程的可追溯性，与过程数据相关的识别的透明度提高使过程得到优化，从而带来竞争优势。

如果没有生产中的检查和过程跟踪，很难产生优化的学习效果，例如，对过程条件的优化。一个"持续的优化过程"只有在随后的过程可追溯性中才能发生。例如，只有通过检查和过程可追溯性才能降低废品成本。当过程数据、生产资源和工具，或导致错误的工具不能被识别时，就会出现较高的废品成本。在召回的情况下，如果没有检查和过程的可追溯性，就不能详细地缩小错误或客户的范围。过程控制可以防止生产更多有缺陷的设备，并防止因此造成的浪费。这确保了 FPY（首次合格率）的显著提高。

过程优化、经济优化以及由此带来的销售增长是过程追踪的长期目标。由于质量缺陷和召回的减少，或者由于对额外利益的认可，过程优化也会得到客户的赞赏。过程优化可以导致成本的降低，对客户来说这意味着可能的价格降低。过程可追溯性也可以为客户提供好处，通过优化客户的过程而提升销售情况。

跨组织信息系统（IOS）早在20世纪60年代就尝试了跨公司的分布式工作系统的纵向整合和横向互连，以进行数据交换。像 EDI（电子数据交换）这样的 IOS 系统在20世纪90年代通过互联网解决方案（Web-EDI，XML/EDI）得到了很大的改进。最初，EDI 只允许供应商与客户进行双边交换；现在，内联网和外联网可以连接多次。最初，只有与订单和交货有关的数据通过 EDI 传输；现在，在各自的解决方案中可传输更多的信息。虽然基于 web 的 EDI 表单降低了 IOS 的设置和运营成本，但工作系统之间的转换程序对于特定用于机器的数据结构仍然是必要的，而且仍然限制着事情的发展（Gengeswari，2010）。云中的公共数据库可以确保工作系统之间存在公共语言。

在 IOS 中，数据交换标准的定义必须考虑到公共数据库。其中，需要一个用于公司特定翻译的"代理"或"服务"，同时需要一个用于汇报数量的通用格式。已经有了使用 EDI 和 XML（可扩展标记语言）进行标识和处理的标准。

当考虑到必要的产品追踪、标识和组织间沟通时，CPPS 被指定以下内容（Vogel-Heuser，2014，第42页；Kirsch 等，2015，第42页等；Amberg，2015，第44页等）：

- 通过传感器（和连接的识别系统）命令，其连接数据和时间戳将被立即记录。
- 根据分析，物理世界和数字世界可以通过执行器进行交互。
- 通过一个公共数据库，工作系统相互连接，它们的虚拟生产地图的数据和服务无处不在。

● 通过通用接口，保证应用程序通信。

自我识别的 IO-Link 传感器和执行器可以作为 CPPS 的基础，如果它们与一个公共数据库（例如云端）以及相应的应用程序（所谓的"通信 App"）进行链接的话。

3.4 IO-Link 与工业 4.0 的对接

IO-Link 与第四次工业革命、工业 4.0 究竟有什么关系呢？

2009 年，当第一批 IO-Link 传感器由当时的 41 家 IO-Link 成员公司推出时，传感器行业已经迈出了第一步，这甚至是在第四次工业革命得到它的名字之前。IO-Link 传感器是被"秘密"引入的，客户并不知道其正在为工业 4.0 奠定基础。

在工业 4.0 之前，传感器制造商已经确定，振动传感器、3D 相机、RFID 阅读器和 IO-Link 传感器产生的信息只有在费尽周折的情况下才能转移到计算机显示器上。

即使在今天，传感器与 SAP 之间的距离仍要引发数千欧元的成本，而传感器本身只是其中的一小部分。

传感器与 IT 世界的连接是如此昂贵，因为 IT 世界的生产和维护能力相当低，反之亦然。可以想象一下一个维护人员站在机器旁边，试图向手机上的 IT 专家解释哪个传感器将哪些数据放在哪个数据库的哪个存储空间上，以及如何理解这些数据。

另外，假设生产和维护工人将成为工业 4.0 的 IT 专家是相当虚幻的。对于缺乏 IT 能力的情况，一个可能的解决方案是对工厂进行数字化，甚至可能最终实现无人生产。这不仅需要管理层面的充分信息，还需要远离实际操作的决策。与 20 世纪 80 年代 CIM 的传统一致，工厂的数字化忽略了单个机器及其用户的问题和利益。反过来，这些问题和利益只能通过自治单元之间的通信和协作来统一，以实现一个共同的目标。工业 4.0 所预测的协作生产力的急剧增长，构成了 IT 和生产共同发展的价值，但在使用分层原则（自动化和信息金字塔）的情况下并不生效。

由于试图用技术上实现的、确定性的模型和算法来映射过程的复杂性和动态情况（应用程序），无法做出集中的决策。如果我们假设工业 4.0 并不代表自我控制的工厂的梦想，而是将操作员变成做决策的人，那么这意味着操作员在未来必须掌握软件应用情况。灵活并可根据现场的软件应用进行决策的熟练工人是工业 4.0 的未来形象（Howald 和 Kopp，2015），这也适用于维护。但这意味着对设备和可移动 PC 的维护包含了关于机器状态的信息，从而能够在现场进行更深入分析。这种信息必须以一种不需要深入了解 IT 知识的方式进行处理，就像在家里使用 PC 或笔记本电脑一样（见图 3.3）。

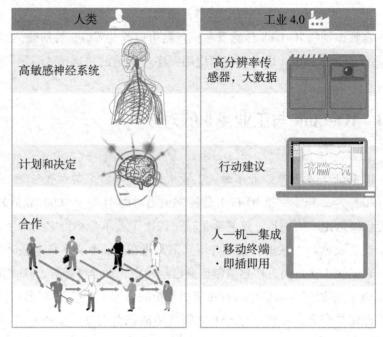

图3.3 工业4.0中的协作

为什么以这种方式将IO-Link传感器和执行器与IT世界连接起来如此困难？造成这种情况的因素有以下三个：

- 来自设备的数据量及其确定性行为；
- 控制器（PLC）作为自动化和信息金字塔之间的接口；
- 信息金字塔本身。

3.4.1 数据量

一个简单的IO-Link流体或位置传感器每年可提供大约0.18 TB的官方完全未过滤数据。一台普通机床有70个传感器，一台贴片机有2000个传感器，一个轧钢厂有20000个传感器。如果想象一下相应的数据量，每平均生产大约200台机器，其就可以突破截至2014年世界最大数据库（12.1PB，SAP）的界限。据估计，如今66%~95%的机器数据是"暗数据"，因此，在通往自动化和信息金字塔的过程中丢失的数据是未知且毫无价值的。

我们需要这个数据量吗？是，但也不是。当然，只有当控制阈值被触发时才需要这些信息，然后才会触发执行器。在这种情况下，只有这个阈值对于机器的功能是至关重要的。但在计算机世界中，任何其他信息都可能是无价的。ERP中的核心数据可以通过IO-Link的识别、过程和诊断数据自行重建，对故障传感器的更换可以自动下指令，质量管理数据可以自行解释，不需要任何人工添加信息。为了向 IT 部门提供生产信息，不再需要在 ERP 层面上进行手动操作。

需要在 IT 世界中直接连接 IO-Link 以进行参数设置。图3.4 显示了一个特殊的解决方案：一个带有 M12 接口的服务加密狗，用于将 IO-Link 传感器连接到一个 USB 接口——这是为 IT 世界保留的——用于通过常规 PC 进行参数设置。这已经是自动化和 IT 世界之间的纽带。

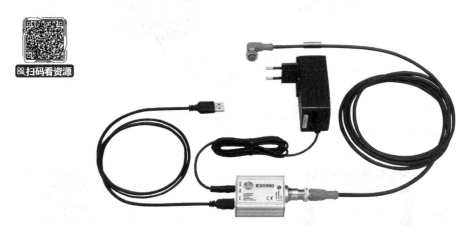

图 3.4　IO-Link/USB 接口

资料来源：易福门电子。

为了从 IO-Link 设备或主站直接跳转到 IT 世界，人们正在加大力度开发 IO-Link 无线标准。如果以其他方式确保电流供应，无线通信将进一步减少自动化领域本身的布线工作，并允许机器人等自由移动，而不会中断与传感器和执行器的连接。IO-Link 无线标准基于无线技术，大约有 60 名 IO-Link 委员会成员参与制定工作。

但是市场上已经有适用于其他无线标准的无线通信 IO-Link 解决方案。Trafag 使用一般传感器以及 Schmalz 执行器（真空技术）和带有 RFID 的传感器（压力开关）。近场通信（NFC）也被集成在手机中，可以通过智能手机保存（离线）参数。无线 IO-Link 执行器如图 3.5 所示。

图 3.5　无线 IO-Link 执行器

资料来源：Schmalz。

另外，西门子开发以 IO-Link 标准为基础的 RFID 读/写设备（见图 3.6）。
Endress + Hauser、Pepperl + Fuchs、VEGA、Parker、WIKA、DM-Sensors、Testo 和 io-

Fly 更进一步：超越了纯粹的无线参数化，朝着 IO-Link 设备的无电缆操作方向发展——用蓝牙实现无线 IO-Link 主站（见图 3.7）。这里的重点不是跨越现实和虚拟世界之间的界限，而是避免电缆。

图 3.6　带有 IO-Link 的 RFID 读/写设备

资料来源：西门子。

图 3.7　SmartBridge

资料来源：Pepperl + Fuchs。

甚至在这些解决方案出现之前，HART 协议就已通过无线变体（无线 HART）进行了扩展。这个概念也是为了取代广泛的、工艺技术型工厂的布线，而不是改善 IT 方面的通信。从安全的角度来看，这些解决方案没有根据 IT 标准进行调整，PLC 也没有被绕过。

3.4.2　Y-way——绕行 PLC

PLC 是当今常见的 IO-Link 信号和 IT 之间的网关，这极大地扰乱了通信的流程。控制器装置不是为从传感器到 PC 或数据库的大量数据而制造的。它们与机器有关的语言要比 PC 快得多，但它们的存储量太小，无法进一步传输数据。如果 IO-Link 的原始数据分析算法是为了在软件中使用正如工业 4.0 所要求的那样，那么这些数据必须被传输和存储。这意味着，除了需要良好的物流数据库和这一数据量所要求的高传输速度，通过 PLC 的路径几乎完全被禁止了。

简言之，传感器的信号必须映射到显示器上，并配备警报和干预限制。传感器的不同信号、现场级的自动化架构以及缺乏为工业 4.0 分析和应用提供信息的不同 IT 系统的连接导致传感器连接成本高，该成本是百倍于传感器的实际成本的。

相应地，由于没有足够的数据池，可用的分析算法也很差。

甚至在工业 4.0 之前，这就是移动作业机器的普遍现象。在工厂和加工工业的稳定性领域，这个因素只有在宣布的工业革命中才得到认可。诚然，由于 IO-Link 的标准化，传感器现在可以提供数据，但不能真正通过现场的旧路径、现场总线和 PLC 进行处理。

这就是"Y-path idea"的起源：来自 IO-Link 传感器的数据在一个特殊的 IO-Link 网关中被分离为与控制器相关的数据和仅与 IT 相关的数据。后者直接从传感器传输到例如 ERP，无须通过控件绕道，PLC 不会因为数据量而变慢，而 IT 可以直接处理数据（见图 3.8）。由于这两条通信路径看起来像字母"Y"，因此其名称为 Y 路径。

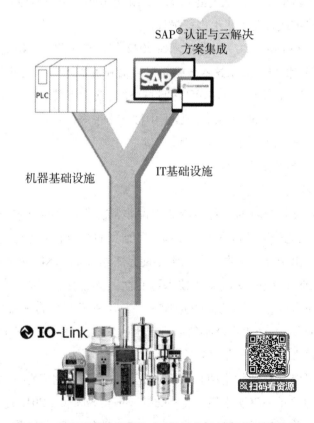

图 3.8　用于机器控制器和 IT 世界的 Y 路径传感器数据

资料来源：ifm 电子。

该描述显示了传感器和 IT 之间直接链接的创建。当控制系统仍然以正确的速度接收机器运行的重要数据时，关于 TCP/IP 的全部信息被传递到数据库和软件解决方案中，尤其是 ERP。结果，连接到 IT 的成本减少到几乎只有相应的网关，原因是 IT 专家可以从那里获取数据而无须绕道而行。

3.4.3　接口和云架构——信息金字塔的解体

对于工业 4.0 来说，一个挑战是现有的软件；这对于 ERP 系统和 MES 都成立。例如，SAP 背后的软件架构起源于 20 世纪 80 年代。它庞大而复杂，无法与我们对智能手机应用程序的期望相提并论。谁想要改变这些系统中的任何东西，都需要很大的耐心。几乎所有工业领域的软件制造商都会遇到一个问题，即重新编程的灵活度就像一艘想在公海上 180°掉头的超级油轮一般，而云端的应用程序结构则可比拟快艇。

但是过时的软件架构导致接口同样不灵活。来自生产和物流领域软件产品的主要制造商的接口几乎没有设计成用于 IO-Link 传感器和执行器接收大量数据，必须以一种方式更改软件，使其首先明智地过滤数据。如果数据在云中的公共数据库中可用，则可以在每台平板电脑或智能手机上进行描述。

根据 Machina Research 的一项研究，到 2022 年，全球将有 140 亿台机器通过自己的 IP 地址连接到 IT 世界。如果这些数据是可评估和可描述的，就可以创建一个由机器组成的 "Facebook"。每个传感器都可以通过这样的软件将其数据和独特的功能带到显示器上，已经可以从 IO-Link 传感器的数据中推断出很多信息：

- 工厂接下来什么时候会出现故障。
- 生产一个产品需要多少能源。
- 哪些工艺参数使质量最佳。

这种生产透明度是全新的，对制造商来说非常有价值。设备操作员通过计数表进行统计，Excel 表的比较以及数据不一致和不可预测的机器故障都已成为过去。

连续实时反馈由于过于昂贵，在几十年前是不可能的（Kleinemeier，2014，第 577 页）。现在有了工业 4.0 和 IO-Link 的技术可能性，情况有所不同。例如，出现了从一个中央实体管理所有数据流的公共数据库——云。考虑到来自机器的数据量，例如，机床（20~30 TB/年），中央存储必须通过有用的分散式缓冲和数据的选择性传递来扩展（Büttner 和 Brück，2014，第 144 页）。

通用数据库确保（自动收集的）数据的冗余自由和数据库存的高度完整性，具有通用语法和语义的 "单一事实来源"（Schürmeyer 和 Sontow，2015）。标准化的负面影响，即应用程序的单一和调整选项的丢失，这些个性化的调整选项被简化为通用接口，即由代理或服务组成的 "数据吸尘器"（Rögner，2010，第 79 页）。目标和控制量存储在一个公共数据库中，例如，在与代理或服务相关的云平台上使用，具有集中存储信息的公共数据库可以多次链接并通过通用接口进行转换（Kirsch 等，2015，第34页）。

代理或服务基于通用过程模型和特定格式的转换、过滤或聚合，对控制量进行内容方面的统一收集。它可以根据 EDI 和 XML 等标准来识别、处理和诊断数据。超文本传输协议（http）是一种可能的实现方式，可能作为安全套接层协议使用（SSL，https：//...）。设备的二进制数据通过代理在句法上转换为 XML 文件，同时将附加语义数据添加到订单、序列号或时间戳中。

作为通用接口的代理和服务的工业4.0范式如下（Bauernhansl 等，2014，第 V 页；Gärtner 和 Schimmelpfennig，2015，第131页）。

● 实时能力（性能/可用性）

– 实时处理的同步性，在设备上的映射至少在秒级，在自动化技术上直接连接的聚合和写入功能在毫秒级。

– 效率，归因于资源的共同使用或数据转换的并发性（多线程）。

● 开放性（整合能力/规模）

– 纵向到 ERP 不受媒体介质的干扰（数据的普遍性），在不同的聚合水平上进行描述（透明度）。

– 通过扩大规模实现横向发展，这意味着以开放的姿态实现持续增长。

● 安全性（稳健性）

– 容错性，随时进行功能性能的同步错误处理和过滤。

– 狭义上的安全，通过端到端（E2E）加密保护单个系统组件和传输的数据。

作为通信应用程序，不同的软件工具已经在设施中提供了很长一段时间的应用，用于 IO-Link 参与者的规划、参数化和诊断。像 FDT/DTM 这样的开放工具允许对终端设备进行独立于制造商和现场总线的参数化。在这里可以跨多个通信层级进行访问。

还有一种可能性是制造商特定的软件工具，用于现场总线或硬件组件的配置，并且可以通过相应的驱动模块或 IODD 与 IO-Link 设备进行通信。西门子的 S7 配置器是其广泛使用的代表。西门子的"Mindsphere"是一个更现代的版本，它在云架构中提供应用程序。

软件工具 LR 设备由 ifm 开发，用于生产和客户的 IO-Link 参数设置，也可作为云版本使用。要对连接的或即将运行的 IO-Link 设备进行参数设置，可以使用 LR 设备。LR 设备的用户界面如图3.9所示，其手机的界面较短。设备参数化可以预先（离线）和在线完成。通过连接的传感器，可以在移动设备上查看测量值。

ifm 集团的软件框架已经有一个应用程序，用于可视化并通过 IO-Link 测量获得数据（"SmartObserver"）。ifm 软件模块的示例性用户界面如图3.10所示。IO-Link 传感器识别的数据会自动传输，就像参数、诊断和过程数据一样，因此出现了一种传感器

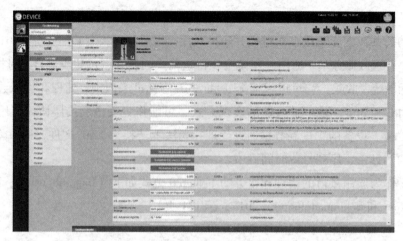

图3.9 LR 设备的用户界面

资料来源：ifm 电子。

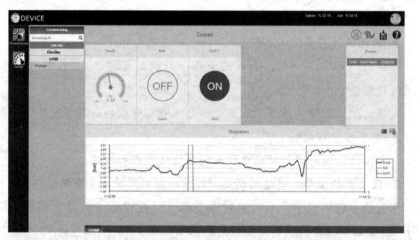

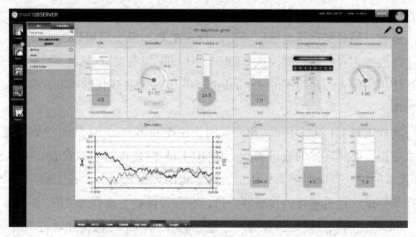

图3.10 ifm 软件模块的示例性用户界面

资料来源：ifm 电子。

Facebook，正如之前所要求的那样。SmartObserver 主要用于监控状况。生成警报指示即将进行的维护任务。计划外的停机时间和预约变更转变为计划内的。压力传感器测量值的示例性可视化如图 3.11 所示。软件模块 TTQ——作为按照 ZVEI 对追溯系统的需求而建模的应用程序——应该完全收集过程可追溯性的所有控制器质量并将它们发送到公共数据库（ZVEI，2009）。

检查一个软件解决方案是否符合 IO-Link 和工业 4.0 的要求，以 ifm 软件框架及其通用接口"代理"为例进行说明。在过去几年中，围绕工业 4.0 高速涌现的软件应用程序多，在对一个软件解决方案做出决定之前，检查标准是非常重要的。首先检查 CPPS 的要求：

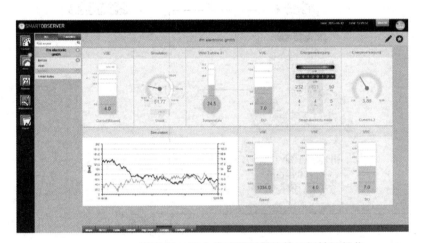

图 3.11　压力传感器测量值的示例性可视化

资料来源：ifm 电子。

● 通过代理，在 IO-Link 传感器和 IO-Link 识别系统的 IODD 的帮助下收集订单、各自的数据和时间戳。现在通过垂直整合确保了通信和数据的普及，因此，硬件到 ERP 和云的数据耦合现在已经存在。

● 因为代理允许双向通信，所以可以向 IO-Link 执行器发出命令。

● 形成多代理系统（在云中与云服务一起），创建通用数据库和虚拟产品地图。

● 与代理相连的软件应用程序应承担信息聚合和处理任务，并在应用程序通信的意义上为人们提供决策帮助。它们作为通用接口由代理操作。

因此，代理是一个通用接口，可满足实时、开放和安全的工业 4.0 范式（Deloitte 和 Touche，2013）。

● 实时能力（性能/可用性）

- 实时处理的同步性：通过保持写入和读取的可能性，代理的传输速率可以达到 758 Mbit/s（Deloitte 和 Touche，2013）。较慢的远程访问（573 Mbit/s 远程程序调用）允许以更便宜的方式联合使用中央计算机（Thiesse，2005，第 111 页）。因此，LR 代理的传输速率高于 IO-Link 接口。

-效率:在数据的选择和转换过程中,通过逻辑拆分和多线程来保证性能。

● 开放性(整合能力/规模)

-纵向:代理的集成能力体现在,在硬件抽象层(<50 kByte)上嵌入 Y 网关的可能性。由于代理与 SAP 的软件产品一起形成代理 CP,因此可以与 SAP 进行 PCo(工厂连接)、持续和相互通信(见图3.12)。

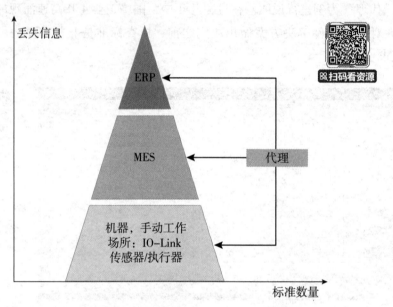

图3.12　通过 SAP 中的 Agent CP 进行传输

资料来源:Jahn, 2015, 第106页。

-横向:通过代理的通信接口,来自不同数据源的最著名的数据格式被收集并以统一格式传输到公共数据库。数据处理通过 LR 代理与数据库和通信接口完全解耦。多代理系统的发展不需要新的实体编译、通信接口的灵活配置、链接和数据库模板以及硬件结构(主机系统)的多种可能性。数据可以在中央服务器或云上存储,也可以在雾计算的意义上集中存储。

● 安全性(稳健性)

-容错:如果发生错误,线程在同步数据传输过程中会卡在通信接口中,直到数据传输成功完成或因错误而永久中断。

-狭义上的安全:没有实施加密。

满足制定要求的软件产品代表了对自动化和信息金字塔的克服,尤其是通过垂直和水平扩展。正如 Stuxnet 的例子所示,在真实世界和虚拟世界之间的完整传输中必须考虑特殊的安全概念。

3.4.4 工业4.0的安全概念——安全和安保

由于 IO-Link 等标准以及 OT 和 IT 金字塔的解体，工业 4.0 的安全概念和风险考虑在工程中变得越来越重要。但首先，必须区分安全和安保要求。

如今，几乎没有工厂缺乏适当的安全概念，即机械安全和个人保护。显然，这对电子设备也有影响。过去在紧急停止期间，关闭所有机器部件的电压就足够了，现在单个程序彼此如此精细地调整，运行如此交织在一起，以至于必须根据需要进行有针对性的分段关闭或按照不同的停止类别停机。

现代安全概念基于硬件和软件安全的混合，可确保在紧急情况下一切正常。冗余和双跟踪是最重要的，可以达到更高的可用性。根据使用的安全类别，电子工作量会增加。所有主要的现场总线都定义了安全数据传输的安全协议；在安全意义上，这些协议是单独传输的，或者是与"不安全"信号结合传输的。

设备硬件故障可能会导致安全问题。关于 IO-Link 作为最后一米的通信接口的内容，在第 16 章中进行了描述。除此之外，IO-Link 设备已经可以用于所有非安全相关的应用程序。

术语安全表示数据传输的安全性。由于 IO-Link 和 IT 之间双向通信，出现了新的安全风险：滥用数据。当硬件和软件在工业 4.0 中耦合时，以前严格分离的世界现在从横向和纵向两个方面都连接起来。具有恐怖主义背景等的竞争对手、黑客或其他攻击者可以使用 IO-Link 传感器和执行器进行以下操作。

● 拦截：例如，通过拦截传感器和执行器的参数化以及它们生成的数据来监视创新的生产过程。

● 破坏：例如，对危及生产或危险操纵执行器的传感器进行参数设置。

通用数据库使得数据的安全性尤为重要。由于通用数据库和通过应用程序通信的耦合，出现了有关数据保护法律和安全技术方面的新问题，这些问题本应在开发中已得到解答。除了独特的产品标识，需要用户友好的安全概念、结构和标准。安全问题的解决方案在生产过程中并非微不足道，还必须对用户友好，因为病毒扫描程序、安全软件更新和防火墙会破坏数据的实时可用性。在生产中无法关闭 IT 系统以防止进一步损坏（Kagermann 等，第 53 页等；Schöning，2015；Eckhardt，2015；Theisinger，2015）。

如果数据在网络中被集体使用，软件会出现不同的数据安全问题（Schöning，2015；Eckhardt，2015）：

● 收集的数据本身可以帮助得出有关人员和订单情况的结论，这意味着它们与《联邦数据保护法》相关，也与竞争相关。

● 数据的可用性本身就是一个容量因素，就像工作系统一样。

此外，收集数据的法律保护上也不够清晰。数据库仅在需要大量投资或包含个人相关数据时才受到版权法或联邦数据保护法的保护。在生产网络中，数据保护必须通过保密协议或网络合同进行额外监管。必须通过受限制的控制权和证据要求来检查其遵守情况，并应让不遵守者缴纳损害赔偿或罚款。

通过以下方式为软件应用程序和数据库定义用户友好的"设计安全"：

- 考虑互惠合同关系，例如保密协议（NDA）。
- 工作系统数据库中的数据粒度增加，并在控制量允许的范围内减少语义。
- 尽可能多地指定使用权限并在安全的云中进行管理，以免影响设备的使用。
- 连续记录操作和快速识别异常。

仅仅保护云中的数据是不够的；还应使数据在生产和运输过程中免受拦截和破坏。端到端（E2E）安全性还需要工业4.0的自动化行业对于硬件数据进行保护，这很少得到落实（Finkenzeller，2012，第245页和第280页等）。由于可以使用序列号进行识别和指定，IO-Link 中的抄袭安全性解决方案比其他传感器的解决方案要好得多。从 IO-Link 的角度来看，Y 路径对安全性有积极影响：Stuxnet 会受到 Y 路径的阻碍。由于使用此方法无法从 IT 直接访问控件，因此不会影响执行器的任何操作。在 Stuxnet 攻击期间，离心机不会过度加速。通过 Y 路径连接到虚拟世界可以达到更高的安全级别。

然而，双向 Y 路径也带来了额外的安全或安保问题。当 IT 使用承担第二个主站角色的 Y 网关时，情况更是如此。控制器的参数命令与 IT 到 IO-Link 传感器的命令之间必须有关于优先级的不同规则。

数据被拦截和破坏的风险需要安全的传输系统来规避，尤其是在无线范围内（蓝牙、WLAN、GSM）；唯一的例外是随之而来的证书和加密管理的引入，这会大大增加需要传输的数据量。

对于 IO-Link 设备，只有在传输过程中才能免受拦截和破坏，前提是：

- 设备的真实性通过密钥进行保护。
- 数据机密性、完整性（不可操纵的数据）和奇异性（不可再现，因此可复制的数据）通过加密协议进行维护。

可以考虑在 IO-Link 传感器中引入密码。一个可以访问微处理器所有扇区的 IO-Link 接口的 128 位密码将允许超过 40 亿种组合，但普通计算机可以在一秒钟内识别这些组合。根据 ISO/IEC 9798-2 的元 ID（主密钥）或对称身份验证（证书管理）是可以想象的，其中密码具有云中软件也知道的通用但秘密的密钥。通过该密钥，IO-Link 设备的相互识别通过加密随机数的创建发生，不传输密钥本身。但是对于销售给许多客户的软件而言，密钥很可能是已知的并且可以被复制，这使得作为安全度量的身份验证过时了。

每个传感器或执行器通过非对称身份验证接收另一个密钥，以避免外来者知道密钥而造成破坏。对于非对称认证，序列号——无论如何都被读出——在传感器或执行器的生产过程中使用，以通过元 ID 计算推导出的密钥。该元 ID 用于激活 IO-Link 设备（Finkenzeller，2012，第 284 页、第 297 页、第 413 页和第 434 页等）。例如，为了通过元 ID 进行激活，客户可以使用标签上的规范。因此，首先需要与设备进行视觉接触。

一个更小的限制是使用不对称认证和公共主密钥的解决方案，其工作方式类似于电子邮件加密中的 Pretty Good Privacy（PGP）。通用将主密钥作为密码存储在传感器或执行器中，导致了对 IO-Link 设备中存储空间的各自需求。

此外，每个客户都会获得一个单独的密钥。公共主密钥可以对通知进行加密，而单独的客户密钥可以对其进行解密。例如，EEPROM 中的密码保护存储区用于使用公共主密钥对消息进行加密，一个存储区用于解密通过 IO-Link 设备获取的来自客户的消息，另一个存储区用于解密通过设备从传感器制造商获取的消息。客户的密钥应存储在公共数据库中的安全客户区。例如，块密码可以用作加密算法。有了这样的密码安全性，密码协议应集成到 IO-Link 设备或主站的硬件和软件（例如 LR - Device）中，这需要设备或主站的额外存储空间。

所有不可更改的制造商规范（如生产数据）都存储在为传感器或执行器制造商加密的存储区域中。从客户角度来看，信息存储在需要定义的客户区域中。设备上的密码作为万能钥匙是唯一可以改变所有存储区域安全性的存在。上述加密过程对应于分层密钥概念。这个关键概念的一个缺点在于微芯片的固定分段存储，这导致了有用存储空间的浪费。在工业 4.0 环境中需要对密码进行标准化（Kagermann 等，第 62 页等）。

尽管有这些方法，但 IO-Link 背景下工业 4.0 的 IT 安全基本上是"圆的平方"（比喻做不可能的事），仍然需要大量的研究，例如关于区块链的研究。

3.4.5　IO-Link 安全的实用方法

IT 安全主要体现在基于以太网的网络上。当今已知的所有专业黑客攻击都使用 PC 感染本地网络，或使用 Internet 进入服务器。为此，我们拥有广泛的专业知识和所需的工具。要通过 IO-Link 网关及以太网攻击数据，并进一步通过 IO-Link 攻击单个传感器，需要与 Stuxnet 一样多的犯罪能量和更多的财力。不应低估"勒索软件"：通过传感器访问消除生产甚至能源生产商的威胁具有相当大的勒索潜力。

这导致了一个基本问题，安全机制应该在多大程度上扩展到最低的自动化级别。由于80%~90%的传感器和执行器是简单且廉价的设备，因此应该询问经济问题，即客户是否愿意为更安全的设备支付更多费用。下面描述了一种已经广泛使用且实用的安全方法。

这种务实的解决方法需要以下先决条件：

● 所有 IO-Link 设备均采用传统接线方式，因此排除了通过"空中接口"进行的攻击；没有无线设备。

● 设备或工厂位于封闭区域，只有经过授权的人员才能进入，不包括对 IO-Link 接线、主站和网关的直接物理攻击。

● 自动化网络与普通办公室 LAN 分开，并由 IT 建立在 DMZ（非军事区）中，即通过防火墙限制和精确定义对内联网或外网的访问进行控制。

在这些前提下，可以假设自动化网络（包括其连接的网关和 IO-Link 设备）处于安全区域。内部服务器与具有独立软件和数据库的自动化网络的连接或通过安全网关与云服务器的连接是通过硬件中记录的端到端加密实现的，云服务器上必须安装对应的副本（见图 3.13）。

区块链等技术的快速发展可能会推动端到端安全的发展。但在此之前，这种务实的方法提供了一个很好的机会，可以在认真进行风险评估之后从工业 4.0 和 IO-Link 开始。这种风险评估和安全目标的定义可以根据 BSI 和 VDMA 推荐的标准 IEC/EN 62443 来完成。第一批供应商已经提供了各自的具有嵌入式安全性的物联网核心网关。公司始终面临的最大风险是在工业 4.0 和 IO-Link 方面无所作为。后面章节中的应用程序将非常清楚地说明这一点。

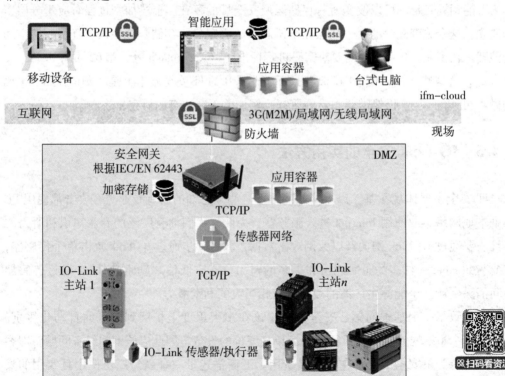

图 3.13 IO-Link 设备与服务器数据库的安全连接

资料来源：易福门电子。

4 从用户的视角看 IO-Link

IO-Link 是快速获得关于工业 4.0 竞争力的完美起点。从那时起，传感器或执行器制造商可以改进产品，或者扩大产品种类；机器制造商可以为客户改进（售后）服务；生产商可以优化自己的生产（Faeste 等，2015，第 4 页）。

4.1 IO-Link 对传感器或执行器制造商的意义

当然，IO-Link 的引入对电子制造商本身来说并非没有好处。由于传感器和执行器中日益复杂的电子集成，内部调整、检查和质量过程也需要新的结构。许多设备在几个生产阶段都经过了测试。对此，IO-Link 是一个适合的通用接口。由于大量不同产品的测试设施在进行标准化，所以与之前的私有接口相比，IO-Link 具有优势。统一的软件设置和互通的专业知识对同质化的质量设置起到了更大作用。

甚至带有 IO-Link 的序列号也可以为传感器和执行器制造商带来效率和质量方面的领先优势。编号系统用于命名和识别（Eigner 和 Stelzer，2009，第 35 页等）。因为 IO-Link 特定的序列号允许在专有的生产中实现独特的可追溯性，而行业中常见的批号只监测相同条件下生产单位的批量大小（Felsmann，2006，第 6 页）。例如，如果发生质量缺陷，传感器和执行器的序列号会比以前的序列号触发更全面的召回。当序列号和完整的产品追溯都可用时，需要提供的替换品明显减少。在现场，客户要拆除的设备更少了。客户停机成本和电子产品制造商的形象损失都明显减少。

批号不具有实时相关性，而实时相关性正是检查和过程追溯所必需的。尽管如此，序列号可以大大增加 FPY 与它们的实时相关性，这也极大地增加了数据量。不过，随着存储空间成本呈指数级下降，从长远来看，这只扮演一个从属的角色。

尽管有 IO-Link，但如果电子产品制造商使用批号，会导致生产过程变慢，这是由于设备微处理器对序列号或其标签执行相应的读入过程。这个问题可以通过不需要电源的无线接口来解决，例如，基于 RFID 的无线接口。使用 RFID 的读入过程快速、廉价又自动，其存储空间也很便宜。IO-Link 设备的序列号可以很好地用于内部产品跟踪和文档记录，这是功能或过程安全所必需的。从安装电路板开始就使用的序列号将电子制造商的制造转变为"基于序列号的制造"，ZVEI为此定义了用于产品跟踪的示例（见图4.1）。

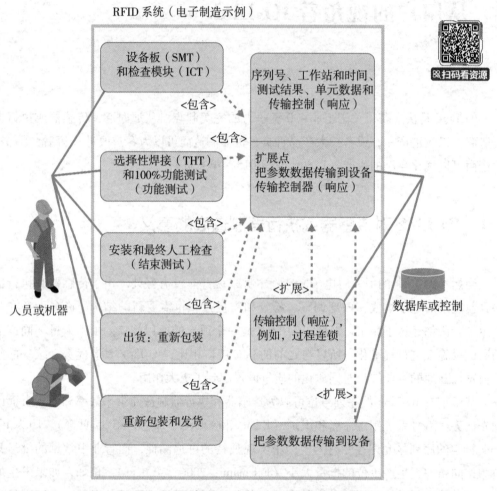

图4.1 通过 IO-Link 序列号进行追溯的示例

资料来源：ZVEI，2009。

如果兼容智能手机的无线接口与 IO-Link 主站之间存在连接，那么客户能够使用移动设备读取 IO-Link 测量值，并可以使用移动设备更改参数。固件更新也可以通过这种方式完成。尽管软件和固件的重要性与日俱增，但这个话题以及由此带来的生产和错误成本方面的节约却很少受到关注。甚至连无线 IO-Link 设备的客户专用的寻址和参数化功能也没有得到太多考虑。它不仅可由客户及其智能手机实现自动化，而且可以由在仓库中的设备制造商进行序列号调试。

IO-Link（特别是具有附加无线接口）为设备制造商带来的超出其自身生产和质量管理范围的优势如下（Schreiter，2012）：

- 参数、编址和用户的固件处理

  - 可能的客户专用固件变更；

  - 通过无线接口更改通信和设备参数，省去物理接口；

  - 在有源或无源的情况下进行现场设置；

  - 在高防护等级下的设置和检查；

  - 在成品终端设备上进行校准，无需任何特殊接口；

  - 固件版本现场可读可更新。

- 客户现场的诊断

  - 即使印制标签遗失或不可识别，也可读取设备信息；

  - 作为工厂备件（安装位置）的集成设备的文件和可用于客户的自动化功能能够被永久地存储在设备中；

  - 即使有高度的防护措施，在设备发生故障时，如果存储芯片没有损坏，也可以进行诊断；

  - 可通过远程诊断读取设备状态，并由制造商进行分析；

  - 通过远程诊断和目标召回检查退货。

IO-Link 设备的主要附加好处意味着该设备制造商现有商业模式的改变。价值主张、价值链和收入机制会变化：

"价值在市场中，在实际的商业模式中发展。这就是为什么论证必须来自市场本身的潜在利益。"（Bauernhansl，2014，第 31 页；Gassmann 等，2013；Kaufmann，2015，第 11 页等）

4.2　IO-Link 对机器制造商的意义

除了机械系统外，典型的机器由几个具有不同接口的模拟和数字设备组成。通过许多单独的电缆，这些设备与在用户程序中被读取、分析和处理的控制器输入和输出模块相连，可以接入现场总线，将集中式 I/O 等级重新定位到机器的分布式模块中，而不是直接并行地连接到 PLC。通信大多在此结束，这意味着终端设备要么限于二进制或模拟信号，要么（例如旋转编码器）通过特殊接口与控制器直接相连。IO-Link 打破了 I/O 模块与传感器/执行器之间最后几米的通信障碍，并将自动化金字塔转变为自动化网络。机器接线现在可以更细，信息现在可以通过 Y 路径连接，实现远程服务。

因为网络，在机器制造过程和机器调试过程中，系统的最终管理问题已经出现在单个或多个工厂制造商与客户之间，还包括通过高阶控制器软件编程或通过 Y 路径直接进入 IT 世界的集成商之间会出现的相互依赖问题。

在工业4.0中，不仅整个自动化技术（OT）世界需要作为一个整体，IT世界和OT世界也需要作为一个整体，因为它们存在相互依赖性。这意味着从蓝图到装配和调试的不同阶段必须接收适当的数据或至少使其可用。行业要求，一旦收集到识别、地址或参数数据，无须再次输入。IO-Link标准允许这种单一输入，因为数据可以自上而下或自下而上自动分发。存在不同的现场总线网关集成工作组（如AS接口、Profibus、PROFINET或更现代化的、与IT世界有关的），正好开发出这种一致的通信基础。一旦系统的最终管理权在机器交付后从机器制造商移交到操作员，在基本操作条件下，IO-Link和Y路径无须更改此处的任何内容，因此可将工厂专有技术固定在控制器装置的安全功能模块中，以防止未经授权的访问。

机器制造商以多种方式从IO-Link中受益。下文提及了不同的增值内容，将说明IO-Link与现场总线、Y路径和IT世界相结合给工程带来的优势。当然，前提条件是所需求的产品具有IO-Link接口。

4.2.1 IO-Link 对电气架构的意义

机械制造商的电气架构涉及不断变化的要求和新的工厂概念。大多数情况下，后续工厂必须比前一个更高效或要求的维护更少。而且，由于不断变化的要求和新的工厂概念，从经验上看，从首次试运行到更新的周期变得越来越短。除了现场总线外，IO-Link可用于解决外围设备连接过程中的最后一米的问题。它也可以在以后某个没有任何问题的时刻被添加。接线计划保持不变，只有IO-Link设备被重新规划，是IO-Link模块被集成，而不是传统的现场总线模块，前提是这些模块最初没有被规划。通过这种方式，电气结构的数字化简单得多。

4.2.2 IO-Link 对机械架构的意义

有关工厂的效率要求（见4.2.1）同样适用于机械架构。时间因素决定竞争优势。工程师被迫在很短的时间内根据电气设计计划添加和调整新单元。在非常短的实测运行期间根据工厂的规模在客户处定期进行技术上必要的更改，这几乎总是会影响传感器和执行器。与非通信设备相比，IO-Link表现出两个关键优势，这意味着对机器先前的机械结构没有改变，这两个优势如下。

● 功能的灵活性：除一个或多个开关点的数据外，许多IO-Link传感器收集额外的过程数据（测量值，以前称模拟值）。根据应用程序，两者都始终可用。IO-Link PLC/现场总线端口可输入和输出这两种信号类型。

● 接线的灵活性：简单的二进制开关可以通过IO-Link I/O模块随意连接。一个

IO-Link 端口可操作最多 32 个二进制开关信号。现场总线模块没有任何变化，这可能也是最复杂的配置。

4.2.3　IO-Link 对软件开发的意义

工程行业的软件开发人员仍然需要处理面向汇编程序的软件。尽管 IEC 61131 − 3 也描述了面向对象的编程，但大多数控制器编程仍然使用面向硬件的命令。模块化的可能性相对较小。此外，需要调整不同控制器制造商提供的不同设备和编程语言。除了将完全混乱的功能模块集成到自己的创作中，控制器和可视化软件的总范围变得越来越复杂和具体，因此新机器需要进行许多调整。此外，现场总线地址和诊断接口必须在 IT 世界中被识别，并且每次都要重新配置。由于软件程序越来越复杂，即使是最悠久的机器制造商也无法了解所有种类，其客户更是如此。即使只是将一台机器集成到客户特定的 IT 金字塔中，也会占用大量工程师的时间和金钱，这一点被大大低估了。

开发人员也无法理解复杂的结构。一份好的文档会受到时间压力的影响，这对员工理解机器毫无益处。IO-Link 和基于它的 Y 路径是一个主要的简化渠道。通过基于硬件的 Y 路径，应有意识地将 OT 控制器编程和 IT 应用编程区域分离。由于物理上严格区分的 IP 地址范围，每一方都有自己的独立通信，确保不同行业在项目和调试过程中有基本独立运作的港口。

总之，IO-Link 的关键优势是：

● 标准的硬件接口在控制器和应用编程中也只需要一个标准功能模块。

● 机器功能和应用之间的软硬件分离由 IO-Link 实现，减轻了 PLC 的负担，并保障这两部分的编程没有冲突。

4.2.4　IO-Link 对采购员的意义

对于机器制造商来说，传感器的购买成本占总成本的 1.5% 至 3%，对于终端消费者来说更是如此。当然，传感器在过去是创新的推动者，而不是决定性的成本因素。对购买者来说，这使得减少这些"C 类部件"的数量、种类和库存变得更加重要。

由于 IO-Link 的存在，购买者可以减少整个传感器和 I/O 模块的类别。在许多情况下，由于向后兼容性，只需使用一个现场模块（IO-Link 主站）就可操作所有的传感器、智能 IO-Link 设备和执行器。这样，合适的模块始终可用，并且由于数量集中，可以协商更好的条件。最佳的方案就是，先前的二进制输入、二进制输出、模拟电流输入/输出和电压输入/输出模块的划分被转移到一个标准化的 IO-Link 端口。

买方还有一个优势在于将经典的三芯接线连接到传感器上。以前需要的模拟信号屏蔽电缆已经成为过去。在关键位置上 IO-Link 设备可以替换现有设备，以获取更多诊断信息。I/O 模块可以更有效地被使用，因为未使用的 IO-Link 端口可以与传统传感器连接。毕竟，准模拟量值可以通过 IO-Link 作为过程数据被读取。由于接口标准化并且输入输出端口被最佳利用，节约成为可能。

在买方利用数据的情况下，IO-Link 序列号也可以降低 C 类部件的订单成本。这种可能性创造了一种全新的效果，即实现识别和跟踪传感器，即使是在客户处。传感器或执行器中的识别 ID 不仅可以确定零件的确切来源，即使其已集成在客户工厂中了，也可以为工程师存放与制造商有关的编号。通过这种方式，工程上可以利用自动化技术防止机器与任何其他不属于"自己"的传感器或执行器一起工作。这导致购买原装零件和更换零件费用的增加。最后，IO-Link 设备上的自由存储空间能够回收机器数据并启动区块链，从而提高安全性。

4.2.5　IO-Link 对远程服务的意义

控制器更换费用并不是 IO-Link 为机械行业的新服务模式提供的唯一要素。如果工程师已自己安装了 Y 路径，那么他可以通过远程访问感受全新的远程服务质量。这在保修期内尤其有用，因为机器的操作对于用户来说还没有成为常态，而且根据经验，大多数操作错误都会发生。IO-Link 提供的对过程和诊断数据的查询，以及离线参数化，都可以根据条件监测或预测性维护（而非维护间隔）确定面向自身的新服务模式。现在，签订服务合同和托管服务的质量要高得多。甚至现在可以为用户确定和改进机器质量。由于 IO-Link 的存在，新的面向服务的商业模式成为可能。

4.3　IO-Link 对制造型公司的意义

机器一投入运行，一个问题就会出现："谁对整个系统负责？"特别是在出现故障的情况下，工厂操作员希望系统诊断能够持续运行，而不会出现任何不必要的竞争。工厂的可用性很重要，因为谁的工厂显示出的停机时间最短，谁就能在经济上取得优势并能生存下去。

表 4.1 列出了 IO-Link 给制造型公司带来的优势。

表 4.1	IO-Link 给制造型公司带来的优势
调试	维护
时间优势，因为所有设备均由 PLC 参数化	连续的诊断信息允许进行基于条件的维护
没有因错误的参数设置而导致的错误	在更换设备时，自动重新设置参数节省了在文档、不同菜单和操作过程方面的工作量
参数化的自动记录和存储	可记录的诊断信息允许进行预测性维护

4.3.1　IO-Link 对维护和运营的意义

保养任务包括四个部分：

- 故障发生后的维修，大多伴随停机时间；
- 定期检查；
- 防止过早更换或大修部件，尽管这会避免生产停机，但会导致不必要的部件更换；
- 持续改进以减少有时短暂出现的故障。

如果保养由维护、检查、维修和改进四部分组成（Schuh 等，2009，第 3 页），那么第三次工业革命的发展已经改变了这些部分在时间上的关系（见图 4.2）。由于生产自动化的发展，生产的故障敏感性呈指数级增加（Schuh 等，2006）。直到 20 世纪 60年代，由于预防性维护增加了维护和检查的时间，维修已进入了每个人的意识中。维修人员不得不提高自己在电气方面的能力，现在仅靠机械是不够的。这促使人们为机电工程师开设了培训课程。

图 4.2　生产和维护的相互发展（Moubray，1996）

在 20 世纪 90 年代初，人们谈论了很多关于状态监测的问题。关于这一主题的讨论是由用于在线监测驱动器的振动传感器引发的。其滚柱轴承通常在三到五年内容易磨损，这是由于驱动器损坏而导致整个输送线停产的完美例子，这些驱动器对生产很重要，但并不十分昂贵。

工业4.0中的预测性维护试图通过状态监测尽可能详细地指示机器部件的磨损程度。例如，它映射来自振动传感器、算法和失效预测的数据。通过这种方法，可以计划维修，减少维护，用自动化监控代替检查，同步改进是未来维护的重点。因为IO-Link、工业4.0以及当今有大量的关于机器状态的信息可用，使得状态对维护人员和生产人员的透明度变得非常高，可以在此基础上做出决策。机器的用户和维护人员有机会进行"综合维护"（Schuh 等，2009，第32页等）。

维护可以转变为一个领域，在这个领域中，除了计划性维护和维修外，还应聚焦工厂及其维护工作的持续改进。通过这种方式，它发展为一种面向状态的维护和预测性维护，不再是故障时的"消防"任务，也不再是对机器部件进行更换的预防性、计划性维护。尽管用于监测磨损的振动传感器和其他传感器现在不再昂贵，但相关被期望获得重大成功的可能性仍然没有推进。维护4.0只是开始利用IO-Link、工业4.0和与IT世界的链接建立起来的。

其至精益管理和TPM让生产人员承担维护任务的要求在过去也大多被忽视，仅适用于机器清洁等。缺少资格和激励是一个很大的因素。如果机器操作员能够识别机器的状况，并观察未来不同操作的后果，则他的操作方式发生变化的可能性以及关于机器的知识也将增加。

同时，在工业4.0加工的实际操作中，任务减少了：例如，配方在线传输的过程中，带有RFID的工具和带有IO-Link的产品质量被自动识别。对维修人员而言，也是如此："消防"和检查任务在某种程度上被减少了，并且智能算法和分析工具可以用于及时和可预测的维护和维修。例如，可通过IO-Link提供诊断数据。

在容量不变或不断减少的情况下，随着自动化程度的提高，凭借现场总线以及附加的诊断接口，维护人员的任务变得更复杂了。IO-Link为摆脱这一困境铺平了道路。IO-Link设备可以独立识别是否正确集成（在正确的地址下），并且可能只有在正确集成情况下才工作。具有相应的存储空间，结合客户处的芯片，可以实现诊断，以便更快地在设备中发现错误（Mattern，2005，第56页）。尽可能多的诊断数据可以通过规范化接口直接传输到IT世界。

4.3.2 IO-Link 对质量管理的意义

IO-Link传感器中与质量相关的过程数据始终可以被记录、录入、统计分析并永久存档在共用数据库中。由于存在智能IO-Link设备，许多手动生成日志过程被省略。智能传感器可以诊断静态信息，如污染、不正确的调整等。动态过程数据可以通过IPC中的 Y 路径与时间戳或作业数据（如有必要或通常）一起归档，并被传输到共用数据库。这种可能的集成通过检查可追溯性和减少现场总线上的数据量，减轻了 PLC 的负担，加快了错误诊断。如果过程数据也与产品跟踪相关联，则可以将产品和过程质量相关联。

4.4 IO-Link 对高级管理层的意义——优势总结

为什么高级管理层对 IO-Link 是有兴趣的？由于运行过程中的在线诊断，重要的数据，诸如停机时间、生产数量、OEE、报废、质量等可以通过 IO-Link 和 Y 路径被实时访问。结合云解决方案，无需专用软件即可在全球范围内访问机器数据，所需要的只是一台可以上网的电脑和一个浏览器！

总之，电子制造商、机器制造商和生产型公司的高级管理层再次从 IO-Link 的所有优势中获益。智能 IO-Link 传感器的优势如表 4.2 所示。

表 4.2 智能 IO-Link 传感器的优势

公司类型	开发	调试	维护	设施运营
电子制造商	微处理器标准	参数化软件标准，可离线参数化，参数集存储	无变化更换，确保原装零件，安全诊断	通过 Y 路径或控制进行参数化
机器制造商	简化接线、编程、文档、改进采购条件	通过远程访问实现参数化，通过 Y 路径简化接口	无变化更换，确保原装零件，安全诊断	记录远程服务过程数据
生产型公司	水平布网容易实现	集中参数化成为可能，参数连续记录和存储	无变化更换，通过控制直接重新参数化；与不同的菜单结构和操作理念不发生冲突；对预测性维护进行诊断，从而在运行期间对可用性更好的工厂的状况进行规定，简化维护准备工作	传感器参数可在运行过程中进行更改，连续机器诊断用于防止故障时出现操作错误，快速更换而无需特殊知识，记录质量管理过程数据

到目前为止，有一些制造商提供直通 ERP 系统的透明数据体系结构。IO-Link 传感器和执行器可以通过 Y 路径直接把过程和诊断数据从 IO-Link 主站发送到 ERP 系统，例如 SAP。然后，软件接收模块可以触发维护行为，订购更换零件，比较机器和人力资源等。工业 4.0 的一个愿景变成了现实："机器自组织"。

5 工业 4.0 和 IO-Link 的使用现状
——应用案例

在工业 4.0 提出之前就已经十分明确：数据的合理过滤只能由了解客户应用的人来完成。设备制造商和用户都需要掌握专业技术。比如，普遍存在的情况是其需要了解设备调试期间能够达到的阈值，并且此时警报处于关闭状态。但是，如果在相应算法中并没有考虑到这种情况，显示器则会显示许多不必要的警报，这将导致未来忽略重要警报。尽管目前在 IT 领域只有极少数人具备这类专业的应用知识。

面向设备制造商和用户的小型、基于 web 和云端服务的应用软件（App）必须与控制人员联合研发，现在 IO-Link 为其奠定了基础。

5.1 电子制造业的应用

物联网（IoT）中的虚拟生产或数字孪生和"智能"产品——相应的硬件——可使用 IO-Link 传感器创建联系。

IO-Link 不仅改善了电子制造商的产品，还允许设备制造商在增添无线接口时创建新的商业模式。这不仅节省了现有设备在设计（例如，省略硬件接口）、生产和存储上的成本，而且，得益于移动描述和可读性，为客户提供了具有额外价值的创新内容。无论是新项目还是改造项目，IO-Link 都能够赋能智能产品、智能服务和个性化产品的研发。这些都是工业 4.0 背景下新商业模式的可能性特征。

IO-Link 设备创建了一个智能化、个性化的产品，并通过其智能服务、软件和兼容产品让更多的客户参与进来。传统的自动化金字塔不采用无线接口以及 Y 路径。如果 IO-Link 传感器采用用户友好、独立于平台的客户界面与设备制造商的服务以及生产公司之间的自动数据收集和订单跟踪相关联（Mattern，2015，第 63 页；Pantförder 等，2014，第 147 页；Wießler，2015，第 15 页），则可以发挥其全部潜力。工业 4.0 的商业模式是创建"传感器互联网"，这意味着产品供应商升级为解决方案供应商。

传感器/执行器制造商通过 IO-Link 实现工业 4.0 的应用案例如下。

● 个性化产品：无需额外费用即可实现满足客户特殊要求的参数化。作为替代品，传感器已经可以预先配置为串行设备可识别的格式。

● 智能产品：带有IO-Link的传感器具有"电子标签"、应用现场的自动记录以及诊断功能。

● 智能服务：如果IO-Link和IT层之间存在接口，则可以考虑扩展功能，比如，信息安全检查和软件即服务（SaaS）。

为客户创造价值是一种战略优势，因此产生了一种全新的商业模式，这将改变传感器市场（Mattern，2005，第58页）。传感器市场以前所未有的速度和广度推进的变革可与互联网消费市场带来的变化相提并论。在工业4.0的背景下，通过传感器来缩短现实世界和数字世界之间的差距在经济上是可行的，这也是一个全新的战略选择。供应商的变更速度可能会因设备和系统更长的产品生命周期而减慢。但是可以预见的是未来人们会找到一种具有成本效益的可能性来升级已安装的产品。这样，只需要替换传感器，而非整个PLC，也无须构建极其复杂的新程序，与此同时，Y路径也可以作为"工业4.0"的升级路径。

下面2个电子制造业应用案例并未展示IO-Link本身可能带来的商业模式优势，而是通过IO-Link在电子制造中的灵活性来解决增量优化问题。

5.1.1　应用案例：电子制造业的RFID应用

生产制造电动汽车的电子核心部件，需要完善的生产工艺。这就要求对生产模块的绝对质量控制和实时追溯。通过IO-Link将RFID技术集成在生产过程中，使这一点可以实现。

项目描述

德国Zollner Elektronik AG在其位于上普法尔茨行政区的赞特总部生产并安装一款知名电动汽车系列的电子核心部件，并配有动力电子装置单元。因此，机电一体式承包商需在一个约2200平方米的大型洁净室（见图5.1），采用模块化结构方式实现组装和总装。西门子提供的RFID技术完美支持了各种手动和部分自动工作场所的转变。结合移动数据存储（转发器/标签），选择具有IO-Link接口变量系统的关键是可与模块化控制器简单连接、系统成本低以及在高温环境下具有高稳定性的标签。后者对于成型电子模块是必不可少的。首先采用表面或通孔技术（SMT/THT）的扁平模块制造，之后进入洁净室进行组装、检查和测试。

项目实施

采用灵活且独立于控制站的模块化结构生产线，并且可在未来进行调整和进一步使用。选择所有组件时，与更换部件的可用性相关的可靠性和耐用性是考虑的重要

图 5.1　制造高档电动汽车的完整动力电子设备洁净室

资料来源：西门子、Zollner。

因素。

　　总之，在模块生产和装配中，大约有 100 个带 IO-Link 接口的 RFID 移动单元用于控制装配流程，并在叠加数据库中立即记录每个完成的工艺步骤（见图 5.2）。质量是汽车行业的重中之重，所有流程必须是经验证且可实现跨流程追踪的。

图 5.2　带 IO-Link 接口的 RFID 读写器连接控制单元与生产制造单元

资料来源：西门子、Zollner。

选择 IO-Link 的原因

　　为了将成本和工作量控制在有效竞争范围内，决定采用集成 IO-Link 功能的RFID 读写器。这样就可以通过 IO-Link 主站连接每个控制器或每个现场总线。因为采用 RFID 专用的编程，现在不需要专用的处理器模块，也便于更换。带外螺纹集成天线的读写器自动读取数据载体的数据（这里对应的工件载体需具有唯一标识号UID）。这使动力电子基本模块与起始段的生产线"相结合"。通过UID，识别每个站的模块，通过控制器启动必要的工作步骤，并向手动工作站的工人显示所分配的工作。相关生产数据（通过/未通过、机械参数等）立即写入数据库。因此，跟踪和追溯的数据可被一致性地收集、记录和存档。任何用户数据都可以在预先定义的存储区被读取和处理。一旦数据载体进入读写器的位置，数据就会通过IO-Link显示在控制过程图中。

每次通过铸模成形车间，数据载体都要暴露在100 ℃环境下至少20分钟。该数据载体设计为可用于高达175 ℃的环境中，并已在工业洗衣厂和其他高温要求苛刻的工艺条件下得到验证。为了简化安装，芯片形状的数据载体被安装在由塑料制成的垫片中，它们被安装在周边工件载体的下方或侧面。

电子工程师结论

2012年年底以来，Zollner Elektronik AG制造的电力电子单元没有出现过故障或功能失效。所选读写器和数据载体的RFID组合已在日常实践中获得验证，同时被用于或指定安装在许多其他工厂。在这种情况下，不需要制造商的支持即可实现通信，因为基于IO-Link标准，所有组件都易于操作且支持集成在不同类型的控制器中。

5.1.2 应用案例：电子制造业中的能源监测

能源在工业生产、商业和物流以及办公室和私人建筑中越来越重要。环保方面的关键词"绿色能源"，从成本层面看非常具有发展潜力。为了在生产过程中保持竞争力，能够计算出所生产产品的平均成本非常重要。截至目前，我们只知道每个建筑或每个生产单元的总能源消耗。现在有了IO-Link，就可以将其分解为单个机器和系列级别的能源消耗。以前固定的能源成本现在就成为变量，取决于消费者的单位成本。这提高了整体成本的透明度。

这是位于德国康斯坦茨湖泰特南的ifm公司在电子制造业进行更精确能源测量的动机。第1步，升级与机器相关的测量设备，快速可视化能耗。第2步，根据DIN EN 16247 – 1将收集的数据用于能源审计。由生产设施管理部门对公司自身的生产设备和设施进行技术升级。

项目描述

在流量传感器的制造过程中，电能、压缩空气和真空消耗、冷却水的冷却能和水量的消耗都采用数量、流量和回温的方法测量。其目标在于减少和优化能源及工业气体的消耗，以实现经济友好的绿色生产，并与以后的生产控制联系起来。

项目实施

电子产品的生产中，变化是一种常态，这意味着传感器模块的数量需适中且具有高度灵活性。能源测量系统必须具有同样的适应性。增添新的机器，改变其他机器的位置，再移除其他机器。为了满足这些高灵活性要求，定义了标准化的能源行规（见图 5.3 中的测量点），每个收集生产单元都可以在必要时使用这些行规。

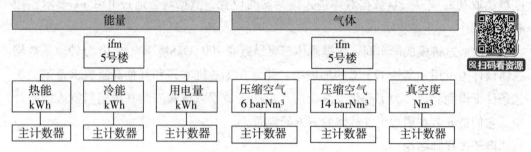

图 5.3 能源测量点概述

资料来源：ifm 电子。

这些能源行规向制造设施提供压缩空气、电流和真空。IFM 拥有的 IO-Link 过程传感器提供有关监测和分析值，如能耗、峰值、诊断等。传感器通过标准的 M12 连接电缆与 IO-Link 主站连接，防护等级为 IP67。IO-Link 主站配有 2 个以太网端口，可直接集成到 IT 网络中。因此，在自动化层无须配置额外的 IPC 或边缘网关。实施后的布局如图 5.4 所示。

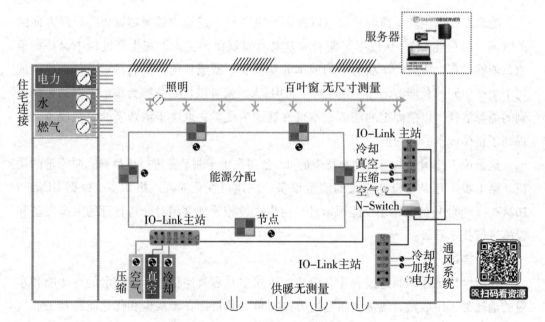

图 5.4 能源测量生产布局

资料来源：ifm 电子。

应用服务器位于网络的"另一侧",它的任务是将传感器数据存储在数据库中,并在前端将其可视化,这需要使用软件 LR Smart Observer。制造模块可随时添加到 ERP 系统中(本案例是 SAP)。

在可视化软件中进行分析、显示、报告、报警管理,以设置阈值和当前机器状态。基于 HTML 方式,能源信息可以通过普通计算机或预算价格范围内的 HMI 在网络中的任何地方显示出来。甚至在便携笔记本、智能手机或平板电脑上都可以做到移动式可视化。在任何情况下,显示设备只需要一个 Web 浏览器,无须安装其他软件。可视化图(见图5.5)中描述的驾驶舱和仪器的位置可由用户自由设计。

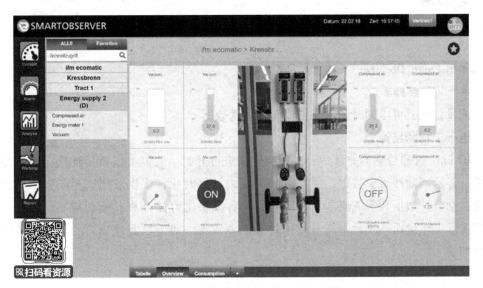

图5.5 用于描述能源消耗的可视化驾驶舱

资料来源:ifm 电子。

选择 IO-Link 的原因

为了升级传感器并通过 IO-Link 将数据写入服务器数据库,需要使用嵌入式控制器或工业计算机。这两种方式都需要额外的硬件和软件。使用 IO-Link 主站提供的软件代理功能,只需几个配置步骤即可读取 IO-Link 信息并直接写入服务器数据库,而无需额外的硬件。这意味着无需特定软件知识即可实现更快集成。

使用 IO-Link 传感器无需昂贵的模拟量通道,采用通用的三芯线连接技术即可进行更多的测量,具体使用了以下传感器:

冷/热能源测量

- 测量流量、温度的 IO-Link 流量传感器(SM 或 SA)
- 用于测量温度的带 TR 的 IO-Link 温度传感器
- LR 代理功能的 4 端口或 8 端口 IO-Link 主站

工业气体测量——压缩空气的消耗量

- 用于流量、温度、累计流量的 IO-Link 流量传感器
- 用于压力、压力峰值的带 PROFINET 接口的 IO-Link 压力传感器
- LR 代理功能的 4 端口或 8 端口 IO-Link 主站

工业气体测量——真空消耗

- 用于测量温度的带 SD 的 IO-Link 温度传感器
- 用于测量压力、压力峰值的带 PROFINET 接口的 IO-Link 压力传感器
- LR 代理功能的 4 端口或 8 端口 IO-Link 主站

电流消耗

- 用于三相电流测量的西门子功率计

软件

- R Smart Observer
- SSQL 数据库

流量传感器可以同时采集和传输 3 种测量数据。

电子工程师结论

IO-Link 过程传感器非常适合对现有设施进行升级。它们可以直接连接至服务器数据库，显示当前和历史数据，并在更长时期内开展对比，提供磨损或不同生产质量的信息。结合计数器和集成成本，即使只有单台设备也可以计算其能源成本。因此，可根据实际工作量而不仅是平均分布来计算能源成本。对上层管理而言，这就使生产过程更加透明。

5.2 在机械工程中的应用

工程化需要思考如何为客户提供机器与 IT 世界的连接，以及在工业 4.0 的背景下软件如何为客户提供额外的价值。如果机器交付时带有连接至 IO-Link 设备的 IT 接口，就产生了真正的额外价值：工程师的售后服务始终与机器的状况保持同步，且停机时间可被降低到最短。除此之外，工程师可以在客户现场操作时收到有关机器的质量信息。工程公司 GEA 就是一个成功的示例，它在所有新机器中都内置了 Y 路径并将其连接至云端。作为最终客户的食品生产商只需要"拨动开关"即可将数据发送到任务控制中心。下文将描述 IO-Link 在不同工程领域的应用案例。

5.2.1 应用案例：材料处理

传送技术通过向工艺过程供应原材料，将不同工作站相互连接，也是最终成品、

包装材料和装运之间的纽带。提取工艺技术设施的要求与传统装配站的要求是完全不同的。对于单纯的分配和存储系统来说也是如此，因为在这些系统中，不会让产品产生任何额外价值。

项目描述

传送带或滚筒在整个操作过程中需要延伸至更远的距离。通常传送机的轨道被部署在顶部或彼此相邻的位置，需要对缓冲区、点和升降台进行寻址。设备的数量是有限的，只有相对较少的光电传感器用于检测货物，电感式传感器用于确定移动执行器的位置，气动阀用于控制道岔和升降台，强劲的电力驱动用于控制传送带。

尤其是在作为机械工程一部分的传送技术的领域，IO-Link 传感器的数量正在大幅增加，而且集成在 ERP 相关的供应链管理软件中。总之，对供应链的特殊要求是：采用相对较少的传感器和执行器为供应链远距离传递大量的信息。

项目实施

许多传送系统的传送部件都选择现场总线，这能够使通信延伸至一千米并且可通过总线菊花链方式将所有设备连接起来。图5.6 这一应用案例采用了分布式 IO-Link 主站，操作 4 到 8 个 IO-Link 设备。内置 IO-Link 接口的气动执行器通常作为 IO-Link 设备，可根据预定的路径驱动分离器。此外，带有 IO-Link 的电机起动器用于驱动控制器，带有 IO-Link 的光电传感器用于检测物体。

选择 IO-Link 的原因

驱动器参数可以通过 IO-Link 非周期性地加载到设备中，随后可以非常有效和周期性地采用不同速度控制，启动/停止和其他信号可从设备获得。如果出现故障，驱动器通过 IO-Link 和 PROFINET 将状态通知发送回控制器。识别系统和其他智能传感器也是相同的操作方式。在应用示例中，通过 PROFINET 将 IO-Link 主站集成进控制器网络，类似于自动化金字塔，但重要的诊断信号直接通过 Y 路径进入 IT 世界。

在应用示例中，采用的组件使 IO-Link 设备的调试变得很简单。在该示例中，制造商仅需设置几个默认值，使安装人员更易于操作。安装顺序是自上而下的，与现实生活中的自动化金字塔无关，几个调试工程师可以同时开展工作。

- 安装连接至交换机机柜的 Ethernet/PROFINET 电缆，部分随额外的交换机一起。
- 电气连接至 PROFINET/IO-Link 网关。通过集成交换机可实现菊花链连接，这意味着可级联多个网关。如果它们在空间上彼此紧邻或部署在不同的交换机机柜中，那么该优势就不重要了。
- 通过 PROFINET 将诊断电脑或控制器主站连接入网络，对网关进行数据映射或寻址。
- 传感器和执行器连接至 IO-Link 模块。不带 IO-Link 接口的常规设备、二进制设备和智能 IO-Link 设备可以混合使用。

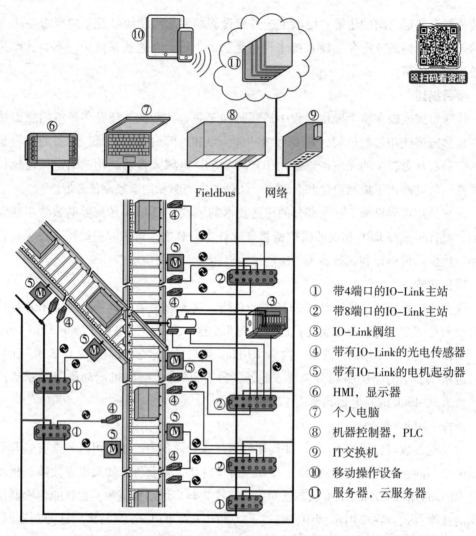

图5.6 带有智能 IO–Link 设备和 Y 路径的部分传送带工厂（现场总线用于连接操作层控制器，IoT 接口用于连接 IT 信息层软件）

资料来源：ifm 电子。

① 带4端口的IO–Link主站
② 带8端口的IO–Link主站
③ IO–Link阀组
④ 带有IO–Link的光电传感器
⑤ 带有IO–Link的电机起动器
⑥ HMI，显示器
⑦ 个人电脑
⑧ 机器控制器，PLC
⑨ IT交换机
⑩ 移动操作设备
⑪ 服务器，云服务器

• 这里使用了 IO-Link 主站具有的特定功能：即插即通模式。可以理解为机器制造商通过简单调试模式即可扩展 IO-Link 功能：PROFINET 从站上的 IO-Link 端口处于开放式扫描模式，尝试与 IO-Link 设备进行通信。如此运行后，设备调试和交换周期性数据可实现。如果是一个纯开关量输出的传感器，总线模块会将其转换为二进制模式（SIO），然后相应地 IO 端口像传统二进制输入那样运行。

• 外围接口数据可以在网关存储器中使用，也可以在叠加控制器中使用，并且可以直接在用户程序中进行处理。

为便于 IO-Link 设备的日后更换，了解参数存储位置和方式是非常重要的。最简单的情况是，参数信息被自动读出并存储在 IO-Link 主站。如果更换设备，首先检查（识别）与前一个设备的兼容性。如果相关值已经给出，就可以使用前一个设备的数值对新 IO-Link 设备进行自动参数赋值。其他策略，比如 PROFINET 主站控制器和 IO-Link 端口自上而下或自下向上连接都需要额外的软件功能块和编程。也可以通过使用参数设置软件（如 LR Device）简化工作量，因为 IO-Link 设备和主站可以使用之前存储在计算机上的参数集进行离线参数设置，或通过网络在线设置。

项目结论

当然，上面给出的过程不能在每个传送设备上重复，但优势很明显：设施中唯一的总线系统简化了规划、安装和调试。通过使用预设参数，无需任何复杂的软件配置，80% 的 IO-Link 设备可立即使用。IO-Link 是一个即插即用系统，即使在出现干扰的情况下，也可以使用许多设置和诊断功能。

5.2.2　应用案例：机床工程

机床的需求是完全不同的。与具有高可用性的连续过程不同，机床通常采用昂贵刀具进行精确、自动金属加工。必须最小化安装时间，与此同时需考虑刀具和昂贵的主轴。通过传感器监控主轴以及润滑液和冷却液供应，来保护机床和刀具免受损坏。仅获得润滑液和冷却液供应的高/低信号是远远不够的。

项目描述

机床按照预设程序自动加工工件。图 5.7 显示了 INDEX-Werke 公司的车床。恒定的液压是保障工作质量的关键。通过 4 个压力传感器，测量主轴和主轴计数器的夹紧压力。先前，更换传感器后需要进行耗时且易于出错的手动配置。在极端情况下，传感器错误配置可能导致机床停机。通过控制手段对压力传感器进行自动配置是其所要求的目标。此外，要确保不同供应商的压力传感器的可用性。

由于采用不依赖制造商的 IO-Link 压力传感器，上述两项要求均可满足。通过 Profibus 主站模块将带有 IO-Link 接口的压力传感器与控制器连接。通过机床控制器的功能模块自动实现参数化和诊断功能。

在参数化期间，功能模块首先通过 IO-Link 识别所连接的压力传感器参数。随后，它通过与数据库比对，确认这些传感器是否被认可能用于该机床。如果可以使用，功能模块会在数据库中找到与传感器相对应的配置参数。然后通过 IO-Link 将信息自动写入相应的传感器。比如，其中一部分参数是作为开关输出触发阈值的正压和负压值，以及触发报警阈值的最短持续时间。在操作过程中，只需监控一个开关信号，如果出现了错误，完整的测量值可用于诊断。

选择 IO-Link 的原因

由于通过机床控制器能够对每个 IO-Link 接口进行自动参数配置和诊断，INDEX-

图 5.7　车床

资料来源：INDEX-Werke。

Werke 节省了大量调试时间。IO-Link 还支持不同制造商传感器的互换性。此外，其可以远程维护传感器数据。INDEX-Werke 之前避免使用模拟传感器，原因是模拟信号沿着电机电缆传输时容易受到电磁干扰。在使用数字信号的情况下，由于 IO-Link 具有抗干扰性，可以直接使用非屏蔽标准电缆。在需要记录测量值的位置安装 IO-Link 传感器，无须用户或维护人员构建液压电缆即可从传感器显示器中读取数值，所有值都可以直接在控制器和其他大型显示屏中获取并使用。

机械制造商的结论

如果传感器的参数过去由专业人员在总装期间配置，那么控制器在调试期间可自动执行此任务，无须在现场设置传感器参数。这样的话，系统可以确保传感器处于正确的位置，这使得在服务案例中更换压力传感器更加快捷——拧入、连接、完成！这为工厂总装和客户的生产过程节省了成本。传感器自动识别和参数设置如图 5.8 所示。

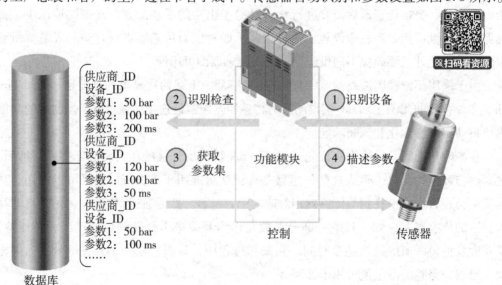

图 5.8　传感器自动识别和参数设置

资料来源：Balluff。

全新的 IO-Link 压力传感器比之前的产品更具成本效益优势，原因是移除了 7 段显示器和示教键，同时具有更高的防护等级，如 IP68 或 IP69K。

机床的进一步应用

智能 IO-Link 传感器的类似应用也存在于机床的其他领域，比如温度、液位或位置传感器。当然，所有的测量值和传感器参数都可以由控制系统接管，以便在数据库中进行进一步的分析。在工业 4.0 中，振动传感器使用 IO-Link 实现主轴监控和面向状态的维护。

5.2.3 应用案例：专用机械工程

专用机械制造商正面临着巨大的挑战。一方面，每台机器都是根据客户要求个性化定制的；另一方面，国外竞争对手以较低的劳动力成本压低价格。有很多方法摆脱这种困境，但为什么不直接使用 IO-Link 这样的新技术来提高施工效率呢？

众多专业机械工程师的核心技术优势是什么？当然是在特定领域的经验，如焊接、安装、去毛刺、上漆，在过去这都是技术人员的优势。只有那些即将加工的零部件、生产过程或其他边缘条件与工厂或客户相关不同。很少从头开始重新开发完整流程。专用于工程机械的所有应用都有两个主要共同点：遵守进度和存在正向成本效益比。采用 IO-Link 能为上述两项带来积极的影响。

尤其是对于专用工程机械而言，由于每个结构都是全新和个性化的，很难规划精确的交付日期，因此，对于设施的结构、采购、建造和调试来说不存在确切的价值。IO-Link 在定义和保障交付日期方面的优势源自模块化的结构和装配，以及标准化的输入和输出组件。

基于机器的模块化结构产生了几个可计算的项目。由于这部分项目有更多具体的经验值，就能对专用机器进行更精确的总体计算。IO-Link 与现场总线或后背板总线都支持这种模块化结构。到目前为止，这种结构不得不以 8 通道或 16 通道为单位购买不同类型的 I/O 或接口卡，但现在很多功能都可以通过 IO-Link 模块来实现。这就减少了未使用的输入输出点位，提高了成本的透明度。

使用 IO-Link I/O 模块的重要优势是易于扩展输入和输出，1 个端口可扩展高达 32 位数字量输入或相应的模拟量输入。在最坏的情况下也可以提高灵活性，不需要太多额外成本即可增添一些传感器。

使用 IO-Link 可以减少存储空间，因为一个组件可以替代多个常见组件（数字输入/输出、模拟输入/输出、温度输入）。这也使库存清单和布线计划的设计更加清晰。在新建工程中，可进一步利用原有的少数标准。与具有扩展设备的现场总线或本地 CPU 连接时，IO-Link 终端可以直接插入内部后背板总线。

由于许多 IO-Link 传感器的价格与不带通信功能的传感器的价格接近，IO-Link 传感器具有完全的采购优势。IO-Link 端口与模拟输入通道的规格相同。IO-Link 还有一个优势是采用经济高效的非屏蔽标准 M12 三芯电缆布线。这比大多数其他基于 RS232/RS485 或以太网的通信接口更易于实现。最后，集成到客户内部的 IT 系统也可以通过 Y 路径进行规划。

以上优势可归结为可计算成本、高灵活性，扩展简单。

液压缸装配线的应用案例

下文描述了液压缸的装配设施，基于多种多样的安装优势以及系统决策节省了大量时间和成本。带有 IO-Link 的自动化也意味着高度灵活的参数化和生产概念。来自德国海尔布隆附近 Güglingen 的 Weber-Hydraulik 公司与 Balluff 公司合作，实现了半自动化设施不停机、高效地装配不同的液压缸。IO-Link 还可以收集过程层的所有信号。该液压缸装配线如图 5.9 所示。

图 5.9 液压缸装配线

资料来源：Balluff。

项目描述

直到最近，液压缸的组装大多是在 Weber 工厂手工完成的。如今，一个 U 形的、大约 10m 长、6m 宽、3m 高的测量设施承担了这项任务——仅由 3 名工人来操作。开始时，汽缸管和活塞杆成对放置到位。最后，进行装配、质量检查及单独给液压缸打标签。该设备是根据公司的要求个性化开发的，并采用通用的通信标准 IO-Link。全新的半自动装配线仅需很短的转换时间就可以生产大约 25 种不同类型的液压缸。

项目实施

全部执行器和传感器都采用标准的 M12 电缆和 IO-Link 模块（传感器集线器）以及通过与 PROFINET 连接的 IO-Link 主站连接至总线和控制层（见图 5.10）。最终的验收结果为：无错误插拔，无须烦琐布线，无特殊线缆或插板，从现场到开关柜比例清晰。

选择 IO-Link 的原因

简单的布线类型、模块化的设施结构、简单的单段装配以及快速、容易的安装和调试都是支持选用 IO-Link 的有力论据。整个设施使用了 5 个不同的磁力位置测量系统、2 个超声波模块、8 个压力传感器、若干个电感式传感器和磁性传感器、9 个 IO-Link 传感器/执行器集线器、12 个 RFID 读/写头（见图 5.11）、6 个 PROFINET 网络模块和 7 个智能灯。所有设备都通过 IO-Link 实现简单连接且无一例外选用标准的三芯电缆。

图 5.10　有坚固金属外壳的 PROFINET 主站和 IO-Link 集线器

资料来源：Balluff。

图 5.11　用于生产信息追溯的 RFID 读/写头

资料来源：Balluff。

通过托盘芯片上存储的信息，RFID 在入口处读取设备信息识别出正在进入工厂的是哪种类型的汽缸。任务和所需的部件都是唯一定义的。首先，球面轴承通过手动安装在进给导轨上。从远处就清晰可见的 IO-Link 智能灯显示该站的当前状况：自动/手动操作、正常、故障、需要操作员、重新填充等。智能灯的非凡之处在于：可以自由轻松地编程，颜色和区域都可自由配置。

液压装置将球面轴承全自动压入汽缸筒和活塞杆的孔眼中。位置传感器监控初始状况，压力传感器感应实际注入压力，并将结果以文档的形式传送到计算机层。这两个由汽缸管和活塞杆组成的装置通过滚筒传送机传送到后续的手动和装配站：一个工人插入驱动带、套筒和轴承。采用磁性夹持器转动缸筒，摄像头监控所有部件是否装配正确。如果所有装配都正确，汽缸筒和活塞杆将永久组装在一起。在装配过程中，位置传感器监控汽缸筒是否处于正确位置。工人手动将弹簧固定在最终位置并关闭插头。

随后自动液压站通过高低压差达 275 bar 的压力来检查每个汽缸的质量和功能。如果出现异常甚至泄漏，将在 RFID 芯片中注明，随后缸筒会作为不合格部件被丢弃。在过程结束后，为了追溯原因，激光器会给它贴上一个单独的序列号。最后，IO-Link RFID 读写头会检查工件上的数据载体是否已被清空数据。

专用设备工程师的结论

该工厂代表了大部分的智能装配现场。工件载体中的 RFID 芯片配备了各个装配工位所需的信息：汽缸类型、工艺步骤、所需部件、行程长度的最终检查。如果要装配新的汽缸类型，不必事先清空整个设施：传感器和执行器可以采用集中存储的参数方式进行"即时"更改。其要点是"IO-Link 是一种灵活且小型的标准"（Keller 和 Zosel，2017）。

5.2.4 应用案例：移动机械

在机械工程中，尤其是移动机械，增加了电子功能。其应用领域是人机支持、安全监控、本地化和过程优化。移动机械常用于建筑工地、农业和林业、市政车辆以及运输和物流应用。在大多数移动应用中，其使用的传感器、执行器、模块、控制器和显示器对环境有更高的要求。为适应严酷的操作环境，要考虑扩大冲击和振动强度的温度范围，开发和制造特殊测试要求。

移动应用还有一个特点是机械和操作员之间不可避免地采用无线网络进行数据连接。根据地理位置的可用性，无线网络的应用已经得到了验证，比如，重复驱动垃圾车到仓库，或移动电话网络定期与收割设备通信，甚至可以做到与澳大利亚偏远地区的卫星连接。移动数据的成本问题是移动机械4.0概念必须考虑的一个主要问题。

诊断和故障信息需通过无线调制解调器从车辆发送至监控中心，如图 5.12 所示，反之亦然，必须能够直接接收和处理控制器与参数信息。对于移动机械设备，与 IT 世界的有效连接从很早开始，甚至在"工业 4.0"一词被创造出来之前就受到关注。

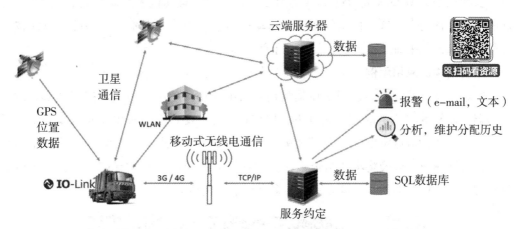

图 5.12　控制中心与车辆的通信轨迹

从台式计算机到移动机械设备的控制器、传感器和执行器的通信方式已经完全被功能设备解决方案所覆盖。在大多数情况下，控制器和输入/输出层与最底层的传感器和执行器存在通信障碍。其过程信号通常通过数字或电流/电压接口传输。重要的现场诊断数据隐藏在控制器以及远程访问的软件中，通常只能通过额外信息和动态运动分析之间的逻辑连接进行光学显示或创建。但是，许多适用于移动应用的压力、温度和位置传感器已经拥有高效的处理器，可以通过 IO-Link 诊断预故障情况、过热/超压或其他异常设备状况并通知控制器系统。一个例子是对于移动机械设备很重要的 IO-Link 倾斜传感器，可用于起重机的负载扭矩计算、倾斜保护、用户指导、避免危险情况等（见图 5.13）。如今，每部智能手机都配有倾斜传感器，例如，常用于水位应用的。来自工业应用的 IO-Link 倾斜传感器，其大量智能的信息应用同样令人印象深刻。

图 5.13　移动式工作机械设备中的 IO-Link 倾斜传感器

资料来源：ifm 电子。

CANopen 总线是用于汽车行业的准标配。它能够将电机单元与电工技术、运动控制器和附件连接起来。因此，它通常用于整个车辆甚至拖车。通过常见的 CANopen/IO-Link 网关或集成 IO-Link 端口的 I/O 模块，可以轻松地与智能传感器连接。

长期以来，IO-Link 要求的 24 V 电压被认为限制了移动机械设备的使用。但对于全新的机械设备而言，这不再是问题：在移动机械设备中，随着不断提高的旧电池技术和性能要求，几乎每个机械设备都放弃了低电压。

集装箱物流应用示例

特定环境条件的一个示例是在集装箱码头中使用传感器、模块和控制装置。设备和机器长期暴露在恶劣的环境条件下，比如热、冷、湿、泥、灰尘、冲击和振动的环境下，通常还会遭遇雷电。大型岸边集装箱（STS）起重机（见图5.14）服务于集装箱船的装卸作业，以及将集装箱转移到轨道、卡车或 AGV（自动导向车）上。每台起重机都有一个所谓的吊具，这是一个或多个标准集装箱的支架。

图 5.14　集装箱码头的岸边集装箱起重机

资料来源：ifm 电子。

这些吊具通过钢缆和移动小车连接至实际的起重机，并从那里进行控制。传统的现场总线，如 AS-i 或 CAN 用于服务吊具和起重机控制舱之间的电子通信。在起重机上实施部署了典型的 PLC 接口。物流和诊断数据连接至距离此处最远的控制室。这通常可通过有线或无线实现。现代吊具还配有无线接口，可以将与操作相关的报警和其他数据直接传输到操作中心。

在操作过程中，吊具承受着不断增加的机械张力。每个吊具每小时能够运送 30 个集装箱，一旦发生故障就会导致货物过早脱落，这对运营商来说代价非常高昂。

这就是对吊具的关键功能进行持续监控的重要原因。两个应用是这方面的重点：通过在每个角安装 3 个电感式传感器来监控 4 套安装夹具，每个传感器传递以下信息——翻转器上/下、吊具着陆和旋转锁定/解锁。只有在所有 4 个角都关闭并锁定的情况下，才能移动集装箱，否则集装箱可能会掉下来。额外的要求是能够自动识别断线，IO-Link 作为一种主动通信可每 2.3 ms 与 IO-Link 主站进行一次通信。当然，主站必须同传感器一样进行灌注防护，防护等级至少为 IP67 并满足高冲击和振动要求。吊具上的感应接近开关如图 5.15 所示。

图 5.15 吊具上的感应接近开关

资料来源：ifm 电子。

带有 IO-Link 的紧凑型电子压力传感器可监控吊具上的工作压力（典型的吊具电路见图 5.16）。该压力是直接在带有压缩机的吊具上产生的，是所有运动正常运行的先决条件。关于液压阀的控制，二进制输出必须设计为 2 A 的恒定电流。

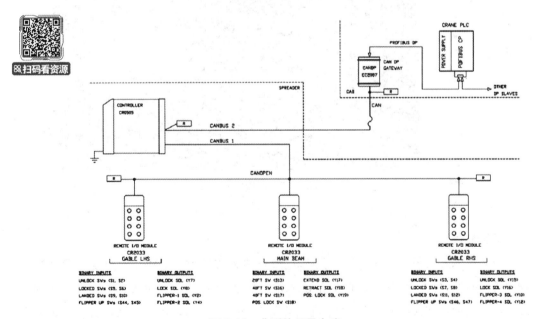

图 5.16 典型的吊具电路

资料来源：ifm 电子。

5.2.5 应用案例：铸造机

德国的 Laempe Mössner Sinto 公司是铸造行业造芯车间技术的全球领导者，也是全球为数不多的射芯机制造商之一（其铸造机见图5.17）。射芯机生产用于金属铸造的砂芯。比如，当铸造电机壳时，它们被放置在铸件内部占用电机后部空心位置。在0.3 ~ 0.5 s，砂芯从射砂头混合物中以高冲力"射入"芯盒中成型。模具混合物随后通过工艺气体或加热方式在封闭的芯盒内凝固，然后从磨具中取出芯。由于汇集的熔融物质受温度影响，黏合剂在铸造后失去固态特性。砂芯脱落，沙子从铸件中流出并留下所需的内部轮廓。制造商的一个主要目标是缩短生产周期。下游的成型工厂有时会在15 s 内完成核心的"造芯"制造过程。除了缩短生产周期，铸造工厂还追求一个目标：生产环境必须是友好的，并且需要满足日益严苛的工业安全要求。有机黏合剂在浇注时会燃烧并释放出危险气体，必须通过复杂的过滤器和吹扫技术将其消除。这就是为什么该公司在向"白色铸造"迈进的道路上加快了使用无机黏合剂制芯的步伐。

图 5.17　铸造机

资料来源：Turck。

项目描述

射芯机的芯盒顶部可从生产位置旋转90度进入维护位置。每小时可能需要多次检查和清洁残留物质。平移运动此前是由末端开关协调的。为了加快运动速度，在到达最终位置之前还在快/慢行程开关附近安装了2个接近开关。但是，该解决方案仍旧存在问题，因为固定的可用安装空间非常有限。要安装4个传感器就更加困难，因为还有2个传感器也需要空间。此外，在铸造机恶劣的操作环境中，每个传感器都可能产生干扰。

项目实施

解决方案在于记录整个平移运动。如果在旋转轴上记录运动，则总是有一个用于安装编码器的轴承点。Turck 选择带有 IO-Link 输出的坚固型单圈连接轴编码器，基于创新振荡电路耦合的测量原理，无需磁性位置编码器。连接轴编码器可通过 IO-Link 进行参数设置，比如，可自由选择中点。该设备还支持预测性维护。除了作为位置信号发出的 16 位数据，编码器可传输 3 字节状态信息。如果位置编码器记录正确或在阈值内运行，会增加诊断范围和状态。

有了这些信息，如果撞击或冲击使轴或位置编码器松动，就可以在出现信号故障之前通过控制器及早识别。连接轴编码器的 LED 还直接显示此信息，简化了现场诊断和正确装配。带 IO-Link 连接轴的编码器实现了芯盒载体的运动如图 5.18 所示。

扫码看资源

图 5.18　带 IO-Link 连接轴的编码器实现了芯盒载体的运动

资料来源：Turck。

选择 IO-Link 的原因

机器上有许多智能部件，近年来通常还有一个总线端口。距离测量系统必须分别连接供电电缆和 2 条总线电缆。所有电缆（3 根）都铺设在电缆槽上并相应地拉紧。为了安全识别现场总线上的电缆断裂情况，需要复杂的诊断系统。IO-Link 消除了这些缺点：标准的三芯电缆取代了原有的 2 条总线电缆及其供电电缆。由于节省了成本，可以使用更优质的拖链电缆。这样几乎不会再发生电缆断裂的情况。如果它仍然发生，可通过 IO-Link 诊断和快速解决问题。现在所有智能、模拟传感器和设备都带有 IO-Link 接口，可通过 IO-Link 主站连接至控制系统，简单的接近开关和数字执行器可通过 IO-Link 分线盒连接到控制系统。16 位简单的开关信号也可以与标准的三芯电缆连接，从而最大限度地减少了布线工作并具备接近开关额外的基本诊断功能。

机器制造商的结论

当铸造机制造商 Laempe Mössner Sinto 计划全新的工程系列 LHL 时，其决定使用 IO-Link 实现一致性的自动化。由此产生了众多优势：制造商节省了安装、布线和电子规划的成本和时间，客户受益于更加灵活的机器，更少的干扰、更好的诊断。芯盒托盘的平移运动对机器的循环速率有很大影响，现在使用非接触式 IO-Link 连接轴编码器记录。

铸造机的进一步应用

通过边缘网关，互联机器的数据可以很容易地连接至服务器。如果分别连接到相应的互联网，则可从任何地方进行远程维护。

5.2.6 应用案例：风能发电厂

在竞争激烈的能源发电市场中，降低风能设施的平准化度电成本（LCoE）至关重要。通过优化工厂可靠性并最大限度地减少停机时间，智能 IO-Link 传感器能够为其做出重要贡献。

项目描述

设置若干监测点以保障风能设施的安全运行。采用智能 IO-Link 传感器的重要记录点如图 5.19 所示，其中坚固耐用的传感器精确地记录单一操作状态，在现场将这些信息传输到控制器或在发生危险时直接在线通知控制中心。

图 5.19 采用智能 IO-Link 传感器的重要记录点

资料来源：易福门电子。

风能设施的旋转频率通过转子叶片的工作角度进行调节。通过 IO-Link 压力传感器监控液压变桨。系统配有电动调节功能，轴编码器记录工作角度。IO-Link 轴编码器可以非常灵活地将所需的分辨率参数化。带有 IO-Link 的电感式传感器用于记录最终位置，安装了永久电缆破损监控。通过完整封装的 IO-Link 主站和 PROFINET，所有信号都可以传输到交换机机柜。

高分辨率绝对值编码器记录叶片的工作角度（方位角）。即使出现电流故障，绝对值编码器也可以立即识别位置，而无须定位。为避免超速损坏，低速运行一侧的电感式传感器对旋转频率有明确要求，然后通过速度感应开关进行分析，以确保安全。

许多设备都使用简单的 Pt100 或 Pt1000 接触式传感器进行温度监测。相关温度信号通过一个不起眼的小型模拟转换器进行规范化，然后通过 IO-Link 进行数字传输（见图 5.20）。

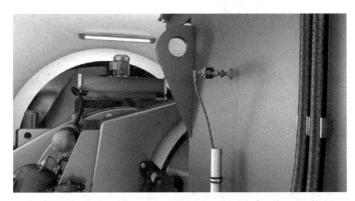

图 5.20　使用 Pt100 传感器和 IO-Link 测量转换器进行温度测量

资料来源：易福门电子。

例如，在低油压的情况下，转子叶片调整或液压制动系统无法正常工作。在这种情况下，IO-Link 电子压力传感器会向控制器发送报警信号。变速箱中的油位可以通过静水压力传感器（本示例中为易福门 PA 设备）或液位传感器（易福门 LMT）进行持续监控。易福门电子的 LMT 可以通过其 IO-Link 接口进行设置，并使传感器不受泡沫和粘连的影响。

刹车是风能设施的重要组成部分。磁性传感器通过它的 2 个开关点（预报警/主报警）通知控制装置有关刹车片的状况。维护状态下，转子是被锁定的。为了确保转子锁紧处于啮合状态，带有 3 个可切换开关点的特定磁性传感器可以报告各自的状态（锁定/部分锁定/解锁）。

选择 IO-Link 的原因

从先前描述的示例中可以看出，智能 IO-Link 传感器在该应用中的优势尤为突出。

- 接线简单
- 传输若干过程值
- 简化传感器参数化

- 模拟/IO-Link 转换器便宜

项目结论

风电场通常远离有人居住的地区，特别是海上设施。主要通过遥测对它们进行监控，未曾预先设置现场常驻操作员。这就是为何要求在极端天气条件下响应正确且快速尤为重要。这项要求可通过与操作员在线连接来完成，也可以由机器制造商提供服务。后者增加了客户留用率，并确保施工人员和专家能够快速集成到预测性维护中。IO-Link 提供可用的额外信息，它的成本效益非常高，传感器的数据可通过智能网关直接传送至监控中心。

5.3　制造企业的应用

生产企业可以大致分为离散制造企业和流程生产制造企业。

5.3.1　离散制造

在工业 4.0 和 IO-Link 中，离散制造主要关注三大主题：

- 状态监测和预测性维护（比如，振动测量等）
- 能源监控（比如，机器上的气压测量等）
- 跟踪、追溯和质量（比如，识别和视觉系统等）

在离散制造中需要进行状态监测的典型案例是汽车制造商的大型压力机。通过 IO-Link 开展状态监测，可节省数百万生产停机成本。

通常，巨大的节能潜力也可以通过监测生产线的通风情况和离散制造中相应机器的预测性维护来实现。因为如果这类通风设备失效，就必须停止生产。这种通风监测通常采用振动和 IO-Link 传感器。

在离散制造中，能源监测尤其有趣，因为很多工作都是由压缩空气完成的。这是迄今为止最昂贵的能源形式，因为只有原始投入量的百分之几的能源可以到达执行器。这主要是因为泄漏，现在可以使用 IO-Link 来监测和发现。

可追溯性对于离散制造尤为重要，因为产品在制造过程中采用截然不同的路径。如果采用 IO-Link 传感器与 RFID 一起开展工艺追溯，那么，假如在工业 4.0 环境中存在共享数据库，通过影响质量的工艺数据可以准确追溯到工件。这对汽车零部件行业来说尤为重要。通过可追溯性和 IO-Link 传感器，如果开展精益管理、全员生产维护（TPM）或世界级制造（WCM），几乎所有 KPI 都可以实现自动映射。这些数据甚至可以用于汽车行业的基准测试系统，如 DFL（福特）、PICOS（欧宝）、Tandem（梅赛德斯奔驰)、POZ(宝马)、KVP^2(大众/奥迪)和 POLE(保时捷)。

5.3.2 应用案例：电池制造

行业背景

数字化是未来智慧工厂发展的主要趋势，设备底层的互联互通是数字化架构设计的必要基础。用于制造电池电芯的压延机，需要通过各种传感器监测生产中特定的状态和过程，这些设备通常配备 IO-Link 接口，可以在传输实际测量数据的同时，传输用于诊断和过程优化的额外信息。数据传输至各种应用终端：除了机器控制系统外，还包括整个工厂的控制系统、更高层级的 IT 系统或云端应用等。

应用描述

使用本地化连接的应用终端，可以简化将传感器集成到更高层级系统的过程。从各种传感器"收集"数据，并将其提供给各个收件方，确保从机器控制到云端各个层级之间的并行双向通信。这为许多附加功能奠定了基础，例如连续状态监测、设备自检、光电传感器污染监测，以及在设备更换和工厂扩建期间参数设置数据传输。电池电芯制造如图 5.21 所示。

图 5.21 电池电芯制造

方案实现

倍加福 ICE2/3 系列 IO-Link 主站（见图 5.22），在现场层级的 IO-Link 设备和更高层级的应用终端之间建立连接。ICE2 系列模块通过 EtherNet/IP 进行通信，而 ICE3 系列模块则通过 PROFINET 进行通信。MultiLink^{TM}技术通过 OPC UA 提供了第二个双向传输通道，这样数据就可以通过两个通道同时交换：首先在现场层级和控制器之间交换，同时以标准格式与其他 IT 系统（如数据平台和云端应用）交换。

图5.22 ICE2/3 系列 IO-Link 主站

倍加福 ICE2/3 系列 IO-Link 主站技术特性如下。

- MultiLink：与 OPC UA、MQTT、JSON 并行通信
- 配备 8 个 I/O 端口的 IO-Link 主站
- IO-Link 设备识别
- 防护等级 IP67

使用 IO-Link 的优势

垂直网络为持续状态监控、根据需求定制服务和资产管理提供了许多选项。集成的 Web 服务器可以实现远程参数化；IODD 文件可以直接存储。配置非常简便，参数设置数据同样被存储在设备中。IO-Link 设备识别可以简化设备集成和更换。独立于制造商、基于 OPC UA 和 Ethernet 协议的开放式架构，能够实现多种产品结合使用的混合型解决方案。

应用总结

要实现工业 4.0，必须先构建智能工厂，打造数字化工厂，因此，数字化工厂是走向智能制造与实现工业 4.0 的必由之路。倍加福一直致力于技术创新，通过产品融合 IO-Link 技术和主流物联网 OPC UA、MQTT 协议，帮助客户走上数字化之路。在数字技术的推波助澜下，数字化工厂需要一套智能且灵活的自动化解决方案。在综合考虑工业现场因素的情况下，要尽可能提高检测、管理、维护等工业现场各事务的效率。ICE2/3 系列创新的以太网 IO 模块，结合了通用连接性和行业标准集成的可能性。倍加福将持续推进工业 4.0 的新型应用场景探索，凭借多种支持 IO-Link 接口的产品和具备通信功能的 Sensorik4.0® 技术，实现数据从现场设备到控制系统和云端无缝连接，向工业 4.0 又迈出了坚实一步。

5.3.3　应用案例：汽车工业/焊接

产品发布可以促进创新：17 个带有随行夹具的移动式台车在福特科隆工厂的焊接线上运行（见图 5.23）。在基站对接期间，供电和数据不是通过脆弱的插头连接器传输，而是通过气隙的电感耦合模块传输。采用盲工装台在测试阶段可实现零错误和零故障。这就是福特为未来的生产线配置巴鲁夫公司设计的基于 IO-Link 的无磨损耦合器系统的原因。其创建了稳定的生产过程并提高了设施的可用性。

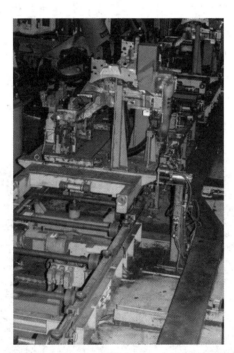

图 5.23　带有随行夹具的移动式台车

资料来源：Balluff。

项目描述

现代工厂概念之所以脱颖而出，主要是因为硬件越来越多地被软件解决方案所取代，过程数据处理变得越来越简单和透明。此类解决方案越来越依赖通信标准 IO-Link，IO-Link 更易于处理并被视为高效工业 4.0 概念的推动者。但更为重要的是：汽车行业的生产线是高度互联和复杂的，还需几十年时间才能完全被取代。随着技术变革的不断加速，汽车产业链中各个环节在分别进行技术革新。

2017 年 5 月以来，德国科隆的福特工厂生产全新的福特嘉年华：每 68 s 生产 2 辆车，是行业中极好的业绩之一，也是高生产率的风向标。这为推出新车型预先创造了技术先决条件。

在福特工厂一个自动化焊接生产线上，17 个移动式台车分别移动，独立于工厂控制。每个工装台都配有 1 个阀岛和 1 个总线节点，通过 1 个总线耦合器将 3 个扩展坞站节点连接到工厂总线和 PLC 中。作为牵引系统的一部分，导向销要确保带有随行夹具的移动式台车和基站的气动与电动耦合器系统准确地连接在一起。注入的压缩空气将框架和拱形的工件张紧。供电和数据通过圆形连接器传输。

选择 IO-Link 的原因

2014 年，插头制造商停止供应电源接触模块，为此需要对其进行完全的更换。插头机械装置的 30 针总是很容易磨损。如果其中一根针断了，整段工序将被迫进入停机时间。制造商建议采用带有 IO-Link 的电感耦合器。其优势在于：供电和数据都通过气隙非接触式传输。机械磨损和电缆断裂已成为过去，新的装置易于安装和操作，而且完全是免维护的。IO-Link 在此发挥了重要作用：采用通用的通信接口，双向传输的数据（见图 5.24）。PLC 或主站和设备畅行无阻地交换事件、参数和过程数据。采用 IO-Link，安装和调试也极其简单。执行器和传感器通过标准的 M12 连接头电缆连接至 IO-Link 主站。该系统实际上是被忽略的，也无须参数化。

图 5.24　完成替换：两个输入模块向移动台车提供能量和信号，
一个输出模块将数据从台车传送到 PLC

资料来源：Balluff。

为了测试新系统的处理能力，福特最初只配备了一个随行夹具台车和一个带有电感耦合器的固定端、一个移动端 IO-Link 传感器集线器以及相应扩展坞上的以太网 IO-Link 主站。空的随行夹具台车在无任何生产功能的系统中移动，并在相应配备的站上模拟数字输入信号，该站仅对 PLC 进行诊断测试。经过长达数月的测试操作和每天约 3000 次对接，系统未检测到一个错误的诊断信号。这非常令人信服，并清晰地支持进一步的系统升级。

到目前为止，一条焊接线完全配备了电感式 IO-Link 耦合器系统。3 个扩展坞各有 2 个输入模块和 1 个输出模块，17 台随行夹具台车中的每一台都各有 3 个配对的耦合端。如果随行夹具台车停靠在 3 个耦合端中的一个，输送压缩空气的机械耦合就建立起来了。尽管如此，供电馈送和数据交换现在是非接触式和隐形的。气隙可达 8 mm，每对耦合器的水平重叠偏差可达 30%，不会影响信号传输的质量。

随行夹具台车的所有设备，如阀岛、接近开关、层级和位置传感器，都可以通过简单的可插拔标准电缆连接至带有 16 个输入和输出的 IO-Link 模块（IO-Link 主站和模块在随行夹具台车上行驶见图 5.25）。只有当与扩展坞站建立连接，设施控制器检测到工件处于正确匹配和安全夹紧时，焊接机器人才会收到启动动作指令。在生产阶段完成后，台车上的工件将被取下，然后工装台将收到"OK"信号以使其继续在生产线上运行。

图 5.25　IO-Link 主站和模块在随行夹具台车上行驶

资料来源：Balluff。

项目结论

此过程在每站每天重复数千次，非接触式耦合器系统运行非常可靠。福特的生产链中还有许多其他应用场景，这些场景仍旧使用机械连接器（Hanser，2018）。

5.3.4 应用案例：过程工业

过程工业关乎不间断的制造过程，几乎很少会被中断。这就是为何其对运行期间的实时状态和预测性维护趋势信息具有很大的需求，但在工业4.0之前这些需求就已经被满足了，如震网病毒案例。基于以太网的布线通常服务于工厂网络，FDT作为相应的参数化软件使用。不采用Y路径，但数据会通过控制器集中显示。这种接线方式通过PLC和传统数字或模拟I/O模块的集中化得以保留。在易爆点上使用IO-Link传感器可强制性增加功能安全。通过经典的控制方式或通过Y路径定期扫描可防止"震网效应"。

IO-Link压力传感器记录压力直方图，作为机械应变的测量值，支持定期检索。还有一个应用是模拟测量传感器，无论带或不带HART接口，其转换错误都会导致传输过程中的控制不准确。"模拟量"IO-Link传感器具有无停止、无损失（由于数字测量）传输的优势。最后，通过IO-Link传感器，可以锁定现场键以消除运行设施中的任何操作干扰。参数设置可以从本地化的AS-i模块进行（作为先前设置），也可以从控制系统自上而下进行（见图5.26）。

请注意：所有先前位于非关键位置的设备仍然可以在这个系统架构中进一步使用。其对于使用IO-Link设备不存在任何影响。

易福门公司对过程行业使用传感器具有长期的专业沉淀。下面展示一些使用IO-Link的操作示例和优势。

处理罐中的介质检测

LMT液位传感器通常仅用作判断存储罐应用中高低液位或泵干运转开关（见图5.27）。通常，存在介质时反馈为"on（开）"，无介质时反馈为"off（关）"。

IO-Link数据带来的额外功能

通过使用IO-Link，可以访问额外的信息。使用IO-Link技术，可以获得实际的数字过程值来判定介质的类型，比如水或牛奶等。IO-Link值可用于区分介质和检测面的沉积物。在清洗工艺中，介质的识别非常关键。一旦冲洗掉介质，就可以启动清洁过程，从而保障生产时间最长。

储液罐连续液位测量

PI系列压力传感器提供4~20 mA模拟输出和开关输出。传统模拟信号易受EMC干扰，需要调整量程，才能在PLC上显示系统的真实压力（见图5.28）。

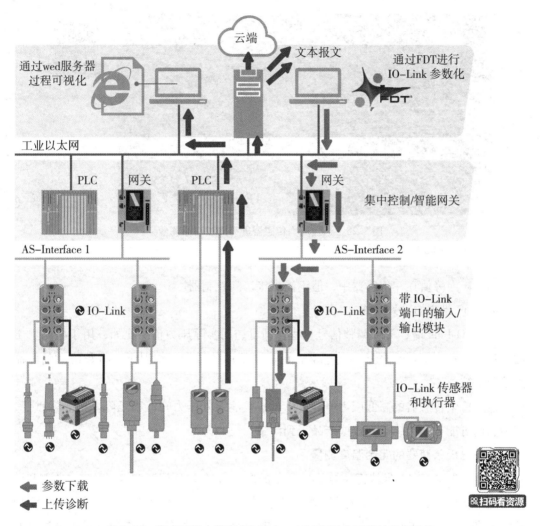

图 5.26　集成网络中带有 IO-Link、AS-i 和以太网的过程自动化

图 5.27　容器中的液位传感器

资料来源：易福门电子。

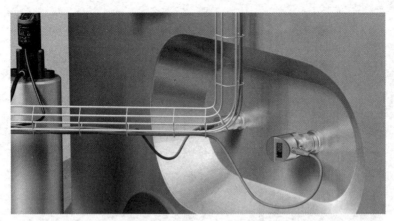

图 5.28　通过压力传感器进行连续液位测量

资料来源：易福门电子。

高低压力峰值存在传感器中，但不能直接访问控制器。

IO-Link 带来的额外功能

使用 IO-Link 时，无须调整信号量程，即可访问实际压力值。比如，用于检测水压的额定量程 0 到 100bar 的压力传感器，可以在不调整量程的情况下，将数值准确传输到控制系统。

通过检索传感器的高低压力值，可以直接监测意外压力峰值和压降。这非常重要，因为它们可能导致传感器失效或产品受到污染。

用于巴氏杀菌器的冗余温度测量

在生产牛奶期间，保持正确的温度至关重要。ifm 的 TAD 温度变送器具有自监测和诊断功能，能确保生产过程平稳进行。TAD 传感器是首个适用于食品工业的带温漂检测功能的传感器。该传感器设计有两个独立的测量元件，它们具备能直接提高过程可靠性的不同特性。当发生温漂时，其会向 PLC 发送警告信号。冗余温度测量如图 5.29 所示。

图 5.29　冗余温度测量

资料来源：易福门电子。

IO-Link 带来的额外功能

IO-Link 能实现同时监测两个温度测量元件。此外，其会向控制器发送两个测量值的平均值。这意味着通过单根电缆可以传输和监测三个不同的温度信号。冗余温度信号允许基于机器过程进行自定义温漂监测，这是一种减少传感器校准的解决方案。

铸造厂中的冷却水监测

熔炉中的冷却系统对于机器的正确运行以及生产高品质部件的过程而言都是至关重要的。此外，元件的准确冷却能延长机器的使用寿命并提高机器的安全性。为此，需要准确监测冷却水的几个流量参数，例如温度和流量。这需要在机器的多个位置上安装多个传感器（见图5.30）。

图5.30　用于监控冷却水的传感器

资料来源：易福门电子。

IO-Link 带来的额外功能

SM 电磁流量计采用 IO-Link 技术并使用一根标准三芯电缆来传输流量、温度和累加值，从而无须采用多个昂贵的模拟卡、额外的管接头、大量的端接点以及过多的库存。

泵站运行实例

Sabesp 是将 IO-Link 传感器用于过程工业状态监测的全新应用实例之一，该公司通过分散式分配 1400 多台水泵，来保障巴西超大城市圣保罗供水。由于针对水泵无法开展适当检查和维护，供水系统经常发生停机。Sabesp 的状态监控解决方案解决了该问题（见图5.31），圣保罗现在能够提供可靠供水服务。通过使用 IO-Link，Sabesp 在公关方面取得了巨大的成功。

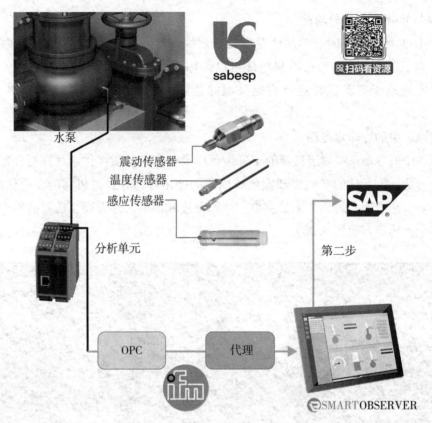

图5.31 Sabesp 的状态监控解决方案

资料来源：易福门电子。

应用示例：啤酒厂

IO-Link 在 Bavaria Brewery Lieshout（荷兰领先的优质啤酒厂之一）的现实过程技术中的应用如下。

- 巴斯德中的模拟温度传感器

出于安全原因，传统传感器必须定期进行重新调整，因此，对于相同的过程值有必要部署 2 个冗余传感器。IO-Link 解决方案：使用 IO-Link 温度传感器，将输入信号的数量（包括布线和编程）减少了一半。此外，由于传感器在正常操作期间会进行自动校准，无须进一步调整。还有一个重要因素是测量过程的直接传输不存在任何转换损失，而这些损失在模拟输入模块中是无法避免的。最后，传感器的参数设置能够被存储两次（存储在传感器和 IO-Link 端口中）。

- 传送带区域中带有诊断功能的传感器

光学传感器，尤其是用于瓶子传送机的，可能会出现错位、脏污或电气故障。所有这些状况都可以通过 IO-Link COM 模式持续监控。通过全周期通信的方式，每一个智能光栅都会创建一个重要提示，并报告反射光的质量。如果质量低于特定值，控制器系统中会显示"清洁镜头"的提示。

- 在公司软件中集成

通过 IO-Link 设备或分布式控制方式从工厂中收集的操作数据可通过相应的网关直接传送到公司网络。集成到 SAP/R3（ERP；见图 5.32）非常容易。通过这种方式，财务和管理人员可以及时接收重要的生产数据，并及时对瓶颈等的问题做出决策。

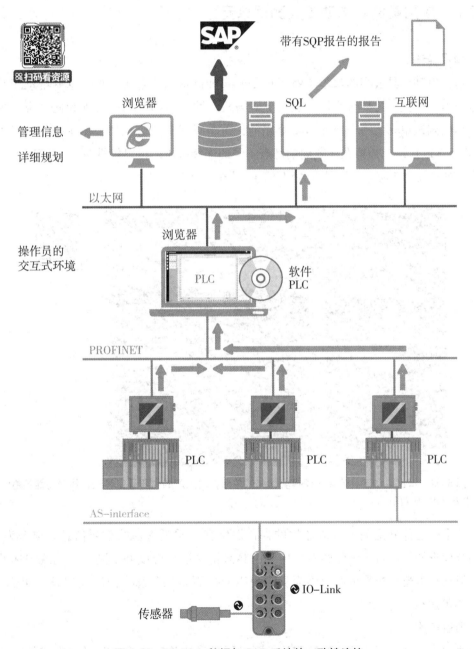

图 5.32　IO-Link 数据与 SAP 系统的一致性连接

● "即插即用"

下面总结有关 IO-Link 在过程工业的优势：自动参数化简化了设备更换；工厂不需要特定的工具，特别是无须依赖制造商的工具；现场操作不需要笔记本电脑或软件；通过这种方式，停机时间缩到了最短。

5.3.5　应用案例：电动工具测试单元

项目描述

博世电动工具公司的默尔哈特工厂是开发和制造高质量工具的。这些电动工具必须进行电气检查，比如直磨机、混凝土研磨机、钻头。内部生产设施为此开发了模块化结构的测试单元。一个单元有 2 个隔间，每个隔间有 2 个插槽，用于插入有线工具（见图 5.33）。每个插槽在检查周期都有不同的连接可用，可以提供 50 V 和 230 V 之间 4 种不同的最大交流电压以及最大电压的一半的电压。

扫码看资源

图 5.33　博世电动工具公司构建模块化测试单元，对生产的高质量工具进行快速功能检查
资料来源：西门子。

一个核心部分是关于电流监控的，它提供有关质量管理的重要信息。迄今为止，在功能检查期间仅有温度传感器可用于工具来记录运行温度并找到有缺陷或损坏的设备。但现在电流监控是重点，因为从中可以看出更多的信息，而不仅仅是"可运行"或"不可运行"。

项目实施

西门子公司基于测试槽的控制技术开发了带有故障安全 F-CPU 及分布式外围系统 ET 200SP 的分布式控制器。在与同一制造商的显示器 KPF 900 结合使用时，其可通过触摸屏预先选择所需的检查周期和电压。操作员只需要输入或选择设备的类型部件编号，然后命名所需检查的单元格，随后即可启动检查。

电流测量由电流监测继电器 Sirius 3UG4822 完成，该继电器通过 IO-Link 直接连接到分布式外围设备，简化了工程设计并节省了布线工作。根据参数设置，这些设备能够监测 0.05 A 至 10 A 的电流，包括过电流和欠电流以及定义的电流窗口。如果出现更高的电流，则使用电流转换器。设备可设置转换关系，因此测量主电流显示可达 750 A。此处始终测量有效值。

选择 IO-Link 的原因

通过 IO-Link 电流监测继电器测量的电流值是数字量，将该量发送给控制器并由其进行分析。对开发工程师来说，这种类型的通信具有多个优势。

无须单个布线，省力省时。所描述的设施配有 16 个电流监测继电器（用于电动工具的 2 个并列的模块化单元，每个单元带有 2 个隔间，每个隔间都有 4 种连接可能性）。其中，4 个可以通过通用电缆分别连接到 IO-Link 主站。通道分配可通过西门子的工程框架"TIA 博图"较容易地实现。

通过"端口配置工具"（PCT）可轻松地对 IO-Link 主站模块和 IO-Link 设备进行参数设置。项目中，可采用该软件对 IO-Link 设备的参数数据进行设置、更改、复制和保存。这样，所有配置数据和参数都可以一致性地被存储在设备层。

诊断通知可在本地显示器中显示，并直接报告给控制器，通过 IO-Link 事件进行可视化（见图 5.34）。

扫码看资源

诊断和报文	IO-Link 事件代码[1]	PII[2]		数据集 92	显示信息
		GE[3]	GW[4]		
无效参数	0×6320	×	—	×	P.ERR
自检错误/内部错误	0×5000	×	—	×	ERR
超过过冲阈值	0×8C10	×	—	×	▼
低于下冲阈值	0×8C30	×	—	×	▼
测量值超出可测量范围	0×8C20	—	—	—	┃▲▲▲
					┃▲▲▲

注：1）列出的制造商特定诊断事件可通过 IO-Link 的诊断机制报告给 IO-Link 主站。

2）"过程输入图像"（参见"3UG4822 电流监测继电器"），可以通过用户程序中的组错误（GE）位或通用警告（GW）位确定诊断数据集 92 中是否存在有关诊断或报文的详细信息。如果设置了位（=1），可以通过读取数据集 92 获得有关"组错误"或"通用警告"原因的详细信息。

3）GE = 组错误：可以在诊断数据集 92 中找到详细信息［参见"系统命令—数据集（索引）2"］。

4）GW = 通用警告：可以在诊断数据集 92 中找到详细信息［参见"系统命令—数据集（索引）2"］。

×：位集。

图 5.34 电流监测继电器的 IO-Link 事件

资料来源：西门子。

电流测量设备与 IO-Link 结合还有一个优势是可将模拟信号转变为数字传输，因此，通信将不再受干扰，并且不必采用过去的屏蔽电缆。这样，单个测量单元彼此之间不影响，这是项目规划的一个重要方面。

由于现代电流监测，其他的可能性也随之出现，比如记录测量曲线，从而推断出质量和材料特性。甚至是在出现缺陷之前就可快速识别更改。

这些继电器也非常有趣，因为除了电流监测还可以实现更多的诊断。比如，它们能监测电网的故障。根据执行情况，它们可以识别相位旋转错误、相位故障、相位不对称以及欠压和过压。设备也集成了有功电流和功率因数监控。电流监测继电器功能范围还补充了故障电流和绝缘监测。所有数据都可以通过 IO-Link 传输至控制系统进行分析和描述，这大大提高了测试单元的可用性。

有经验的人会选择弹簧平衡器联锁技术作为连接技术，因为它更快、防震且无须端子连接即可执行，这也节省了时间（见图 5.35）。

图 5.35　16 个电流监测继电器可通过 IO-Link
快速轻松地连接至 4 个 IO-Link 端口

资料来源：西门子。

项目结论

通过使用电流监测设备，不仅可以检查和记录电动工具的正确功能，还可通过其值和电流曲线推断出产品本身及生产质量。

由于在 16 个电流监测继电器和分布式控制器之间使用了 IO-Link 通信，这种完全自动化的技术结构特别简单，不仅减少了工程化和布线工作，还节省了开关柜的空间。此外，整个信息安全技术可采用相同的硬件轻松且清晰实现落地。

5.3.6　其他应用案例

大量应用需要简单布线、更集成化的诊断和参数设置，而IO-Link可以非常完美地实现这些。每次涉及使用智能组件升级现有工厂并进一步使用原有铺设的电缆，IO-Link都是唯一的解决方案。即使有新的结构，基本的电气映射关系保持不变，大部分工作都集中在需增添的软件上。IO-Link不算是一种激进的方式，因为现有的设备可以常规方式在许多地方再次使用。IO-Link传感器常用于可能导致停机或其他问题的关键位置。与分布式阀岛终端一样，IO-Link驱动开关简化了开关柜中的连接头布线和控制方式。对比总线兼容设备，IO-Link设备的一个优势是点对点连接到IO-Link端口，因此不需要地址。采用这种方式减少了错误寻址；设备更换与带有0/24 V或4~20 mA接口设备一样简单。

那么，这已经是工业4.0了吗？使用Y路径和相应的即插即用软件，IO-Link是一种连接OT和IT全新的系统解决方案。软件解决方案中的专业应用知识可以重复使用，并能够为客户带来收益。最后：如果数据是21世纪的黄金，那么IO-Link就是淘金的许可证。从第7章开始详细讲解IO-Link，以便读者可以解锁这个黄金宝藏。

5.4　IO-Link和工业4.0作为改造解决方案

集成商和维护人员经常遇到的问题是，需定期维护完好无损的昂贵设备部件，其只是相应的电气设备老化了。尤其是线缆和连接头受到自然机械磨损、连接头接触点腐蚀、一些模块的替换部件不再供应。在过去的几十年里，电子产品发生了巨大的变化并得到了进一步的发展。现场总线主要用于节省布线，基于以太网的网络提供诊断并可在软件中透明地映射整个工厂。以IO-Link作为关键技术，传感器、执行器、提示设备和阀门可以向操作员终端设备发送文本报文或电子邮件的事件信息。所有这些都可以在现有机器和工厂中进行改造。

5.4.1　应用案例：IO-Link对物流设备的数字化升级

2023年11月，国家邮政局公布了2023年1—10月邮政行业运行情况：1—10月，邮政行业寄递业务量累计完成1297.2亿件，同比增长14.3%。其中，快递业务量（不包含邮政集团包裹业务）累计完成1051.7亿件，同比增长17.0%。随着近年来物流行业持续快速发展，各家物流服务运营商特别是快递业务运营商，对物流分拣设备的高效运行、数字化、预测性维护提出更高要求。

项目需求描述

国内物流行业头部某企业为应对日益增长的货物快递服务需求，提升物流运输分拣设备运行效率，减少停机，需要对设备进行数字化升级，监测设备关键运行状态。IO-Link 方案正好为物流行业用户的需求提供了设备数字化和状态监测解决方案，也为实现预测性维护奠定了基础。

以某物流货运输送线（见图5.36）为例，通过 IO-Link 方案，增加对线体上的电机、皮带以及货物位置监测功能，评估整个线体设备的健康状态，对线体故障状态进行实时反馈，同时进行预测性维护。

图 5.36　某物流货运输送线

对线上的 110 台电机增加 IO-Link 三轴振动传感器，监测驱动电机的轴承振动状态，同时监控电机温度。通过不同的振动数据和温度数据评估，判断电机轴承异常运行状态、齿轮松动、电机过载、过热等问题，及时做出故障报警和停机预测。通过 IO-Link 光电传感器对传输皮带的间隙进行监测，对过大偏移进行处理。通过 IO-Link 多任务阵列式光电传感器对物流包裹进行定位和统计。所有的 IO-Link 数据通过具有 IIoT 的 IO-Link 主站直接发送到上位机 MES。货运输送线数字化改造连接拓扑如图5.37所示。

选择 IO-Link 的原因

在该货运输送线的数字化升级过程中，通过 IO-Link 方案，既实现了线体上的电机、皮带等关键设备的实时运行状态监测，也可以进行设备预测性维护。

方案简化，快速安装调试

使用 IO-Link 方案，仅需要普通的标准 M12 电缆进行 IO-Link 传感器连接，减少电缆类型和使用数量，施工过程简单，即插即用，也可以保障现场 IP67 防护等级。

通过远程 IO-Link 参数上传下载功能，对 IO-Link 传感器进行简单调试。IO-Link 振动

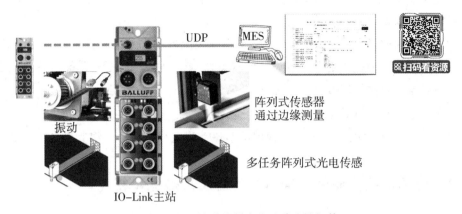

图5.37　货运输送线数字化改造连接拓扑

资料来源：Balluff。

传感器的频率范围修改、报警阈值设定、IO-Link 光电传感器的信号质量阈值设置等，均可随时通过上位机进行远程修改，而且上位机可以轻易对参数进行存储备份。

直连 MES，实现最佳 IT数据管理

IO-Link 主站支持 IT 功能，无须使用 PLC，也无须修改原有控制系统组态和程序。MES 通过 IO-Link 主站的 IP 地址，即可实时读取过程数据，数据直接传输到上位机和数据库，然后对设备运行状态趋势进行监控和综合分析。

综合诊断功能，最佳状态监控

IO-Link 出色的诊断功能正好满足该项目的一大需求。以往设备大多是故障停机后，维护工程师再来排查故障，导致停机时间较长，对物流行业的货运输送线设备影响非常大。

现在通过 IO-Link 方案，传感器可以及时将断线、过载、过温、振动过大、光电信号质量过低等故障状态反馈给上位机，可以在停机前进行预警，提示维护工程师设备的问题所在，大大缩短故障排查时间和设备停机时间，有效提升设备开机率和生产力。

维护方便，轻松更换备件

原先，如果维修工程师需要更换设备上的传感器备件，需要在硬件安装完成后，手动设置传感器参数，以确保传感器正常使用。如果维修工程师对传感器或者设备工艺参数不熟悉，还需要花费大量的时间查阅传感器使用手册等。这样，整个备件更换过程非常长，导致停机时间长，造成设备运行效率低下，无法满足日益提升的物流运输任务需求。

使用 IO-Link 方案，上位机可以轻松备份 IO-Link 传感器的所有参数，当更换好备件以后，IO-Link 传感器参数通过上位机远程直接下载，不需要额外人工调试工作，实现即插即用。

最终用户收益

物流运营商通过 IO-Link 方案在货运输送线完成数字化升级改造后，既实现了对线体上的驱动电机、输送皮带等关键设备的状态监测，也提升了物流设备的数字化水平，从而实现对设备整体健康度评估，避免了 95% 的非正常停机，同时大幅减少更换备件的时间和其他成本，有效提升了设备综合使用效率和设备生产力。

最终，IO-Link 方案实现了设备管理透明化、降低综合成本、提升设备运行效率。

5.4.2　应用案例：使用 IO-Link 实现工厂数据可视化

前言

菲尼克斯电气是一家德国的工业自动化和连接技术公司，提供各种工业自动化解决方案和产品。目前菲尼克斯电气拥有功能齐全的 IO-Link 产品，从常规 IP20 IO-Link 主站、IP67 IO-Link 主站和设备，到基于 IO-Link 的电源控制产品（设备用断路器），再到基于 IO-Link 的电机控制产品（马达启动器），以及保证人身、设备安全的基于 IO-Link 的安全继电器产品，产品种类齐全（见图 5.38）。

图 5.38　种类齐全的 IO-Link 产品

项目描述

该项目是建造数字化炼铜厂的一部分，主要任务是收集炉体回水情况的数据，包括温度和流量等。这些数据经过收集整理后进行可视化展示，实现了对工厂的全面可视化管理。项目采用了菲尼克斯电气的 PLCnext 控制系统，并结合 AXL SE IO-Link 主站模块来实现所需的功能。

项目使用了 4 台 AXC F 2152 PLC 作为区域控制器，以及 1 台 AXC F 3152 PLC 用于网络可视化管理。每个区域控制器通过 PROFINET 连接多个耦合器，这些耦合器充当远程从站的角色。在每个从站上安装了 AXL SE IO-Link 主站模块，用于连接支持 IO-Link 协议的传感器，从而实现对现场数据高效收集。

通过这一系统架构，项目实现了对炼铜厂炉膛数据的实时监测和集中管理，使得厂区运营人员可以迅速获取关键数据，并通过可视化界面进行直观分析。这样的数字化建设提高了生产过程的智能化水平，提升了工厂的生产效率和管理水平。现场控制柜如图 5.39 所示，应用现场如图 5.40 所示。

图 5.39　现场控制柜　　　　　　　　　图 5.40　应用现场

选择 IO-Link 的原因

IO-Link 是工业自动化领域目前迅猛发展的通信标准之一，具备多项优势，包括协议标准化、开放、经济性等。符合 IEC 61131 – 9 标准的主站和从站设备可以相互配合，通过周期和非周期信号传输实现高效数据交互。菲尼克斯电气的 IO-Link 主站可以无缝兼容标准的第三方传感器，极大提高了系统的灵活性和可靠性。

IO-Link 的出现弥补了当前现场总线的不足，通过极其简单的方式将通信延伸至传感器、执行器层。IO-Link 可传输常规的过程数据（开关量、模拟量），同时增加了对设备参数、诊断信息的读写功能，有助于减少开发调试时间，提高维护效率。

项目总结

通过 IO-Link 实现工厂数据可视化，不仅提高了数字化水平，而且充分发挥了 IO-Link 的优势，为工业自动化领域带来了更多的便利和可能性。

菲尼克斯电气致力于数字化产业升级，基于开放的 PLCnext 技术，为生产过程的智能化提供了坚实的平台支撑。菲尼克斯电气以卓越的技术和产品为工业自动化领域的发展贡献了重要力量，赋予企业更大的创新和竞争优势。

5.4.3 用于钢铁生产的 IO-Link 改造

对钢铁生产中略微老化的传送技术进行现代化改造（见图5.41）。采用带诊断的紧凑型起动器与电流监测继电器和 IO-Link 通信结合使用。

图 5.41 杜伊斯堡蒂森克虏伯向磨矿厂供应原煤的传送机
资料来源：西门子。

任务描述

德国承包商 Emscher Aufbereitung GmbH（EAG）负责对德国杜伊斯堡蒂森克虏伯欧洲钢铁公司（TKSE）传送车厢上的原煤进行混合、切碎和干燥。1987 年起，莱茵贝格的自动化专家 EAS 就接到对设施场所"原煤"传送技术进行现代化改造的任务。

现代化项目选择新的电气工程和自动化，包括装备四条传送带以及辅助设备单元，从深煤仓到两个容量为 2800 吨、一个容量为 900 吨的共三个原煤仓。在全新开关柜中设有 15 个紧凑型起动器用于主驱动和辅助驱动，驱动传送带、磁选机、制动器、磨损催化剂和油泵等。全新的开关柜比先前开关柜空间小30%。2 个结构宽度为90 mm、用于 3 个筒仓上方传送带电机的双向起动器也是其中的一部分。

项目实施

选择带有 IO-Link 的现代化电机起动器。采用这种方式，消除了每个紧凑型起动器的复杂平行布线，只需将第 1 个软起动器连接至 IO-Link 主站，一组 4 个设备采用扁平电缆连接即可。每个主站与西门子分布式外围设备 Simatic ET 200S 连接，提供 4 个端口，每个端口即可服务 4 个软起动器。因此，一个 IO-Link 主站即可连接 15 个紧凑型起动器。这样就避免了通常很复杂的控制电路。

选择 IO-Link 的原因

选用 IO-Link 的主要原因在于其更简单的布线使开关柜变小、增强的诊断功能、额外测量的重新编码及简单数据传输至控制系统。

由于紧凑型起动器提供大量诊断信息，其可简单地录入控制系统并通过内部能源管理系统进行分析，为设施的可靠运行奠定了基础。紧凑型起动器甚至可显示开关触点的使用寿命即将结束。在满足此条件之前，设备将通过错误通知自行关闭。

电流监测继电器（见图 5.42）改善了数据记录，因为这些设备不仅可用于监测电机，还可监测整个设施或过流和欠流、电缆破损或欠相的过程。通过有功电流测量，可以得出有关驱动器有效运行的结论。位于开关柜中的 6 个继电器可监控 4 条主要原煤传送带以及 2 个筒仓分配带的驱动器。此处也通过 IO-Link 通信连接控制系统。每个设备需要 1 个 IO-Link 端口，因此需要 2 个额外的 IO-Link 主站与外围设备模块 ET 200S 连接。

图 5.42　6 个电流监测继电器对输送机工艺装置中的特定驱动器进行针对性监测
资料来源：西门子。

控制系统中的预测性维护

通过 PROFINET，带有 IO-Link 主站的分布式外围设备与位于单独机柜中的控制器 Simatic S7 – 317 连接。它可快速识别过载、短路、断电、电源电压供应甚至是紧凑型起动器中开关触点的使用寿命。IO-Link 功能块是最理想的选择，通过它扫描通知并将其输入到可视化 WinCC 的报警记录中。

对运营商的好处

快速识别控制中心故障及有针对性故障排除是现代化设施自动化关注的重要方面。工厂必须不间断加工煤，这就是为什么要持续性监测过程值、运行时间和开关周期。这些信息对于开展预测性维护非常有价值，可大大提高设施的效率。

项目结论

现在老旧的原煤传送工厂采用了最先进的技术，仅通过三个月时间即完成了完美的更新换代。创新技术、紧凑型起动器、电流监测继电器——以及网络安全设备都通过 IO-Link 连接通信，非常令人满意，一切都是基于紧凑、简单、具有高度诊断能力和通信的自动化解决方案（Zumann, 2017）。

5.4.4　使用 IO-Link 改造水力发电厂

作为高效工业4.0概念的推动者，IO-Link 在工厂工程化和加工过程中变得越来越重要。水力发电厂也可以实现快速且高效的工程化布线：在西非利比里亚的咖啡山大坝（见图 5.43），安装智能化的 IO-Link 可将数十个远距离的传感器和执行器连接起来：简单、高效且经济。目前，发电厂运营商已经逐渐意识到 IO-Link 在诊断和维护方面的典型优势。未来，由项目合作伙伴安德里茨水电公司和巴鲁夫联合开发的集成布线解决方案将有望用于其他发电厂项目。

**图 5.43　2016 年年底以来，利比里亚咖啡山大坝再次输出电流，
尤其是对蒙罗维亚，这座拥有约 100 万居民的城市**

资料来源：巴鲁夫。

项目描述

2016 年 12 月，项目最终完成。经过 20 多年的停运后，第 1 台涡轮机重新投入运行。现在，4 台涡轮机均可提供 22 兆瓦的电力供应。这座大坝位于利比里亚首都蒙罗维亚东北部 30 千米处，其起源要追溯到很久以前。之前的大坝于 1966 年完工，但在 1989 年至 2003 年的利比里亚内战中几乎被摧毁。2014 年，当利比里亚电力公司

（LEC）将重建大坝的合同授予一个国际公司财团时，大坝的废墟上已经落满了灰尘。

与其他几家公司一起，安德里茨水电公司签署了在圣保罗河上重建发电厂的合同。

入口接触器可为涡轮机提供水源，并在压力管道出现破裂等故障时紧急关闭进水口。此处配置了液压驱动装置，除此之外配有电动和液压驱动单元以及各种支持系统。咖啡山大坝宽160米，有10个15米宽的径向接触器，这意味着它并非同类大坝中最大的。尽管如此，也必须实现远距离收集几十个模拟信号和数字信号的数据，并提供给控制中心。考虑到其复杂性，涉及周边各种任务和必要的连锁反应，大坝基本上类似一个具有大量分支的工业厂房。

在发电厂建设过程中，时间和不断增加的成本压力也非常重要。假定系统集成商能够在公司就可全面彻底检查其组件，并在尽可能短的时间内完成安装预调试（可能离家很远）。然后，预期整个设施能够无故障运行。

选择 IO-Link 的原因

IO-Link 比传统的铜缆更适合此项目，后者通过接线盒方式连接至控制中心，这需要花费大量的材料和时间。安装在开关柜的 2 个 IO-Link 主站连接着 10 个径向接触器和 4 个普通接触器，可在现场收集多达 20 个不同种类的信号。其中包括感应式开关、机械式末端开关和位置开关、用于弧形闸门旋转运动的传感器、控制器、调节阀和截止阀、信号灯和照明开关。每个液压站安装 2 个 IO-Link 主站，以简单便捷连接所涉及的传感器和执行器。所有组件（无一例外）均采用标准的三芯电缆和 M12 连接头连接。每当无法立即处理任何传感器的模拟信号时，紧凑型 IO-Link 适配器则将模拟信号转换为免受故障干扰的数字信号。数据通过连接至 IO-Link 主站的 Profibus DP 传送至控制中心。由于设计了冗余系统，大坝被划分为 2 部分，只有 75 m 需要架桥（见图 5.44）。

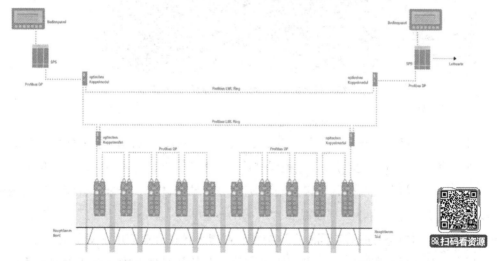

图 5.44 通过 **Profibus DP** 网络进行远距离 **IO-Link** 安装，以连接传感器和执行器

资料来源：巴鲁夫。

"优势很快显现，因为现在我们只需插入标准化的电缆即可替代原有布线，节省了一半的时间。使用 IO-Link，您可以在工厂使用每个模块之前就对其进行测试，现场只需插入即可使用，大大降低了成本"——集成商已对此进行了现场验证。接线错误几乎是不可能的，IO-Link 连接理念节省了空间并增加了检查。IO-Link 几乎可用于所有总线系统，国际化的公司尤其关注这一点。总线层以下的结构保持完整不变，只有总线节点需根据其所使用的国家/地区进行调整。

集成商的结论

在其他方面，双向通信接口便于更好监管。IO-Link 具备独特的本地化诊断功能，有助于快速故障排除并缩短停机时间（见图 5.45）。出于某种原因，在调试阶段某个 IO-Link 模块出现了问题：工作人员可简单地移除并更换一个新模块。相关的参数化值可从主站自动加载。在短暂的中断之后，该设施即可再次全面运行。

扫码看资源

图 5.45 强大的 IO-Link 主站在液压站收集信号

资料来源：巴鲁夫。

对于距离较远且大部分任务必须由非专业工作人员来完成的设施，IO-Link 始终具有优势。使用 IO-Link 甚至可以在过程层进行离线维护。在故障情况下，除了明确的诊断和针对性的措施和说明外，可以轻松实施预测性维护概念。未来，智能传感器将进一步提高设施的可用性。测量油温和含水率的传感器会监控极端压力下工作的电机，并分别通知控制器待定的维护间隔，这类传感器未来将在行业应用中变得越来越重要。

现在，利比里亚咖啡山大坝再次输出电流，尤其是对蒙罗维亚这座拥有约 100 万居民的城市。在经历了这些建设性的过程之后，毫无疑问更多的新项目和改造项目将会采用 IO-Link。尤其是随着越来越多的设施"老化"，更需要现代化的控制和电气概念（Zosel，2018）。

5.5 设计开发：IO-Link 无线主站

无线通信为制造公司提供了许多机会和好处。由于低可靠性、低可用性和低速度，WLAN 和蓝牙长期以来在消费零售领域展现的功能无法用于工业用途。由于 IO-Link 无线技术的迅速发展和德国赫优讯持之以恒的研发工作，这种情况正在改变。

德国赫优讯发布了首批新型 netFIELD Device IO-Link 无线主站（见图 5.46），是实现工业 IO-Link 传感器和执行器无线网络构建的主要解决方案之一，也是德国赫优讯与技术合作伙伴 CoreTigo 公司的合作成果，CoreTigo 公司是高可用性无线工业通信解决方案的专家。德国赫优讯正在开发新的方法，让机器制造商和工厂操作员在生产中简单、灵活传输和使用各种可靠数据。

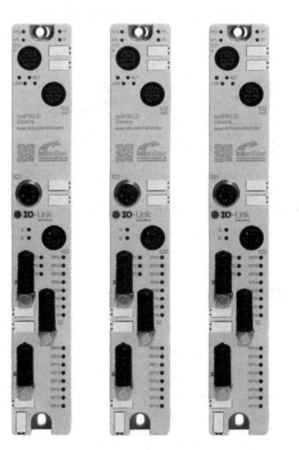

图 5.46　netFIELD Device IO-Link 无线主站

新的 IO-Link 无线主站基于符合 IEC 61131 – 9 的 IO-Link 标准，允许连接总共 16 个传感器和执行器，是传统有线 IO-Link 主站的两倍。用户目前可以在 PROFINET 和 EtherNet/IP 网络中使用 IO-Link 无线主站，EtherCAT 网络版本将很快发布。

IO-Link 无线技术在数据线不可行的地方提供了可选方案，这些领域包括：

- 具有高自由度的机器人，例如协作机器人
- 具有许多过渡和分支的传输系统
- 自主运输小车
- 卫生领域

德国赫优讯 IO-Link 无线主站还包括其他功能，可简化无线 IO-Link 在生产中的使用。

黑名单：主机可以隐藏某些无线电频率，可以与现有无线网络一起使用。

跳频：可以防止在 2.4 GHz 到 2.48 GHz ISM 频率范围内对其他设备的干扰。

扫描配对服务：主站的集成功能为用户简化无线设备设置。

此外，netFIELD IO-Link 无线桥接器（见图 5.47）可以将各种支持 IO-Link 的传感器无线连接到主站。只需 24 V 电源即可将 IO-Link 传感器或执行器的数据无线传输连接，并且符合 IO-Link 无线标准双向传输。在大多数情况下，设备默认提供电源。

图 5.47 netFIELD IO-Link 无线桥接器

了解有关德国赫优讯全新 netFIELD Device IO-Link 无线主站的更多信息，您可以点击：https：//www. hilscher. com/netfield/netfield – wireless – master/。

5.6 客户/应用优势的总结

如果我们回顾一下前面章节提到有关 IO-Link 和工业 4.0 给客户带来的所有优势，我们可以看到不同的，但仍重复出现的应用优势，这些优势在表 5.1 中进行了快速总结。它们可以作为未来项目的基础。当然，还可以发现一些其他优势。

表 5.1　最重要的 **IO-Link 应用优势概览**

IO-Link应用优势	电子制造业		工程化/供应商/OEM						生产运行、制造业、金属加工						改造				开发
	5.1.1	5.1.2	5.2.1	5.2.2	5.2.3	5.2.4	5.2.5	5.2.6	5.3.1	5.3.2	5.3.3	5.3.4	5.3.5	5.3.6	5.4.1	5.4.2	5.4.3	5.4.4	5.5
成本优势、竞争力、库存优势	×	×		×	×	×	×				×			×		×	×	×	×
带 IO-Link 的 RFID 读写头	×				×				×										
简单集成至控制软件	×			×	×		×	×		×	×			×		×	×	×	×
IO-Link 数据直接连至数据库		×	×			×		×		×					×				×
识别工件载体/刀具	×			×					×		×								
简单诊断和维护	×		×		×	×		×		×	×				×	×			×
无须专业知识即可快速更换设备		×									×	×	×	×			×	×	
环保、模块化、能源管理		×								×						×			
连接至 MES/ERP 系统/云端		×				×						×			×				
灵活改变机器配置		×			×					×						×			×

续表

IO-Link 应用优势	电子制造业		工程化/供应商/OEM						生产运行、制造业、金属加工						改造				开发
	5.1.1	5.1.2	5.2.1	5.2.2	5.2.3	5.2.4	5.2.5	5.2.6	5.3.1	5.3.2	5.3.3	5.3.4	5.3.5	5.3.6	5.4.1	5.4.2	5.4.3	5.4.4	5.5
IO-Link 主站与IT直接相连		×				×				×					×	×			×
报警管理，可视化、分析		×				×				×					×	×	×	×	×
快速调试，节省时间		×	×	×	×					×	×			×	×	×	×	×	×
带诊断功能/多种测量功能的智能传感器		×				×	×	×	×	×		×	×	×				×	
用于质量/过程分析的历史存储	×	×		×	×		×	×		×		×	×				×	×	
识别 IO-Link 设备，无差错更换		×	×	×	×	×		×		×		×							×
IO-Link 主站的 Y 路径连接 OT 和 IT			×		×		×	×		×	×	×	×		×		×	×	×
不依赖现场总线的 IO-Link				×	×	×	×									×			×

续　表

IO-Link应用优势	电子制造业		工程化/供应商/OEM						生产运行、制造业、金属加工						改造				开发
	5.1.1	5.1.2	5.2.1	5.2.2	5.2.3	5.2.4	5.2.5	5.2.6	5.3.1	5.3.2	5.3.3	5.3.4	5.3.5	5.3.6	5.4.1	5.4.2	5.4.3	5.4.4	5.5
执行器的布线节省和诊断			×		×					×			×	×		×	×	×	
各种可用的IO-Link设备/主站			×		×					×		×				×			×
状态通知,基于状态监控			×	×		×		×	×	×	×	×			×	×	×	×	×
IODD/项目工具的公共数据库			×							×				×					
设备和主站的数据冗余存储			×	×							×			×			×	×	
无屏蔽电缆下的EMV稳定性				×						×		×		×			×	×	
通过互联网进行离线维护				×		×		×		×									×
机械节省,结构简单				×			×			×	×	×		×		×			×
IO-Link端口作为通用DI/DO端口使用					×					×	×					×			×

续表

IO-Link 应用优势	电子制造业		工程化/供应商/OEM						生产运行、制造业、金属加工						改造				开发
	5.1.1	5.1.2	5.2.1	5.2.2	5.2.3	5.2.4	5.2.5	5.2.6	5.3.1	5.3.2	5.3.3	5.3.4	5.3.5	5.3.6	5.4.1	5.4.2	5.4.3	5.4.4	5.5
通过 IO-Link I/O 模块节省布线					×					×	×		×			×	×	×	×
无线数据传输						×		×			×								×
可用于特定环境条件的设备						×	×	×		×	×	×				×	×	×	

6 回顾与展望

6.1 哪些预言成真了

我们借这本书重新出版的机会，来回顾原文第一版第 17 章所做的预测。在下文中，我们将根据近年来的实际发展情况，对上一版本的预测进行校准。随后，我们将展望未来，对技术、设备和服务的预期发展做出新的预测，尤其是工业 4.0 和工业物联网领域的。

关于芯片集成，一些公司已经开始支持其客户将 IO-Link 集成到自有的微处理器中。为此，目前市面上已有经过测试和认证的编程软件栈。还可以使用成品芯片组将 IO-Link 集成到自有产品中。这些成品芯片组可用于 IO-Link 主站和 IO-Link 设备。尤其值得一提的是，智能芯片制造商已经开发出具有 IO-Link 主站以及一个或多个现场总线节点的多功能芯片。这样，可以轻而易举地开发自有的 IO-Link 网关或现场模块。

关于"IO-Link 无线"的话题，WSAN（无线传感器和执行器网络）小组的活跃度逐年增高。与此同时，另一 IO-Link 无线规范也已整合了其前期成果（见 6.3）。其中特别重视 Wi-Fi、蓝牙和移动电话等系统的抗干扰能力，使用户界面尽可能与 IO-Link 主站性能兼容，这样用户就察觉不到 IO-Link 无线设备或有线设备之间的软件级别差异。第一批 IO-Link 无线设备计划于 2018 年年底正式发布。

本书还讨论了增加通信线缆长度、提高通信速度以及采用替代介质（如玻璃纤维）。采用替代介质还将进一步简化其在爆炸危险区域的使用。值得注意的是，首先：可根据需要，延长标准只有 20 米的通信线缆长度。得益于现场总线的发展，现场总线覆盖的距离可能长达一千米，因此没有必要大幅延长所连接的 IO-Link 传感器的线缆长度。长度限制还有一个优势在于，当发生故障时，可以更轻松更换线缆，这比使用很长的线缆更加简洁。

尽管如此，使用 IO-Link 中继器可以轻松地将线缆长度再延长 20 米，从而可将单个设备安装在远离主站的位置。三种可选速度模式，即 COM1、COM2 和 COM3，很好地平衡了成本与带宽要求，具有很高的性价比。最高波特率为 230.4 kBaud，使用非屏蔽线缆时，只需要 400 μs 即可传输 2 个字节数据。周期性循环的数据被限制为 32 字节，但如有需要，可通过非周期性数据通道进行扩展。由于本质安全无法在24 V物理条件下实现，目前IO-Link不计划用于本质安全型ATEX领域。

通用标准中，没有计划将带有多个参与者的IO-Link扩展为"微型总线系统"。IO-Link将保持点对点连接。但是制造商可以自行根据现有协议设计自有解决方案。例如，西门子开发出一款用于具有模块化结构的紧凑型起动器之间的微型IO-Link总线，该微型IO-Link总线可以通过IO-Link设备灵活地与子节点通信（见图6.1）。如果对应的IODD和操作软件可以轻松支持这一点，则这对于客户而言便是明智的解决方案。严格来说，未来能够与多达40台无线设备实现通信的IO-Link无线主站也同样是"微型总线系统"。

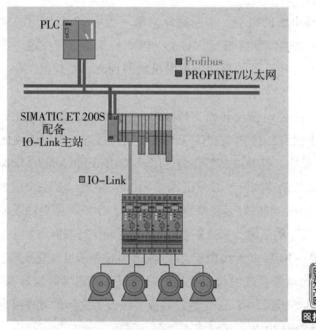

图6.1　单个IO-Link端口上连接多达四个西门子电机起动器

资料来源：西门子。

最新的IO-Link设备模型可以写入很多内容，可以做很多功能扩展。但从制造商目前的动态来看，通过媒体出版来发布这些信息，信息内容会有所滞后。

搜索引擎对此有所帮助。正如第3章所述，混合设备的发展趋势是显而易见的，它包含机械和电气元件、集成传感器、执行器和IO-Link通信接口。例如，夹爪模块、带反馈的阀岛、液压装置、带逻辑控制的智能阀门、比例控制阀等。

在私人环境或工作环境中，几乎每台设备都具有web接口。目前，借助互联网描绘HMIs或手持设备已成为工业领域的准则。IO-Link也正在向网络方向发展。很多IO-Link主站配备web服务器并且能够通过该web服务器进行配置，用于显示状态通知或提供连续的过程可视化数据。或者，也可以经由基于 Web 的 PLC 软件、基于服务器的设备可视化或基于云的软件解决方案来操作 IO-Link 设备。在工业 4.0 的背景下，借助 IO-Link 设备的数字孪生可创造附加价值（见图6.2）。

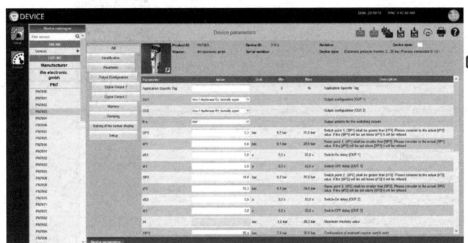

图 6.2　Web 浏览器中描绘的传感器的数字孪生

资料来源：ifm 电子。

就其命名而言，IO-Link 尚未达到 2.0 的水平。很有可能是特意保持 1.0 的水平，目的是向客户展示 IO-Link 可与现有设备兼容，同时是保护客户投资的重要手段。鉴于部分新功能已经融合到 IO-Link 中，我们认为值得迈出下一步，将其升级为 IO-Link 2.0。我们将从第 7 章的技术部分开始介绍相关信息。

自 IO-Link 1.1 开始实施自动配置模式。现在，可以轻松地经由主站采用自下而上的方式读取所有传感器参数和标识，并且必要时将其传输到数据库。在出现错误或需要进行更换的情况下，这些设置（取决于主站配置）会自动传输到新设备，由此生成适当的即插即用模式，这不需要任何专业知识即可完成。因此，IO-Link 变成更像"用于自动化过程中的 USB 接口"。连接未知的 IO-Link 设备后，主站将识别该设备，然后通过识别特征确定该设备是否为已知设备，即是否已经配置该设备。若尚未进行配置，可以在互联网连接的情况下，登录 IO-Link 官网，使用 IODD finder 平台工具（Community IO-Link，2018）查找设备制造商的相应 IODD，也可以在那里进行下载。该功能已应用于各种软件工具，因此，无须费尽心力在制造商网站上进行手动搜索。具有过载计数器功能的智能压力传感器的 IODD 如图 6.3 所示。

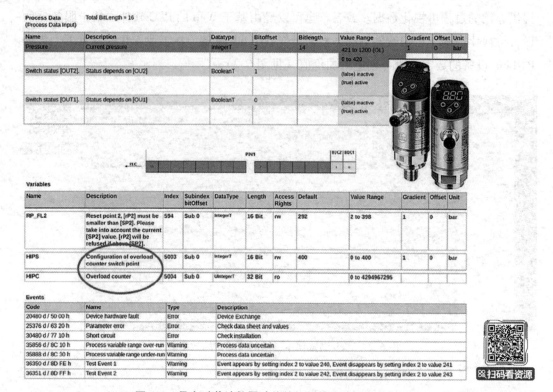

图6.3　具有过载计数器功能的智能压力传感器的IODD

资料来源：ifm电子。

"在网络科学领域，集线器是（网络）链路数量显著超过平均水平的节点"（维基百科，2018）。这意味着，集线器是具有相同接口的分配器，就像USB集线器一样，将一个接口扩大为多个接口。IO-Link尚未支持该功能。具有传统二进制接口或模拟量接口的IO-Link设备有时被误称为"集线器"。

在印刷英文版之时，几乎已经完成面向安全的IO-Link协议扩展。这意味着，未来的IO-Link设备将根据IEC 61508提供常规信号与安全信号。对于设备来说，安全开关、门锁、光栅等可能很快就可以配备IO-Link。必须注意的是，在开发和认证所使用的IO-Link主站时，当然必须将安全性纳入考量。第16章将进一步介绍IO-Link安全技术。

从一开始，兼容性课题就被确立为IO-Link的基础开发要求，并作为强制性要求写入规格表中。新版设备与旧版设备的兼容性是实现任何技术持续成功的先决条件。与之类似的是已经存在几十年的模拟电流接口4 ~20 mA。即使设备结构及其特征发生变化，过程接口是选择的关键。机器和设备运行超过15年或20年并且在它们的整个生命周期中需要具有最初认证接口的传感器和执行器——这种情况很常见，因为任何其他事物都需要对软件和硬件进行重大更改，这只会造成不必要的成本。在此方面，IO-Link处于有利地位：凭借来自各行各业的200多家企业（其中的一些企业是传感器、执行器和控制技术的市场领先企业）、符合 IEC 61131 – 9 的国际标准，以及亚洲、美洲和欧洲三大洲的广泛支持，没有什么能够阻碍数字接口成功取代模拟量接口的步伐。第 7 章设有专门的子章节介绍兼容性课题。

维护支持或基于状态的监控是工业 4.0 的核心环节之一。在前面的章节中，我们已经通过一些实例介绍了 IO-Link 如何帮助实现这一点。目前的必然趋势是，由于使用数字通信接口，传感器处理的信息量越来越大，并且如有必要，可以将这些信息发送到控制器或 IT 层。电子制造商开发的智能传感器、执行器和混合设备已经可以根据运行状况记录和存储首次维护指标。液压系统中记录压力峰值的压力传感器便是一个很好的例子。由于峰值可能造成相当突然的尖峰脉冲，并且仅在液压系统中保持极短的时间，PLC 本身无法记录压力峰值，但是传感器可以通过其他路径提示过载。因为测量装置上出现过载是受到应变造成的，持续的应变会导致液压系统过早磨损，这个问题现在可以及时得到识别，可针对其实施应对措施。

如果我们现在总结本书原版中被正确预测的点，我们发现命中率为 7/11，即我们已经完全实现了约 64%，只是在光纤和集线器方面，我们的预测是错误的。微型总线和新模型的预测是部分正确的。

6.2 IO-Link 和工业 4.0 的未来

基于这方面的经验，我们想分享一些必然但大胆的预测，每个读者今后都可以适时对照评估。

其他行业的 IO-Link：到目前为止，IO-Link 几乎只应用于工厂自动化领域，在工厂自动化领域，实现快速自动装配过程和毫秒级的周期时间至关重要。随着满足更高防护等级、卫生级设计和抗性线缆等特殊需求的新设备层出不穷，IO-Link 也日益广泛地应用到食品行业，包括啤酒厂、乳制品厂、面包厂和比萨厂。这并不是迈出经典的一步，而是较为保守地将其应用于化学和加工领域。还有一个目标行业是工程机械行业。传感器、控制器和插头连接的可用性和可靠性对车辆而言至关重要。根据对温度范围以及相关的抗冲击和抗振动的特殊需求，对这些部件进行了多次开发和测试，以对其进行调整。为传感器/执行器和 PLC 侧的电子设备配备 IO-Link 只是一条捷径。作为互联网商务的基本组成部分，运输和物流需要永久性缩减流程并且优化供应链。在该领域中，工业 4.0 的思想体现在对集装箱进行控制和监测上。这需要用到传感器、识别和通信。这三个方面正体现了 IO-Link 与生俱来的优点。农业和林业自动化将会逐渐兴起，毕竟我们需要养活 70 亿人口（此为外文版出版时的数据，《2023 年世界人口状况报告》指出，2022 年 11 月 15 日，世界人口超过 80 亿。——编者注）。通过传感器和

GPS 控制播种和施肥可以使土地达到最佳产量。从长远来看，通信接口将改变农民的工作模式，例如从计量装置到农场云网络的转变。初始概念已在酝酿之中。

机器与设备工程的新商业模式：正如本书多次提及的，IO-Link 在大数据时代，推动工业物联网的发展。IO-Link 关注机器的方方面面，它能够生成不间断运作期间的状态信息。当然，这也可以覆盖云中的所有客户。由于工程师可以提供在线售后服务，新的商业模式诞生了。对于机器制造商和终端客户而言，这是一个双赢的局面。由于机器制造商比客户更了解自己的设备及其运作，机器制造商可以基于云中的状态数据记录提供有用的建议。今后，机器制造商还可以利用这些数据对将来的机器进行改进。另外，客户受益于无故障运行、更少的维护，进而受益于更高的设备可用性。当然，双方必须签署相应的协议，在允许数据访问的同时保证机密性。机器制造商必须投资开发配套的基础设备等，包括培训专业的员工，提供量身定制的云服务；等等。最终，客户方可以减少现场售后服务人员。此外，必须定义和实施这些服务的营销模型。总之，在机器的使用寿命期间诞生了新的营销方式。

应用于其他技术上的 IO-Link：目前，IO-Link 实际在非常稳健的 24V 电压下运行，具有已知的布线优势。反过来，互联网/局域网/无线局域网/移动技术正在行业内越来越多的领域站稳脚跟。由于全球以太网节点的数量之多，芯片组的价格正在急剧下降。如果这种发展趋势持续下去，终有一天，我们可能会实现将以太网芯片集成到高性价比的传感器中。自 IPv6 协议推出以来，有足够的地址可供 2^{128} 个潜在的参与者使用。但目前的难点在于复杂的以太网布线，涉及绞线和屏蔽线等成本高昂的特殊线缆。但如果一种新技术能改变以太网通信，使用普通的非屏蔽电缆（包括电源供应），则可能会诞生没有网关的连续物联网机器网络。早在 2013 年，西门子就已经提及基于普通双芯线的连续以太网通信，并已在部分产品中付诸实践。

IO-Link 作为自动化的 USB 接口：人们经常将 IO-Link 与广泛使用的 USB 接口相提并论。二者存在令人惊讶的相似之处：即插即用、电源和数据、节省布线、通用和国际标准。IO-Link 的即插即用特点基于对过程值的使用。如果需要完整的 IO-Link 功能，则必须使用配置软件和 IODD 对主站进行相应的配置。以 USB 为例，这些 USB 设备驱动程序大多已经存在于操作系统中，或者可以加载到设备上。有什么理由反对在设备中直接集成相应 IODD，并在需要时将其自动加载到主站中？有了快速 COM3 接口，可在数秒之内传输 IODD。毕竟，智能主站和配置软件可以从 IODD finder 平台下载缺失的 IODD。但这需要互联网接入，而这在生产环境中不一定可用。

IO-Link 与以太网相比：从现状来看，IO-Link 和以太网不是竞争对手，而是完美的互补组合。IO-Link 覆盖短距离和少量实时数据，而以太网则通过更大的网络结构将所收集的 IO-Link 信息分发到具有大数据数据库的服务器。由于两者的要求截然不同，将 LAN 协议资源或 WAN 协议资源分配到传感器层肯定毫无意义。然而这对于工业 4.0 来说是必要的。例如，客户希望在同一位置获得 AB 公司 IO-Link 主站 1 的数据以及 XY 公司 IO-Link 主站 2 的数据，这涉及多种现场总线对控制器进行软件处理以及经由工业 4.0 网络的数据。

工业 4.0 标准协议：目前尚未针对来自设备的工业 4.0 数据设立通用的标准化网络协议。由于缺乏标准，世界不同地区、不同供应商经常使用专用协议。虽然这有利于维护客户关系，但加大了更换更有竞争力的产品的复杂性。从客户的角度来看，迫切需要制定全球标准，并希望从 20 世纪 90 年代"现场总线战争"期间所犯的错误中吸取教训。

这些技术已经存在，现在只需要为 IO-Link 集成进行相应的定义，同时需要制造商将其实施于相应的产品中。PI 的工作组已经着手寻找 OPC-UA 解决方案。在美洲地区，竞争对手 MQTT 也已经准备就绪。其他物联网协议还包括 CoAP、DDS、AMQP 或由弗劳恩霍夫研究所开发的物联网总线。当然，除了 IO-Link 集成，工业 4.0 协议需要覆盖很多场景。据此引用工业 4.0 平台上的一篇讨论文章："工业 4.0 的网络通信包括实现两个或多个工业 4.0 组件之间的通信关系所需的所有技术、网络和协议"（工业 4.0 平台，2016）。我们不再继续讨论单个网络，而是讨论在工业 4.0 参与者之间构建的连接路径（总体网络），例如，从 IO-Link 设备到服务器的连接路径。图 6.4 展示了此类连接路径，这是从层级结构转变为平等、协作的节点结构。

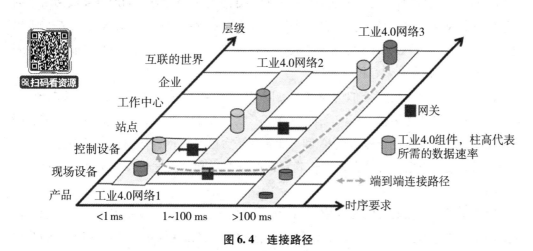

图 6.4　连接路径

RAMI 4.0 模型中的 IO-Link：德国工业 4.0 平台开发的"工业 4.0 参考架构模型"试图梳理三维立方体模型中的复杂关系（见图 6.5）。在 X 坐标上，我们可以看到工业 3.0 中已知的按产品展开的分层自动化金字塔，在本例中，该产品是传感器、执行器和互联网。Y 坐标涵盖了从开发到生产再到维护的产品生命周期。Z 坐标描述了架构或 IT 或软件表示。因此，RAMI 4.0 模型可以完整描述产品和服务，包括机器与机器之间进行交互以及独立交换数据所需的信息。

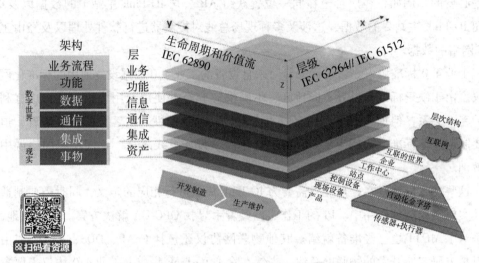

图6.5 用于描述工业4.0技术的RAMI 4.0模型

资料来源：工业4.0平台。

　　如果根据这个概念开发新的 IO-Link 设备，则该设备的一部分当然是物理设备本身、硬件以及包含信息图的管理壳，即所谓的数字孪生。对于 IO-Link，这还将包含 IODD、通信参数和设备的工厂特定设置。管理壳的可取之处可能在于 IO-Link 主站：在 IO-Link 主站中，所有信息都被捆绑在一起，并经由 Y 路径直接与服务器或网络中的其他设备交换信息。目前，这一点在理论上具备了可行性。不过，截至本书外文版出版之时，RAMI 4.0 模型的规范尚未完成，但制造商已经熟悉这些结构并且能够为将来的 IO-Link 设备和主站做好相应准备。

　　其他国家和地区也有类似的模型。美国 IIC（工业互联网联盟）推出 IIRA 模型，即"工业互联网参考架构"。IIC 关注的重点不仅仅是工业装配，还涉足智能电网、医疗保健、智能建筑和智能移动。IIC 和工业 4.0 平台已经启动合作项目，其目标是保证系统之间的互操作性，具体日期尚未确定，但从客户利益角度出发，实现这一目标是值得的。

　　软件集成：正如前文的参考模型所示，硬件、软件和服务被紧密连接在一起。这仅适用于从传感器到云、从运营商到制造商的持续通信和软件集成。RAMI 4.0 的管理壳将是对设备、机器、工厂和服务进行规划的良好开端。但必须精确定义语义，以便不同的制造商使用相同的术语，否则对测量值可能会有不一致的描述，例如过程值或PV。必须对工业 4.0 所有级别进行标准化是贯穿本书的一条金科玉律。如果最终实现全球范围的标准化，则会节省针对具体国家进行调整所产生的大量资金，并且没有任何事物能够阻碍实现突破。

6.3　IO-Link 无线

在日益复杂的世界中，无线电网络有望大大地简化信息传输。因为有些事物在智能手机的个人应用中容易实现，并不意味着它也能在工业环境中轻易实现。恰恰相反，它对抗干扰性和数据真实性提出了更严格的要求，要求多个同时使用的网络不会相互影响。这就是在许多生产环境中，当正在进行无线电网络规划时，智能手机等附加设备可能不被允许出现在系统中的原因。

还有一个需要考虑的因素是无线设备的供电方式。

在 2011 年，ZVEI 已经开发出基于系统级网络、厂级网络和传感器/执行器网络的应用领域的系统（ZVEI，2011）。这些系统在所需的覆盖范围、数据量和传输次数方面存在根本的区别。与自动化金字塔对比，IO-Link 的使用变得非常清晰（见图 6.6）。

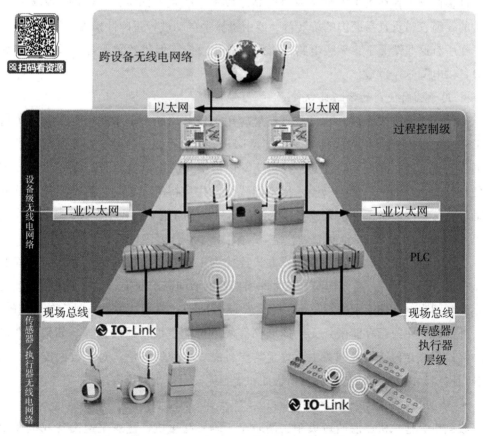

图 6.6　"自动化金字塔"中的无线电系统的应用领域

资料来源：ZVEI，2011。

为了转换到"工业环境中的无线设备"这一课题，我们将研究不同的案例以及技术和结构层级，从而对"IO-Link 无线"进行清晰的分类。我们同时对与诊断和工业4.0 相关的无线电技术的应用领域进行描述。

如果对无线技术在工业领域的应用进行分析，我们就可以区分以下案例优势：

- 取代线缆/连续数据

现场总线技术已经大幅减少了并行传感器/执行器线缆的使用。一条总线可以取代数百根单根线缆，实现长距离通信，只有在末端从站模块连接设备的地方，才需要使用到较短的线缆。

符合逻辑且正确的下一步计划是需要放弃"最后一米的接线"，将无线电连接集成到传感器上。然而，在选择正确的无线电技术时，必须考虑快速、安全且确切传输过程值（取决于机器的动态和叠加控制的周期时间）。如果发生故障，可能会导致机器功能立即中断。

- 取代线缆/旋转或移动设备

许多机器上存在人难以触及或需要高昂成本才能触及的零件。例如：被特殊装置保护的线缆、昂贵且易磨损的旋转台，或由机械手自动进行正确性检查和更换的夹具。

在所有这些情况下，无线电路径将大大简化通信，但仍然需要提出并解答"如何为设备供电"这个问题。

- 用于临时使用的诊断接口

现代智能手机或平板电脑日益广泛地应用于设备诊断。由于这些设备通常不再设有 USB 接口或任何其他有线接口，带有 Wi-Fi 或蓝牙的接口将派上用场，与测量记录仪通信并记录随时间变化的数据，或快速发现错误或优化设置。IO-Link（线缆）嗅探器便是其中一个例子，它可以插入传感器线缆，并且将所记录的数据经由蓝牙传输到移动设备。这些设备不会永久放置在工厂，而只是临时用于查找错误。

- 工业 4.0 的过程/诊断数据

当然，可以预想到，除了以无线方式连接到工业 4.0 世界的第一个面向过程的数据接口（"Y 路径"），需要构建第二个非周期性的面向需求的接口。这种无线电连接通常不受时间限制，但必须传输更多数据（"暗数据"），然后这些数据被存储在 ERP 系统、外部数据库或云存储中。无线局域网等网络可能是最合适的选择。如果已经将这两种接口集成在传感器或网关中，肯定需要考虑成本和经济性。对于数据传输（尤其是公司网络），最基本的是对编码、认证和端到端安全提出最高要求。

- 移动作业机器的车辆诊断

收割机、拖拉机、清洁垃圾车、消防车、码头起重机、建筑工地设备或机场设备等移动作业机器有大量关于维护、场外诊断、效率提升、作业数据等工业 4.0 数据。在传感器/执行器层面，IO-Link 必将充当接口。受行驶距离限制，车辆通信需要用到无线局域网、移动无线电或卫星无线电。

- 移动无线电 3G、4G、5G

以前的移动电话网络通常用于非关键的数据，而不是直接用于工业领域或物联网。随着最新标准"5G"，即第五代移动无线电的推出，这种情况正在发生变化。5G 用于实现高达 10 Gbit/s 的传输速率以及低于 3 ms 的低延迟。这可能是针对具有 5G 网络的工业组件设备。但是，随着越来越多的无线电天线杆落地，通信半径在不断缩小。首批设备将在 2020 年发布，但规格尚未最终确定。这可能将为全球物联网提供技术平台，从智能家居到超市，从物流链到生产。但是，实现这个目标还需要假以时日，我们需要等待 5G-M2M 技术为 IO-Link 和 IO-Link 无线留下足够的空间。这一切始终取决于价格。

- 其他

在自动化金字塔的水平通信以及垂直通信中，还有许多针对工厂无线电解决方案的商机和专门供应商，涵盖了从机器人的 M2M 通信到支持无线 Profibus 或者 PROFINET 的 I/O 模块。本书在此不赘述。

我们可以确定，IO-Link 无线非常适合前两个案例。在有限的半径内传输相对较少的数据时，IO-Link 无线总能发挥优势（参见表 6.1 中的对比结果）。

IO-Link 成功的主要因素之一是通过简单、标准化的三芯传感器线缆对智能、复杂的传感器和执行器进行简单布线。随着 IO-Link 逐渐无线化，即使是 IO-Link 系统中的此类简单的通信线缆布线将来可能也会省去。

无线 IO-Link 最初起源于 1998 年 ABB 的专有 WISA 项目。2008 年，它成为公共标准，被称为 WSAN。2012 年，它以 IO-Link 无线的形式被纳入 PI/IO-Link。

对于机器和设备工程师及其客户而言，减少工业自动化中的线缆一直是一个重要课题。在需要减少安装工作量或必须使关键场所的数据传输更安全的情况下，与传统接线的解决方案相比，这是一个优势。

在此背景下，无线电移动网络形式的无线通信系统逐渐应用到自动化技术中。在相当长的一段时间内，无线电移动网络已经成功应用于控制级甚至现场总线系统级。现在可能是时候将这项技术扩展到最低层级的现场通信了。尤其是在传感器和执行器的布线方面，其存在巨大的节约潜力。IO-Link 是减少现场设备布线安装工作量的领先技术，接下来将会无线化，这一点合乎逻辑。

2016 年以来，IO-Link 委员会一直致力于创建 IO-Link 无线技术规范。市场营销工作组为此制定了需求行规和案例，而相应的技术工作组定义并创建了技术需求和规范文档。

重大挑战

必须满足不同的要求，才能通过无线技术，实现硬布线传感器/执行器系统的设备

表 6.1　工业应用中的本地无线电技术（精选）

	WLAN	蓝牙	RFID	NFC	Zigbee	Enocean	Wireless HART	IO-Link 电感耦合	IO-Link 无线
数据量	大	中	小	小	小	小	小	与 IO-Link 相似	与 IO-Link 相似
速度	Mbit/s	Mbit/s	kbit/s	kbit/s	kbit/s	kbit/s	kbit/s	透通	kbit/s
距离（典型）	100 m	10/50/100 m	1 cm/1 m/10 m	cm	10～75 m	在建筑内 30 m	最大 3 km	数毫米	20 m
参与者数量（个）	254（理论上）	2	2	2	65536（理论上）	127	>100	2	每台主站 40 个，每个无线电单元 120 个
特色	与以太网局域网兼容	P2P 连接，音频传输	有源或无源应答器	无电池应答器	扩展为网状网络，省电	能量收集，无电源设备	扩展为网状网络	电源，性能有限	从软件角度看，与 IO-Link 无异
应用（典型）	将单台设备连接到接入点	自发网络	工件标识，可写入	微支付，认证	建筑中的传感器和执行器	开关/灯控制，单向，无主站	传感器连接，25 台设备的周期时间通常为 1 秒	旋转分度台，更换工具	装配中心，周期时间通常为 10 ms
备注	技术经过消费者领域的测试，非确定性		物联网，消费者、工业	基于 RFID 的技术	智能家居	建筑物	加工工业	工厂自动化	
	可使用行业协议		适合短期临时连接				与 HART 兼容	IO-Link 工业协议正在过渡为无线协议	

性能。例如，更新 I/O 数据要求周期时间短于 10 ms。对可靠性的要求至少和有线系统一样高，甚至更高。支持超过 30 台设备经由无线电信道与主站通信。2.4 GHz 频段可作为波段使用。前提条件是在该波段上实现与其他系统共存。在一个射频区域内，多达三台主站可以与多达 120 台设备通信。

过去的无线技术不能完全满足这些要求：

- 例如，由于 Wi-Fi 采用"先听后说"的机制，无法满足可靠性和确定性的先决条件。
- 蓝牙无法实现所需的参与者数量、实时需求或与其他技术无问题共存。
- Zigbee 采用 16 个频道和 5 MHz 带宽，数据速率太低，仅为 250 kbps，因此不能保证目标更新速率。
- Wireless HART 的周期时间为数百毫秒，没有达到工厂自动化所需的速度。

IO-Link 无线的特点

为了满足 IO-Link 无线的严格要求，IO-Link 无线工作组已经确定了该技术的相应特点。最重要的规定之一是周期性数据（过程数据）和非周期性数据（请求数据）的应用接口与现有的 IO-Link 规范兼容。对用户来说，处理有线 IO-Link 信息和处理无线 IO-Link 数据并无区别。

为了处理大量 IO-Link 设备，一台 IO-Link 主站包含多达五个传输通道，每个通道最多支持八台 IO-Link 设备，因此每台 IO-Link 主站支持 40 台无线设备（见图 6.7）。三台 IO-Link 主站可以在一个无线电单元上同时工作。这样，一个单元最多可以支持 120 台 IO-Link 设备。配对服务将 IO-Link 设备分配给相应的 IO-Link 主站。扫描服务确保即使是"未配对"的 IO-Link 设备也可以被添加到系统中（即插即用）。IO-Link 移动设备在无线单元内的通信速度也不会受到限制。预定义的切换机制满足了 IO-Link 设备在不同 IO-Link 主站之间受无线漫游控制的需求。

无线 IO-Link 采用 2.4 GHz ISM 频段射频收发器。2.4 GHz 频段分为 80 个信道，每个信道间隔 1 MHz。所谓的黑名单机制保证了与其他通用无线系统的共存。如果知道特定信道已经被其他系统广泛使用，则可以从一开始就将其屏蔽。在这个固定帧内，可以使用所谓的跳频。这里达到了 10^{-9} 的比特差错概率，这与有线系统大致相同。未来还将支持低功耗设备，周期时间约为 5 ms。

为了符合法律规定，传输性能限制在 10 dBm（10 mW）EIRP。尽管如此，通过一个通信信道即可在一个主单元内扩展 20 m。使用一个以上通信信道，至少可扩展 10 m。

在本书外文版出版时，规格设计应当已经完成。同时，定义了第一批供应商为新系统开发组件时所必需的测试规范和测试场景。这一切对于实现所谓的互操作性至关重要。正常情况下，互操作性应保证不同制造商的单个组件毫无故障地相互通信。

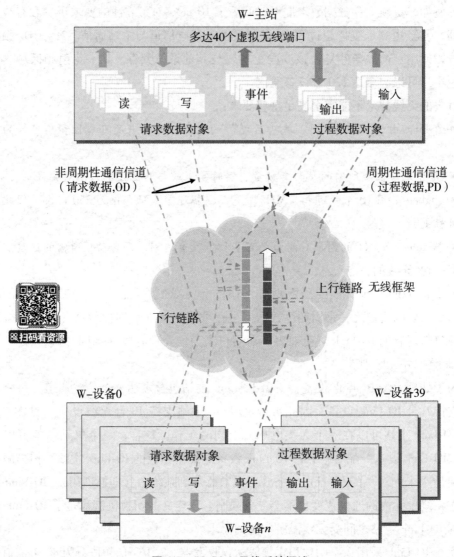

图6.7 IO-Link 无线系统概述

资料来源：Balluff。

因此，我们可以期待第一批采用 IO-Link 天线而不是连接线缆的真实设备。

7　IO-Link 详解

IO-Link 在某些层面上开辟了新的途径，从而提高了工厂生产的效率。由于 IO-Link 是一个品牌名称，并且根据国际标准，受保护的术语不得使用，IO-Link 标准在 IEC 61131 –9 中已标准化为 SDCI。

本章将概述 IO-Link 的性能范围，并为专业人员提供有用的信息。

IO-Link 适用于所有制造商和总线，这意味着用户不必只局限于某一个特定的系统。IO-Link 的点对点链路是基于目前标准传感器和执行器所使用的可靠的三线制物理层。基本上，IO-Link 拥有在 C/Q 线上通信所定义的全部属性。由于这种通信类型，最底层的现场层也能完全集成到系统结构中。

数据传输遵循主—从原理的经典方法。此外，每个端口只连接一个 IO-Link 设备，因此无须寻址。这是与其他已建立的总线系统最明显的区别。

简化的配置、保留一致性的数据或无需工具的重新参数化，以及简单的远程参数化、诊断或错误分析都会为用户带来极大的便利。

此外，由于一个 IO-Link 端口可以连接到测量型或开关型的传感器和执行器以及两者的组合，不同现场模块的数量减少了。

系统结构的典型应用如图 7.1 所示。

7.1　性能特点与系统概述

IO-Link 有两个逻辑通道，其工作在半双工模式下以周期和非周期的方式彼此独立传输数据质量。图 7.2 显示了这两个通道。

与其他通信系统的习惯一样，过程值通过周期通道进行快速确定传输，这些值直接参与控制或调节。通过 IO-Link 传输的传感器过程值会接收到一个有关其有效性的附加信息，即所谓的有效位。该有效位存在于每个传输帧中或 IO-Link 中被称为 M 序列的传输帧中，它指示每个 M 序列过程值的有效性。有效性用有效或无效的质量来编码。如果叠加的总线映射或网关被设计成能够执行此操作，则执行器略有不同，因为其通过 IO-Link 主站命令获取有关传输值有效性的信息。

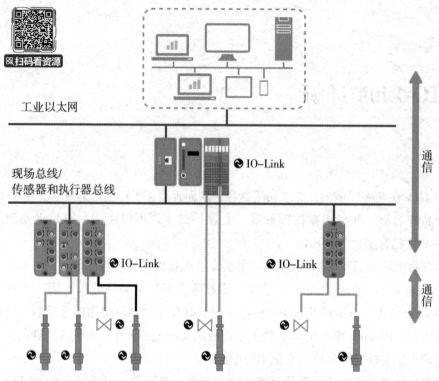

图 7.1 典型应用（概述）

资料来源：IO-Link 委员会。

如有需要，将使用非周期数据，并可将其分类为诊断或参数，两者都是数据质量。图 7.3 显示了不同的数据质量。

对参数的访问分为读写访问和对应的寻址，寻址是通过 IO-Link 中的索引映射的。

IO-Link 将参数划分为识别参数，例如，提供制造商名称、产品编号、要识别的硬件和软件版本，以及特定应用标志等，用户可以在特定应用标志中存放特定的设备名称。此外，现有的系统参数是系统本身的一部分，而扩展的诊断参数可以用于跟踪错误率等。特定于制造商部分的参数通常包含开关点、滞后、阻尼等由制造商定义的参数。所有参数都可以通过工具（如 PCT、FDT、LR 设备等）以及 PLC 获得。它实现的前提是使用支持 IO-Link 映射的总线系统。对于目前流行的总线系统，如 PROFINET、EtherCat、Ethernet/IP、AS-i 和 CANopen，映射已经或正在定义中。

这些映射本质上是简单的映射关系，用于显示相应系统的周期和非周期通道中的 IO-Link 数据。

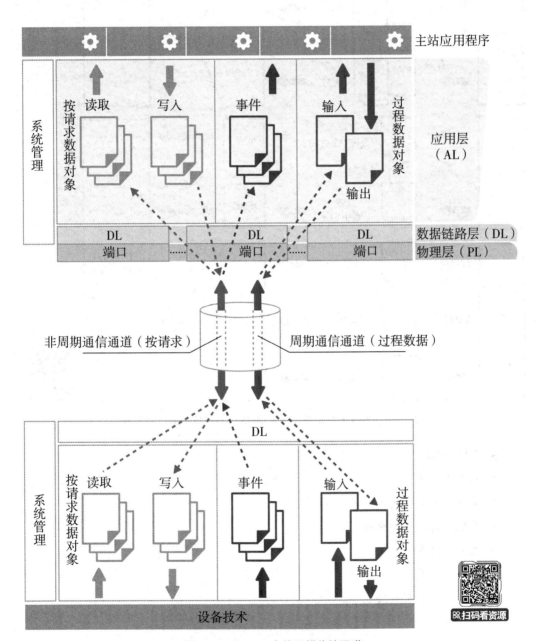

图 7.2　IO-Link 中的逻辑传输通道

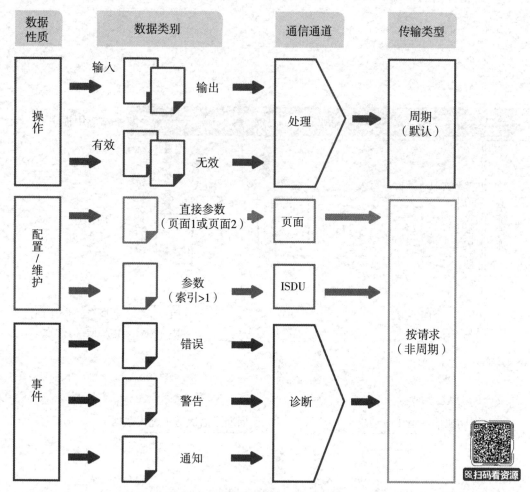

图 7.3　IO-Link 中的数据质量/数据性质与传输类型的关系

关键内容总结

- 点对点链接
- 单独的参数通道
- 单独的过程数据通道
- 主—从原理
- 半双工模式
- 向后兼容现有系统

7.2　IO-Link 物理层（传输介质）

IO-Link 物理层使用双极性电源和通信链路（C/Q），这两者是向后兼容传统开关信号的前提。IO-Link 大部分基于标准 IEC 61131－2 中的定义。

这种结构使 IO-Link 设备的标准输入/输出模式（SIO）能够兼容传统输入模块，这样 IO-Link 设备可以像普通的开关传感器一样操作。图 7.4 描述了这一点。

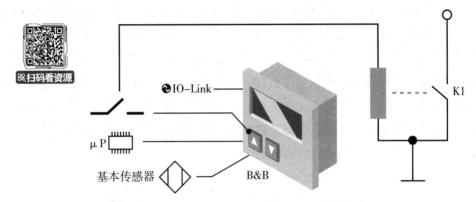

图 7.4 IO-Link 设备的二进制操作（上电后默认）

资料来源：IO-Link 委员会。

然而这种兼容性对于 IO-Link 执行器是不可能的。还有一个例外是测量传感器。它们不一定兼容 4～20 mA 或 0～10 V 连接。

IO-Link 端口也可以操作具有开关输出的传统传感器以及简单的执行器。

这意味着具有 1 位输出（例如，传感器开关位）的不支持 IO-Link 的设备可以在 IO-Link 主站上进行开关操作。IO-Link 主站将设备提供的开关信息传输到叠加系统。需要注意的是，IO-Link 主站的端口必须配置为数字输入模式。

数据传输是通过 C/Q 线上的 24 V 脉冲调制进行的。在 IO-Link 定义的连接器类型为 M12、M8 和 M5 的情况下，这条线位于引脚 4 上。通常，终端上的端口中黑色芯线是 C/Q 线。IO-Link 标准电缆是非屏蔽型标准传感器电缆，芯线截面最小为 0.34 mm^2。IO-Link 主站与 IO-Link 设备之间的电缆最大长度为 20 m。图 7.5 说明了 C/Q 线的使用，这条线可用于二进制传感器的开关信号以及 IO-Link 通信。

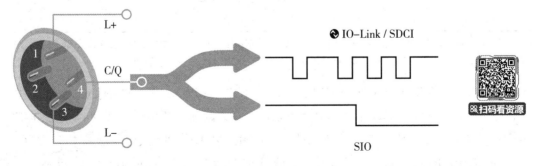

图 7.5 IO-Link 连接

通信路径采用三种传输速率——COM1、COM2 和 COM3。最慢的传输速率是 4.8

kbit/s 的 COM1，用于只有 P 开关功率放大器的最简单的传感器。COM2 和 COM3 的传输速率分别为 38.4 kbit/s 和 230 kbit/s，这两种传输速率用于较复杂 IO-Link 设备。

对于接口为 M12 的端口，其插头和插座有两种不同的类型。

IO-Link 主站 A 类端口是标准 IO-Link 端口。引脚 1 和引脚 3 为标准传感器或 IO-Link 设备供电。因此，该电源与标准传感器的电源 U_s 相同。IO-Link 主站 A 类端口的可用电流至少为 200 mA，M12 可以达到 3.5 A。至于设备尺寸，请参阅由制造商提供的数据手册中有关安培和同时系数的信息。引脚 4 用于数字输入或 IO-Link 通信。通常引脚 2 有一个附加的数字输入或模拟输入（4 ~ 20 mA 或 0 ~ 10 V）。IO-Link 设备的引脚 2 是否具有上述接口由制造商决定；引脚 2 也可以配置为附加数字输出或其他专有信号。A 类端口如图 7.6 所示。A 类端口的引脚分配如表 7.1 所示。

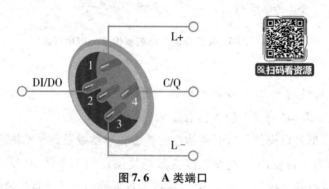

图 7.6　A 类端口

资料来源：IO-Link 委员会。

表 7.1　　　　　　　　　　　　A 类端口的引脚分配

引脚	分配
1	24 V
2	未分配，DI/DO/（模拟）[1]
3	0 V
4	SIO 模式，IO-Link
5	未分配

注：1）可以为 IO-Link 主站的引脚 2 上配置规定的 DI/DO 功能，也可在特殊主站上配置模拟输入。通常，在纯 IO-Link 主站的情况下，A 类端口中没有分配引脚 2。

IO-Link 主站 B 类端口是所谓的执行器端口，其引脚 1、3 和 4 与 IO-Link 主站 A 类端口分配相同，尽管引脚 2 和 5 实现了附加电源。该附加电源始终与 IO-Link 电源电气隔离。通常电源的中性点在电源单元处。这种附加电源是标准执行器电源 U_A，在 IO-Link 中也用于 IO-Link 执行器设备。IO-Link B 类端口的可用电流最小 1.6 A，最大 3.5 A。至于设备尺寸，请参阅由制造商提供的数据手册中有关安培和同时系数的信息。B 类端口如图 7.7 所示。B 类端口的引脚分配如表 7.2 所示。

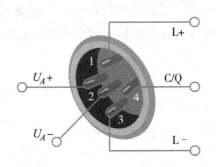

图7.7 B类端口

资料来源：IO-Link委员会。

表7.2   B类端口的引脚分配

引脚	分配
1	24 V
2	附加电源，$U_A +$
3	0 V
4	SIO 模式，IO-Link
5	附加电源，$U_A -$

请注意

在标注设备尺寸时，切记A类端口的IO-Link设备连接主站A类端口，类似地，B类端口的IO-Link设备连接主站B类端口。只有没有引脚2或没有连接三芯电缆的真正的A类端口的IO-Link设备才可以与IO-Link主站B类端口连接。如果带有引脚2的A类端口的IO-Link设备要与B类端口的IO-Link主站连接，则需要考虑某些措施，例如使用适配器电缆。如果不及时采取这些措施，轻则取消电路隔离，重则导致故障或损坏相关的组件。

引脚5用于汽车工业中的功能接地和电位均衡。这可能会妨碍B类端口的IO-Link主站的使用，或导致需要采取与文档相关的某些措施。

IO-Link 主站上可用的 IO-Link 设备

- 二进制传感器（P开关）
- 二进制传感器（可配置，可参数化）
- 二进制执行器（在配置的DO模式下，请参阅第10章了解更多信息）
- IO-Link传感器（开关信号和/或测量信号）
- IO-Link执行器
- IO-Link传感器/复合执行器
- IO-Link显示，如人机界面（HMI），指示灯等

IO-Link 主站为 IO-Link 设备提供电源。功耗增加的 IO-Link 设备通过一个附加的电源端口供电。有关其设计的说明请参阅制造商提供的用户文档。通常，这种端口是 M12 形式的 B 类端口。

IO-Link/SDCI 关键内容总结

- 传感器/执行器/IO-Link 设备的最大电缆长度：20 m
- 介质：标准传感器电缆，非屏蔽三芯、四芯或五芯圆形电缆
- 最小芯截面面积：0.34 mm^2
- 回路电阻：6 Ω
- 线路电容：当 <1MHz 时 3 nF
- 端口技术：M12、M8、M5、端子
- 引脚4是 C/Q 线（通信性能）
- 在端子中，黑芯线通常是 C/Q 线
- 传输机制：24 V 脉冲调制
- 数字输出电流：最大 200 mA
- IO-Link 端口的电源：最小 200 mA（请看 IO-Link 网关/主站制造商的数据手册）
- 符合 IEC 61131 −2 类型 2 的数字输入型电流吸收器

表 7.3 总结了 IO-Link 引脚分配。

表 7.3   IO-Link 引脚分配

引脚/线芯颜色	信号	定义	标准
1（棕色）	L +	24 V	IEC 61131 − 2
2（白色）	I/Q U_A + （B 类端口）	不连接，DI 或 DO 或其他功能电源（+24 V）	IEC61131 − 2 或制造商特定或特定于 B 类端口
3（蓝色）	L −	0 V	IEC 61131 − 2
4（黑色）	Q C C	二进制信号，DI, DO SIO 模式 IO-Link 编码信号	IEC 61131 − 2 IEC 61131 − 9
5（灰色）	NC（A 类端口） U_A − （B 类端口）	未连接 B 类端口质量参考（0 V）	制造商特定或特定于 B 类端口或经常屏蔽

7.3 传输速率

IO-Link 有三种传输速率：第一种是较慢的 4.8 kbit/s，只用于 P 开关输出级；第二

种是较快的 38.4 kbit/s；第三种传输速率 230.4 kbit/s，其传输的速率更快、数据量更大。可用的传输速率如表 7.4 所示。

表 7.4 　　　　　　　　　　　　　　　IO-Link 传输速率

	COM1	COM2	COM3
波特率	4.8 kbit/s	38.4 kbit/s	230.4 kbit/s
典型周期时间[1]	18 ms	2.3 ms	0.4 ms
位时间 TBIT	208.33 μs	26.04 μs	4.34 μs

注：1) 典型周期时间涉及包含两个字节的过程数据和一个字节的请求数据长度的 M 序列。数据格式越长，则其周期时间越长。

IO-Link 设备将从制造商获得一个固定的传输速率，这个传输速率通常适合 IO-Link 设备应用程序。传输速率的选择基于复杂性、数据量和预期用途。IO-Link 主站可以在所有的传输速率下工作，并根据所连接的 IO-Link 设备确定一个合适的传输速率。

有些 IO-Link 设备可以改变传输速率，这意味着，有一些参数可以在 COM2 模式或 COM3 模式之间进行选择。根据选择的传输速率，可改变 IO-Link 设备发送的数据量及可用的功能，这应该考虑到叠加系统的因素，如总线传输、PLC 程序或其他应用程序。

7.4　通信架构/初始阶段

简单地讲，IO-Link 系统是按照 SIO（数字模式）、唤醒、启动、预操作和周期操作这几个阶段来工作的。每个运行状态和连接过程如下。图 7.8 显示了激活 IO-Link 通信的简化过程。IO-Link 1.0 的兼容性将在后文单独介绍。

各个状态的定义

SIO

SIO 被定义为兼容 IEC 61131 - 2 的基本状态，IO-Link 主站和传感器/IO-Link 设备都使用这一状态（向后兼容旧设备）。此外 IO-Link 执行器始终是可通信的。

唤醒

唤醒是 IO-Link 标准中的一种机制，它在 IO-Link 主站通信试运行之前就已经开始使用。IO-Link 主站告诉处于 SIO 状态（开关操作模式）或未激活状态的 IO-Link 设备：现在将启动 IO-Link 通信。唤醒本身构成了一个快速的、由 IO-Link 系统定义的 C/Q 线短路，并确保该线现在不再被主动使用。

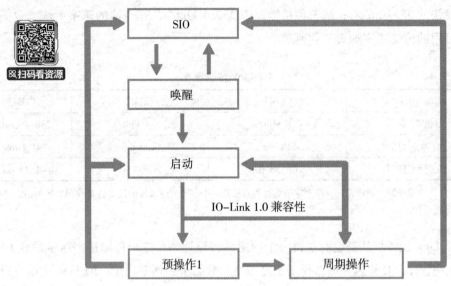

图 7.8 IO-Link 试运行

资料来源：IO-Link 委员会。

Com 请求

在唤醒之后，IO-Link 主站以三种定义好的传输速率发送一个特定的主站呼叫序列（见图7.9）。如果 IO-Link 设备响应这些调用之一，那么就找到了正确的传输速率。随后，IO-Link 主站从 IO-Link 设备的直接参数页进一步读取其通信参数（见第8章）。

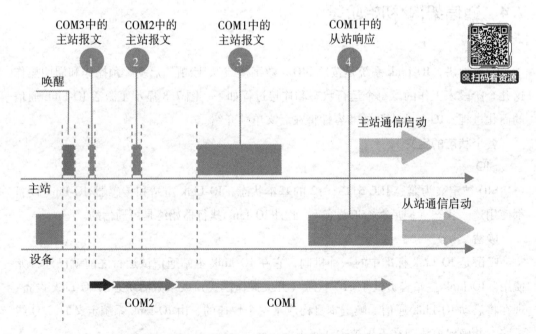

图 7.9 通过唤醒和 Com 请求进行通信试运行

资料来源：IO-Link 委员会。

如果唤醒机制在第一次尝试时不起作用，系统或 IO-Link 主站将最多重复该序列两次。如果相应的端口在第二次重试时仍然无法成功启动通信试运行，那么 IO-Link 主站将在大约一秒钟后再开始重复这个过程。

启动

通过读取直接参数页面，IO-Link 系统可以为所连接的 IO-Link 设备选择正确的 M 序列类型。为此，IO-Link 有一个相应的初始阶段，在这个阶段中它不仅校准 M 序列类型和最小周期时间，而且校准操作时间。M 序列性能和过程数据宽度在选择正确的 M 序列类型中起着重要作用。过程数据宽度是由制造商指定的系数，它在很大程度上取决于 IO-Link 设备的功能。因此，制造商可以定义适当的过程数据宽度。

通常为了确保尽可能快的数据传输，IO-Link 设备将为其数据宽度采用最佳的 M 序列类型。这就是为什么 IO-Link 的协议中有 7 种不同的 M 序列类型（见 15.5）。

预操作

在规范版本 1.1 中，预操作处于后续阶段。在此阶段会对 IO-Link 设备的特性进行检查以确保在系统已记录必须遵守的标准的情况下进行正确配置。如果是这种情况（见 10.2），系统将检查由正确的制造商生产的正确的 IO-Link 设备是否连接到正确的 IO-Link 主站端口。这项检查的依据是先前得到的标识信息。如果在该识别检查期间出现错误，IO-Link 主站将把此信息传递给叠加的网关层。IO-Link 设备将保持在预操作模式，并可用于进一步的诊断查询或重新参数化。

在此预操作阶段，系统不会传输周期过程数据，这就是说 PLC 此时无法访问过程数据。

这个阶段本质上是为系统本身的参数化服务的，例如，在 IO-Link 设备替换的情况下。在重新参数化过程中，由于使用了特定的 M 序列类型，参数集传输将变得更快。

周期操作

周期操作随后直接启动，这意味着可以开始周期性地交换过程数据。系统以时间等距间隔地传输过程数据。此外，能在请求数据的数据容器中传送参数和诊断数据。这种传输的性能取决于已经在 IO-Link 设备中实现的 M 序列类型。参数和诊断数据的容器（请求数据）可以具有 1、2、8 或 32 字节的宽度，但是这个通道的宽度可能会给周期时间带来负面影响。通常需要 IO-Link 设备制造商确定周期时间与请求数据的传输时间之间的最佳折中方案。

通信后 SIO

IO-Link 主站通过配置 DI（数字输入）或 DO（数字输出）的方式下达一个回退命令，这将使所连接的 IO-Link 设备重置为 SIO 状态。因此，回退命令切断了 IO-Link 主站和设备之间的正常通信。

IO-Link 主站通过突然的回退命令强制 IO-Link 设备变为 SIO 状态。一旦在下达命令后"回退延迟"超过 500ms，SIO 模式将被激活。随后，IO-Link 主站操作被强制进入 SIO 模式的端口，就像一个数字端口一样，这取决于所选配置。回退命令预留给 IO-Link 主站应用程序，通常只在重新配置端口的情况下使用（见 10.1）。回退如图 7.10 所示。

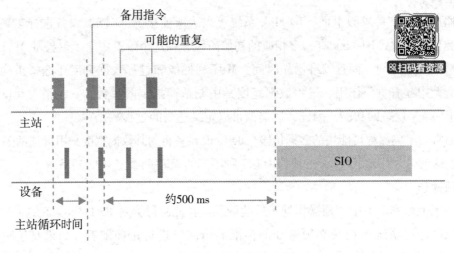

图 7.10　回退

资料来源：IO-Link 委员会。

状态转换

通过命令，系统根据特定的事件自动进行状态转换。系统在其中区分传感器和执行器的转换。当设备是执行器时，在转变为周期操作模式期间，系统通知执行器过程数据是有效的还是无效的。为了能够做到这一点，系统使用不同的主站命令，本书将在 7.5.1 进一步解释。

关键内容总结

- 唤醒机制启动通信；

- 系统重复唤醒机制不超过两次；

- 大约一秒钟后，系统将再次重复唤醒过程；

- 系统使用 M 序列类型 0 进行启动；

- M 序列会被自动选择；

- 如果 IO-Link 设备已经配置，那么它将在启动期间被识别（请注意 10.2 中的建议）；

- 系统自动建立通信速率；

- 系统在预操作（如果存在）期间检查配置；

- 系统的内部参数化需要预操作阶段，因为在此期间有更多的带宽可用于参数数据，这里最好是用于 IO-Link 所支持的数据存储，数据存储将在 10.8 中更详细地讨论；

- 过程数据在周期操作期间等时间间隔地传输。

7.5 数据通道

IO-Link 包含几种数据质量和数据通道。接下来将会详述它们的差异及应用。图 7.11 说明数据质量是如何分配的，以及这些数据将在哪些通道中传输。

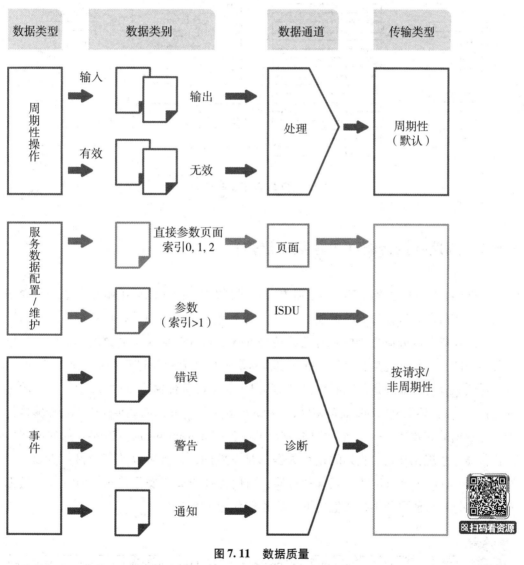

图 7.11 数据质量

资料来源：IO-Link 委员会。

在 IO-Link 定义的数据通道中，系统可以通过已经建立的方式到达 IO-Link 设备的所有实现的区域。IO-Link 设备的数据调测内容如图 7.12 所示。

以下页面显示了不同的数据质量。数据内容或含义将在第 8 章和第 9 章中介绍。

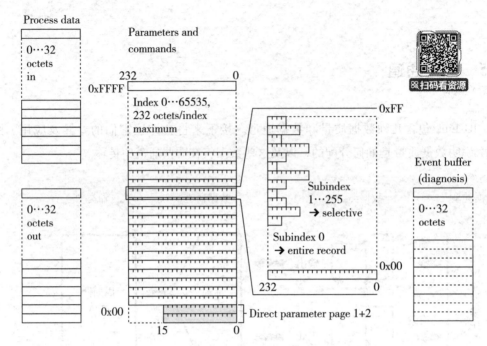

图 7.12   IO-Link 设备的数据页

资料来源：IO-Link 委员会。

7.5.1   周期数据传输（过程数据传输）

周期的 IO-Link 过程值有两个数据方向，并且发生在 IO-Link 主站和设备之间周期交换的操作阶段。过程数据的传输在每个方向上都是周期性的，并且具有确定的等距顺序。这里需要区分清楚数据是有效的还是外部因素或其他因素导致的无效的。如果将要传输的过程数据包是有效的，则通过设备响应中的有效位进行评估（见图 7.13）。这种做法只针对传输的是传感器数据（即从 IO-Link 设备传输到 IO-Link 主站方向的过程数据）。与传感器 IO-Link 设备相反，IO-Link 系统在 M 序列周期传输中不会传输执行器过程数据的有效性。一方面，主站命令 Process – DataOutOperate（0x98）通知所连接的执行器：从现在开始接收到的过程数据都是有效的，并且可以使用。另一方面，主站命令 DeviceOperate（0x99）通知执行器：通信正处于周期操作状态，但过程值是无效的。执行器可能要使用替代值的策略或更改为安全状态。

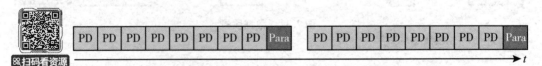

注：PD 为过程数据，Para 为参数。

图 7.13   8 位过程数据

资料来源：IO-Link 委员会。

请注意

并不是所有具有 IO-Link 标志的总线系统都能像 IO-Link 那样处理过程值的有效性。这就是为什么必须检查所使用的总线系统/IO-Link 网关的过程值有效性，如果有必要，在集成 IO-Link 时必须对总线系统/IO-Link 网关的劣势加以抵消。

与以前的系统相比，在 IO-Link 中过程数据的传输是数字的。这意味着数值是模拟值还是数字值并不重要。IO-Link 采用纯数字的方式传输设备识别或需要的所有过程数据。它的大小被定义为最多 32 字节的位。

IO-Link 的 M 序列试运行确保其在周期数据（过程数据）传输期间的速度和一致性方面具有优势。

该系统可以在每周期内以一个包传输整个过程数据带。图 7.13 示意性地阐明了一个 8 字节的周期过程数据和 1 字节的请求数据的传输，而忽略了通常的报头字节。如果每个 M 序列（包）传输超过两个字节的周期性数据和超过一个字节的非周期性（请求数据）数据，则最小周期时间（以及相应传输速率的典型周期时间）会延长。其优点是可以在一个周期内传输多个字节的过程数据，而不是在几个周期内，从而不需要具有相应额外负担的分段机制以防止数据损坏。

IO-Link 设备制造商指定过程数据宽度，并且 IO-Link 系统独立地识别它是输入数据还是输出数据以及将要传输的数据宽度（见 8.1）。

有一个例外：一个开关位的传输通常是可能的。在 IO-Link 系统中，这种可能性称为标准输入/输出模式（SIO）。在这种状态下，系统像以前一样传输传感器的开关信息，但不进行 IO-Link 通信。SIO 模式可以进行快速的过程数据位传输。

SIO 模式的使用有一个缺点：参数或诊断数据不可用。然而如果应用程序必须访问它，则必须中断以开关位信号进行的过程数据传输。

请注意

当设备处于活动状态时，SIO 模式的中断可能引发故障，这就是为什么建议只能在操作中断期间访问诊断和参数数据。

还需要注意的是，SIO 和 IO-Link 通信之间的切换总是与 IO-Link 主站端口的配置相关，而通常的 PLC 应用程序将这种切换视为该端口配置更改。大多数 IO-Link 主站在设备运行时不支持这种操作模式的切换。同样需要考虑设备是否允许这样一种有效的操作模式。如果所选的设备允许这种工作模式，请参阅 IO-Link 网关的制造商文档获取相关信息。

基本上，应该考虑设备是否需要以及何时需要 SIO 模式，以及快速信号分析对该过程是否真的重要。通常，由于可避免速度的原因，在切换模式中最底层的线已经实现；这个"快速"开关信号被放到总线输入模块上，该模块有一个总线周期时间，例如，在 5 到 20 毫秒时间内，它达到控制，该模块将处理"快速"信号。实时阐明采集的信

号和整个传输通道的要求是非常重要的！

如果 IO-Link 设备提供预过程值，则在传输过程数据中可能包含模拟值和开关信息。IO-Link 设备的制造商在 IODD 和用户文档中描述了详细的过程数据设置。在使用 IO-Link 时，过程值也有可能遵循行规文件（见第 11 章）。

IO-Link 主站不能解析过程数据，因为它只是一个传输通道。这种解析是通过传感器或执行器的应用，或过程控制器来完成的。IODD 通常用于在适当的层面上使用适当的工具进行解析。一些 IO-Link 设备制造商传输与单位相关的过程值。在这种情况下，IO-Link 设备不发送或不接收原始数据，例如，原始数据需要在 IO-Link 设备的帮助下由 PLC 转换成正确的测量单位。由于单位与参数相关，不需要对原始数据进行转换，显示器可以显示传输的值。

这对程序员的好处是，不需要将原始数据转换为单位值。

通常建议在制造商提供的 IO-Link 设备的用户文档中查找过程数据的准确分类。如果 IO-Link 设备遵循一个行规文件，则可以在这个行规文件中查找过程数据分类（见第 11 章）。

请注意

需要注意 IO-Link 设备中的以下两类情况：一是单位转换的过程值与参数有关，二是所选物理参数被正确地配置在 PLC 用户程序或其他分析应用程序中。如果 IO-Link 设备有一个本地显示功能，它也可以切换物理单位，例如从毫米到英寸。这种转换通常只针对显示在显示屏上的值。这种转换对于 IO-Link 传输的过程数据不起作用——它仍然具有 IO-Link 设备的制造商规定的固定物理单位。

对于 IO-Link 设备，必须特别注意，这些设备能够根据 IO-Link 传输的过程数据的每个参数切换物理单位。物理单位的切换可以发生在不同点（最好是在控制端），它会对用户程序中值范围的变化做出反应。当工具／ERP 系统的单位切换经过 PLC 或其他用户程序时需要特别注意。有关人员和过程数据的其他用户可能没有意识到物理单位已经发生了变化，因此他们将接收到具有不同取值范围的过程数据。具有不同的物理单位的过程数据可能导致用户程序的误解，这将进一步导致机器的错误行为，甚至导致机器被损坏。如果基本值并不总是来自传感器的原始数据或传输的过程数据，那么从一个物理单位到另一个物理单位的频繁转换也会造成问题，因为转换公差将导致偏差（称为误差传播）。

关键内容总结
- 过程数据通道独立于非周期通道。
- IO-Link 设备制造商决定过程数据宽度。
- IO-Link 系统独立调整正确的过程数据宽度。
- IO-Link 可以双向传输 1 位到最多 32 字节的周期过程数据。

- SIO 模式是一种纯二进制数据的位传输（无通信）。
- SIO 模式下没有可用的诊断数据。
- SIO 模式下不能进行 IO-Link 设备参数化（中断 SIO 模式设备可能发生故障）。
- 过程数据的有效性可以通过 IO-Link 设备响应中的有效位来识别（见图 7.14）。

注：Event 为事件。

图 7.14　数据通道

资料来源：IO-Link 委员会。

- IO-Link 主站发送给 IO-Link 执行器设备的过程数据的无效是通过内部主站命令发出的。
- 过程数据的文档可以在 IODD、行规文件（见第 11 章）和 IO-Link 设备制造商提供的用户文档中找到。

7.5.2　非周期数据传输

参数/诊断数据——特别是配置和维护数据——存储在 IO-Link 定义的索引范围内。这些数据可以通过标准化的访问方法获得。因此，这些数据是一致传输的基础。

图 7.14 示意性地展示了非周期数据的传输，并表示该通道中传输数据的质量自动切换为支持的事件/诊断数据。

在访问参数/诊断数据（仅发生在非周期通道中）期间，系统总是对所传输的数据使用肯定确认和否定确认。IO-Link 设备在收到并检查数据包后发送此确认。因此，需要传输的非周期数据可能比 M 序列中的可用容量大得多。为了确保传输的一致性，IO-Link 系统使用了扩展的协议，该协议允许将数据分割放入多个 M 序列。这种叠加协议在 IO-Link 中被定义为 ISDU（索引服务数据单元）。因此，对数据的肯定确认和否定确认总是发生在跨越多个 M 序列的完整传输的基础上。如果错误发生在 M 序列层面上，系统就会在同一层面上处理错误（独立于整体确认）。

直接参数页是非周期访问的一个例外。如果 IO-Link 设备管理直接参数页中的参数，则只能通过单个字节访问这些参数，传输的一致性取决于触发访问的用户。此外，IO-Link 设备既不发送一个肯定的也不发送一个否定的访问确认。如果有必要知道访问是否正常，只有两种途径：在访问后，看 IO-Link 设备是否按照要求工作；或者在每单个非周期写访问后，如果想要的数据已经存储在相应的字节中，用户可以立即通过非周期读访问读取数据。

请注意

当对索引范围0和1（直接参数页）进行读写访问时，IO-Link系统不能保证传输数据的一致性。IO-Link系统不会发送访问的确认，不管它是肯定的还是否定的。

参数或诊断数据的非周期访问是通过指定所需的索引进行的。不同的信息可以存放在一个索引中。如果一个索引被细分为不同的部分，那么这些部分可以通过子索引来单独访问。在IO-Link系统以及上层总线系统中，通过特定的子索引访问可以节省频带的宽度，或者在不需要读取或写入整个索引时，设计更短的时间帧内的访问。子索引的范围可以在IODD和制造商的IO-Link设备文档中找到。对标准参数的概述参见8.2。

如果非周期访问通过指定索引（子索引0）进行，则将写入或读取整个索引，对于直接参数页面也是如此。对于后者（见上文的注意事项），这不能保证数据的一致性，系统直接将参数页中的访问划分为16轮的单字节访问。

参数和诊断数据通过方向选择和主站报文命令字节内的寻址在非周期性的请求数据通道传输数据（见图7.15）。可用的索引范围在第8章中叙述。可用数据的大小在1字节到232字节。这个可用数据大小清楚地说明了为什么IO-Link采用前面提到的叠加协议，因为它将数据分段传输并确保其一致性。

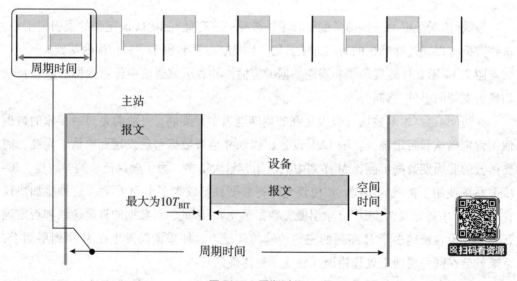

图7.15 周期时间

资料来源：IO-Link委员会。

参数和诊断数据被划分为不同的数据质量。一般设备特定的数据，大致可以细分为设备应用程序的参数/配置以及事件和维护数据。参数和诊断数据两种数据质量在IO-Link中共用相同的通道。

1字节、2字节、8字节或32字节的请求数据字节可用于传输和显示每个周期的参数和诊断数据。IO-Link系统只有在主机、PLC、工具或用户告诉它的时候才传输参数和诊断数据，这与"非周期通道"名称所体现的含义一致。

质量维护的诊断数据是指在维护和诊断过程中支持用户使用的数据，前提是IO-Link设备能够提供这些数据，并且IO-Link设备应用程序可以收集和传输这些信息（见制造商提供的IO-Link设备的用户文档）。第8章有一些预定义的诊断通知的选择，并列出了各自的索引以及它们的描述（见表8.11）。

IO-Link系统将某些用户访问转换为来自IO-Link主站的相应的读和写访问。因此数据传输方向由IO-Link主站定义。通过这个定义，可以区分上传数据和下载数据。因此，IO-Link系统将上传数据从IO-Link设备传输到IO-Link主站，反之，将下载数据从IO-Link主站传输到IO-Link设备。参数和诊断数据的传输时间是可以预测的，这取决于传输包的大小和M序列中可用的请求数据的字节数。

关键内容总结

- 非周期通道独立于周期过程数据通道。
- 非周期数据的宽度在1字节到232字节（取决于设备、实现的参数和诊断信息）。
- IO-Link每个周期可以发送和接收1字节、2字节、8字节和32字节的请求数据（取决于设备）。
- 配置、参数和维护/诊断数据之间是有区别的。
- 维护数据的介绍见8.3中的表8.11。
- 配置数据在8.1和8.2中进行介绍。此外应参考制造商提供的设备的用户文档。
- IODD中包含了有关参数和诊断数据的文档，如果存在的话，在行规文件（见第11章）和制造商提供的设备的用户文档中也可以找到。
- 事件及其关联的诊断数据传输会中断正在进行的其他数据或参数数据的传输。

7.5.3 事件传输

事件基本上可以分为错误、警告和通知。由于有了事件通知，上层系统可以使用诊断数据。IO-Link设备的标准M序列（见图7.13）有一个事件位。IO-Link设备通过该事件位告诉IO-Link主站在诊断区有可用的事件信息。IO-Link主站必须尽快读出诊断结果，并在目标系统中通知用户。由IO-Link设备触发的事件会中断参数数据的传输，并不确定地延长该传输。因此，诊断数据的优先级高于参数数据的优先级。在一个事件发生后，IO-Link主站必须在下一个周期中传输最近一次的诊断数据。所使用的M序列的周期时间仍然适用。对于诊断数据的传输，周期时间不会改变。在完成与事件相关的诊断数据的传输之后，IO-Link主站继续并完成之前被中断的参数数据的传输。

诊断通知以及列表及其解释将在第 9 章更详细描述。请注意 IODD 及 IO-Link 设备制造商提供的用户文档。

诊断数据集通常是三个字节的长度。在 IO-Link 的最底层上，系统发送第四个字节，告知系统 6 个诊断数据集中哪一个在 IO-Link 设备应用程序中有效。但所有 6 个条目都可以填写，这取决于 IO-Link 设备各自制造商的实施情况。第 9 章描述了诊断数据集的结构。每次只有一个诊断数据集是有效的，这是因为 IO-Link 定义要求在任何给定时间，每个 IO-Link 设备只有一个事件或诊断数据集是活动的。一个事件会阻断诊断数据通道一直到所触发的事件被叠加的系统确认。IO-Link 根据所谓的"出现—消失原则"，将所有不属于数据质量通知的事件通知发送给叠加系统。这意味着，叠加的系统获得即将发生错误的信息，它可以将其读出，并在必要时通过启动纠正操作来反应。如果此纠正操作成功，将出现与之前相同的错误通知，但添加了一个"消失"属性。叠加的系统将从错误列表中删除该错误，以防保留这个错误。在一个错误出现期间和消失期间，IO-Link 中的事件通道再次打开，因为出现和消失被分别确认。

通知是单发事件，这意味着在诊断数据集发送后可以立即发送另一个诊断数据集或另一个事件，因为确认是通过 IO-Link 主站隐式发生的。这种错误类别并不属于"出现—消失原则"的范畴。

为了防止系统被诊断阻塞，每个用户都应该在用户程序中安排少量的诊断工作。

为了确保事件描述的一致性，所有传入的事件都将在每次通信启动时立即发送到叠加系统。

关键内容总结

- 诊断数据与参数数据共用非周期通道。
- 事件或诊断数据的优先级高于参数或配置数据。
- 诊断数据传输中断参数数据传输。
- IO-Link 每个周期可以发送或接收 1 字节、2 字节、8 字节和 32 字节的请求数据（取决于 IO-Link 设备）。
- 诊断数据集的长度为三个字节。它们的结构见第 9 章。
- 在最底层上，系统传输第四个字节，用于标记活动的诊断数据集。
- 诊断根据"出现—消失原则"工作。
- IO-Link 设备只有在前一个事件收到确认后才能传输新的诊断信息。
- 单次发送的通知并不按照"出现—消失原则"工作：IO-Link 主站立即确认这些事件并通知叠加的网关层。
- 诊断数据的传输可以从叠加的系统开始，并且至少应该到达处理层。

7.6 数据传输时间

数据传输时间依赖于 IO-Link 的两个因素。一是关键时间，即 IO-Link 设备制造商为各自的设备定义的最小周期时间。二是 IO-Link 主站有一个主站周期时间，它由 IO-Link 主站决定并与 IO-Link 设备通信。这个主站周期时间是 IO-Link 主站操作连接到各自端口上的 IO-Link 设备的时间。因此，周期时间被定义为 IO-Link 主站查询和 IO-Link 设备回答所需的所有时间的总和。周期时间还包括明确定义的等待 IO-Link 设备应答的时间和 IO-Link 主站的 IDLE 时间。图 7.15 显示了周期时间的定义。在试运行期间 IO-Link 设备告诉 IO-Link 主站其最小周期时间（见 8.1）。在这个过程中，一个重要的因素是 IO-Link 主站及其性能。正如上文叙述，IO-Link 主站计算所有端口的主站周期时间（见 8.1）。然后，IO-Link 主站将此计算时间告知 IO-Link 设备。IO-Link 主站必须严格保证给定的主站周期时间。偏差的公差为 -1% 和 $+10\%$。

当 IO-Link 主站计算其跨端口的可管理周期时间，并且由于自身的性能而不能支持所连接的 IO-Link 设备的最小周期时间时，就会发生超过 IO-Link 设备的最小周期时间的情况。

不同的操作模式使用户可以设置所需的 IO-Link 主站周期时间（见 10.1）。如果定义的周期时间是不可能的，IO-Link 主站就会通知用户这个问题，通常是通过错误通知的方式。给定的 IO-Link 设备的最小周期时间不应该被缩短。影响数据传输还有一个因素是将要传输的过程数据长度以及传输中可用的请求数据字节数。过程数据和参数/诊断数据传输应该分开看，因为这两种数据类型使用不同的数据通道。传输基本上并不起作用，因为更高的传输速率只会使周期时间更短。例如，4.8 kbit/s 使周期时间在 18 ms 到 132.8 ms 成为可能。对于 38.4 kbit/s，上限保持不变，下限改变为 2.3 ms。对于 230 kbit/s，最小的周期时间是 0.4 ms（见表 7.4）。

在出现上述提到的反应后，计算最坏情况数据传输时间时只考虑 IO-Link 主站周期时间。IO-Link 主站周期时间可以由用户在 IO-Link 主站中读出，或者通过索引 0 子索引 1 读出（见 8.1）。

IO-Link 线路用于过程数据和按请求数据的最小数据传输时间如下例所示：

主站调用（M 序列）由两个字节组成，它们应该仅以各自传输速率的最大 $1T_{Bit}$ 的间隙进行传输。需要添加 IO-Link 设备的过程数据，包括间隙。字节的单次传输发生在标准 UART 中（见图 7.15）。这意味着每个传输的字节需要计算 11 位。此外，在设备响应部分中，传输时间需要添加 IO-Link 设备的 $10T_{Bit}$ 等待响应时间，以及相应数量的过程数据和请求数据。还需要添加状态和校验字节。对于每个字节，必须考虑最大 $3T_{Bit}$ 的字节间隙，这意味着响应电报的字节数减去一个字节间隙加起来就是现有间隙。

主站等待时间（Master-IDLE）必须纳入计算之内。

前面的叙述得出了最坏情况下的计算规则：

$$T = \left[Bit_{UART} \cdot (MC + n) + (n + MC - 1^*) + DA + Bit_{UART} \right.$$
$$\left. (I + m + CKS) + (1 + m) \cdot k \right] \cdot T_{Bit} + MI \tag{7.1}$$

式中，$Bit_{UART} = 11 Bit$，$MC = 2$ Byte；

n 为 PDOut 的数目，与 PDIn 的有偏差；

DA 为设备响应时间，等于 $10 T_{Bit}$；

I 为 PDIn 数目；

CKS 为 IO-Link 设备状态字节；

m 为请求数据字节数目；

k 为字节间的最大间隔，为 3 位；

MI 为接受的主站等待时间，为 0.0001 s。

IO-Link 主站定义的主站周期时间可以比纯传输时间长，必须注意公式（7.1）。这将导致请求数据传输的延迟。

所有这些都导致了以下示例性的传输时间。

表 7.5 中列出的传输时间是在 M 序列中只有一个字节的请求数据的情况下得出的，根据过程数据宽度的不同传输时间也不同。其中给定的时间也是主站周期时间。

表 7.5 　　　　　　　　　来自设备的请求数据和 PD 的 1 字节传输时间

设备类型	最小周期时间/COM 速率	PDIn	PDOut
液体传感器	2.3 ms/COM2	16 位：14 位模拟量 + 2 位开关信号	—
异型流体传感器	3.0 ms/COM2	32 位：16 位模拟量 + 8 位比例 + 8 位特定	—
激光测距传感器	3.2 ms/COM2	32 位：16 位模拟量 + 8 位比例 + 8 位特定	8 位：1 激光开关
光栅	12 ms/COM2 或 2 ms/COM3	256 位：256 × 1 光线	—
执行器（夹具）	5 ms/COM3	48 位：16 位状态 + 16 位诊断 + 16 位当前位置	64 位：8 位控制 + 8 位模式 + 8 位工件 + 8 位示教 + 8 位电源 + 8 位公差（剩余位可留给客户自定义）

续 表

设备类型	最小周期时间/COM 速率	PDIn	PDOut
字母数字显示器	8.4 ms/COM2	112 位： 4×16 位数值 +4×8 位颜色值 + 8 位显示方式 +8 位 LED 控制	8 位： 4 位关键点反馈 +4 位诊断
5 段信号灯	8 ms/COM2	—	48 位： 5×8 位分段控制颜色和效果 +8 位声音信号
二进制收集器	2.9 ms/COM2	32 位： 16 位 DI +8 位短值 +8 位识别	—

对于参数数据集的传输时间，必须考虑 M 序列中可用的请求数据字节数以及数据集的大小。

循环次数是计算出来的，并且这也适用于所使用的 M 序列和它的周期时间。这是最好的版本。所有小于 1 的小数位都应四舍五入。

读访问的计算公式为：

$$Cycles = \frac{n + Overhead}{m} + 2cycles \tag{7.2}$$

式中：n 为需要传输的数据字节数；

m 为在使用的 M 序列中请求数据的字节数；

$Overhead = 6$ 字节。

该公式假设 IO-Link 设备将在两个忙碌周期后响应。

因此，写访问的计算公式为：

$$Cycles = \frac{n + Overhead}{m} \tag{7.3}$$

因此，如请求数据是两个字节（一个参数）时的传输周期可由表 7.6 得到，该传输周期必须乘以相应的 IO-Link 设备的周期时间才能得到传输时间。对于写访问，通常必须另外添加时间，这个时间是根据检查和对内部存储器写访问来估计的，并且它取决于 IO-Link 设备。这可能会导致对写访问的最终确认延迟几个周期。

表 7.6 根据 M 序列中请求数据宽度确定的传输周期数

	M 序列中请求数据的数量			
	1	2	8	32
传输数据的字节数	数据字节数的传输周期数			
1	9	6	3	3
2	10	6	2	3
4	12	7	4	3
6	14	8	4	3
8	16	9	4	3
10	18	10	4	3
12	20	11	5	3
16	24	13	5	3
18	26	14	5	3

根据表 7.6 得到的周期数以及两个字节的过程数据和两个字节的请求数据，如果使用最小周期时间为 4 ms 的 IO-Link 设备，其传输时间如表 7.7 所示。

表 7.7 典型传输时间

周期数	传输时间
6	24 ms
7	28 ms
8	32 ms
9	36 ms
10	40 ms
11	44 ms
13	52 ms

关键内容总结

- 周期时间是两个 M 序列之间的时间；
- 最大周期时间为 132.8 ms；
- 在计算周期时间时，需要考虑 IO-Link 主站定义的周期时间；
- 示例计算和表格是基于仅在数据传输时的最坏情况，周期时间可能更长。

7.7 数据访问（ISDU）

为了能够一致传输更大的参数包，IO-Link 系统使用附加在 M 序列层的协议层。这个所谓的 ISDU 寻址索引，声明方向（读/写），为机制提供数据包的长度，并通过另外的校验和来保护数据包。此外，M 序列传输是内置的控制机制，它控制单个数据包按正确顺序传输，以确保一致性。每一次写或读访问也会被确认或用相应的错误代码来回应（见7.5 和9.2）。

7.8 兼容性

下面对经典二进制开关系统的向后兼容性以及 IO-Link 版本 V1.0 和 V1.1 之间的兼容性进行概述。

7.8.1 数字和模拟值的兼容性

IO-Link 保证了与传统输入和输出的兼容性，但不是完全兼容。

上电后，IO-Link 设备以 SIO 模式启动，只有在特殊的"唤醒"机制后，才有可能启动 IO-Link 通信。由于这一功能的实现，IO-Link 设备向后兼容传统输入设备。但电流和电压输出是不兼容的，这是因为它们基于不同的技术。

二进制设备（不仅是 IO-Link 兼容的 IO-Link 设备）也可以在 IO-Link 主站上操作。IO-Link 主站把这些设备视为当前处于 SIO 模式的 IO-Link 设备。由于 IO-Link 主站端口通常处于数字输入模式，在端口配置中只有执行器需要手动配置。用户只需手动将二进制执行器操作的端口切换为数字输出。关于所连接设备（无论是 IO-Link 设备还是标准设备）的当前输入，必须注意7.2 中给出的边界值。

7.8.2 IO-Link V1.0 和 V1.1 之间的兼容性

V1.0 和 V1.1 版本的 IO-Link 设备相互之间基本是完全兼容的。这意味着 IO-Link 系统的所有组件可以以 IO-Link 主站版本 V1.1 和 IO-Link 设备 V1.0，以及 IO-Link 主站 V1.0 和 IO-Link 设备 V1.1 的组合方式共同工作。这对于 IODD 的设备描述同样适用。

但 IO-Link 设备 V1.1 例外，这是由于所选的 M 序列类型可能在版本 1.0 的 IO-Link 主站上的操作是不成功的。

将 IO-Link 主站 V1.0 与设备 V1.1 结合使用时，也会出现限制，因为 IO-Link 主站无法为连接的 IO-Link 设备提供所需的性能。IO-Link 设备制造商有责任根据规范 V1.0 支持该模式。因此 V1.1 的 IO-Link 设备可能无法很好地与 V1.0 的 IO-Link 主站一起工作。表7.8 给出了关于兼容性问题的简单概述。

表 7.8   兼容性

IO-Link 设备版本	IO-Link 主站版本	功能
1.0	1.0	无限制
1.0	1.1	无限制
1.1	1.0	这个功能并不总是适用（请查阅制造商提供的 IO-Link 设备和 IO-Link 主站的用户文档）
1.1	1.1	无限制

关键内容总结

- 兼容性如表7.8所示。

请注意

如果要使用1.0版本的IO-Link主站操控1.1版本的IO-Link设备，那么应该检查IO-Link设备的制造商是否在用户文档中描述了这种情况。此外，在兼容性情况下，IO-Link设备可能切换到序列类型1.1和1.2，因此，由于每个M序列周期传输的应用数据较少，过程数据和参数或诊断数据的传输时间会延长。

关键内容总结

- IO-Link 主站端口兼容二进制标准设备（见7.2）。
- 在 SIO 模式和标准数字输入（DI）的启动后 IO-Link 设备应该运行。
- 有些 IO-Link 设备不支持 SIO 模式，因此与数字输入不兼容。请查看制造商提供的 IO-Link 设备的用户文档以获取更多信息。
- 有些设备在 SIO 模式下有模拟输出和输入，但仍然与 IO-Link 兼容。请查阅制造商提供的 IO-Link 设备的用户文档以获取更多信息，并且牢记7.3中的说明。

7.9 规范 1.0 与规范 1.1 之间的差异

这两种 IO-Link 标准之间最重要的两个区别将在下文进行解释。

7.9.1 事件处理

符合 IO-Link 规范 V1.0 的 IO-Link 设备最多可以同时报告 6 个事件。虽然 IO-Link 委员会的建议不应该这样做，但是可能仍然有设备同时报告 6 个事件。在这种情况下，应用程序编程人员就必须高效处理这些事件，这意味着要非常快速确认不太重要的事件。那么就会存在事件泛滥的风险，特别是如果 IO-Link 设备的性能设计不好。

7.9.2 M 序列类型

根据 IO-Link 规范 V1.1 来传输过程数据和请求数据时有一些包的大小是可用的，然而规范 1.0 在每个数据传输周期只允许使用一个字节。过程数据宽度也有每个周期两个字节的限制。由于限制在 M 序列内的过程数据宽度，大量的过程数据必须在多个周期内传输。此外，在过程数据宽度大于两个字节的情况下，M 序列类型 1.1 和 1.2 以交错的方式一起使用。这意味着一个完整的周期由两个 IO-Link 主站单周期组成。根据规范 1.0，使用组合设备进行数据传输如图 7.16 所示。

7.9.3 试运行

使用 IO-Link 规范 1.1 中的预操作扩展了试运行或启动。而依据规范 1.0 的 IO-Link 主站和设备没有这种状态，这意味着 1.0 的 IO-Link 设备从启动直接进入操作状态，然后使系统属性能够提供序列号，或处理其他写入或读取的参数。

请注意

访问每一个参数是调试 IO-Link 系统和进行基本设置的一部分，它总是发生在规范 1.0 后的 IO-Link 设备的操作状态中。因此，必须注意在操作状态期间可以在应用程序环境中处理可用的过程数据。

在操作状态下，IO-Link 主站也执行对 IO-Link 设备进行识别，这意味着可能在一开始错误的 IO-Link 设备的过程数据对应用程序是可用的。

规范 V1.0 中只有 M 序列类型 0、1.1、1.2 和 2.1 到 2.5 可用（见图 15.13）。

这些差异可能导致 V1.0 的 IO-Link 主站最多只能使 V1.1 版本的 IO-Link 设备达到启动状态。如果连接的 IO-Link 设备不完全兼容 V1.0，系统就会报告它不能与所连接的设备一起工作。另外 V1.0 的 IO-Link 主站会在读取 RevisionID 时立即拒绝连接 V1.1 的设备，并给出错误通知，图 15.16 和图 15.17 也表明，当必须传输两个字节的过程数据时，过程数据的传输总时间会迅速增加。

7.9.4 过程数据有效性

V1.0 的 IO-Link 系统在响应消息中不会传输过程数据有效位。采用 V1.0 版本的系统通过 IO-Link 设备事件通知过程数据无效。

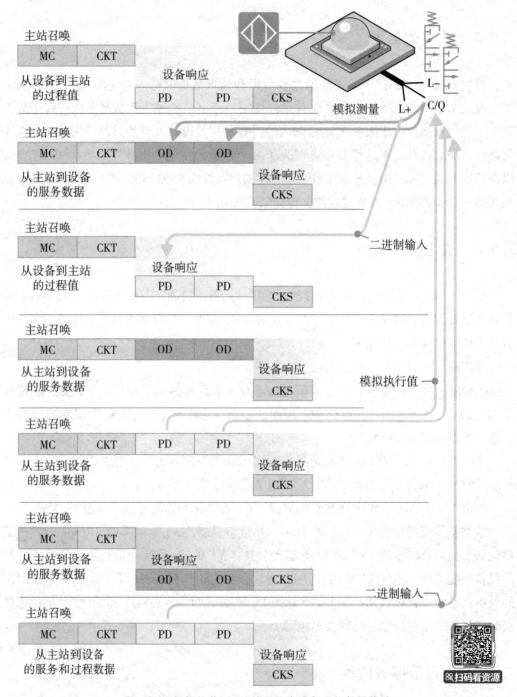

图7.16 根据规范1.0，使用组合设备进行数据传输

资料来源：IO-Link 委员会。

系统将相应的诊断通知与触发事件异步传输。这意味着由于对事件的处理，关于过程数据有效性的过程值最多延迟 6 个周期。

8　标准参数

本章部分将说明 IO-Link 标准参数及其内容。

基本上，所有用户可用的参数都在 IO-Link 设备的 IODD 中或相应的 IODD 中描述。

8.1　IO-Link 设备应用类

IO-Link 将 IO-Link 设备大致分为两类。

第一类是所谓的基类设备，即 IO-Link 基础设备支持 IO-Link 所需的最少参数。这意味着它们的索引范围为 0 到 2，其中保存了 IO-Link 设备的标识，但不包含序列号和任何其他参数。该标识允许无需任何特定知识也可更换设备；因此，它可以避免无意中安装了不兼容的设备。没有序列号的 IO-Link 设备不能用于质量或生产文件。对于一些基类设备，制造商可能在直接参数页面中提供了最小的参数集。请查看该设备的制造商文档以获取更多信息。

第二类 IO-Link 设备具有完整的 IO-Link 参数范围，并具备访问整个 IO-Link 索引范围的全部机制。因此，这些设备可以用于工业物联网或工业 4.0 的所有应用。

8.2　参数页面的结构和内容

参数区可以分为几个部分。IO-Link 是指直接参数页面，其中包含成功进行通信试运行所需的所有重要系统参数。图 8.1 显示了直接参数页面大致的设置。

直接参数页面 1 是预先分配的。它只用于处理 IO-Link 的内部事务，即系统使用存储在那里的信息进行系统试运行，来调整 IO-Link 通信的正确参数并检查正确的 IO-Link 设备配置。

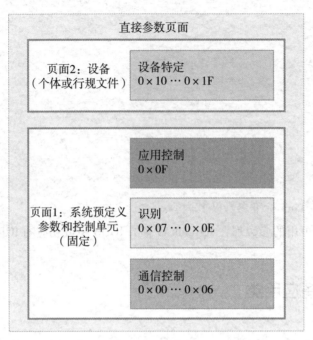

图8.1 直接参数页面的设置

资料来源：IO-Link 委员会。

IO-Link 设备制造商可以用直接参数页面 2 来存储较小的参数集。通常这个区域只被基类设备或具有非常小的参数集的 IO-Link 设备使用。

这些参数对于用户来说可以是不可改变的、可示教的或可改变的。

8.2.1 直接参数页面1的单个参数

第一页只能通过 IO-Link 索引 0 读取。

表8.1 给出并解释了直接参数页面 1 包含的参数。

表8.1 直接参数页面1的索引

类型	地址 hex 0x	地址 dec	对象名称	注释
通信参数	00	0	主站命令[1]	内容不能反向读取，或者生成的值没有给出任何关于发送命令或状态的指示
	01	1	主站周期时间[1]	IO-Link 主站将它的主站周期时间写入这个字节。这是在周期过程数据交换中由主站系统保证的周期时间
	02	2	最小周期时间[1]	IO-Link 设备指定通信所需的最小周期时间

续　表

类型	地址 hex 0x	地址 dec	对象名称	注释
通信参数	03	3	M 序列性能[1]	该参数在初始阶段告诉 IO-Link 主站是否支持扩展参数（ISDU 机制）以及设备支持哪种消息类型
	04	4	IO-Link 版本[1]	该参数使 IO-Link 主站能够确定创建设备时所依据的 IO-Link 版本
	05	5	输入过程数据[1]	该参数描述了从设备到 IO-Link 主站的过程数据宽度
	06	6	输出过程数据[1]	该参数描述了从 IO-Link 主站到设备的过程数据宽度
识别	07	7	厂商 ID 1 – 最高位[1]	IO-Link 的厂商 ID 是每个 IO-Link 厂商的唯一识别信息。当前所有的 IO-Link 的厂商 ID 及其对应的制造厂商列表可以在 www.IO-Link.com 中找到
	08	8	厂商 ID 2 – 最低位[1]	—
	09	9	设备 ID 1 – 最高位[1]	IO-Link 的设备 ID 是制造商设备的制造商特定标识
	0A	10	设备 ID 2[1]	—
	0B	11	设备 ID 3 – 最低位[1]	—
	0C	12	预留	
	0D	13	预留	
	0E	14	预留	—
系统命令	0F	15	系统命令[2]	该参数使用户能够执行有关运行时的某些特性。IO-Link 设备的制造商已定义了确切的功能。制造商在 IO-Link 设备的文档中说明了该功能

注：1）系统的强制参数。2）可选择的参数。

IO-Link 主站命令

IO-Link 主站命令是一个系统内参数（也称为私有参数），它专门用于 IO-Link 主站和 IO-Link 设备的同步。

IO-Link 主站周期时间

IO-Link 主站周期时间主要基于 IO-Link 设备的最小周期时间。

这个时间表示 IO-Link 主站与 IO-Link 设备通信周期的间隔。IO-Link 主站保证

-1% 到 +10% 的最大偏差。

请参阅 IO-Link 最小周期时间的部分，以进一步了解其编码。

IO-Link 最小周期时间

IO-Link 设备的最小周期时间表明在周期操作期间，IO-Link 主站查询的最小时间模式是有效的。如果 IO-Link 设备状态为 0x00（十六进制：00hex），则 IO-Link 主站可以使用尽可能短的周期时间。如果 IO-Link 设备指定此选项，则它必须能够以尽可能快的周期时间工作。

周期时间字节结构如图 8.2 所示。其中第 0 位到第 5 位构成了 6 位乘数，有效值范围为 0 到 63_{dec}。

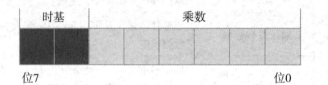

图 8.2 周期时间字节结构

资料来源：IO-Link 委员会。

第 6 位和第 7 位表示时基。表 8.2 显示了时基的取值范围。

表 8.2 周期时间的调整时间

组合位（6 位和 7 位）	时基	周期时间的计算	有效值范围
0	0.1 ms	时基×乘数	0.4~6.3 ms
1	0.4 ms	时基×乘数+6.4 ms	6.4~31.6 ms
10	1.6 ms	时基×乘数+32 ms	32.0~132.8 ms
11	预留	—	—

IO-Link M 序列性能

IO-Link M 序列性能（或帧性能）说明 IO-Link 设备是否支持扩展参数（ISDU）。这个字节还定义了非周期数据的数据通道的宽度（每个周期请求数据的宽度）。图 8.3 显示了这个字节的结构。

图 8.3 M 序列性能字节的结构

资料来源：IO-Link 委员会。

0 位表示对 ISDU 的支持情况（见表8.3）。

表8.3 ISDU 支持情况

值（0 位）	定义
0	不支持 ISDU
1	支持 ISDU

第1位到第3位表示周期操作期间请求数据通道的宽度。出于 IO-Link V1.0 和 V1.1 之间的兼容性原因，表8.4更加全面且复杂，但很容易理解如何确定 M 序列类型。

表8.4 可用帧类型列表

帧能力	请求数据字节数	过程数据宽度		系统选择的帧类型	IO-Link 规范 V1.1 支持	IO-Link 规范 V1.0 支持
		PDin	PDout			
0 （000_{bin}）	1	0	0	Type 0	×	×
1 （001_{bin}）	2	0	0	Type1. 2	×	×
6 （110_{bin}）	8	0	0	Type1. V	×	
7 （111_{bin}）	32	0	0	Type1. V	×	
0 （000_{bin}）	2	3 ~ 32 字节	0 ~ 32 字节	Type1. 1 和 1. 2 交错		×
0 （000_{bin}）	2	0 ~ 32 字节	3 ~ 32 字节	Type1. 1 和 1. 2 交错		×
0 （000_{bin}）	1	1 ~ 8 位	0	Type2. 1	×	×
0 （000_{bin}）	1	9 ~ 16 位	0	Type2. 2	×	×
0 （000_{bin}）	1	0	1 ~ 8 位	Type2. 3	×	×
0 （000_{bin}）	1	0	9 ~ 16 位	Type2. 4	×	×
0 （000_{bin}）	1	1 ~ 8 位	1 ~ 8 位	Type2. 5	×	×
0 （000_{bin}）	1	9 ~ 16 位	1 ~ 16 位	Type2. 6	×	
0 （000_{bin}）	1	1 ~ 16 位	9 ~ 16 位	Type2. 6	×	
4 （100_{bin}）	1	0 ~ 32 字节	3 ~ 32 字节	Type2. V	×	
4 （100_{bin}）	1	3 ~ 32 字节	0 ~ 32 字节	Type2. V	×	
5 （101_{bin}）	2	>0 位、字节	≥0 位、字节	Type2. V	×	
5 （101_{bin}）	2	≥0 位、字节	≥0 位、字节	Type2. V	×	
6 （110_{bin}）	8	>0 位、字节	≥0 位、字节	Type2. V	×	
6 （110_{bin}）	8	≥0 位、字节	≥0 位、字节	Type2. V	×	
7 （111_{bin}）	32	>0 位、字节	≥0 位、字节	Type2. V	×	
7 （111_{bin}）	32	>0 位、字节	≥0 位、字节	Type2. V	×	

请注意

M序列类型1.1和1.2通常只用于V1.0的IO-Link设备。此外，根据由过程数据宽度决定的M序列类型，IO-Link系统能够独立使用正确的M序列类型进行预操作和周期操作。此后用户不需要采取任何操作，但是以前的信息对IO-Link通信的任何错误分析都是有用的。

第4位和第5位表示预操作期间每个周期的请求数据字节数。预操作模式下，系统不传输任何过程数据，只传输参数数据。表8.5显示了根据第4位和第5位推断预操作模式下请求数据的宽度。

表 8.5 请求数据通道宽度

值（第4位和第5位）	定义
00（0_{dec}）	1位请求数据
01（1_{dec}）	2位请求数据
11（2_{dec}）	8位请求数据
11（3_{dec}）	32位请求数据

IO-Link 版本 ID

IO-Link 版本 ID 提供了 IO-Link 设备遵循的 IO-Link 规范变化的信息。从 2018 年开始，0x10（10hex）和 0x11（11hex）的值是有效的。值 0x10（10hex）代表 2007 年的 IO-Link 规范 V1.0，值 0x11（11hex）代表 2014 年的 IO-Link 规范 V1.1（也称 IEC 61131-9）。

图 8.4 显示了 IO-Link 版本 ID 字节的结构。其中，高 4 位（MajorRev）表示主版本号。低 4 位（MinorRev）表示辅助版本号，取值范围在 0 到 9。

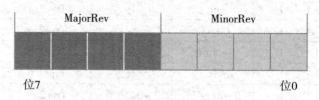

图 8.4 IO-Link 版本 ID 的结构

资料来源：IO-Link 委员会。

输入过程数据

相应 IO-Link 设备可以传输的过程数据字节数记录在该参数中。该规范中输入过程数据宽度不大于 16 位时以位为单位，超过 2 个字节时以字节为单位。

该参数的结构如图 8.5 所示。

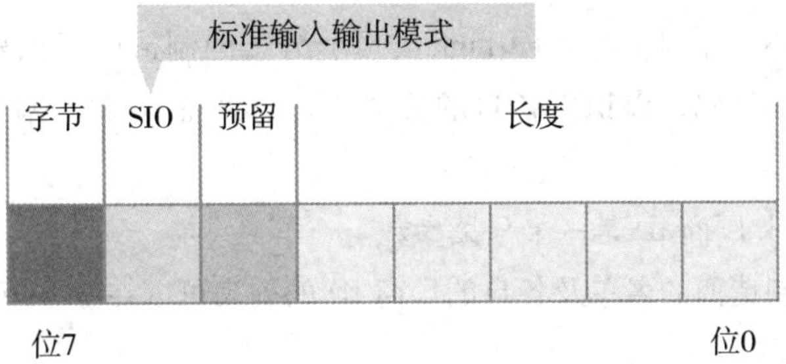

图8.5 过程数据字节结构

资料来源：IO-Link 委员会。

第0位到第4位表示过程数据的长度。如果与第7位结合，相当于以位或字节为单位表示的指定密钥。如果第7位 = 0，那么位长度最多只能是 16_{deI} 位。如果设置了第7位（即 = 1），则指定的长度将以字节为单位。字节标识的有效值为 2_{deI} 到 31_{deI}。31_{deI} 是第一个字节被指定为 0 的结果。

第6位指示 IO-Link 设备是否支持 SIO 模式。如果 IO-Link 设备使用标准 IO 模式，则过程值中会有一个开关位。

表8.6 举例说明了这一点。

表8.6 过程数据宽度示例

第7位值	指定长度	含义
0	0	IO-Link 设备不传输任何过程值
0	1	每帧必须传输 1 位过程数据
0	2	每帧必须传输 2 位过程数据
0	…	……
0	16	每帧必须传输 16 位过程数据
1	2（在第7位 = 1 的情况下，0 和 1 是无效的值）	每帧必须传输 3 个字节过程数据
1	n（3…30）	"$n+1$" 过程数据
1	31	每帧必须传输 32 字节过程数据

输出过程数据

和参数输入过程数据一样，参数输出过程数据显示了必须传输多少输出过程数据。这里的方向是从 IO-Link 主站到 IO-Link 设备。

有关指定长度的字节信息与输入过程数据相同（见图8.5）。只有第6位是预留的，因为带有输出数据的 IO-Link 设备通常不支持 SIO 模式。

IO-Link 厂商 ID

IO-Link 厂商 ID 是由 IO-Link 委员会分配的制造商标识号。每个 IO-Link 成员都会收到自己的号码，以识别各自的公司。它与设备 ID 结合就构成一个明确无误的设备标识。

IO-Link 厂商 ID 是一个只读参数。

所有制造商的名单及各自的厂商 ID 的列表可以在 www. IO-Link. com 中找到。

设备 ID

设备 ID 是制造商特有的标识号，用于描述 IO-Link 设备。每个制造商都会为每个产品给出一个明确的设备 ID。根据向下兼容性，一个 IO-Link 设备可以支持多个不同产品和设备号的设备 ID。这意味着在兼容性的情况下，lO － Link 设备知道其兼容的先前设备的设备 lD（见8.5和10.2）。

设备 ID 在一定程度上独立于产品号。但这个 ID 与设备的硬件（电子器件）和软件紧密相连。机械特性如电缆长度，外壳材料，外壳几何尺寸或授权认证只存储在产品号中。但这不是强制性的，因为尽管可以按照前面提到的特性分配设备 ID，但是会增加 IODD 变体中的管理负担，尽管这些变体在软件和硬件方面是相同的。IODD 解释机械特性是可选的。

请注意

用相同设备 ID 的 IO-Link 设备进行替换时，可能会有更短的电缆长度或另一个过程连接。在这种情况下，必须检查制造商的产品编号。

系统命令

直接参数页面1 中的系统命令是一个纯内部参数，通常如有必要，它应该只能用于参数有限的 IO-Link 设备。这些 IO-Link 设备通常属于 IO-Link 基类。

系统命令的功能在索引2 中描述。

请注意

直接参数页面1上的系统命令仅通过索引2对用户可用；IO-Link 基类设备不支持扩展参数范围，因此没有 ISDU 机制，这类设备不会检查访问。它们不会对访问做出响应或发送错误通知。

8.2.2 直接参数页面2 的单个参数

通过索引1 可以访问直接参数页面2，但有一定的限制。由相应 IO-Link 设备制造商定义哪种访问（读/写）可以检查这个区域。总体结构如表8.7 所示。

表 8.7   直接参数页面 2

类型	地址 hex 0x	地址 dec	对象名	特征	注释
制造商 特定范围	10	16			请注意制造商 信息和文档
	11	17			
	12	18			
	13	19			
	14	20			
	15	21			
	16	22			
	17	23			
	18	24			
	19	25			
	1A	26			
	1B	27			
	1C	28			
	1D	29			
	1E	30			
	1F	31			

当访问直接参数页面 2 时，必须注意这里只能读取和写入单个字节。这意味着如果此页面上的参数超过一个字节，则应该在用户程序中确保传输一致性。

这个实现参数的结构和更多细节由 IO-Link 设备制造商负责。结构和功能在 IO-Link 设备的文档中列出，该文档不使用常规的 IO-Link 索引范围，而是使用直接参数页面 2。其需要用户在访问索引范围 1 时特别注意。

8.3 扩展 IO-Link 参数

在 IO-Link 系统中部分可选的标准参数将在下文被描述。其中一些是预留的，其他是可用的，还有一些是特定于制造商的。后者（如果已经安装）在 IO-Link 设备的制造商文档中有描述。

表 8.8 至表 8.14 逐项列出并举例说明了图 8.6 所示的范围。其中 ISDU 也可以访问直接参数页面——尽管只是读访问。

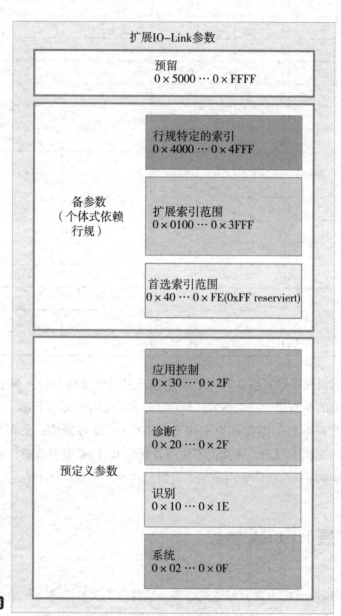

图 8.6　扩展的 IO-Link 参数

资料来源：IO-Link 委员会。

系统参数

表 8.8

索引 （十六进制）	索引 （十进制）	名称	可读（R）/ 可写（W）	长度	数据类型	强制（M）/ 可选（O）/ 有条件的（C）	注释
0000	0	直接参数页面1	R	15 字节	RecordT	M	
0001	1	直接参数页面2	R/W	16 字节	Record	M	
0002	2	系统命令	W	1 字节	Octet	M/O	如果支持该索引，请见进一步的解释
0003	3	数据存储索引	R	可变	RecordT	O	支持数据存储的 IO-Link 设备可用
0004 – 000B 系统索引	4 – 11	预留					
000C	12	设备访问锁	R	2octets （八位字节， 八位组）	RecordT	C	针对写参数、数据存储、本地参数化 的 IO-Link 设备锁
000D	13	行规特征	R	可变	UIntegerT16 的 ArrayT	O	根据行规描述过程数据
000E	14	输入 PD 描述符	R	可变	OctetStringT3 的 ArrayT	O	输入过程数据结构描述
000F	15	输出 PD 描述符	R	可变	OctetStringT3 的 ArrayT	O	输出过程数据结构描述

标识参数

表 8.9

索引 （十六进制）	索引 （十进制）	名称	可读（R）/ 可写（W）	长度	数据类型	强制（M）/ 可选（O）/ 有条件的（C）	注释
0010 标识数据	16	制造商名称	R	最大 64 字节	StringT	M	制造商
0011	17	制造商文本	R	最大 64 字节	StringT	O	制造商添加的信息
0012	18	产品名称	R	最大 64 字节	StringT	M	产品名称

续 表

索引 （十六进制）	索引 （十进制）	名称	可读（R）/ 可写（W）	长度	数据类型	强制（M）/ 可选（O）/ 有条件的（C）	注释
0013	19	产品ID	R	最大64字节	StringT	O	例如：产品编号/订单的纯文本
0014	20	产品文本	R	最大64字节	StringT	O	例如：测量物理量（压力，温度……）的细节
0015	21	序列号	R	最大16字节	StringT	O	特定于制造商的细节
0016	22	硬件版本	R	最大64字节	StringT	O	特定于制造商的细节
0017	23	固件版本	R	最大64字节	StringT	O	特定于制造商的细节
0018	24	特定应用标志	R/W	最大64字节	StringT	O	特定于用户的机械设备名称
0019	25	功能标志	R/W	最大32字节	StringT	O	特定于用户的功能名称
001A	26	位置标志	R/W	最大32字节	StringT	O	特定于用户的位置名称
001B 到 001F	27 到 31	预留					

标识数据

表8.10　诊断参数

索引 （十六进制）	索引 （十进制）	名称	可读（R）/ 可写（W）	长度	数据类型	强制（M）/ 可选（O）/ 有条件的（C）	注释
0020	32	错误计数	R	2字节	UIntegerT	O	自试运行以来的错误数目
0021 到 0023	33 到 35	预留					
0024	36	设备状态	R	1字节	UIntegerT	O	IO-Link设备的健康状况
0025	37	详细设备状态	R	可变	RecordT	O	行规相关的附加信息
0026 到 0027	38 到 39	预留					

诊断数据

续表

索引（十六进制）	索引（十进制）	名称	可读（R）/可写（W）	长度	数据类型	强制（M）/可选（O）/有条件的（C）	注释
诊断数据							
0028	40	输入过程数据	R	PD长度	设备特定	O	非周期读取的最新的过程数据
0029	41	输出过程数据	R	PD长度	UnitXX	O	非周期读取的最新的过程数据
002A到002F	42到47	预留					

表 8.11 概要参数

索引（十六进制）	索引（十进制）	名称	可读（R）/可写（W）	长度	数据类型	强制（M）/可选（O）/有条件的（C）	注释
特定行规程数据							
0030	48	偏移时间	R/W	1字节	Octet	O	测量应用的同步
0031到003F	49到63	为概要预留					

表 8.12 8位索引范围内特定于制造商的参数

索引（十六进制）	索引（十进制）	名称	可读（R）/可写（W）	长度	数据类型	强制（M）/可选（O）/有条件的（C）	注释
首选索引							
0040到00FE	64到254	首选索引					
00FF	255	预留					

表 8.13　16 位索引范围内特定于制造商的参数

	索引 （十六进制）	索引 （十进制）	名称	可读（R）/ 可写（W）	长度	数据类型	强制（M）/ 可选（O）/ 有条件的（C）	注释
扩展索引	0100 到 3FFF	256 到 16383						

表 8.14　特定于概要的参数（预留）

	索引 （十六进制）	索引 （十进制）	名称	可读（R）/ 可写（W）	长度	数据类型	强制（M）/ 可选（O）/ 有条件的（C）	注释
行规	4000 到 4FFF	16384 到 20479						
预留	5000 到 FFFF	20480 到 65535						

8.1 已经介绍了索引 0 到索引 2。下面的参数大纲将再次从整体上解释 IO-Link 的索引结构。前三个索引在系统中具有一个特殊的状态，但是这对用户并不重要。索引 0 对用户来说是只读索引。索引 1 被一些 IO-Link 设备用于参数设置。而索引 2 用于通过系统命令控制 IO-Link 设备应用程序，用户可以在某些条件下触发该命令。

请注意

如果一个 IO-Link 设备使用索引 1，用户必须确保这些索引中的访问是一致的，因为 IO-Link 只能在这个范围内逐字节一致传输。索引 2 可以被用户通过常规、读和写访问来使用。

8.3.1 系统参数

索引 2（系统命令）

系统命令通道使用户能够通过 IO-Link 索引 2 触发设备的特定动作。

其中，IO-Link 已经标准化了特定于制造商的命令。一般来说，IO-Link 设备制造商会设置特定于制造商命令的功能。为了能够在用户程序中正确执行并使用这些命令，则应参考制造商的文档。IO-Link 还定义了可选命令，这些命令主要使用自动数据存储机制。

IO-Link 标准系统命令如表 8.15 所示。如果 IO-Link 设备支持 IO-Link 数据存储，则系统命令 0x01 到 0x06 可用。

表 8.15 系统命令

命令 hex	命令 dex	名称	强制（M）/ 可选（O）	注释
0x00	0	预留		
0x01	1	ParamUploadStart	O	开始参数上传[1]
0x02	2	ParamUploadEnd	O	停止参数上传[2]
0x03	3	ParamDownloadStart	O	开始参数下载[3]
0x04	4	ParamDownloadEnd	O	停止参数下载[4]
0x05	5	ParamDownloadStore	O	停止参数化并开始数据存储[5]
0x06	6	ParamBreak	O	这个命令会中断数据存储和参数化
0x07 到 0x3F	7 到 127	预留		
0x80	128	Device reset	O	

续　表

命令 hex	命令 dex	名称	强制（M）/ 可选（O）	注释
0x81	129	Application reset	O	
0x82	130	Restore factory settings	O	
0x83 到 0x9F	131 到 159	预留		
0xA0 到 0xFF	160 到 255	Manufacturer – specific	O	

注：1）冻结设备中的参数集以确保一致性。

2）解锁被冻结的参数集。

3）开始块参数化，开始参数化（见8.4.2）。

4）见数据存储，参数化的结束（见10.8），检查参数化的开始（见8.4.2）。

5）和4）差不多，此外通过数据存储保存数据集（见10.8）。

IO-Link 系统命令可以通过 IO-Link 索引 2 访问，但只有写访问权限。

请注意

已连接的IO-Link设备的恢复出厂设置是通过IO-Link主站启用数据存储完成的，但这对用户是不可见的。由于IO-Link主站的数据存储，IO-Link设备将在下次通信试运行后下载已经保存的数据集。对于用户来说，这看起来好像在IO-Link设备中没有恢复出厂设置。因此，建议关闭IO-Link主站各个端口的数据存储，或通过USB – IO-Link主站端口进行恢复出厂设置，以便能够真正找到IO-Link设备的默认设置（见10.8）。

索引 3（数据存储索引）

该索引可以在系统索引区域中找到（见表8.8）。

这种参数化对于系统的自动数据存储很有用。此索引的内容一方面是 IO-Link 主站的控制接口（命令接口），另一方面是关于存储数据的大小信息以及必须保存的参数列表。

命令界面是系统内部的通道，不能通过用户程序和工具到达。10.8 解释了数据存储的确切功能。

索引结构如表8.16所示。

表 8.16　　　　　　　　　索引 3 的子索引描述

子索引	名称	编码	数据类型	注释
01	命令	0x01 开始上传 0x02 上传结束 0x03 下载开始 0x04 下载结束 0x05 中断 0x00、0x06 到 0xFF 预留	UIntegerT （8 位）	系统参数仅具有读访问权限，同时一些 IO-Link 主站会禁用

续　表

子索引	名称	编码	数据类型	注释
02	状态特征	第 1 位和第 2 位表示数据存储状态： 00_{bin} 未使用 01_{bin} 上传 10_{bin} 下载 11_{bin} 忽略数据存储或数据存储锁定 第 7 位为上传标志： 0_{bin} 没有等待更新 1_{bin} 等待上传 第 0 位和第 3 位到第 6 位预留	UIntegerT（8 位）	系统参数仅具有读访问权限
03	需要保存的数据大小	需要存储的字节数，最大 2048 个字节	UIntegerT（32 位）	系统参数仅具有读访问权限
04	参数的校验和	IO-Link 规范没有给出计算。制造商可以根据必须保存的数据量在不同的 CRC 之间进行选择	UIntegerT（32 位）	系统参数仅具有读访问权限
05	索引列表	必须保存的参数的列表（只由设备解析）	OctetStringT（可变）	系统参数仅具有读访问权限

子索引 2 仅提供状态信息。用户可以从中推断出以下信息。

未使用：IO-Link 设备目前没有数据集，此数据集必须由 IO-Link 主站保存，或者当前没有发生数据集的存储。

上传：IO-Link 设备正在上传最新的数据集到 IO-Link 主站。

下载：IO-Link 设备从 IO-Link 主站接收到一个新的数据集。

忽略数据存储或数据存储锁定：IO-Link 主站不允许开始上传和下载。因为这个位会导致系统死锁，而且由于新的发展需求，它已经被停用了，并且在将来必须被忽略。

上传标志显示当前数据集是必须保存还是已经保存。这个标志在数据存储中起着核心作用。

子索引 3 表示需要保存的参数的大小，IO-Link 设备最多只能保存 2048 个字节的参数。

子索引 4 包含参数的校验和。根据这个校验和，在通信初始化期间 IO-Link 主站可以检查预期的参数集是否在 IO-Link 设备中使用，或者是否需要重新参数化/上传参数集。

由于 IO-Link 设备预先确定了需要保存的参数，子索引 5 提供了数据存储模块中的参数的索引列表。

索引 12 (设备访问锁)

该索引位于系统索引区域（见表8.8）。

该参数允许阻止本地控制元件（本地用户界面）以及通过远程示教的本地参数化。可以通过此参数的设置来禁止对本地参数覆写（见表8.17）。

在实现设备应用程序时，必须记住应该阻止哪些访问，允许哪些访问，或者哪些访问级别允许某些特定的访问。不同设备的情况是不同的。

在 IO-Link 角度这个参数是可选的，这意味着制造商需要在文档中说明此参数是否已经在这个 IO-Link 设备中实现。如果索引可以使用制造商的描述，也应该说明该索引可以使用哪些选项，因为一切都是可选的。制造商可以有选择地实现其认为有用的选项。

该参数的长度为两个字节，结构如表8.17所示。其中第0位可以阻止对参数覆写。第1位应该设置0以避免阻止数据存储。由于 IO-Link 规范的变化，在新的 IO-Link 设备中该位不会再实现。第2位可以禁止远程示教。第3位可以禁止设备的本地控制。

表 8.17　索引 12 的子索引的描述

位	类别	含义
0	参数写访问（可选）	0 = 未上锁（默认） 1 = 锁定
1	通过例如远程示教的本地参数化（可选）	0 = 未上锁（默认） 1 = 锁定
2	通过例如远程示教的本地参数化（可选）	0 = 未上锁（默认） 1 = 锁定
3	通过例如设备的 HMI 的本地参数化（可选）	0 = 未上锁（默认） 1 = 锁定
4 到 15	预留	—

请注意

对于索引12中支持第1位的 IO-Link 设备，该位应该处于未上锁状态。否则在 IO-Link 主站侧使用已激活的 IO-Link 数据存储进行操作时，其并不立即生效。

索引 13 (行规特征)

如果一个 IO-Link 设备支持一个或多个行规，它将通过此参数来传达它是哪个行规。该参数列出了所有在 IO-Link 设备中实现的行规标识（行规 IDs/PIDs），关于行规的更多信息见第11章。

索引 14 (输入 PD 描述符)

该参数包含对行规设备的输入过程数据结构的描述。它主要适用于能够自动解码过程数据结构并使用它的工具。通用行规描述了该参数的结构（见 1.2.3）。

索引 15（输出 PD 描述符）

该参数包含对行规设备的输出过程数据结构的描述。它主要适用于能够自动解码过程数据结构并使用它的工具。通用行规描述了该参数的结构（见 11.2.3）。

8.3.2　识别参数

识别参数组包含一些强制参数，这些参数有助于准确识别 IO-Link 设备。除了强制参数，其可能存放能进一步识别 IO-Link 设备的特性的信息。与行规结合使用时，一些可选参数变成了强制参数——这些参数取决于所使用的行规（见 11.2）。

索引 16（制造商名称）

这个索引可以在标识区找到（见表 8.9）。IO-Link 设备的制造商将它们的名称保存在这里。最大长度为 64 字节。当存在 IO-Link 扩展参数时，此参数为强制参数。

索引 17（制造商文本）

这个索引可以在标识区找到（见表 8.9）。制造商可以在这里保存关于 IO-Link 设备的更多信息。最大长度为 64 字节。此参数是可选的，因此不一定在每个 IO-Link 设备中都可用。如果 IO-Link 设备中存在此参数，则相关信息可在制造商提供的用户文档中找到。

索引 18（产品名称）

这个索引可以在标识区找到（见表 8.9），且在此参数中可填写长度不超过 64 字节的产品名，以便更好地区分 IO-Link 设备。例如，制造商可以根据机械特性来选择。IODD 链接此参数以在工具界面上显示正确的 IO-Link 设备。当存在 IO-Link 扩展参数时，此参数为强制参数。

索引 19（产品 ID）

这个索引可以在标识区找到（见表 8.9）。IO-Link 设备的制造商可以通过此处的产品编号来提交准确的产品 ID，名称最多 64 个字节。它是一个可选参数，制造商不一定需要设置它。关于 IO-Link 设备中是否存在此参数的信息可以在制造商提供的用户文档中找到。

索引 20（产品文本）

这个索引可以在标识区找到（见表 8.9）。每个 IO-Link 设备制造商都可以使用产品文本作为设备的单独描述，例如物理测量量、测量方法或传感器类别等都可以在这个参数中列出。参数内容的详细说明可以在制造商提供的用户文件中找到。最大长度为 64 字节。产品文本参数是可选的，因此它不一定是可用的。

索引 21 （序列号）

这个索引可以在标识区找到（见表 8.9）。序列号是一个明确的数字，可以用来识别 IO-Link 设备。序列号是每个制造商的责任所在。根据 IO-Link 制造商文本、设备 ID 和序列号，装置中的 IO-Link 设备可以被准确识别。用户可以从这一识别中确定系统的不同反应（见 10.6）。序列号的长度最大 16 字节。它是一个可选参数，在与某些行规结合时可以成为强制参数。

IO-Link 设备制造商在设备文档中指定该参数是否可用（见 11.2）。

索引 22 （硬件版本）

这个索引可以在标识区找到（见表 8.9）。通常大多数 IO-Link 设备制造商都会声明已实现的电子产品的硬件版本。也有可能该参数不仅涉及电子方面的版本，而且涉及机械方面的版本。关于版本的编码（最长可达 64 字节），应参考 IO-Link 设备制造商提供的文档。该参数的支持是必要的，但它是一个可选参数，这意味着不是所有的 IO-Link 设备都支持它。

索引 23 （固件版本）

这个索引可以在标识区找到（见表 8.9）。IO-Link 设备制造商在此参数中存放已实现的固件的版本。准确的编码和版本号的参考资料可在 IO-Link 设备制造商提供的相关用户文件中找到。该参数为可选参数，最大长度为 64 字节。这个参数对于排除潜在的故障非常有用。

根据 IEC 81346，可以总结出以下识别参数。

用户可以用下面的参数来进行本地识别，即设备的本地化，也可以描述产品结构以及识别设备功能。其中有一个选择：如果 IO-Link 设备支持下面的所有标志，特定应用的标志可以用作功能标志和位置标志的覆盖标志。IO-Link 提供了识别参数，但是使用和编码由用户决定。

索引 24 （特定应用标志）

这个索引可以在标识区找到（见表 8.9）。参数特定应用标志可用于设备文档。每个用户都可以根据其使用情况单独提交设备名称。根据 IO-Link 设备的不同，有 16 或 32 个字节可用。它是可选参数。但是与通用行规相结合后，它是强制性的，IO-Link 设备必须支持它。该参数的可用长度可以在 IO-Link 设备文档中找到（见 11.2）。

索引 25 （功能标志）

这个索引可以在标识区找到（见表 8.9）。参数功能标志可用于设备文档。每个用户都可以在 IO-Link 设备中单独提供一个功能名称或部分功能名称，例如可以根据 IEC 81346 命名。此参数有 32 个字节可用。它是可选参数。但是与通用行规结合后，它是强制性的，IO-Link 设备必须支持它（见 11.2）。

索引 26 （位置标志）

这个索引可以在标识区找到（见表 8.9）。参数位置标志可用于设备文档。每个用户在此单独提交 IO-Link 设备的标识参数。IO-Link 设备为该标识参数提供了 32 个字节。它是可选参数。但是与通用行规相结合后，它是强制性的，并且 IO-Link 设备必须支持它（见 11.2）。可以在 IEC 81346 的环境中使用这个参数。

8.3.3 诊断参数

诊断参数组包含一些强制参数，用于分析 IO-Link 设备的运行状况。根据这些信息，可以为设备提前计划或安排一个可用的日期进行预防性维护等。这些参数及其信息可以指示整个设备的过程稳定性。因为必须根据单个信息片段得出正确的结论，设备制造商需要实现这个功能。这些参数是可选的，这意味着在开发设备时必须考虑 IO-Link 设备是否应该支持这些参数，并相应地进行选择。IO-Link 设备制造商在文档中说明该组的哪些参数在设备中可用。

索引 32 （错误计数）

该索引可以在诊断区中找到（见表 8.10）。该参数计算自上次重置或 IO-Link 设备初始化以来发生的所有错误。错误计数仅指来自 IO-Link 设备应用程序的错误。确切的描述可以在 IO-Link 设备制造商提供的用户文档中找到。它是可选参数，不一定在所有 IO-Link 设备中都能找到。该参数的长度为 2 个字节。

索引 36 （设备状态）

该索引可以在诊断区中找到（见表 8.10）。此参数用于 IO-Link 设备状态指示。已经定义了五个状态。表 8.18 给出了该参数的状态编码，长度为 1 字节。与 IO-Link 设备有关的事件会影响显示的状态。

表 8.18　　　　　　　　　　　　设备状态编码

设备状态值	定义
0	设备运行正常
1	需要维护
2	超出规范
3	功能检查
4	失败

IO-Link 设备状态始终可以非周期读取（即使没有发生 IO-Link 事件）。此外，IO-Link 事件不是静态的，在这些事件被处理之后，它们将被覆盖，这意味着之后就不能回推之前发生的错误。IO-Link 设备状态可以静态读取并反映设备当前的运行状态。根

据这个参数，当需确认这款设备的健康状况或运行良好的因素都是有理有据的。

图 8.7 至图 8.10 中的图标仅仅是 IO-Link 委员会的建议。对于工具制造商并不作强制要求，并且图标可以根据制造商的不同而有所不同。

图 8.7 需要维护图标
资料来源：IO-Link 委员会。

图 8.8 值超限的图标
资料来源：IO-Link 委员会。

图 8.9 功能检查图标
资料来源：IO-Link 委员会。

图 8.10 错误图标
资料来源：IO-Link 委员会。

设备运行正常

IO-Link 设备工作没有任何问题，没有更多的通知存在。此状态没有特殊符号。

需要维护

必须执行维护工作，图 8.7 中的图标表示这种状态。

IO-Link 设备需激活此状态值来进行通知，例如，它将很快不能再提供有效的过程数据。在此状态期间，过程数据保持有效。这种状态可能是由于光学镜头的污染或测量元件上的残留物引起的。

超出规范

测量值超出设备规范，图 8.8 中的图标表示这种状态。

一旦测量值超出了有效的测量范围，IO-Link 设备就使用这种状态。但是，在这种情况下，过程数据仍然有效。工作中也可能出现故障，例如在电源输入、温度、压力、振动或流体传感器中的液体中的气泡方面。相应的纠正措施根据设备而定，并规定应加以实施。

功能检查

表示功能的检查或测试，图 8.9 中的图标表示这种状态。

一旦过程数据由于对 IO-Link 设备的操作导致部分无效，IO-Link 设备就会使用此状态。操作可以是触发校准或示教。此外，不允许使用本地控制接口也会导致这种状态。

失败（错误）

这标志着 IO-Link 设备应用程序的一个严重的错误或完全失败。图 8.10 中的图标表示这种状态。

由于设备或其外围设备的故障导致过程数据无效，如果 IO-Link 设备仍然能够检测到故障，那么 IO-Link 设备使用此状态。如果处于此状态，IO-Link 设备将无法在系统中执行预期功能，必须更换。例如，对于压力传感器而言，当压力测量单元损坏时就会发生这种情况，或者对于电感式传感器而言，机械冲击导致测量线圈断开也会使用错误状态。

索引 37（设备详细状态）

该索引可以在诊断区中找到（见表 8.10）。它可以与通用行规结合使用。具体的细节和含义取决于所选的行规（见第 11 章）。

索引 40（输入过程数据）

该索引可以在诊断区中找到（见表 8.10）。IO-Link 设备的输入过程数据可以通过此参数读取。根据 IO-Link 设备制造商的不同，也可以通过子索引读出过程值的某些部分。IO-Link 制造商提供的用户文档将告知用户过程值是如何设计的，以及是否支持子索引访问。它的最大长度为 32 个字节，但它也取决于所连接的 IO-Link 设备的过程数据宽度。

如果过程数据不能直接获得，则可以通过此参数以非周期方式读取过程数据。由于系统原因，并非所有的工程工具都能访问周期过程数据。此类工具可以使用这种访问来显示过程数据或使其可以被获取。

索引 41（输出过程数据）

该索引可以在诊断区中找到（见表 8.10）。IO-Link 设备的输出过程数据可以通过此参数读取。根据 IO-Link 设备制造商，也可以通过子索引读出过程值的某些部分。IO-Link 制造商提供的用户文档将告知用户过程值是如何设计的，以及是否支持子索引访问。它的最大长度为 32 个字节，但它也取决于所连接的 IO-Link 设备的过程数据宽度。

为了防止通过非周期方式操作过程数据，此参数不具有写访问权限。此非周期参数用于无法访问周期过程数据的工程工具，这些工具可以向用户提供有关输出过程数据的信息或显示它们的当前值。

请注意

如果过程数据不能直接获得，则可以非周期读出过程数据。

8.3.4 行规参数

这组行规参数包含 IO-Link 设备支持的行规的所有信息。此外其包含了可选的偏移时间参数。

索引 48（偏移时间）

该索引可以在特定行规中找到（见表 8.11）。偏移时间参数的长度为 1 字节。

偏移时间用于调整连接 IO-Link 主站和 IO-Link 设备的时间延迟（所谓的偏移时间）。它的功能在 10.6 中有更详细的描述。

参数结构如下。

IO-Link 设备的偏移时间状态，在这种模式下，依赖于 IO-Link 主站查询的测量必须延迟。

可以设置 0.01 ms 到 126.08 ms 的值，但不得超过 IO-Link 主站周期时间。

值 0 必须被视为关闭同步。

偏移时间必须根据图 8.11 所示的字节结构与表 8.19 所示的时间设置计算得到。

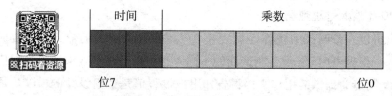

图 8.11　偏移时间字节结构

资料来源：IO-Link 委员会。

表 8.19　　　　　　　　　　偏移时间的时间设置

组合位 （第 6 位和第 7 位）	时基	周期时间的计算	值范围
0	0.01 ms	时基×乘数	0.01～0.63 ms
1	0.04 ms	时基×乘数 + 0.64 ms	0.64～3.16 ms
10	0.64 ms	时基×乘数 + 3.20 ms	3.20～43.52 ms
11	2.56 ms	时基×乘数 + 44.16 ms	44.16～126.08 ms

第 0 位到第 5 位构成一个 6 位乘数。有效值范围为 0 到 63_{dez}。

索引 49 到 63（为行规预留参数）

这些索引可以在行规区域中找到（见表 8.11）。

它们可用于使用行规的应用。第 11 章对此进行了更深入讨论。

索引 16384 到 20479（特定行规索引）

这些索引可以在特定行规区域中找到（见表 8.14）。

这些参数是为其他行规应用指定的，因此 IO-Link 规范将它们预留。有关解释将由 IO-Link 委员会适时提供。

8.3.5 在 8 位索引范围内的制造商特定参数

索引 64 到 254（首选索引，8 位索引）

8 位索引可以在特定于 IO-Link 制造商区域中找到（见表 8.12）。

这类参数是完全特定于制造商的，这意味着每个 IO-Link 设备制造商都可以在这里存放各自的 IO-Link 设备应用的特殊参数，从而让用户可以使用它。其功能和编码的含义可参考各自的用户文档和由 IO-Link 设备制造商提供的 IODD。

这些索引可以通过 8 位索引服务获得。

8.3.6 在 16 位索引范围内的制造商特定参数

索引 256 到 16383（扩展索引，16 位索引）

16 位索引可以在特定 IO-Link 制造商区域找到（见表 8.13）。

这类参数完全是特定于制造商的，这意味着每个 IO-Link 设备制造商都可以在这里存放各自的 IO-Link 设备应用程序的特殊参数，从而让用户使用它。其功能和编码的含义可参考各自的用户文档和由 IO-Link 设备制造商提供的 IODD。

这些索引可以通过 16 位索引服务获得。

8.4 IO-Link 设备参数化

IO-Link 设备可以通过四种方式参数化。即单个参数化、块参数化、数据存储机制和动态参数化。以下几点通常适用于所有 IO-Link 设备。

8.4.1 单个参数化

对于每一次访问，IO-Link 设备通过单个参数化访问检查访问本身（索引、子索引）、数据一致性、结构（数据长度）和有效性（数据内容）。对于相互关联的参数，例如开关和复位点，必须非常谨慎地考虑这种类型的参数化访问的正确顺序，否则可能无法保证参数的合理性。换句话说：复位点不能高于开关点。如果用户将两个参数更改为较小的值，则需要先写入复位点，然后才能写入较低的开关点。在相反的情况下，必须先设置开关点，然后才能写入较高的复位点。

如果仍然出现这种顺序错误的情况，IO-Link 设备将不会接受访问，从而确保不会出现无效的参数集。如果查询的结果是一个无效的参数集，IO-Link 设备将会否定确认，并且设备将继续使用参数的原始值工作。

通过单个参数化访问不会通知数据存储机制在 IO-Link 设备中可能发生的参数更改。IO-Link 主站只会在与 IO-Link 设备进行新的通信试运行时，根据参数集的偏差校验和识别这些参数。综上所述，数据存储上传事件不会发生在通过一次访问更改参数的情况下，并且更改的数据集也不会涉及数据存储。在更换设备的情况下，这可能会造成严重的后果，因为无论是哪种情况，在数据存储下载后用户必须手动更改参数集，这会使更换设备变得复杂。

请注意

通过单个参数化进行的参数更改不会导致数据存储中参数集的重新上传。因此，更改后的数据集不会自动保存。在设备更换的情况下，系统将提供最新保存的参数集，其中不包括在此期间可能发生的变化。

对于符合 IO-Link 规范 V1.0 的 IO-Link 设备，在单个参数化过程中必须观察有关联的参数的顺序，否则可能导致参数集不一致，最坏的情况是 IO-Link 设备出现故障甚至损坏。

8.4.2 块参数化

顾名思义，块参数化就是打包进行的参数化。通过使用系统命令 ParamDownload-Start（见表 8.15），系统打开一个参数"括号"，如果"括号"没有封上，则暂停检查后续内容。在写入时，设备检查 IO-Link 通信访问，但不检查其内容。只有在通过两个系统命令"ParamDownloadEnd"或"ParamDownloadStore"（见表 8.15）封上参数"括号"时，才会开始检查关于给定参数的整个参数块的一致性、结构、索引分配和有效性。打包结束的系统命令触发检查，设备根据参数检查的结果对 IO-Link 主站的系统命令给予正确响应或否定响应，也就是说关于数据集是否已被 IO-Link 设备接受，用户将收到一个明确的回应。检查成功后，IO-Link 设备将接受参数集并开始使用。如果在整个检查过程中发现错误，IO-Link 设备将丢弃正在传输的参数集并使用之前的有效参数集，即它将执行所谓的"回滚"。遗憾的是，用户只会得到错误消息即所写的参数集无效，这里所指的是哪个参数集并不明显。一些 IO-Link 设备制造商将详细的故障描述存储在一个单独的参数中。出现错误后，通过该参数就能知道是哪个参数导致了错误。这使得故障排除变得更加容易。

用户在参数块末尾封上"括号"时，通过系统命令决定写入的数据集是否将成为数据存储的一部分。

系统命令"ParamDownloadEnd"关闭块周围的"括号"，并抑制数据存储上传事件的设置，因此 IO-Link 设备不会告诉 IO-Link 主站它内部的数据集已经更改。因此，IO-

Link 主站程序不会复制此数据集，也不会覆盖新数据集。只有通过一个新的通信试运行，IO-Link 主站系统才会基于偏差校验和意识到有一个变化的数据集，并用保存在主站系统中的数据集覆写 IO-Link 设备（见 10.8）。

与系统命令"ParamDownloadEnd"相反，命令"ParamDownloadStore"告诉 IO-Link 主站参数集发生了改变，并且主站应该根据设置执行数据集存储。这意味着系统命令"ParamDownloadStore"会触发数据存储上传事件或设置"上传标志"（见表 8.16）。根据这个事件，IO-Link 主站就会触发其数据存储机制，并根据设置覆写或保存 IO-Link 设备的参数数据。

当上传参数数据时，括号机制也应该通过系统命令"ParamUploadStart"和"ParamUploadEnd"来使用。这些命令将把 IO-Link 设备中设置的参数括起来，并确保它不会被进一步更改。左括号基本上冻结了参数集，直到右括号结束。该冻结状态只能通过系统命令"ParamUploadEnd"或结束通信来解除。

请注意

通常在大多数的工具中块参数化的功能已经实现，因此用户不必担忧。但在 PLC 或用户自己编程的任何其他访问的情况下，应该确保使用正确的系统命令。此外，应该确保在一个 IO-Link 主站端口或每个 IO-Link 设备上只发生一次访问，这样 IO-Link 主站端口就不会拒绝任何访问。

8.4.3　数据存储机制

第三种选择是通过 IO-Link 主站中的数据存储进行参数化。主站将使用块参数化的机制。根据 10.8 中描述的数据存储的设置，IO-Link 主站将通过使用块参数化来执行参数数据的上传或下载。

8.4.4　动态参数化（示教）

IO-Link 设备参数化的第四个选择是动态参数化——示教。IO-Link 设备制造商可以定义并使用特定于制造商的系统命令来达到这个目的。用户也可以使用此命令，例如，在可能的公式转换情况下，可以从 ERP 系统执行设备的重新配置。根据设备的复杂性，这可能需要几秒钟。在 IO-Link 设备制造商提供的用户文档中可以找到关于示教行为的注释。有两种可能的行为模式：要么 IO-Link 设备在执行示教后直接确认（最迟 5 秒），要么需要对示教状态进行第二次查询。

8.5 IO-Link 设备兼容性

根据 IO-Link 标准可以构建功能兼容的下一代设备。IO-Link 设备制造商利用这一点来替代市场上已经存在的设备。这意味着新的兼容 IO-Link 设备具备所有功能，并使用以前设备的 IODD。

该特性与 IO-Link 主站上的 IO-Link 设备标识集一起起作用（见 10.2）。

如果必须更换有故障的 IO-Link 设备，则可以使用兼容的设备替代。相应的后续设备通常可以模拟先前的设备。

这意味着 IO-Link 设备制造商有可能用新型的 IO-Link 设备替代较旧的设备，在相应的 IO-Link 主站端口新型设备能够完全兼容并完全替代旧的设备。从旧设备到新设备的更换不需要任何工具，IO-Link 主站在通信试运行期间进行配置检查时将考虑到这一点。IO-Link 主站在通信试运行后将给定的配置与识别的、新连接的 IO-Link 设备进行比较。由于 IO-Link 设备以最新的版本启动，找到的 IO-Link 的设备 ID 将与给定的配置不匹配。随后，IO-Link 主站通知新连接的 IO-Link 设备，配置已预先确定了的 IO-Link 的设备 ID。如果新连接的 IO-Link 设备与预先确定的 IO-Link 的设备 ID 兼容，它将保持其设备 ID，然后像旧设备一样运行。因此，设备受影响的部分将在原始状态下工作。用户不需要调整设备配置或 PLC 程序。数据宽度和上一个设备 IODD 的集成完全不变。

制造商使这种兼容性在 IO-Link 设备中可用。制造商确保 IO-Link 设备在发生兼容性事件时能完全按照以前的模式工作。

由于配置的原因，IODD 已经可以在设备中找到，并且与以前的设备相匹配，因此不应该被替换，因为这种兼容模式接受前一个设备的现有 IODD。

如果 IO-Link 设备制造商不能确保兼容性，则需要在装置中重新配置替代设备。为此应该使用新的 IO-Link 设备的 IODD。同时，PLC 的用户程序需要进行相应调整。

IO-Link 设备的制造商会说明，哪些 IO-Link 设备类型与其他 IO-Link 设备类型兼容。

对于 IO-Link 设备制造商来说，这种兼容性机制还可以将 IO-Link 设备的复杂性分解为多个功能。每个简化的功能都有一个 IODD 形式的描述。功能的激活将通过在 IO-Link 主站配置中选择 IO-Link 设备 ID 和相应 IODD 集成来完成，IODD 也与相应的 IO-Link 设备 ID 相关。

请注意

对于前面所提到的具有兼容性的 IO-Link 设备，在恢复出厂设置时，不仅模拟旧设备的可用参数必须设置为默认值，而且设备 ID 要变为相应的其他设备 ID，设备以新 IO-

Link 设备而存在。这意味着新的 IO-Link 设备 ID（它与交付的产品号相匹配）再次激活。在进行故障排除时，这可能会导致混淆。使用该标识的 IO-Link 主站将使这些 IO-Link 设备进入兼容的操作状态。

兼容情况下的重置，只重置兼容 IO-Link 设备的参数，并将 IO-Link 设备 ID 预留为兼容 IO-Link 设备 ID 的值，但这些目前正在讨论中，尚未在 IO-Link 规范中定义。

关键内容

- 设备制造商可以选择保持后续设备与现有 IO-Link 设备兼容。
- 如果有备用设备，更换 IO-Link 设备是不需要工具的。
- 集成在设备中的 IODD 不应该被改变。
- 如果没有等效的 IO-Link 设备，或者更换的 IO-Link 设备不兼容以前的设备，则应该相应调整 IO-Link 主站和用户程序（PLC）的配置。此外，应该使用足够的 IODD。

9　IO-Link 诊断

本章概述了诊断消息的内容。IO-Link 系统以各种实例对具有各种特性的诊断消息进行区分。IO-Link 诊断信息旨在为用户提供更多信息，以便更快进行故障排除。通过简单的通信分析以及通信中传输的相应错误消息即可实现这一目标。

IO-Link 将诊断消息区分为通信连接正常但不触发事件的诊断消息，以及 IO-Link 设备应用程序导致触发事件的诊断消息。

因此，所有 IO-Link 设备都具有显示自身状态的选项，并在必要时通知上层系统。这是一个非常有趣的概念，尤其是在物联网或工业 4.0 思维中，因为通常可以根据系统上显示的数据来断定设备或其部件的情况。

IO-Link 为通信中的错误和应用程序问题定义了标准诊断消息格式。根据来自 IO-Link 应用程序的标准诊断信息，可以通过制造商特定区域为各自的 IO-Link 设备应用程序定义最合适的错误通知。这个区域是各家 IO-Link 设备制造商考虑的基础。

IO-Link 设备应用程序的诊断消息通常由 16 位事件代码和 8 位事件限定符组成。对于通信访问期间发生的错误，通信发送的故障通知将直接利用通信信道回应，例如参数错误。在这种情况下，错误代码长度始终为 16 位，并被定义到 IO-Link 规范中。

当构建和实现设备时，要求对来自 IO-Link 系统的诊断消息做出反应，并向操作人员发出指令。通常，IO-Link 设备制造商会提供有关制造商特定诊断消息的说明，目标系统或控制装置可以利用这些诊断消息来确定措施。

9.1　来自 IO-Link 设备应用程序的诊断消息

IO-Link 设备应用程序可以通过事件机制发送诊断消息。如 7.5.3 所述，事件会触发 IO-Link 主站中的读取算法，然后该 IO-Link 主站会收集当前的诊断消息并将其提供给上层系统。IO-Link 设备诊断消息始终带有三个字节，即一个字节的事件限定符以及两个字节的事件代码。该诊断信息由上述三个字节中 IO-Link 等级最低的字节和附加状态字节组成，附加状态字节显示 IO-Link 主站的状态，并显示处于活跃状态的六种可能的诊断信息。此诊断消息列表不会被定义为历史记录，也不能作为历史记录。为了避免给上层系统和用户造成负担，每个 IO-Link 设备只能将一条诊断消息标记为活跃消息。只有在系统确认了这条诊断消息后，IO-Link 设备才可以提交下一诊断消息，并将下一诊断数据集标记为活跃数据集。

事件限定符将诊断消息分为错误、警报或仅作为通知三个类别；并且对来源进行分类，区分它是 IO-Link 设备发送的消息还是 IO-Link 主站发送的替代消息。此外，可以根据发送诊断消息的层进行分类。相关内容可以进行扩展，但目前还没有实现。目前，IO-Link 仅将应用程序本身定义为错误源。事件限定符会根据错误类别指出该消息是属于单一消息（单一事件，SingleShot）还是属于遵循"出现—消失原则"的诊断消息。对于遵循"出现—消失原则"的诊断消息，如果即将到来的诊断消息刚刚发生（出现），或者问题已经得到解决并且诊断消息已被覆盖（消失），那么 IO-Link 设备将给上层系统发送相同的 16 位事件代码。所有归类为警报和错误的诊断消息都遵循"出现—消失原则"，只有通知特性的诊断消息会被系统归类为单一事件。

IO-Link 主站将通过回写之前读取的状态字节来确认诊断消息。

图 9.1 显示了应用程序的诊断消息的结构。

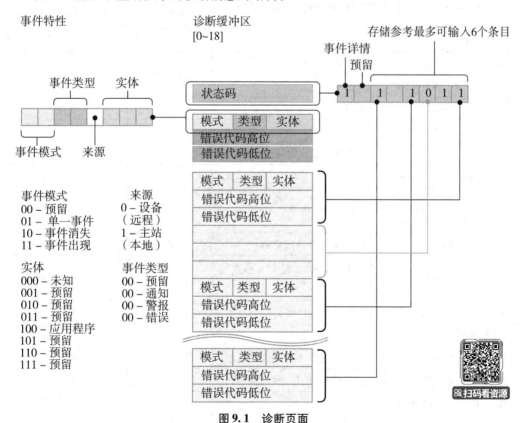

图9.1　诊断页面

包含故障诊断代码的两个字节位于事件限定符之后，这两个字节会提供有关诊断消息的更多详细信息。IO-Link 已经定义了标准错误的诊断代码。IO-Link 设备制造商可以使用这些标准定义，但也可以根据制造商特定领域中的相应应用程序来定义更多的诊断代码。用户文件中通常会提供这些相关信息，用户文件不仅仅提供诊断消息代码，还提供设备指令或 IODD（IO-Link 设备描述，见第 12 章）。设备规划人员可以使用这些附加信息来关联更多信息，或者仅将简单的指令移交给维护人员。

IO-Link 标准诊断代码参见表 9.1。这些说明为示例说明，旨在帮助进行故障排除。有关相应设备的错误原因及其相应说明，请参见表 9.1 中的描述。

表 9.1　　　　　　　　　　　　IO-Link 诊断代码

行	错误代码（十六进制）	描述	设备状态	诊断类型
1	0x0000	无故障	0	通知
2	0x1000	一般故障（未知错误）	4	错误
3	0x1001 到 0x17FF			
4	0x1800 到 0x18FF	制造商/供应商特定错误代码	制造商特定（0 到 4）	制造商特定（通知、警报、错误）
5	0x19FF 到 0x3FFF			
6	0x4000	温度过载	4	错误
7	0x4001 到 0x420F			
8	0x4210	设备温度过载（清除热源）	2	警报
9	0x4211 到 0x421F			
10	0x4220	设备温度不足（可使设备隔热）	2	警报
11	0x4221 到 0x4FFF			
12	0x5000	设备硬件故障（更换设备）	4	错误
13	0x5001 到 0x500F			
14	0x5010	组件故障（维修或更换）	4	错误
15	0x5011	非易失性存储器丢失（检查电池）	4	错误
16	0x5012	电池电量低（更换）	2	警报
17	0x5013 到 0x50FF			
18	0x5100	一般电源故障（检查可用性）	4	错误
19	0x5101	保险丝熔断/断开（可更换）	4	错误
20	0x5102 到 0x510F			
21	0x5110	主供电电压过载（检查容差）	2	警报

续　表

行	错误代码 （十六进制）	描述	设备状态	诊断类型
22	0x5111	主供电电压不足（检查容差）	2	警报
23	0x5112	副供电电压故障（Port Class B，检查容差）	2	警报
24	0x5113 到 0x5FFF			
25	0x6000	设备软件故障（检查固件版本）	4	错误
26	0x6001 到 0x631F			
27	0x6320	参数错误（检查使用说明书中的参数值）	4	错误
28	0x6321	参数缺失（检查使用说明书中的参数值）	4	错误
29	0x6322 到 0x634F			
30	0x6350	参数被更改（检查配置）	4	错误
31	0x6351 到 0x76FF			
32	0x7700	所连接的设备发生断线（检查安装情况）	4	错误
33	0x7701 到 0x770F	设备的附属装置发生断线（检查安装情况）	4	错误
34	0x7710	短路（检查安装情况）	4	错误
35	0x7711	接地故障（检查安装情况）	4	错误
36	0x7712 到 0x8BFF			
37	0x8C00	技术特定应用程序故障（重置设备）	4	错误
38	0x8C01	仿真激活（检查工作模式）	3	警报
39	0x8C02 到 0x8C0F			
40	0x8C10	超出过程变量范围（过程数据不确定）	2	警报
41	0x8C11 到 0x8C1F			
42	0x8C20	超出测量范围（检查应用程序）	4	错误
43	0x8C21 到 0x8C2F			
44	0x8C30	过程变量范围不足（过程数据不确定）	2	警报

行	错误代码 （十六进制）	描述	设备状态	诊断类型
45	0x8C31 到 0x8C3F			
46	0x8C40	需要维护（清洁）	1	通知
47	0x8C41	需要维护（重新加注）	1	通知
48	0x8C42	需要维护（更换磨损件）	1	通知
49	0x8C43 到 0x8C9F			
50	0x8CA0 到 0x8DFF	制造商/供应商特定错误代码	制造商特定 （0 到 4）	制造商特定 （通知、警报、错误）
51	0x8E00 到 0xAFFF			
52	0xB000 到 0xBFFF		配置文件特定 （0 到 4）	配置文件特定 （通知、警报、错误）
53	0xC000 到 0xFEFF			
54	0xFF00 到 0xFFFF	SDCI –/IO-Link 特定事件代码 （见表9.2）		

除了相应诊断代码，还定义了 IO-Link 设备状态，用于对8.3.1.3的表8.18中的诊断参数索引36中的 IO-Link 设备状态进行分类。所选数字定义了诊断消息的严重程度，如8.3.1.3所述，可以显示相应的象形图。另外，颜色编码可以基于数字实现这一点；制造商也可以利用特定数量的极具创意的选项来彰显其优势。如果诊断消息未处理，则应通过参数访问读取索引36中相应的 IO-Link 设备状态信息。

IO-Link 设备制造商负责制造商特定诊断代码，并界定发生的诊断消息及其严重程度，同时将其列入索引36中。对 IO-Link 设备状态的分类基本上表明了 IO-Link 设备的健康状况，也反过来解释了其为什么会被称为设备健康因素。

如果在诊断消息待处理期间发生通信故障、中断甚至更糟糕的重启，IO-Link 设备会再次发送待处理的诊断消息。这一点十分重要，因为不能确定上层系统在重启后可以完全重构所有的诊断消息。相反，当发生故障时，此类系统往往会放弃诊断信息及其处理状态。因此，IO-Link 设备应确保上层系统能够再次接收到诊断消息。

9.2 来自 IO-Link 通信的诊断消息

与来自 IO-Link 设备应用程序的诊断消息相比，来自通信的诊断消息使用选择通道，并且不会依次触发事件。换言之：如果需要执行的参数选项未被成功执行，那么诊断消息将会作为针对该问题的解决方案来回复响应。总而言之，如果 IO-Link 索引区中的读/写服务未完成，则会出现这些通信诊断消息。IO-Link 设备制造商通常会指明各 IO-Link 设备中执行的诊断消息内容。

通常，IO-Link 设备会拒绝无效的参数或参数集，并利用错误通知确认此类的错误访问（见 8.4.2）。

诊断代码的长度为 2 字节。与应用程序的诊断消息一样，诊断代码由两部分组成。第一个字节被称为错误代码。第二个字节，即附加代码，指定错误的具体部分，并进行详细说明。

表 9.2 列出了 IO-Link 通信中的指定错误，并说明了产生诊断消息的原因。

下面对表 9.2 中的诊断消息进行进一步说明。

表 9.2 应用程序诊断消息

编号	错误	错误代码（十六进制）	附加代码（十六进制）
1	设备应用程序（缺少详情）	0x80	0x00
2	索引不可用	0x80	0x11
3	子索引不可用	0x80	0x12
4	服务暂时不可用	0x80	0x20
5	服务暂时不可用—本地控制已接管	0x80	0x21
6	服务暂时不可用—IO-Link 设备已控制	0x80	0x22
7	访问被拒绝	0x80	0x23
8	参数值超出数值范围	0x80	0x30
9	参数值高于上限	0x80	0x31
10	参数值低于下限	0x80	0x32
11	参数长度超限	0x80	0x33
12	参数长度不足	0x80	0x34
13	功能不可用	0x80	0x35
14	功能暂时不可用	0x80	0x36
15	无效参数集	0x80	0x40
16	不完整的参数集	0x80	0x41
17	应用程序未就绪	0x80	0x82
18	制造商特定	0x81	0x00
19	制造商特定	0x81	0x01 到 0xFF

设备应用程序（缺少详情）（0x8000）

对于 IO-Link 设备自身无法解决的请求并且在无法更准确指定错误的情况下，IO-Link 设备就会发送此错误通知作为回应。

● 用户需要检查是否使用了正确的服务或是否正确地索引。

索引不可用 (0x8011)

此错误为 IO-Link 设备的应用程序所致，当用户试图查看 IO-Link 设备中不可用的索引或 IO-Link 设备无法运行的索引时，就会发生此错误。

● 需要检查所连接的 IO-Link 设备是否具有选定的索引（请参阅使用说明书）。也许其可能是偶然的打字输入错误导致的无效索引。IO-Link 设备制造商提供的使用说明书列出了所有制造商特定的索引。本书第 8 章列示了所有 IO-Link 标准索引并对其进行了相应说明。然而，请注意，标准参数并不意味着它在设备中一定可用，而是仅意味着 IO-Link 已经将此参数定义为标准参数。IO-Link 设备始终仅支持被标记为强制参数的标准参数。所有其他参数均为可选参数，IO-Link 设备制造商可以执行这些参数，但不一定必须支持这些参数。

子索引不可用 (0x8012)

此错误为 IO-Link 设备的应用程序所致。当用户选择 IO-Link 设备中不可用的子索引或 IO-Link 设备无法运行的子索引时，就会发生此错误。

● 需要检查所连接的 IO-Link 设备是否具有选定的子索引，或者是否为偶然的打字输入错误导致了选择错误的子索引。IO-Link 设备制造商提供的使用说明书列出了所有制造商特定的索引。本书第 8 章列示了所有 IO-Link 标准索引并对其进行了相应说明。然而，请注意，标准参数并不意味着它在设备中一定可用，而是仅意味着 IO-Link 已经将此参数定义为标准参数。IO-Link 设备始终仅支持被标记为强制参数的标准参数。所有其他参数均为可选参数，IO-Link 设备制造商可以执行这些参数，但不一定必须支持这些参数。

服务暂时不可用 (0x8020)

在 IO-Link 设备应用程序本身正在执行服务的情况下，IO-Link 设备服务拥堵，例如，读取参数时阻断了外部读写访问。

● 在稍后的时间点，重新进行访问或提供服务。

服务暂时不可用—本地控制已接管 (0x8021)

由于 IO-Link 设备处于本地控制模式，拒绝访问。

● 本地控制结束后，服务再次可用。

服务暂时不可用—IO-Link 设备已控制 (0x8022)

IO-Link 设备本身正在执行操作，比如参数设置操作（如示教过程）。

● 完成 IO-Link 设备操作后，比如正在进行的示教之后，服务将再次可用。

访问被拒绝 (0x8023)

IO-Link 设备拒绝访问。

● 造成这种情况的原因有很多种。例如，所选的索引确实存在，但仅供获授权的维护人员使用。有关更详细的原因，请查阅制造商提供的使用说明书以及IODD。

参数值超出数值范围（0x8030）

IO-Link设备拒绝超出有效数值范围的参数。

- 对于IO-Link设备的参数，必须检查其参数数值范围。有关有效数值范围，请参阅制造商提供的使用说明书。

参数值高于上限（0x8031）

IO-Link设备检测到给定数值高于所选参数的上限。例如，在参数调整期间，发生数值高于IO-Link设备的参数上限的情况，IO-Link设备无法运行开关点输出功能。

- 检查所选参数是否正确，也可以查看IO-Link设备制造商提供的使用说明书，该文档包含有效数值范围。

参数值低于下限（0x8032）

IO-Link设备检测到给定数值低于所选参数的下限。例如，在调整复位点期间，就会发生复位点的数值过于接近输出开关点参数下限的情况。

- 需要检查所输入的参数是否完全有效。此外，必须检查数值的边界条件，如迟滞参数等。IO-Link设备制造商提供的使用说明书会有助于找出根本原因。

参数长度超限（0x8033）

IO-Link设备已确认参数过长。

- 检查所输入参数的长度可能会有所帮助。
- 有关有效长度，可参阅由IO-Link设备制造商提供的使用说明书。

参数长度不足（0x8034）

IO-Link设备已确认参数长度小于有效长度。

- 需要检查所输入的数据集长度是否有效。
- 执行写访问时，必须考虑数据类型。例如，当在Unsigned-32的参数中输入Unsigned-16的值时，写访问可能会出现问题。
- 有关单个参数的长度和数据类型的进一步说明，请参阅IO-Link设备制造商提供的使用说明书以及本书第8章。

功能不可用（0x8035）

IO-Link设备的应用程序已确认系统命令所选的功能不可用。

- 检查所选功能，可能该所选功能并不存在。
- 有关有效功能的内容，可参阅IO-Link设备制造商提供的使用说明书以及本书第8章。制造商必须记录制造商特定的系统命令。

功能暂时不可用（0x8036）

IO-Link设备的应用程序已确认系统命令所选的功能暂时不可用。

- 造成访问被拒绝的原因有很多种。例如在周期性操作期间，IO-Link设备拒绝执行，因为执行此功能无法保证过程数据的有效性。

- 在稍后的时间点，将可以进行访问或执行功能。可能在机器的维修阶段可以实现和执行此功能。

- IO-Link 制造商在使用说明书中声明了使用此功能的时间和约束条件。

无效参数集（0x8040）

检查所发送的参数集时，发现通过块参数发送的数据集是无效的。

- 应检查所发送的数据集是否真的属于 IO-Link 设备。

- 可能存在对所发送的数据集进行未经授权操作的情况。

- IO-Link 设备制造商提供的使用说明书以及本书第 8 章有助于找出原因。

不完整的参数集（0x8041）

所发送的数据集不完整，未设置重要参数。

- 不完整的数据输入导致所传输的数据集不完整。

- 此外，例如未正确执行 PLC 程序会导致发送不完整的参数集。有关正确数据集和有效数据集的信息，请参阅 IO-Link 设备制造商提供的使用说明书以及本书第 8 章。

应用程序未就绪（0x8082）

IO-Link 设备应用程序未准备好接受访问，或者尚无法执行任何新操作。

- 例如，固件更新之后，应用程序仍处于重新启动过程。

- IO-Link 设备应用程序中修改后的新参数还未生效。

- 有关更多原因，请参阅 IO-Link 设备制造商提供的使用说明书。

制造商特定（0x8100/0x81xx）

IO-Link 设备发出的错误通知是制造商指定的，系统会将这些错误代码转发给上层系统。

- 有关产生错误通知的原因，可参阅 IO-Link 设备制造商提供的使用说明书。

- 使用说明书还提供了应对制造商特定错误问题的方法。

- 错误代码0x8100 表示不明确的故障，一旦无法准确识别错误时，就会立即出现此代码。

9.3 IO-Link 主站的基本 IO-Link 诊断

下面将描述专门针对 IO-Link 主站的诊断。所提到的错误代码都是示例性代码，并且未被完整列出。IO-Link 主站的制造商可以扩展这些代码，并在相应的使用说明书中对其进行详细说明。

表 9.3 中的 IO-Link 特定诊断代码属于特殊的诊断消息类别。IO-Link 主站触发这

些消息，其中一些消息来自 IO-Link 主站应用程序，另一些消息则来自 IO-Link 设备本身。

表 9.3   **IO-Link 基本诊断**

行	错误代码（十六进制）	发起者	描述	操作	诊断类型
序列相关诊断					
1	0xFF21	本地主站	模式更改（例如，新设备）	停止 PD	通知
2	0xFF22	本地主站	设备通信丢失	—	通知
3	0xFF23	本地主站	数据存储标识不匹配（例如，错误的数据集、错误的设备）	—	通知
4	0xFF24	本地主站	数据存储缓冲区溢出/设备的数据集过大	—	通知
5	0xFF25	本地主站	数据存储参数访问被拒绝	—	通知
未定义的诊断					
6	0xFF31	本地主站	错误的事件信号	指示事件	错误
设备特定应用程序					
7	0xFF91	远程主站	数据存储上传请求	指示事件	通知

    IO-Link 主站转发这些消息，然后独立进行事件管理。之后，IO-Link 主站会借机将自己的诊断消息发送到上层系统。所上报的诊断的事件限定符是信息（通知），因此属于单一事件（SingleShot）。有关进一步诊断，请查阅主站制造商提供的使用说明书。

模式更改（0xFF21）

    由于更换了 IO-Link 设备，可能需要更改相应 IO-Link 主站端口的设置。通常，在恢复周期性过程数据交换之前，上层系统中的过程数据将不可用。

设备通信丢失（0xFF22）

    与 IO-Link 设备的通信中断会有很多不同原因。IO-Link 主站可以提前对断开通信时的过程数据进行配置，可以使用预先设定的替代值来进行过程数据交换，或者可以继续使用最后收到的过程数据，直至重新建立通信并且新过程数据可用。

数据存储标识不匹配（0xFF23）

    如果数据存储功能已经激活，并具有有效且已保存的数据集，此时如果连接不同的 IO-Link 设备，因为身份识别失效，IO-Link 主站就会发送此诊断消息。

    有两种消除此类错误的方法：禁用数据存储功能从而删除已保存的数据集，或者连接相同身份标识的 IO-Link 设备。如果在该端口上使用一个不同的 IO-Link 设备，必须删除已保存的数据集。

在 2016 年以后的新设备版本中，不会再出现此类错误，因为端口识别已与数据存储相关联。

数据存储参数访问被拒绝（0xFF25）

如果出现此消息，则需要检查索引 3 在 IO-Link 设备中是否可用，并且应检查是否有不同的服务同时读取此索引。IO-Link 每次仅允许一个 IO-Link 设备访问。如果发生并行访问，则 IO-Link 主站将拒绝访问。

错误的事件信号（0xFF31）

如果 IO-Link 主站无法准确识别事件或者未正确执行事件通知，IO-Link 主站就会将其作为自己的事件进行通信。用户应该联系 IO-Link 设备制造商，并事先检查主站和设备的固件版本是否为最新版本，或者检查所使用的版本是否出现过关于此操作的错误通知。

数据存储上传请求（0xFF91）

此消息会通知 IO-Link 主站，IO-Link 设备的参数需要进行更改，并且需要 IO-Link 主站启动与数据存储相关的操作。

此信息为内部信息，不会显示在常规用户工具中。

9.4 系统相关的 IO-Link 诊断

由于 IO-Link 系统的结构特点，系统诊断应运而生，这非常有助于设备故障排查。

9.4.1 诊断：断线

针对 IO-Link 通信端口的最简单诊断是识别断线。如果线缆存在缺陷，无论是电源线路还是通信线路损坏，都会导致通信中断，或者因触点故障而出现更多的通信错误。IO-Link 主站将向上层系统上报错误并重启通信。如果频繁重启通信，应检查线缆连接。IO-Link 通常是非常稳定的系统，很少会重启通信。一些 IO-Link 主站的应用程序中包含计数器，用于统计通信中断次数和 M 序列重复次数。这些数据有助于排除断线故障。

9.4.2 通过 IO-Link 设备标识扩展诊断

使用 IO-Link 端口的标识可以扩展诊断。

由于在 IO-Link 主站端口可以配置唯一的 IO-Link 设备标识，可以很快发现 IO-Link

设备标识不匹配的错误。这样可以节省大量错误排查时间，因为每个 IO-Link 主站端口都可以指定供应商 ID 和 IO-Link 设备 ID。定制机器（大多数为独立的机器）可以避免复杂的布线变化，通过更改 IO-Link 设备的分配，以及端口配置和 PLC 程序中的数据，机器可以快速对布线错误做出反应，从而确保机器始终符合所记录的状态。

对于运输时因设备尺寸问题必须拆机的机器而言，此诊断还有一个优点。当重新组装各部件时，端口排列错误可能会导致设备故障，但是通过 IO-Link 端口标识可以很快地发现并消除这些错误。

9.4.3 智能化 IO-Link 设备

在最理想的情况下，IO-Link 设备不会报告错误，但 IO-Link 设备仍在背后自我监测，出现异常状态时提供所需信息。

便捷的 IO-Link 设备可以通过设备状态报告其当前所处的状态。此诊断信息（或称健康状况因素）使操作人员能够了解设备状态的整体状况，进而可以提早采取针对性的措施，从而避免非计划性停机或制造产品质量下降。

9.5 兼容的诊断消息

IO-Link 规范版本 1.0 和规范版本 1.1 之间存在差异，主要是由于版本 1.0 尚未完全实现诊断概念。因此版本 1.1 弥补了这一不足。但是，必须建立不同版本之间兼容的诊断行为。本书的后续部分阐述了两个 IO-Link 版本在诊断行为和通知方面的差异。

主要差异在于无法定义对错误事件（例如，访问不存在的参数）的响应，而不是否定确认。IO-Link 版本 1.1 中的关键变化是引入了针对服务的肯定确认和否定确认。此步骤有助于实现对所启动服务（读/写访问）的一致确认，从而设计在结构上一致的系统。

用户非常想要知道的是，与规范 1.0 的 IO-Link 设备相比，规范 1.1 的 IO-Link 设备将采用哪些不同的方式（从主站的角度）确认哪些服务。

下文将列出并说明 9.2 中所示的标准方法外的特例情况。由于采用了新的定义，错误通知会根据规范 1.1 被调整为标准确认；当使用采用规范 1.0 的 IO-Link 设备时，系统会以事件通知的形式发送这些错误通知，用户无须进行任何调整，系统会自行独立完成校准。这有助于用户理解哪些错误会触发事件，但是采用规范 1.1 的 IO-Link 设备不会发生这种情况。

错误代码由表 9.4 中分别列出的两个字节组成，有关其详细说明，请参阅下文。

表9.4　　　　　　　　　　　1.0 和 1.1 的衍生错误代码

行	故障	错误代码（十六进制）	附加代码（十六进制）
1	通信错误	0x10	0x00
2	超时	0x11	0x00
3	设备事件—ISDU 错误（DL，错误，SingleShot，0x5600）	0x11	0x00
4	设备事件—ISDU 非法服务原语（AL，错误，SingleShot，0x5800）	0x11	0x00
5	主站—ISDU 校验和错误	0x56	0x00
6	主站—ISDU 非法服务原语	0x57	0x00
7	设备事件—ISDU 缓冲区溢出（DL，错误，SingleShot，0x5200）	0x80	0x33

正如前文所述，采用规范 1.0 的 IO-Link 设备会触发事件，但是不会发出针对任何服务（读或写）的否定确认。其中，事件遵循应用程序提供的指导原则（见图 9.1）。然而，有些实体可能会不遵循有关错误来源的指导原则。

通信错误（0x1000）

在 IO-Link 的正常参数范围内的读/写访问（服务）出现故障的情况下，如果与 IO-Link 设备的通信中断，则 IO-Link 主站会将列出的错误消息发送给调用者。

- 需要检查与 IO-Link 设备的通信情况。
- 用户应检查是否使用了正确的读/写访问（服务）或是否使用了正确的索引。

超时（0x1100）

如果所选的读/写访问（服务）用时超过系统给出的 5 秒，则 IO-Link 主站会通过超时通知来回应读/写访问（服务）。

- 用户应检查是否使用了正确的读/写访问或是否使用了正确的索引。
- 若 IO-Link 设备正在处理之前的访问，则需要更多时间来回应当前访问。稍后会再次发送询问请求。
- 由于各种原因，IO-Link 设备需要过长时间才能提供所需的数据，请联系 IO-Link 设备制造商。

IO-Link 设备事件——ISDU 错误（0x1100）

一旦内部触发超时，采用规范 1.0 的 IO-Link 设备就会立刻发送此事件。尽管它属于错误类型，但仍然是特别的 SingleShot。至于实体方面，还指定了数据链层（DL），实际事件代码为 0x5600。采用规范 1.1 的 IO-Link 主站根据表 9.4 将此代码记录到标准"超时"通知中，并使用错误代码 0x1100 回应相应的读/写访问，向上层系统提供否定确认。至于采用规范 1.0 的 IO-Link 主站，事件诊断将通过事件代码 0x5600 到达目标系统。

- 解决对策与超时情况相同。

IO-Link 设备事件——ISDU 非法服务原语（0x1100）

如果采用 1.0 规范的 IO-Link 设备中没有所需的索引或者不支持扩展的 IO-Link 参数（见 8.3），则它将以事件形式发送此错误通知。

事件限定符也与规范 1.1 分配的 IO-Link 标准不同。尽管它属于错误类型，但是模式是 SingleShot。实体为应用层（AL）。明确的事件代码为 0x5800。

采用规范 1.1 的 IO-Link 主站将根据表 9.4 将其重新编码到标准"超时"通知中，并通过错误代码 0x1100 针对相应的读/写访问上报否定确认。至于采用规范 1.0 的 IO-Link 主站，如前所述，事件诊断通过 0x5800 到达目标系统。

- 需要检查是否使用了正确的读/写访问或是否使用了正确的索引。
- 有关如何使用 IO-Link 设备的参数的信息，请参阅使用说明书以及本书 8.3。
- 当使用采用规范 1.0 的 IO-Link 主站时，用户需要比较执行了哪些读/写访问，以及其与所报告的事件是否匹配。

主站——ISDU 校验和错误（0x5600）

一旦在向 IO-Link 设备传输参数集的过程中检测到校验和错误，采用规范 1.0 和规范 1.1 的 IO-Link 主站就会立刻报告校验和错误。

只有采用规范 1.0 的 IO-Link 设备才会发送此错误。采用规范 1.1 的 IO-Link 设备将发送否定的读/写访问确认。错误代码仍为 0x5600，采用版本 1.0 和版本 1.1 的 IO-Link 主站都会将此代码发送到上层系统。

- 当区域内的干扰非常大或者数据集不完整时，就会发生校验和错误。
- 有关如何使用 IO-Link 设备的参数的信息，请参阅使用说明书以及本书 8.3。

主站——ISDU 非法服务原语（0x5700）

一旦采用规范 1.0 和规范 1.1 的 IO-Link 主站确认 IO-Link 设备不支持所选的读/写访问，IO-Link 主站就会立刻上报 ISDU 非法服务原语。采用两个版本的 IO-Link 主站都会将错误代码 0x5700 发送到上层系统。

- 有关如何使用 IO-Link 设备的参数的信息，或者有关所选索引是否在 IO-Link 设备中被支持的信息，请参阅使用说明书以及本书 8.3。

IO-Link 设备事件——ISDU 缓冲区溢出（0x8033）

一旦所选的读/写访问（服务）包含长度过大的数据，采用规范 1.0 的 IO-Link 设备就会立刻将此错误通知作为事件进行发送。采用规范 1.1 的 IO-Link 设备则按照表 9.2 来上报此错误。

事件限定符是固定预分配的，这一点与采用规范 1.1 的 IO-Link 标准不同。尽管它属于一种错误，但是模式是 SingleShot，实体为数据链路层（DL），明确的事件代码为 0x5200。

采用规范 1.1 的 IO-Link 主站将根据表 9.2 将此代码重新编码到标准通知中，并在相应的读/写访问（服务）之后通过错误代码 0x8033 上报否定确认。至于采用规范 1.0 的 IO-Link 主站，事件代码 0x5200 将到达所述的目标系统。

- 一旦给出错误的参数长度，将会立刻发生错误通知。
- 有关如何使用 IO-Link 设备的参数的信息，以及有关所选参数数据长度的信息，请参阅使用说明书以及本书 8.3。

9.6 简化的诊断消息

有些 IO-Link 设备遵循所谓的基类，或者采用规范 1.0 实现。这些设备存储空间小，没有图 9.1 所示的完整事件页面，只有状态代码。

其设置如图 9.2 所示。

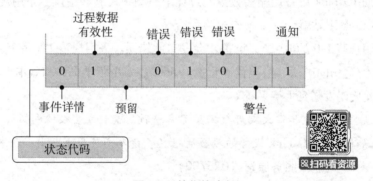

图 9.2 简化的诊断

通常显示为活跃的事件代码，包含 6 位数据，其中 3 位表示错误、1 位表示警告、1 位表示通知（还有 1 位预留）。

IO-Link 主站会将这些位相应地转换为扩展的错误通知。

表 9.5 示出了各种代码，IO-Link 主站会根据所选的位将这些代码转发给上层系统。在 IO-Link 领域中，这种事件代码类型被称为事件类型 1。扩展的事件代码被描述为类型 2（见图 9.1）。因此，支持状态码的 IO-Link 设备始终属于事件代码类型 1。IO-Link 主站遵循表 9.5 所示的指导原则，并通过两个字节的错误代码传输位通知。

表 9.5 简化的诊断的含义

事件代码类型 1	事件代码类型 2	实体	类型	模式
＊＊＊＊1	0xFF80	应用程序	通知	SingleShot
＊＊＊1＊	0xFF80	应用程序	警报	SingleShot
＊＊1＊＊	0x6320	应用程序	错误	SingleShot
＊1＊＊＊	0xFF80	应用程序	错误	SingleShot
1＊＊＊＊	0xFF10	应用程序	错误	SingleShot

注: ＊为无关位。

10 IO-Link 主站端口配置

IO-Link 系统中最核心的主题之一是在设备内集成连接的 IO-Link 设备或在 IO-Link 主站上设置可能的操作类型。通过端口配置，系统希望 IO-Link 设备提供的功能可以适应 IO-Link 设备运行的给定条件。这些应用非常多样化，从控制到数据收集，例如，进行维护预测或收集有关设备制造的部件质量的数据。特别是后者在工业 4.0 和物联网的变化中显得更加重要。单独的 IO-Link 主站网关在使用时，能够收集位于中央位置的成对传感器的数据，然后将其转发到 ERP 系统或数据库系统。其他应用则避免将传感器加倍，也不使用 IO-Link 主站端口，而是利用 Y 路径，该路径可以在网关级别的底层 IO-Link 主站中以硬的或软的方式来执行。因此，Y 路径的这两种方式之间的唯一区别在于技术执行：以硬的方式执行的 Y 路径利用另一个网络来传输获得的数据；以软的方式执行的 Y 路径利用的则是自动化网络，PLC 也向其提供数据。

IO-Link 主站应支持哪种应用形式并不重要，更重要的是根据工作需要调整 IO-Link 主站和相应的网关。最重要的功能涉及数据存储、过程值的部分屏蔽以及 IO-Link 主站的特殊功能。IO-Link 主站的特殊功能包括识别 IO-Link 设备已发现的接线错误（见 9.4）。IO-Link 主站端口配置的可能性很多，使用户能够在机器设置和设备应用构建方面达到最大的灵活性。

下面列出并描述了重要的可调配置参数和功能。因为并非所有功能都是 IO-Link 系统的一部分，每个制造商都有独特的功能，所以制造商提供的用户文件应与所有的这些说明一起使用。由于目前正在进行标准化主站接口（SMI）的相关工作，未来这些内容将会变得更加简单。

10.1 IO-Link 端口的主要操作条件

IO-Link 主站有几个独立可调的端口。端口配置以及 IO-Link 主站端口的参数设置与 IO-Link 设备的参数设置一样。不同的参数在 IO-Link 主站端口上产生不同的性能。通常使用工具来进行设置，这些工具能够通过 IO-Link 主站网关提供的描述文件（如

GSDML、EDS、IOMD 等）调整 IO-Link 主站的所有可能性。

首次搭建或调试设备时，IO-Link 主站将收到相应的 IO-Link 主站端口配置，配置类型是多方面的，包括依赖于 IEC 61131 – 2 type2 的数字输入、数字输出甚至是 IO-Link 通信。也可以简单关闭 IO-Link 主站端口，还可以通过其他 IO-Link 主站端口进行不同的运行性能调整或识别 P 连接的 IO-Link 设备。

IO-Link 主站端口可以采用不同的操作状态，根据情况，有必要考虑并选择对应用最有用的端口运行类型。操作状态的选择取决于将要被连接的设备。例如，标准的二进制传感器只应在数字输入端口上运行，而与 SIO 模式不兼容的 IO-Link 传感器不能在数字输入端口上传输数据。在考虑应用方面时，以特定周期时间运行来自一个或多个 IO-Link 主站的特定端口可能很重要。以下章节将更详细地讨论这些话题。

可以通过相应的 IO-Link 主站工具回读 IO-Link 主站端口的运行状态，以便随时了解 IO-Link 主站端口的各个运行状态。

IO-Link 主站端口设置

1. Inactive

操作模式 Inactive 完全关闭了 IO-Link 主站端口。这意味着可以进行设备的连接，但不会有任何数据交换。不活动的 IO-Link 主站端口既不能作为数字输入、数字输出端上使用，也不能作为 IO-Link 端口使用。过程映射中相应的过程数据宽度通常给定为零，以节省所选总线系统的带宽。

操作模式 Inactive 需要由用户在相应的端口上设置。这种 IO-Link 主站端口操作模式的目的是关闭未使用的 IO-Link 主站端口。这意味着，目前应用没有使用的 IO-Link 主站端口是安全的，不会被不属于应用的 IO-Link 设备意外使用，从而防止发生意外错误或故障。

2. Digital Input（DI）

在操作模式 Digital Input 中，IO-Link 主站将选定的 IO-Link 主站端口作为普通数字输入进行操作，应用数据宽度为 1 位，最终为所连接传感器的开关位。Digital Input 模式下的 IO-Link 主站端口在相应总线系统的过程数据映射中占用 1 位。根据总线系统和应用，该位被定位为 1 个字节中的单个位，或者与其他数字输入的单个位集中在一个字节中。IO-Link 主站端口上的显示（黄色 LED）表示开关状态为 ON（high）。

在操作模式 Digital Input 中，IO-Link 主站端口的所有 IO-Link 功能都关闭。这意味着可能被连接的 IO-Link 设备不会收到唤醒序列（WakeUp，见7.4）以切换到 IO-Link 通信。此外，在这种操作模式下，无法对具有 IO-Link 功能的设备进行参数设置，无法检查所连接设备的 IO-Link VendorID、IO-Link DeviceID 和（或）序列号，也无法进行诊断。应用强制可能导致要求 IO-Link 设备在标准输入/输出模式（SIO）下运行。在这种情况下，IO-Link 设备将在必要的情况下通过两种方式进行参数设置。

方式一：通过已经建立的网络进行参数设置，需要为所选总线系统中的参数数据（非周期性数据）提供带宽，并且需要在参数设置期间的配置中更改相应的 IO-Link 主站端口。如果与正常的设备配置相矛盾，则提供可用带宽和更改 IO-Link 主站端口的操作模式可能会出现问题，从而导致错误通知。

方式二：使用与笔记本电脑或计算机连接的单独的 IO-Link 主站。通过相应的 IO-Link 主站工具对 IO-Link 设备进行参数设置，通常称为"桌面参数设置"或"外部参数设置"。

请注意

这种操作模式最好与不具备IO-Link功能的设备一起使用。

如果IO-Link设备仍应在SIO模式下进行参数设置，则需要检查IO-Link主站端口配置更改对机器和（或）设备会产生哪些影响。

3. Digital Output（DO）

在操作模式 Digital Output 中，IO-Link 主站将选定的 IO-Link 主站端口作为普通数字输出端口进行操作，应用数据宽度为 1 位，最终成为所连接执行器的开关位。Digital Output 模式下的 IO-Link 主站端口在相应总线系统的过程数据映射中占用 1 位。根据总线系统和应用，该位被定位为 1 个字节中的单个位，或者与其他数字输入端口的单个位集中在一个字节中。IO-Link 主站端口上的显示（黄色 LED）表示开关状态为 ON（high）。

在操作模式 Digital Output 中，IO-Link 主站端口的所有 IO-Link 功能都关闭。这意味着可能被连接的 IO-Link 设备不会收到唤醒序列（Wake Up，见 7.4）以切换到 IO-Link 通信。此外，在这种操作模式下，无法对具有 IO-Link 功能的设备进行参数设置，无法检查所连接设备的 IO-Link VendorID、IO-Link DeviceID 和（或）序列号，也无法进行诊断。应用强制可能导致要求 IO-Link 设备在标准输入/输出模式（SIO）下运行。在这种情况下，IO-Link 设备将在必要的情况下通过两种方式进行参数设置。

方式一：通过已经建立的网络进行参数设置，需要为所选总线系统中的参数数据（非周期性数据）提供带宽，并且需要在参数设置期间更改相应的 IO-Link 主站端口。如果与正常的设备配置相矛盾，则提供可用带宽和更改 IO-Link 主站端口的操作模式可能会出现问题，从而导致错误通知。

方式二：使用与笔记本电脑或计算机连接的单独的 IO-Link 主站。可以通过相应的 IO-Link 主站工具来对 IO-Link 设备进行参数设置，通常称为"桌面参数设置"或"外部参数设置"。

请注意

这种操作模式最好与不具备 IO-Link 功能的设备一起使用，并且需要在最大的电流消耗（由制造商提供的 IO-Link 主站说明文档中给出）下进行，例如继电器、灯、简单开关触点。这里的标准是 200 mA。

如果 IO-Link 设备仍在 SIO 模式下进行参数设置，则需要检查 IO-Link 主站端口配置的更改对机器和（或）设备会产生哪些影响。

ScanMode 中的 IO-Link 主站端口

ScanMode 利用通信调试机制并建立 IO-Link 通信（见第 7 章）。

当与 IO-Link 设备的通信成功建立后，可以进行大量 IO-Link 访问。这意味着所有周期性数据（如过程值）以及所有非周期性数据（如参数值）的传输都是可能的，并且可供用户和叠加系统使用。

ScanMode 激活了所有的 IO-Link 设备，与它（从设备的角度看）是否应该连接到 IO-Link 主站端口无关。这种操作模式的理念是在调试阶段显示所有连接的 IO-Link 设备，并根据此连接映射配置所有内容。这遵循了与设备配置有关的所谓自下而上的理念。

完成配置后，建议将 IO-Link 主站端口转换为所谓的 FixedMode，以确保在正确的 IO-Link 主站端口上始终可以找到正确的 IO-Link 设备。如果不这样做，在维护过程中可能会出现有关端口的意外混淆，从而使 IO-Link 主站网关的过程数据映射中的过程数据分配不再符合准则。这可能会导致后面出现不同的问题，且这些问题可能难以立刻显现或被发现。

ScanMode 没有 IO-Link 设备识别，无法对不正确的 IO-Link 设备做出相应独立的反应。

请注意

二进制执行器和可通信的 IO-Link 主站端口之间的连接可能导致执行器进行不必要的切换活动。对于二进制执行器，必须使用具有数字输出模式的 IO-Link 主站端口。

ScanMode 没有 IO-Link 设备识别，无法对不正确的 IO-Link 设备做出相应独立的反应，完全不会对该设备进行识别诊断。

在对 IO-Link 提供的过程数据进行成像时，可能会出现问题，因为叠加的总线系统可能没有配置为正确的过程数据宽度，数据会因此丢失，造成现有数据不一致。一些总线系统或其 IO-Link 主站网关有每个端口和每个数据方向的默认过程数据宽度。

FixedMode 中的 IO-Link 主站端口

FixedMode 与 ScanMode 不同，主要在于固定的规格不同和与连接的 IO-Link 设备进行身份检查的方式不同。因此，该操作模式遵循自上而下的理念，因为用户预先确定了 IO-Link 制造商识别（供应商识别、IO-Link VendorID、VID）和 IO-Link 设备识别

（IO-Link DeviceID 或 DID）。如果 IO-Link 主站端口只能找到不符合预先确定的 IO-Link 设备，IO-Link 主站会尝试将找到的 IO-Link 设备转换到兼容的操作状态（见7.8 和 8.5）。如果该 IO-Link 设备随后以兼容的方式运行，则表明已满足识别的前提条件，相应的 IO-Link 主站端口正常工作。如果在对 IO-Link 设备提出兼容性请求后，IO-Link 设备的识别仍然存在偏差，则 IO-Link 主站端口或 IO-Link 主站网关将为相应的 IO-Link 主站端口报告错误，并通知它发现了不正确或存在偏差的 IO-Link 设备。

在这种情况下，IO-Link 系统将保持通信，因此，用户仍然可以随时通过对该 IO-Link 设备的相应请求找出哪个 IO-Link 设备是错误的。

这种 IO-Link 主站操作模式的优势是多方面的，因为它可以容易和快速地检测到是否发生了更换或设备中存在安装错误的 IO-Link 设备。此外，在因 IO-Link 设备的缺陷而进行更换的情况下，仍然可以保证在更换有缺陷的设备后，与 IO-Link 数据存储器的连接（见10.8）是相同的。是否为此使用了相同结构的设备或具有兼容模式的连续单元并不重要（见8.5）。

总而言之：FixedMode 是 IO-Link 主站端口的首选操作模式。

请注意

当 IO-Link 主站在主站端口上注册一个不正确的 IO-Link 设备时，IO-Link 主站将在操作状态下保持通信，该设备遵循规范 V1.0。其结果是，在传输中存在周期性数据或过程数据。在这种情况下，数据是无效的。IO-Link 主站网关通常将这些针对相应总线系统的过程值指定为无效，但用户仍需要对此进行检查。

该识别功能不需要开发工具即可轻松更换有缺陷的 IO-Link 设备，与 IO-Link 数据存储结合使用时，无须付出任何更多的努力。

带 IO-Link 访问的数字输入模式

带有 IO-Link 访问的数字输入模式是一种特殊的操作模式。其允许在生产中断和诊断间隔期间对 IO-Link 设备进行参数设置。根据用户请求，IO-Link 主站建立与选定的 IO-Link 设备的通信，这使得查询参数或相应更改参数成为可能。如果 IO-Link 设备支持这些请求，也可以根据请求从相应的诊断参数中进行诊断。访问一旦完成，主站就会发出回落命令，以恢复数字输入操作模式。

请注意

并非所有的 IO-Link 主站都支持这种操作模式。此外，由于通信调试和故障，叠加的系统需要能够与端口的这种重新配置一起工作。否则会导致错误通知，进而导致设备非计划性停机。

在搭建设备时，需要检查这种操作模式是否必要和合理，因为 SIO 模式或 DI 模式（以及 IO-Link 设备的常规周期性操作）在非周期性请求（参数请求）期间可能会出现短暂中断。

这种模式的优势在于过程值传输速度非常快，当所有叠加的系统也非常快速地传输数据时，其时间远远低于2.3 ms，甚至低于0.4 ms。具有缓慢周期性时间的现场总线系统使这种操作模式过时了。

这种模式的缺点是在周期性运行期间不能控制参数，或提供诊断数据。

10.2 IO-Link 设备的识别

在所有的 IO-Link 主站端口上，对 IO-Link 设备可能的识别是单独变化的。IO-Link 由此区分了不同的识别级别，它通常被称为"检查级别"。

根据应用和前提条件，可以为 IO-Link 设备提供不同识别级别。这些级别可通过 IO-Link 主站端口配置访问，也可以根据个别要求进行调整。设置的不同级别为无检查、类型兼容的检查和相同设备的检查。表 10.1 对此进行了说明。

| 表 10.1 | 检查级别 | | |
参数	无检查/ NO_CHECK	类型兼容的检查/ TYPE_COMP	相同设备的检查/ IDENTICAL
VendorID（供应商 ID）	—	是	是
DeviceID（设备 ID，兼容的）	—	是	是
SerialNumber（序列号）	—	—	是

有时可以在没有 IO-Link 设备识别的情况下操作 IO-Link 端口。

在调试过程中，FixedMode 中的识别与 ScanMode 一样，可以关闭，以便在设备上进行修改，而无须启动错误管理和设备再次自行关闭。但是在这个操作阶段，有一个明确的结构化过程。在调试结束时，至少应该有一个有效的识别级别，以检查 IO-Link VendorID 和 IO-Link DeviceID。

类型兼容的 IO-Link 设备的识别是典型的接受阈值。这意味着 IO-Link 主站检查发现的 IO-Link VendorID 和 IO-Link DeviceID 是否符合准则。如果 IO-Link 主站发现其与准则存在偏差，它将通过在 IO-Link 设备中的 IO-Link DeviceID 范围内写入预期的 IO-Link DeviceID，尝试将 IO-Link 设备转换为兼容模式（见8.5）。如果 IO-Link 设备兼容，则系统可在预期范围内发挥作用。但如果连接的 IO-Link 设备不兼容，第二次识别检查将失败。在这种情况下，IO-Link 主站会为受影响的端口向叠加系统发送错误通知，并使受影响的 IO-Link 设备处于有关通信的预操作模式。这样，不正确的 IO-Link 设备仍然可以通信，这对于故障排除非常实用，因为用户仍然可以查询这是哪个 IO-Link 设备。

对 IO-Link 主站来说，最难接受的阈值是相同 IO-Link 设备的级别。在这种情况下，IO-Link 主站不仅要检查 VendorID 和 DeviceID，而且要检查序列号。如果三个识别参数中的一个偏离了准则，它就不可能是相同的 IO-Link 设备，但在最好的情况下只是类型兼容。然而，IO-Link 主站被指示拒绝该 IO-Link 设备，因为它不符合准则。与具有类型兼容的 IO-Link 设备的情况一样，IO-Link 主站向叠加系统发送错误通知，但将 IO-Link 主站端口保持在预操作模式，以便能够提出有关实际识别的请求。这也在很大程度上简化了故障排除，因为 IO-Link 设备仍在通信，仍然可以查询 IO-Link 设备的识别数据。

对于某些应用程序来说，这种高的接受阈值是必要的，以防止不必要的部件更换，尽管这些部件是相同的。

请注意

在每次新插入 IO-Link 设备或每次重新初始化通信时，IO-Link 主站端口将对 IO-Link 设备的识别数据进行设定验证。

验证示例

如表 10.1 所示，IO-Link 主站可以检查其端口上的不同特征。下面的例子应该有助于理解这些序列。

1. 检查等效的 IO-Link 设备

如果 IO-Link 主站端口已存入或配置 IO-Link VendorID 和 IO-Link DeviceID，IO-Link 主站将在与 IO-Link 设备通信调试后检查读取的 VendorID 和 DeviceID 是否符合准则。如果符合准则，IO-Link 主站将启动周期性操作。如果其中一个识别特征出现偏差，则可能会发生下文所述的情况。或者，IO-Link 主站报告一个错误，但保持与所连接的 IO-Link 设备的通信。

2. 检查是否有与 IO-Link 设备类型兼容的等效 IO-Link 设备

过程同上，如果 IO-Link VendorID 与 IO-Link 主站的检查结果一致，但 IO-Link DeviceID 不同，则 IO-Link 主站将预期的 IO-Link DeviceID 写入设备中 IO-Link DeviceID 的地址上。通过接受写入的 IO-Link DeviceID，IO-Link 设备证明了最初预期的 IO-Link 设备的兼容性。由 IO-Link 主站写入的 IO-Link DeviceID 可能发生永久存储。当重新调试 IO-Link 主站的通信时，它将只读取预期的识别数据，并将 IO-Link 设备转换到周期性操作，在其中它可以与被取代的设备兼容地工作。如果 IO-Link 设备不接受 IO-Link 主站写入的 IO-Link DeviceID，后者将向叠加系统发送错误通知，即端口已经连接了不正确的 IO-Link 设备。如果 IO-Link 设备制造商为其设备提供了这一功能，则所描述的方案支持 IO-Link 1.1 版本。由于各种原因，情况可能并非如此。遵循规范 1.0 的 IO-Link 设备无法支持该功能，因为该规范没有描述必要的机制。

3. 检查相同的 IO-Link 设备

在 IO-Link VendorID、IO-Link DeviceID 和添加的序列号之后将进行检查。如果这三个识别特征中的一个出现偏差，IO-Link 主站将向叠加系统发送相应的错误通知，与连接错误的 IO-Link 设备的通信保持不变。可以通过两种方式纠正错误：一是授权的专业人员将有关的 IO-Link 设备替换为所需的设备；二是授权的专业人员改变 IO-Link 主站的端口配置，将给定的 IO-Link 设备注册为预期的设备。哪种方式更实用，则取决于设备操作员的过程操作。如果三个识别特征都与找到的 IO-Link 设备匹配，则它是相同的。IO-Link 主站将把连接的 IO-Link 设备转换到周期性操作中。

请注意

由于序列号是一个可选的参数（见 8. 3. 1. 2），在定义设备时，需要注意所选的 IO-Link 设备支持该参数序列号，否则无法对相同的 IO-Link 设备进行检查。

10. 3 从属的附加操作模式（端口周期）

IO-Link 网关的 IO-Link 主站端口根据其命令具有三个不同的端口周期。根据操作应用的要求，可以选择最佳的 IO-Link 主站端口周期。IO-Link 可以预先确定 IO-Link 主站端口周期时间，其中 IO-Link 主站端口必须以特定的行为模式工作。

除了 IO-Link 主站端口上的固定周期时间，有可能将 IO-Link 主站端口周期时间的组织留给 IO-Link 主站本身，这就是端口周期 FreeRunning。第三个选择是消息同步。其中，IO-Link 主站运行方面，取决于用户准则，关于 IO-Link 通信中 IO-Link 主站查询的起点，至少两个 IO-Link 主站端口同步运行。

由 IO-Link 主站或用户预定义的周期时间的精度为 −1%，最大误差为 +10%。如果其中一项设置不适合系统，IO-Link 主站将发送相应的错误通知（见 9. 1. 1 和 IO-Link 主站制造商提供的用户说明文档）。

请注意

在搭建设备时，需要牢记传输时间精度偏差在 −1% 到 +10%，应该考虑操作和通信周期之间连接的有用性。

10. 3. 1 FreeRunning

IO-Link 主站根据 IO-Link 设备进行调整。过程数据的交换取决于 IO-Link 设备的周期时间。预先确定的端口周期 FreeRunning 使 IO-Link 主站能够操作每个具有此功能的端口，并完全独立于其他端口。IO-Link 主站在每个 IO-Link 主站端口上定义自己的 IO-Link 主站端口周期时间（主站周期时间），这取决于从 IO-Link 设备读取的最小周期时间。该周期时间是自由预定义的，并且可能因端口的不同而不同，周期时间通常在定义的时间范围内变化（见 8.2.1）。IO-Link 主站将自行观察是否符合这些条件。

用户可以回读 IO-Link 主站端口的配置，从而根据后文的表 10.2 获得端口 FreeRunning 的编码。

读出 IO-Link 主站的周期时间总是可能的，其会给出一些关于预定义周期时间的指示。

大多数 IO-Link 主站都默认设置了 FreeRunning。

10.3.2 FixedValue

IO-Link 主站端口周期 FixedValue 可以为一个或多个 IO-Link 主站端口预定义一定的周期时间。该周期时间需要在预定义的范围内（见 8.2.1）。此外，预定义的周期时间不应小于所连接 IO-Link 设备的 MinCycleTime。

IO-Link 规范使得在预定义范围内以 100 μs 为步长设置 IO-Link 主站端口周期时间成为可能。相应的 IO-Link 主站制造商提供的用户说明文档将告知用户解决方案。

具有相同周期时间且处于端口周期 FixedValue 中的端口不一定会被 IO-Link 主站同步操作。一些 IO-Link 主站可能能够做到这一点，但这不是必然的。

如果在一个 IO-Link 主站端口上预定义了一个周期时间，但其过大或过小，那么将发出关于该 IO-Link 主站端口的错误通知。

10.3.3 MessageSynchron

至少有两个 IO-Link 主站端口是可选的 IO-Link 主站端口周期性 MessageSynchron 的基础，它通常被称为 FrameSynchron。IO-Link 主站端口必须按照配置 MessageSynchron 中的准则工作，同步开始通信。这意味着 IO-Link 主站同时向所有同步端口发送主站命令，这个主站命令开始所有的 M 序列。如果在 MessageSynchron 下的 IO-Link 主站端口上有不同的 IO-Link 设备，具有最大 MinCycleTime 的 IO-Link 设备将预先确定 MessageSynchron 下所有 IO-Link 主站端口的周期时间。

图 10.1 显示了一种可能的配置。IO-Link 主站负责 IO-Link 主站端口及其处理的协调工作。

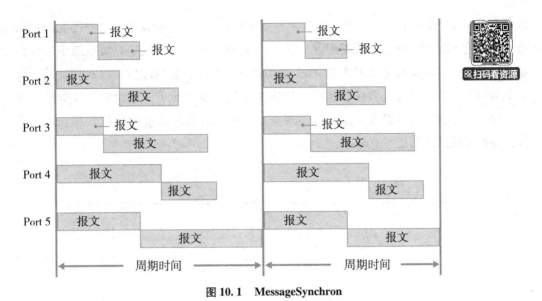

图 10.1 MessageSynchron

资料来源：IO-Link 委员会。

在 MessageSynchron 下由 IO-Link 主站为所有 IO-Link 设备设置的周期时间将在 IO-Link 主站端口周期被回读时显示。

理论上，可以用不同的周期时间和不同的通信速度来操作 IO-Link 端口。在 MessageSynchron 下，具有最大 MinCycleTime 的 IO-Link 设备预先确定了所有 IO-Link 主站端口的周期时间，这一原则在此也适用。

在 IO-Link 主站网关中可以有更多的同步模式，但 IO-Link 规范并未定义它们。

请注意

重要的是要考虑，使用 IO-Link 主站端口周期 MessageSynchron 时，不同 IO-Link 主站端口之间存在抖动，且这取决于 IO-Link 主站及其性能。这意味着 MessageSynchron 操作中的 IO-Link 主站端口与通信调试并不完全同步。这种抖动可以在 IO-Link 主站网关的说明文档中看到。

此外，需要注意的是，周期时间的精度为 −1 % 到 +10 %。理论上，可以用不同的周期时间和不同的通信速度来操作 IO-Link 端口。但与前文相同的准则在这里也适用：具有最大 MinCycleTime 的 IO-Link 设备的 IO-Link 主站端口预先确定了用 MessageSynchron 运行的所有其他 IO-Link 主站端口的周期时间。

在 IO-Link 主站网关中可以有更多的同步模式，但 IO-Link 规范并未定义它们。

10.4　过程数据分配

通常，可以在每个 IO-Link 主站网关中设置一个映射规则，以便从整个过程数据中的所有 IO-Link 设备中选择必须发送到上一系统层级的 IO-Link 设备。这种可能的功能通常被称为 PDconfig 或过程数据配置。图 10.2 示意性地描述了现场总线系统中过程数据的一般映射。该参数定义了从 IO-Link 设备到网关的过程数据映射，以及相反的过程数据方向。用户可以通过偏移量和长度规格在现场总线层面灵活地设置过程数据。该参数由几个单独的参数组成，用于定义现场总线的过程数据映射中的位置和长度。不同的总线系统之间可能会有偏差。

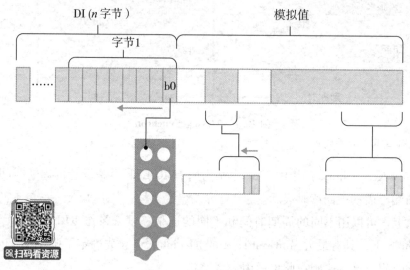

图 10.2　过程数据映射

资料来源：IO-Link 委员会。

最重要的可能特征将在下面的章节中描述。在配置 IO-Link 主站和总线系统的相应工具中，对这些特征都有不同的考虑，它们可能因总线系统和制造商的不同而不同，甚至可能有不同的命名。

10.4.1　输入过程数据长度

输入过程数据长度，也称为过程数据输入，缩写为 LenIn，表示由 IO-Link 设备发送的、将在现场总线上描述的过程数据的长度。

10.4.2　输入过程数据在网关中的位置

输入过程数据的位置参数，缩写为 PosIn，表示映射的过程数据在作为 IO-Link 主站网关一部分的现场总线数据中的位置。该参数取决于所选择的总线系统。根据现场总线系统和具有更多总线节点的工作负载，数据带宽可能会有所不同。相应的配置工具通常可以非常方便地进行定位。

10.4.3 输入过程数据在 IO-Link 设备中的位置

由于 IO-Link 设备通常不止传输一个过程值，可以通过位偏移与 10.4.1 中提到的输入过程数据长度相结合来分离应用所需的过程数据。位偏移表示对输入过程数据进行计数的起始位。由于这是来自 IO-Link 设备的原始输入过程数据，通常也被称为 SourceOffsetInput。在 IO-Link 环境中其经常缩写为 SrcOffsetIn。

通过该参数，可以从一个 IO-Link 设备提供的多个模拟值中选择一个，例如特定的模拟值。这意味着控制所需的这一确切部分与 IO-Link 设备的过程数据映射相分离。因此，举例来说，一个传感器不仅可以提供流量信息，还可以提供介质的温度信息。但如果应用只需要温度信息，则可以借助输入过程数据（例如第 8 位）和 4 位的偏移量（SrcOffsetIn），结合该切断的输入过程数据映射在现场总线中的位置（例如现场总线的过程数据流中的第 16 位），将其从过程数据组中屏蔽掉（见图 10.3 的端口 2）。PLC 程序员可以通过这个映射信息将正确的输入过程数据（在该例子中为 8 位的温度信息）从现场总线的整个输入过程数据中分离出来（见图 10.3）。

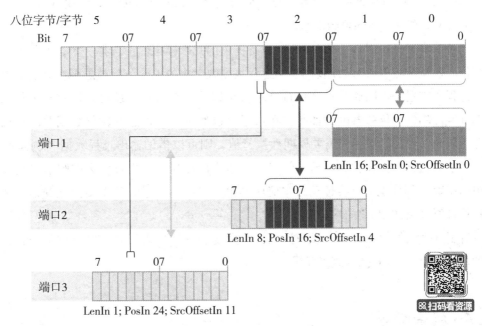

图 10.3 过程数据映射（示例）

资料来源：IO-Link 委员会。

10.4.4 输出过程数据长度

输出过程数据长度，也称为过程数据输出，缩写为 LenOut，表示 IO-Link 设备从现场总线发送的过程数据的长度。

10.4.5 描述的输出过程数据在 IO-Link 设备中的位置

输出过程数据的参数位置，缩写为 PosOut，表示映射的过程数据在作为 IO-Link 主站网关一部分的现场总线数据中的位置。该参数取决于选定的总线系统。根据现场总线系统和具有更多总线节点的工作负载，数据带宽可能会有所不同。相应的配置工具通常可以非常方便地进行定位。

10.4.6 输出过程的位置

由于 IO-Link 设备经常需要一个以上的过程值，可以通过位偏移与输出过程数据的长度相结合来分离应用所需的过程数据。位偏移定义了输出过程数据计数的起始位。这是来自 IO-Link 设备的原始输入过程数据，常被称为 SourceOffsetOutput。在 IO-Link 环境中，其经常被缩写为 SrcOffsetOut。

通过该参数，可以从一个 IO-Link 设备提供的几个模拟值中选择一个，例如特定的模拟值。这意味着 IO-Link 设备的输出过程数据映射中的那部分将被屏蔽，然后需要用新的过程值来覆盖。因此，一个执行器不仅可以接收执行值，还可以接收有关特征的周期性复位的值。传感器也是如此，在这里可以通过周期性过程输出数据关闭距离传感器的激光。但如果应用只需要周期性执行值，则可以借助输出过程数据（例如第16位）和从0位开始的位偏移（SrcOffsetIn），结合该切断的输出过程数据映射在现场总线中的位置（例如现场总线过程数据流中的第16位），从过程数据集中准确地屏蔽周期性执行值（见图 10.3 的端口1）。

有了这个映射信息，PLC 程序员就可以为现场总线提供正确的输出过程数据，在这种情况下为16位的执行值（见图 10.3）。

10.5 检查配置

IO-Link 主站的配置是可回读的，不仅提供上述参数，而且提供进一步的参数作为每个端口的信息（见表10.2）。

表 10.2   可读和可写端口参数概述

属性	可能值	可回读值
操作模式	数字输入模式 数字输入未激活 扫描	数字输入 数字输出 扫描模式 COM1 模式 COM2 模式 COM3 模式 未激活
端口周期	自由运行 固定值 帧同步 消息同步	自由 固定值 帧同步 消息同步
PD 配置	LenIn PosIn SrcOffsetIn LenOut PosOut SrcOffsetOut	LenIn PosIn SrcOffsetIn LenOut PosOut SrcOffsetOut
周期时间	时间周期值	时间周期值
设备识别	VendorID DeviceID SerialNumber[1]	VendorID DeviceID SerialNumber[1]

注：1）如果设备中可用。

所有可以由用户影响的设置都可以作为回读值使用。然后，用户会接收关于在相应端口上设置的传输速度的附加信息。该信息可以在表 10.2 中的 COM1、COM2、COM3 后面找到。正确传输速度的设置是由 IO-Link 主站本身独立完成的，因此不能由用户预先确定。

10.6 偏移时间

偏移时间用于根据 IO-Link 主站序列启动来分配 IO-Link 设备应用的测量。通过偏移时间可以将应用的测量与 IO-Link 设备的数据流量分离。图 10.4 显示了如何定义两个端口之间的偏移时间。

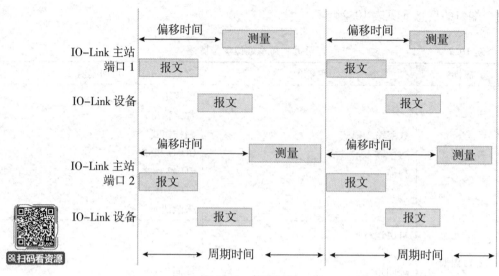

图 10.4 偏移时间

资料来源：IO-Link 委员会。

偏移时间满足两个要求：首先，对于应用来说，可能需要将物理量的测量与 IO-Link 通信分离。在这种情况下，用户将通过 IO-Link 设备中的参数设置所需的分离时间。8.3.1.4 中的表 8.19 中列出了可能的设置。

其次，偏移时间使得让几个分离的传感器测量一个物体成为可能。这一原则的理念是让参与的传感器根据自己的偏移时间错开测量。

这样，每个参与的 IO-Link 设备都会收到自己的不同的偏移时间值。图 10.4 显示了两个示例端口的情况，该描述的前提是各个端口在 MessageSynchron 模式下工作。

进一步的变化是可能的，尤其取决于应用的需要。

请注意

在使用偏移时间时，请牢记 10.3.3 中的注意事项，因为 IO-Link 通信可能无法提供应用的足够精度。应该考虑哪种端口操作模式是脱离应用的最佳方式。此外，需要检查所选的 IO-Link 设备是否支持偏移时间，因为这是一个可选参数。应查阅 IO-Link 设备制造商提供的用户说明文档。关于 IO-Link 主站，在规划这类应用之前，应明确所使用的 IO-Link 主站是否具有足够的性能，以所需且足够的精度操作 IO-Link 主站端口。

10.7 调试（项目规划和配置）

在调试 IO-Link 系统时，有两种策略可用。

一方面，"自下而上"，即提供所连接的 IO-Link 设备的所有识别数据，随后需要对有效配置进行描述。另一方面，"自上而下"，即工具向 IO-Link 主站提供标称值，主站反过来检查目标和性能之间是否存在偏差。如果存在偏差，相应的 IO-Link 主站端口就会报告这种识别偏差。

IO-Link 中的"自下而上"方法

所有 IO-Link 主站端口上的 ScanMode 功能是"自下而上"方法的前提条件。每个 IO-Link 主站端口传递所连接的 IO-Link 设备的识别数据〔IO-Link VendorID、DeviceID 和（或）序列号〕。在接收了这些设备的识别数据后，需要通过将所有的 IO-Link 主站端口转换到工作模式 FixedMode 来固定配置。此外，有一种可能是各个 IO-Link 主站端口选择不同的子项附加操作模式。大多数 IO-Link 主站端口配置工具可以通过找到的 IO-Link 设备的识别来选择各个 IO-Link 设备描述（IODD）。在此期间，如果工具已经安装了该设备或需要从 IO-Link IODD 查找器中下载该设备，则无关紧要。

请注意

通过使用 ScanMode，无法检测到接线缺陷，因为识别后会将发现的状态识别为目标状态。

IO-Link 中的"自上而下"方法

"自上而下"方法是根据预定义的规划来定义配置。每个 IO-Link 主站端口都会收到一个准则，即所谓的目标配置。随后，每个 IO-Link 主站端口用发现的性能数据检查目标配置。如果这两者存在偏差，就有可能由此推断出"IO-Link 设备连接不正确""接线不正确"或"未连接"。

对于"自上而下"方法，IO-Link 主站需要在 FixedMode 中运行，以便可以进一步使用子项附加操作模式。

10.8 IO-Link 数据存储

IO-Link 提供了一种重新参数化机制，考虑到了不同的应用情况。结合 IO-Link 主站端口的识别设置，在更换旧设备时，有可能在新的 IO-Link 设备中恢复曾经的参数设置数据。下文说明了 IO-Link 数据存储的不同选项和相应的使用情况，根据所追求的设备理念，可能会出现不同的情况。IO-Link 数据存储的目的是在不需要任何工具（如 IO-Link 配置工具）的情况下更换有缺陷的 IO-Link 设备。

为了能够覆盖所有的应用案例，在 IO-Link 中存在三种可能性，来利用 IO-Link 数据存储机制。

每个 IO-Link 主站端口需要在三种操作模式下配置有关 IO-Link 数据存储。更改配置的操作模式会自动删除存储的数据集。

1. 调试设置构成关闭的 IO-Link 数据存储操作

在这种模式下，可以在 IO-Link 设备上进行任何参数设置，而无须在 IO-Link 设备上存储有关主站端口的更改设置。这些设置会导致删除任何已经存储的 IO-Link 设备参数设置，这些参数设置是通过以下设置之一存入的。该设置的一个典型用例是，如果参数仍需微调，对设备进行调试。

请注意

该设置将删除任何可能存储的参数集。

2. 通过产生"备份/恢复"设置允许使用在过程中改变的参数替换 IO-Link 设备

这意味着如果设备中发生方案切换或优化，将在数据存储中找到最新的所需参数。

3. 通过产生"恢复"功能可以指定参数集

这意味着在开始时将对有效的 IO-Link 设备的参数集进行单一存储。每次更换 IO-Link 设备，与 IO-Link 设备是否带来了一个改变的有效参数集无关。IO-Link 主站总是用它自己存储的参数集覆盖 IO-Link 设备的参数集。

请注意

IO-Link 主站端口配置的更改通常会导致删除相应 IO-Link 主站端口上保存的参数集，与所选择的数据存储设置无关。

IO-Link 主站关于数据存储的三种可能的设置特征与 IO-Link 设备的参数设置可能性有关。IO-Link 主站与 IO-Link 设备在数据存储方面以不同方式实现系统命令的交互（见第 8 章）。这意味着前面解释的系统命令 ParamDownloadStore 使 IO-Link 设备将接收到的数据集标记为新数据，然后将其保存（在 IO-Link 设备 UploadFlag 位中设置）。通过该系统命令，用户决定是否应该存储更改的参数集。这会在每个基于 IODD 的参数化工具中自动发生，因为这些工具在参数设置结束时总是使用系统命令 ParamDownload-Store。根据 IO-Link 主站端口的设置，参数集将被上传、下载或忽略。

一些工具允许使用系统命令 ParamDownloadEnd 而不是系统命令 ParamDownload-Store；在这种情况下，IO-Link 设备不会标记新的参数集，其中 IO-Link 主站永远不知道数据集已改变并且也不触发任何操作。

如果发生了 IO-Link 通信的重新调试，IO-Link 主站会确定出现了偏差，并根据主站端口设置恢复成主站认为的正确的状态。

PLC 程序员需要在程序中考虑相应的系统命令，并将其发送到 IO-Link 设备。

请注意

由于在更换 IO-Link 设备时，在具有备份/恢复功能的设备中持续存在着意外参数更改的危险，每一个 IO-Link 设备在安装之前都需要进行工厂复位。通过这种方式，用户就能确保表示参数集变化的数据存储 UploadFlag 已被重置或者只安装处于交付状态（"开箱即用"）的 IO-Link 设备。

IO-Link 数据存储仅支持符合 IO-Link 规范 1.1 及未来版本的 IO-Link 设备和 IO-Link 主站。

10.8.1　IO-Link 数据存储的功能

IO-Link 数据存储具有上述三种可能的功能。下面通过举例,描述这些功能的用途和它们的特殊性。

通常,这些功能都是通过相应的工具设置数据存储,选择要使用的功能以及存储空间。一般来说,用户需要在位于 IO-Link 主站的存储空间或已安装在设备中的全局存储空间之间进行选择。内部存储空间通常是默认的存储空间。

总线系统上的许多 IO-Link 映射使 IO-Link 主站的内部存储空间的内容可用于全局存储空间,其结果是在 IO-Link 主站损坏时存在数据存储的备份。IO-Link 主站制造商提供的用户说明文档将提供关于如何设置以及在哪里可以找到存储数据的信息。

调试

调试设置主要在调试阶段对用户有用,特别是在需要优化数据集的时候。

在这一点上,每个数据集都存储在数据存储器中是不可取的。通过这种方式可以避免不必要的数据传输,从而避免空闲时间。

有些用户根本不想使用数据存储:他们需要在设备运行期间让这个设置处于激活状态。

产生"备份/恢复"

设置产生"备份/恢复"是其中最复杂的,就其功能而言。它适用于支持方案切换的设备或机器。换句话说,一个设备可以支持一个以上的设置,即使这些设置通常是相同的,但缩放是不同的。对于缩放来说,有必要使用 IO-Link 设备中的另一个参数设置。这种从设备的操作中进行的必要的重新参数设置被称为方案切换。

"备份/恢复"设置是根据这种情况调整的。如果由于方案切换而发生参数变化,IO-Link 设备将通过相应的事件告诉 IO-Link 主站,并将新的数据集放入数据存储器,以便在可能的设备更换中为当前方案提供正确的数据集。如果要更换一个有缺陷的 IO-Link 设备,IO-Link 主站将检查识别,然后将存储的数据集写入新的 IO-Link 设备中。

请注意

对于这种操作模式,从制造商那里获得处于交付状态("开箱即用")的替换 IO-Link 设备非常重要。如果无法确保这一点,那么无论如何都必须在设备外进行工厂复位。如果替换的设备包含尚未存储的参数集,IO-Link 设备将通过事件将其报告为新的,并且 IO-Link 主站将在设置"备份/恢复"中保存不适合应用的该数据集。

产生"恢复"

设置产生"恢复"遵循"自上而下"原则。这意味着 IO-Link 主站在 IO-Link 设备调试和识别之后，上传当前的数据集，同时它有一个空的数据存储器。随后，参数数据可以在 IO-Link 设备上更改，该信息通过事件与 IO-Link 主站共享。恢复中的 IO-Link 主站登记了该事件，并从中推断出 IO-Link 设备上发生了不可接受的参数更改。之后 IO-Link 主站再次将保存的数据集下载到 IO-Link 设备中。

如果计划在 IO-Link 设备中使用新的或更改的数据集，则需要删除 IO-Link 主站中保存的数据。删除是通过"调试"功能进行的。随后，需要将 IO-Link 主站再次设置为恢复，以便从 IO-Link 设备中读出已更改一次的参数集，然后将其存储。

使用"恢复"功能的典型对象是串行设备，这些设备已被设定为拥有正确的参数设置，用户不应更改。在这种情况下，更换非常容易处理，因为用户只需注意更换的是结构上相同的 IO-Link 设备。IO-Link 主站将管理其他所有内容。

请注意

如果未经校准或未进行绝对测量的 IO-Link 设备参与了 IO-Link 数据存储，则需要在重新参数设置后手动启动校对过程。通常，需要该校对过程的 IO-Link 设备无法将相应的校对值传输到数据存储器中，因为这些值在不同的 IO-Link 设备之间是不同的，因此，从本质上来说是不可传输的。在这种情况下，需要在更换有缺陷的 IO-Link 设备后将校对值提供给更换设备。

10.8.2 IO-Link 数据存储的过程

数据存储始终遵循相同的原则。

本质上，需要关注六种不同的数据存储情况。它们是：

- 启动/开机；
- 替换/备用零件；
- 外部参数设置，"非现场参数设置"（本地调试）；
- 校对/本地操作/本地接口；
- 通过 PLC 中的功能块进行参数设置；
- 通过工程或设备工具进行参数设置。

有一个方面适用于所有这些数据存储场景：IO-Link 主站已经确定了 IO-Link 设备的识别，这意味着正确的 IO-Link 设备连接到相应的 IO-Link 主站端口。

1. 启动（或开机）期间的行为

图 10.5 阐明了有关数据存储系统的启动顺序。

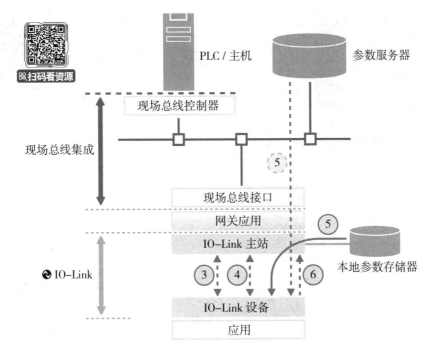

图 10.5 启动期间数据存储的行为

IO-Link 主站通过图 10.5 中的动作 3 和动作 4 检查 IO-Link 设备的参数集的身份和有效性,其间它将 IO-Link 参数集的校验和与保存的校验和进行比较。如果两个校验和之间出现偏差,"恢复"功能将存储的参数写入 IO-Link 设备(图 10.5 中的动作 5)。如果 IO-Link 主站被设置为备份/恢复,那么 UploadFlag 设置至关重要。如果因为是新的(或使用过的,但通过工厂复位重置的)IO-Link 设备而没有设置(逻辑低,"0"),则下载将自动开始,或者 IO-Link 主站将自动写入存储的参数数据(见图 10.5 中的动作 5)。但如果 UploadFlag 已被设置(逻辑高,"1"),则上传或读写将自动开始。这就是为什么在使用这种配置时,了解所使用的 IO-Link 设备的状态至关重要。在这两种情况下(为安全起见),在安装 IO-Link 设备之前应使用例如 USB - IO-Link 主站设备进行工厂复位(见 10.8.1 的注意事项)。

完成写入或读取后,IO-Link 设备将确认成功结束(见图 10.5 中的动作 6)。

2. 替换

图 10.6 显示了替换情况,这意味着,如果 IO-Link 设备上的设备或机器有缺陷且需要更换,可以简单地对有缺陷的 IO-Link 设备进行更换,只需要更换机械部件。IO-Link 设备的设置由 IO-Link 设备负责。

细节像启动(或工机)期间的行为。

在移除有缺陷的 IO-Link 设备后,需要机械安装替换设备并进行电气连接(见图 10.6 中的动作 2)。IO-Link 主站随后检查 IO-Link 设备的身份,然后再检查校验和(见

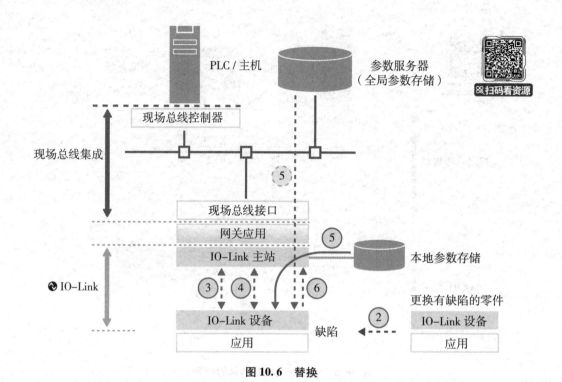

图 10.6 替换

图 10.6 中的动作 3）。此后，在这种情况下，参数集的校验和应该在存储的参数集与 IO-Link 设备中的参数集之间出现偏差（见图 10.6 中的动作 4），因此它总是导致参数数据的写入/下载（见图 10.6 中的动作 5）。写入完成后，IO-Link 设备确认成功结束并确认参数数据的有效性（见图 10.6 中的动作 6）。

为了保证 IO-Link 设备的无问题替换，需要为这种情况建立两个重要的前提条件。替代品应该是新的，因此处于交付状态，或者经过了出厂重置，并且 IO-Link 主站应该保存有一个参数集。改变 IO-Link 主站的设置将导致有关数据存储的错误通知。在最坏的情况下，IO-Link 主站将把 IO-Link 设备的有效默认参数集下载到自己的存储器中。

3. 外部参数设置（"非现场参数设置"）

外部参数设置，也称为"非现场参数设置"，是为执行器和传感器分配参数集的机器/设备的常见过程。图 10.7 说明了这种参数设置的过程。

与替换一样，IO-Link 设备从外部被带到机器/设备中，但不同的是，在安装前要特意进行参数设置（见图 10.7 中的动作 1）。经过参数化的 IO-Link 设备接收相应的电气和机械连接（见图 10.7 中的动作 2）。随后，IO-Link 主站首先检查 IO-Link 设备的身份（见图 10.7 中的动作 3），这需要在 IO-Link 主站中进行设置。之后，它检查校验和，并了解到由于外部参数设置，参数集已经改变（见图 10.7 中的动作 4）。Upload-Flag 对此进行标记，然后触发相应的事件。如果目的是将外部参数设置的数据集带入机器/工厂，那么 IO-Link 主站需要在其存储中没有任何数据集的情况下被设置为恢复，

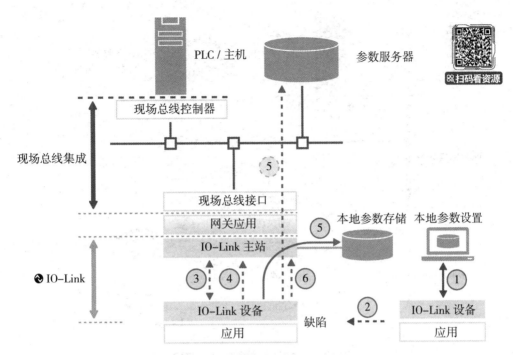

图 10.7 外部参数设置（"非现场参数设置"）

或者设置 IO-Link 主站为备份/恢复。在这两种情况下，IO-Link 主站都会采用所连接的 IO-Link 设备的新参数集（见图 10.7 中的动作 5）。

IO-Link 主站完成上传，IO-Link 设备对此表示确认（见图 10.7 中的动作 6）。

请注意

如果 IO-Link 主站被设置为"恢复"，并且已经存储了一个数据集，那么外部参数设置的数据集将被覆盖。

如果已经设置了调试功能，就不会发生任何事情：数据集既不会被存储也不会被覆盖。

4. 校对/本地操作/本地接口

与外部参数设置一样，可以通过本地控制接口进行参数设置，过程基本相同。图 10.8 显示了这一点。

可以通过控制元件改变一个或几个参数。如果发生变化（图 10.8 中的动作 1），随后将设置 UploadFlag（图 10.8 中的动作 4），如果已经设置为备份/恢复，IO-Link 主站会获取更改的参数数据（图 10.8 中的动作 5）。随后，IO-Link 主站将此存储报告给 IO-Link 设备，IO-Link 设备随后将确认该操作（图 10.8 中的操作 6）。

请注意

如果 IO-Link 主站设置为恢复，本地设置的参数将被覆盖。

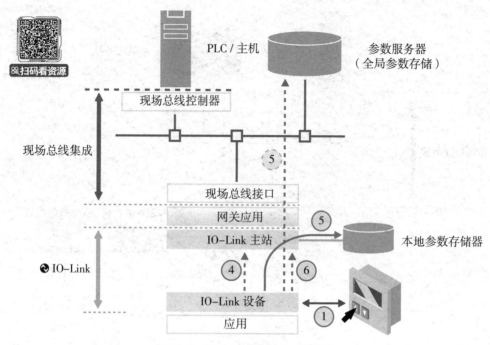

图 10.8 校对/本地操作/本地接口

5. 通过 PLC 中的功能块进行参数设置

参数设置也可以从 PLC 或通过功能块进行。用户需要按照 8.3.1 中的系统命令的形式来操作相应的控制命令。图 10.9 说明了这一点。

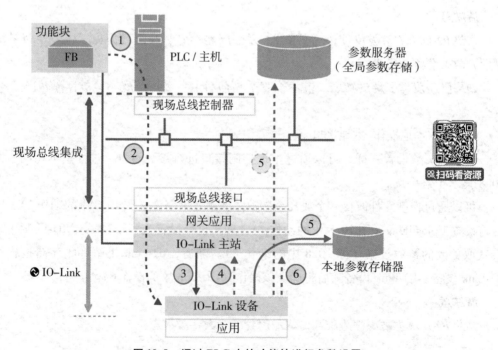

图 10.9 通过 PLC 中的功能块进行参数设置

如果要影响数据存储，参数设置以 ParamDownloadStart 开始（见图10.9中的动作1）。在写完所有需要更改的参数后，检查新的参数集，并通过 ParamDownloadEnd 采用（见图10.9中的动作2）。如8.4.2所述，IO-Link 设备通过系统命令 ParamDownload-Store（见图10.9中的动作4）设置 UploadFlag，并从 IO-Link 设备中读取新参数集，将其存储起来（见图10.9中的动作5）。在读取结束时，IO-Link 设备确认了该过程（见图10.9中的动作6）。

这种类型的参数更改的关键是 IO-Link 主站设置为备份/恢复，否则 PLC 更改的参数数据将被覆盖。

请注意

如果 IO-Link 主站被设置为恢复，则本地设置的参数将被覆盖。

6. 通过工程或设备工具进行参数设置

也可以通过工具来更改参数。图10.10显示了这种可能性。

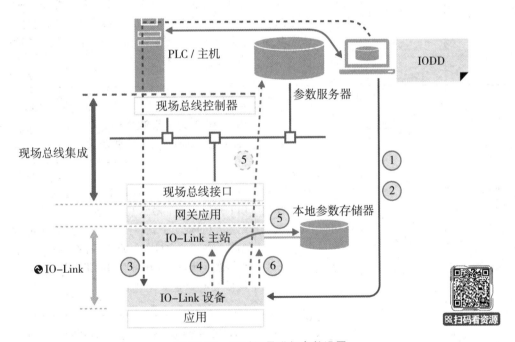

图10.10　通过工具进行参数设置

可以通过工具影响或更改 IO-Link 设备的参数。参数更改从系统命令 ParamDown-loadStart 开始（见图10.10中的动作1）。在宣布参数更改后，将开始写入要更改的参数（见图10.10中的动作2）。在系统命令 ParamDownloadEnd 写入结束后，将检查参数并带入 IO-Link 设备应用，但不会将更改后的参数集带入 IO-Link 数据存储。在 IO-Link 主站端口上重新调试通信期间，IO-Link 设备中的数据集（见图10.5）将被覆盖。当参数写入完成后，工具的系统命令 ParamDownloadStore（见图10.10中的动作3）将检查参数并带入 IO-Link 设备应用，IO-Link 设备随后设置 UploadFlag。UploadFlag 提示 IO-Link 主站读取并保存新的数据集（见图 10.10 中的动作 4 和动作 5）。在所有参数都被采集后，IO-Link 设备确认最后两个 IO-Link 主站的选择。

请注意

如果 IO-Link 主站被设置为恢复，则本地设置的参数将被覆盖。

总结：

表 10.3 对 IO-Link 数据存储的所有行为模式做了简要概述。

表 10.3　　　　　　　　　　　　　IO-Link 数据存储的行为概述

用户操作	操作模式	操作	数据存储
调试	数据存储关闭	通过工程工具对 IO-Link 设备进行参数设置。将活动参数传送到设备上会导致备份活动	在发送系统命令 ParamDownloadStore 后，IO-Link 设备立即设置 UploadFlag 并通过事件"DS_UPLOAD_REQ"触发上传。一旦上传完成，UploadFlag 就会设置回 IO-Link 设备。然而，在这种操作模式下，不会有上传；存储的数据集可能被删除
从调试到正常运行的转变	"备份/恢复"	重新初始化端口和 IO-Link 设备，因为端口配置被改变	在系统启动期间，UploadFlag 通过事件"DS_UPLOAD_REQ"来触发上传（复制）。一旦上传结束，UploadFlag 就会被删除
	"恢复"		在系统启动期间，UploadFlag 通过事件"DS_UPLOAD_REQ"触发上传（复制）。一旦上传结束，UploadFlag 就会被删除。这是 IO-Link 主站将为各自的端口收集的第一个数据集。它将保持激活状态，并在每次参数集出现偏差时重新写入 IO-Link 设备中
参数的本地更改	"备份/恢复"	通过示教或 IO-Link 设备上的本地参数设置改变活动参数（在线）	IO-Link 设备应用程序设置 Upload－Flag 并通过事件"DS_UPLOAD_REQ"触发上传。上传结束后，UploadFlag 就会被删除
	"恢复"		IO-Link 主站忽略事件"DS_UPLOAD_REQ"，并将存储的数据集写入连接的 IO-Link 设备中，然后设置回 UploadFlag。例外情况：IO-Link 主站中还没有存储的数据集，在这种情况下，将有一次单一上传

用户操作	操作模式	操作	数据存储
桌面或外部调试	"备份/恢复"	第一阶段：IO-Link设备通过外部工具USB主站接收参数化第二阶段：该IO-Link设备与一个IO–Link主站端口之间连接	第一阶段：USB主站或叠加工具发送系统命令ParamDownloadStore。IO-Link设备设置Upload-Flag并触发上传，尽管USB主站忽略了这一点。对于这种行为的例外情况，请参见设置"恢复"。第二阶段：在系统启动期间，UploadFlag通过事件"DS_UPLOAD_REQ"触发上传（复制）。上传结束后，UploadFlag就会被删除
	"恢复"		IO-Link主站忽略事件"DS_UPLOAD_REQ"，并将存储的数据集写入连接的IO-Link设备中，然后设置回UploadFlag。例外情况：IO-Link主站中还没有存储的数据集，在这种情况下，将有一次单一上传
与控制有关的查询和参数的变化	"备份/恢复"	通过用户程序改变参数，可以使用系统命令	用户程序发送系统命令ParamDownloadStore。IO-Link设备应用设置Up-loadFlag并通过事件"DS_UPLOAD_REQ"触发上传。上传结束后，UploadFlag就会被删除。例外情况：用户程序发送了系统命令Param-DownloadEnd。在这种情况下，IO-Link主站在下次重启端口时，会覆盖IO-Link设备中设置的已更改参数
	"恢复"		IO-Link主站忽略事件"DS_UPLOAD_REQ"，并将存储的数据集写入连接的IO-Link设备中，然后设置回UploadFlag。例外情况：在IO-Link主站中还没有存储的数据集，那么将有一次单一上传
在"备份/恢复"或"恢复"中改变端口配置	"备份/恢复"	这里将通过IO-Link主站工具对端口配置进行更改，例如，配置的IO-Link VendorID（VID）、配置的IO-Link De-viceID（DID），见10.2	将端口配置改为另一个IO-Link VendorID和（或）DeviceID，会触发删除所存储的数据集，发生新的数据上传
	"恢复"		将端口配置改为另一个IO-Link VendorID和（或）DeviceID，会触发删除所存储的数据集，发生新的数据上传

10.9 标准化的 IO-Link 主站接口

IO-Link 将 IO-Link 主站接口与工具和其他系统（如现场总线、JSON 或 OPC UA）标准化，简称为 SMI。

其目的是描述跨所有制造商的 IO-Link 主站的服务。

图 10.11 显示了在哪里可以找到 IO-Link 主站的接口，以及存在哪些使用的可能性。

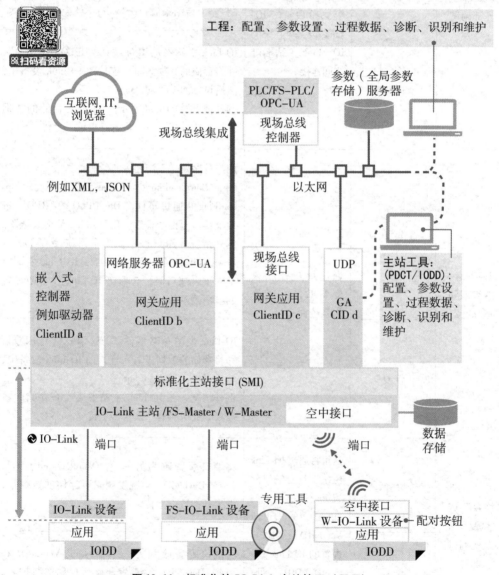

图 10.11 标准化的 IO-Link 主站接口 （SMI）

资料来源：IO-Link 委员会。

SMI 的结构是这样的，如果需要，它可以用更多的对象进行扩展。因此，用户可以在未来对 IO-Link 的扩展做出反应，而不影响已经存在的部分。因此其有了出色的向后兼容性。这种模块化也保证了现在的工具能够在未来掌握由 SMI 定义的部件，而不必了解扩展。这也意味着向后的兼容性得到了保证。

这种标准化使访问 IO-Link 主站的所有功能成为可能，同时规范了条款和官方能力。

SMI 使 IO-Link 主站的配置一致，这种配置基本上包含端口质量，通常称为配置管理器（CM）。SMI 允许完全访问由 IO-Link 定义的请求数据范围，同时允许访问数据存储（DS）中的数据包，以实现数据的全局存储。

诊断数据与请求数据一样，可以从其他系统中访问。它为周期性数据或过程数据交换指定了一个单独的部分，也处理了所有机制，以便能够周期性映射此数据。可以查看 SMI 的对象结构（见图 10.12）。

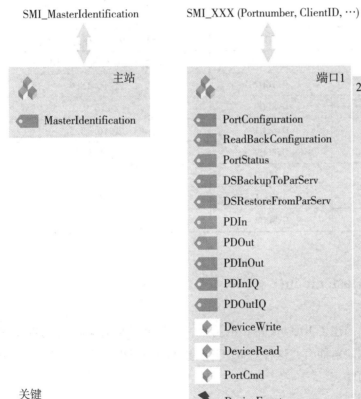

图 10.12　SMI 的对象结构

资料来源：IO-Link 委员会。

SMI 定义了所谓的参数块（ArgBlock），因此不同的区域都有一个定义的 Argumen-tID（ArgBlockID；见表10.4）。

表10.4   **ArgBlock 类型和 ArgBlockID**

ArgBlock 类型	ArgBlockID	解释
SMI_MasterIdent	0x0000	见 10.9.1
SMI_FSMasterAccess	0x0001	见 16.15.3
SMI_PDIn	0x1001	见 10.9.6
SMI_PDOut	0x1002	见 10.9.7
SMI_PDInOut	0x1003	见 10.9.8
SMI_SPDUIn	0x1004	见 16.15.7
SMI_SPDUOut	0x1005	见 16.15.8
SMI_PDInIQ	0x1FFE	见 10.9.9
SMI_PDOutIQ	0x1FFF	见 10.9.10
SMI_DS_Data	0x7000	见 10.9.4 数据存储对象
SMI_DeviceParBatch	0x7001	多重 ISDU 传输，见 10.9.5
SMI_PortPowerOffOn	0x7002	见 16.15.4
SMI_PortConfigList	0x8000	见 10.9.2
SMI_FSPortConfigList	0x8001	见 16.15.5
SMI_WPortConfigList	0x8002	意为无线
PSMI_ortStatusList	0x9000	见 10.9.3
SMI_FSPortStatusList	0x9001	见 16.15.6
SMI_WPortStatusList	0x9002	意为无线

10.9.1   IO-Link MasterIdent

IO-Link MasterIdent 描述了 IO-Link 主站的特征，使工具能够以其特殊的性能识别 IO-Link 主站。对于总线映射而言，这种对 IO-Link 主站的描述也适用。表10.5 列出了 IO-Link MasterIdent 的内容。

表10.5   **MasterIdent**

偏移量	元素名	定义	数据类型	范围
0	ArgBlockID	0x0000	Unsigned16	—
2	IO-Link VendorID	带有 2 个八位字节的 IO-Link VendorID	Unsigned16	1 到 65535

续　表

偏移量	元素名	定义	数据类型	范围
4	IO-Link MasterID	3个八位字节长，制造商特定的，IO-Link 主站的唯一标识	Unsigned32	1 到 16777215
8	IO-Link 主站类型	0：未指定（制造商特定） 1：预留 2：主站实施，V 1.1 或更高版本 3：FS_Master 4：W_Master 5 到 255：预留	Unsigned8	0 到 255
9	Features_1	Bit 0：DeviceParBatch（SMI_PortCmd） 0 = 不支持 1 = 支持 Bit 1：PortPowerOffOn（SMI_PortCmd） 0 = 不支持 1 = 支持	Unsigned8	0 到 255
10	Features_2	预留给未来使用	Unsigned8	0 到 255
11	最大端口数	IO-Link 设备的最大端口数（n）	Unsigned8	1 到 255
12	端口类型（Port Types）	关于端口分类的所有端口的数组 0：A 类接口 1：预留 2：B 类接口 3：FS_Port_A 不含 OSSDe 4：FS_Port_A 含有 OSSDe 5：FS_Port_B 6：W_Master（见后面的无线设备） 7 到 255：预留	Unsigned8 数组［1 到 n］	1 到最多的端口
$12 + n$	SMI 版本（SMI Version）	数组显示哪些 ArgBlockID（$m-1$）被支持。第一个条目说明有多少个条目存在。例子： SMIversion［0］Array length m SMIversion［1］0x8000（PortConfigList） SMIversion［2］0x9000（PortStatusList） ⋮ SMIversion［m］0x1003（PDInOut）	Unsigned16 数组［0 到 m］	0 到 m

ArgBlockID

IO-Link MasterIdent 的第一个元素是 ArgumentBlockID（ArgBlockID）。其中标准块被表示为 0x0000。表 10.5 中列出的内容总是可以在这个参数块中找到。

IO-Link VendorID

IO-Link 主站分配给制造商的 IO-Link VendorID 紧随在两个八位字节/字节偏移量之后。IO-Link VendorID 的使用方式与 IO-Link 设备的使用方式相同。IO-Link VendorID 是一个只读的参数。

www. IO-Link. com 上提供了具有相应 IO-Link VendorID 的所有制造商的列表。

IO-Link MasterID

接下来在两个八位字节/字节偏移量之后是 IO-Link MasterID。该 ID 可以与 IO-Link DeviceID 进行比较。IO-Link MasterID 是制造商特定的识别号，用于描述 IO-Link 设备。每个制造商都会为其每个产品分配唯一的 IO-Link MasterID。

最大端口数

IO-Link MasterIdent 还包含有关 IO-Link 端口最大数量的信息，因此可以通过远程查询确定各个 IO-Link 主站的端口数量，而无须了解数据表。

PortTypes

PortTypes 条目说明每个端口是哪种类型的端口。每个端口指定一个条目用于所有端口。这意味着每个 IO-Link 端口都有八位可用的描述。

编码在表 10.5 中给出。

未来的 IO-Link 无线或安全端口的编码工作已经计划好了。

SMIVersion

SMIVersion 条目显示在一个数组中相应的 IO-Link 主站支持哪些其他的 ArgBlockID。相应的编码和含义将在下文进行描述。

10.9.2　IO-Link SMI PortConfigList

IO-Link SMI PortConfigList 支持 IO-Link 主站的简单配置。表 10.6 列出了所有可能的配置。

表 10.6　　　　　　　　　　　　IO-Link SMI 端口配置

偏移量	元素名	定义	数据类型	范围
0	ArgBlockID	0x8000	Unsigned16	—

偏移量	元素名	定义	数据类型	范围
2	端口模式 （PortMode）	0：inactive，IO-Link 主站端口被关闭 1：IOL_MANUAL，IO-Link 主站端口正在对 RID、VID、DID 进行验证 2：IOL_AUTOSTART[1) IO-Link 主站在该端口上没有标识 3：DI_C/Q（M12 上的引脚 4）[2) IO-Link 主站端口目前处于 DI 模式 4：DO_C/Q（M12 上的引脚 4）[2) IO-Link 主站端口目前处于 DO 模式 5 到 48：预留给未来的功能 97 到 255：制造商特定用途	Unsigned8 （枚举）	0 到 255
3	验证和备份	0：不对 IO-Link 设备进行验证 1：类型兼容设备 V1.0 2：类型兼容设备 V1.1 3：类型兼容设备 V1.1，备份/恢复 4：类型兼容设备 V1.1，恢复 5 到 255：预留	Unsigned8	0 到 255
4	M12 端口第 2 引脚的 I/Q 行为	0：不存在 1：数字量输入 2：数字量输出 3：模拟量输入 4：模拟量输出 5：电源 2（B 类端口） 6 到 255：预留	Unsigned8	0 到 255
5	端口周期时间 （PortCycleTime）	0：IO-Link 设备的操作尽可能快地发生（端口模式 IOL_MANUAL 中的默认设置）。 1 到 255：周期时间（编码遵循表 8.2）	Unsigned8	0 到 255
6	VendorID	连接的 IO-Link 设备的 IO-Link VendorID	Unsigned16	1 到 65535
8	DeviceID	连接的 IO-Link 设备的 IO-Link DeviceID	Unsigned32	1 到 16777215
12	输入数据长度	第 0 到第 5 位给出 PDIn 数据的大小	Unsigned8	0 到 33 八位字节

续　表

偏移量	元素名	定义	数据类型	范围
12	输入数据长度	第6和第7位给出了通过引脚2"I/Q"输入数据的大小 0：0个八位字节 1：2个八位字节 2：4个八位字节 3：预留[1]	—	0到4 八位字节
13	输出数据长度	第0到第5位给出PDOut数据的大小	Unsigned8	0到33 八位字节
		第6和第7位给出了通过引脚2"I/Q"输出数据的大小 0：0个八位字节 1：2个八位字节 2：4个八位字节 3：预留[2]	—	0到4 八位字节

注：1）参数 VendorID、DeviceID、Validation&Backup 在端口模式 "IOL_Autostart" 中不重要。

2）在端口模式 "DI_C/Q" 和 "DO_C/Q" 中，所有参数都不重要，除了输入和输出数据长度。

ArgBlockID

ArgBlockID 是 0x8000。

PortMode

如10.1所述，IO-Link 主站端口需要在不同模式下操作。

这些操作模式通常在 PortMode 中汇总和编码，以便可以在所有的 IO-Link 主站上相同地使用这些模式。

IO-Link 主站端口通过 PortMode 中的编码 "0" 关闭。IO-Link 通常使用术语 inactive，或在 SMI 设置中使用术语 deactivated。

如果 IO-Link 主站端口要在 FixedMode 下工作，则需要将 IOL_MANUAL 设置为与编码 "1" 一起使用。

其中的 IOL_AUTOSTART 设置遵循操作模式 ScanMode。设置忽略验证和备份，并带有编码 "2"。

IO-Link 主站端口上的设置 DI 或数字输入，以及 DO 或数字输出，可分别通过编码 "3" 和编码 "4" 进行设置。对于这些纯数字非 IO-Link 操作的设置，除了数据长度，所有设置都不起作用。这意味着 PortConfigList 中的所有验证设置都是不相关的。

此外，在编码97到编码255指定了制造商特定范围，其功能可以从制造商提供的相应的 IO-Link 主站说明文档中获得。

验证和备份

来自 InspectionLevel 中的单个设置，已经被考虑并简化为验证和备份中的设置或准则。在不验证"0"和进一步验证程度之间进行选择。编码为"1"，"类型兼容设备 V1.0"允许替换规格相同的 IO-Link 设备。

编码为"2"，允许替换"类型兼容设备 V1.1"。该设置同时是数据存储的调试设置，允许替换相同的或类型兼容的 IO-Link 设备。

编码为"3"，允许替换"类型兼容设备 V1.1"。仅当数据存储在备份/恢复模式下时有效。

最后一个模式，编码为"4"，允许替换"类型兼容设备 V1.1"，但只能使用数据存储设置恢复。

M12 端口第 2 引脚的 I/Q 行为

该参数可以对 M12 端口的第 2 引脚进行设置，这些设置不在 IO-Link 范围内。根据表 10.6 中的编码，如果相应的 IO-Link 主站也支持这些功能，则可以在引脚 2 上设置几种功能。如果某项设置不被支持，并且用户正在尝试应用它，则会出现相应的错误通知。在这种情况下，应遵循制造商提供的用户说明文档。

PortCycleTime

PortCycleTime 在默认情况下被设置为"0"，其含义与 10.3.1 中的 FreeRunning 相同。

PortCycleTime 需要根据表 8.2 的其他编码可能性之一来预先确定。这与操作模式 FixedValue（见 10.3.2）相对应。

IO-Link VendorID

所操作的 IO-Link 设备的 IO-Link VendorID 在此被预先确定，以满足验证的要求，或设定必须进行比较的规范（见 8.2.1）。

IO-Link DeviceID

所操作的 IO-Link 设备的 DeviceID 在这里被预先确定，以满足验证的要求，或决定设备的兼容性。同时，它是必须进行比较的 IO-Link DeviceID 的规范（见 8.2.1）。

输入数据长度

用户通过输入数据长度决定 PDIn 数据的可用存储空间需要多大。它可以被定义在 0 到 33 个八位组/字节范围内。

必须根据表 10.6 中的编码，用第 6、7 位来定义引脚 2 上的过程数据输入所需的存储空间。

输出数据长度

用户通过输出数据的长度决定 PDOut 数据的可用存储空间需要多大。它可以被定义在 0 到 33 个八位组/字节范围内。

必须根据表10.6 中的编码，用第 6、7 位来定义引脚 2 上的过程数据输出所需的存储空间。

10.9.3　IO-Link SMI PortStatusList

IO-Link SMI PortStatusList 概述了在 IO-Link 主站端口上所进行的设置，另外提供了有关所连接 IO-Link 设备的信息（见表10.7）。

表 10.7　　　　　　　　　　IO-Link SMI PortStatusList

偏移量	元素名	定义	数据类型	范围
0	ArgBlockID	0x9000	Unsigned16	—
2	端口状态信息（PortStatusInfo）	0：没有 IO-Link 设备 1：解除激活，IO-Link 主站端口 inactive 2：INCORRECT_DEVICE，发现不正确的 IO-Link 设备 3：PREOPERATE，IO-Link 设备因活动或操作而处于 PREOPERATE 状态 4：OPERATE 5：DI_C/Q 6：DO_C/Q 7 到 9：为 IO-Link 安全预留 10 到 254：预留 255：NOT_AVAILABLE，不可用	Unsigned8（枚举）	0 到 255
3	端口质量信息（PortQualityInfo）	第 0 位：0 = PDIn 有效，1 = PDIn 无效 第 1 位：0 = PDOut 有效，1 = PDOut 无效 第 2 到第 7 位：预留	Unsigned8	—
4	RevisionID	0：没有找到 RevisionID（没有通信） ≠0：从直接参数页复制 RevisionsID	Unsigned8	0 到 255
5	传输速度（Transmission speed）	0：NOT_DETECTED（此端口无通信） 1：COM1（传输速率4.8 kbit/s） 2：COM2（传输速率38.4 kbit/s） 3：COM3（传输速率230.4 kbit/s） 4 到 255：预留	Unsigned8	0 到 255

续　表

偏移量	元素名	定义	数据类型	范围
6	主站 周期时间 （Master cycle time）	端口的 IO-Link 主站周期时间的规范	Unsigned8	—
7	预留	—	—	—
8	IO-Link VendorID	所连接设备的 IO-Link VendorID（2 个八位字节）	Unsigned16	1 到 65535
10	IO-Link DeviceID	所连接设备的 IO-Link DeviceID（3 个八位字节）	Unsigned32	1 到 16777215
14	诊断数 （NumberOfDiags）	从 0 到 DiagEntyx 的诊断通知的数量	Unsigned8	0 到 255
15	DiagEntry0	这个元素包含了诊断（事件）的"EventQualifier"和"EventCode"	结构体 Unsigned8/16	—
18	DiagEntry1	如果有的话，为进一步的诊断条目	……	—

ArgBlockID

该块的 ArgBlockID 为 0x9000。

PortStatusInfo

PortStatusInfo 说明 IO-Link 主站端口目前处于哪种操作模式。

● 未发现 ScanMode 或 IOL_AUTOSTART 中的 IO-Link 设备。表示在该操作模式下找不到 IO-Link 设备，或所连接的设备无法建立通信。

● DEACTIVATED 表示 IO-Link 主站端口处于不活动状态（见 10.1）。

● INCORRECT_DEVICE 表示在通信调试过程中发现的 IO-Link 设备不符合验证要求，因此不是 IO-Link 主站端口上的正确 IO-Link 设备。

● PREOPERATE 表示所连接的 IO-Link 设备或 IO-Link 主站端口由于发生活动或错误而处于该模式（见 7.4）。

● OPERATE 是 IO-Link 的正常操作模式，表示连接的 IO-Link 设备当前正在该模式下工作（见 7.4）。

● DI_C/Q：IO-Link 主站端口处于 DI 模式（见 10.1）。

● DO_C/Q：IO-Link 主站端口处于 DO 模式（见 10.1）。

● PORT_FAULT：相关 IO-Link 主站端口在启动期间发现了一个错误。

● NOT_AVAILABLE：无法为相应的 IO-Link 主站端口指定 PortStatusInfo。

PortQualityInfo

该条目告知用户在相应端口上传输的过程数据的有效性，它区分了 PDIn 和 PDout

数据。

RevisionID

RevisionID 根据所连接的 IO-Link 设备的版本来决定（见 8.2.1）。

Transmission speed

该条目告知用户所连接的 IO-Link 设备的传输速度（见 7.2）。

Master cycle time

该条目说明了当前使用的 IO-Link 主站周期时间。在 8.2.1 中已有描述。

IO-Link VendorID

所连接的 IO-Link 设备的 VendorID 已在此注册到相应的 IO-Link 主站端口（见 8.2.1）。

IO-Link DeviceID

所连接的 IO-Link 设备的 DeviceID 已在此注册到相应的 IO-Link 主站端口（见 8.2.1）。

NumberOfDiags

该条目说明来自 IO-Link 设备的诊断消息的数量。

DiagEntry0

第一个诊断数据集可以在这个元素中找到，完全按照 9.1 中描述的结构。这三个八位字节/字节一起存储在这里。如果存在更多的事件条目，这些条目将以同样的方式列在第一个条目之后，直到数量达到 NumberOfDiags 为止。9.1 对相关内容进行了说明。

10.9.4　IO-Link SMI 数据存储对象

IO-Link SMI 数据存储对象使数据存储的数据可由叠加系统进行外部存储（见 8.3.1.1）。存储在那里的数据不能被解释。表 10.8 显示了这个对象的结构。

表 10.8　　　　　　　　　　IO-Link SMI 数据存储对象

偏移量	元素名	定义	数据类型	范围
0	ArgBlockID	0x7000	Unsigned16	—
2 到 n	数据存储对象	数据存储要素	Record（八位数字符串）	1 到 $2 \times 210 + 12$

ArgBlockID

该块的 ArgBlockID 为 0x7000。

存储数据对象

数据存储对象（见 8.3.1.1）最大为 2 kbytes。

10.9.5　多重 ISDU 传输

多重 ISDU 传输使每个 IO-Link 端口可以向各自连接的 IO-Link 设备传输多个参数。表 10.9 显示了这些参数的结构，包括数据索引、子索引和长度以及原始数据内容。用户可以事先填写这些数据，然后将其传输到相应的 IO-Link 设备。

表 10.9　DeviceParBatch

偏移量	元素名	定义	数据类型	范围
0	ArgBlockID	0x7001	Unsigned16	—
2	Object1_Index	参数 1 的索引	Unsigned16	0 到 65535
4	Object1_Subindex	参数 1 的子索引	Unsigned8	0 到 255
5	Object1_Length	参数记录的长度	Unsigned8	0 到 255
6	Object1_Data	参数记录	Record	0 到 r
$6+r$	Object2_Index	参数 2 的索引	Unsigned16	0 到 65535
$6+r+2$	Object2_Subindex	参数 2 的子索引	Unsigned8	0 到 255
$6+r+3$	Object2_Length	参数记录的长度	Unsigned8	0 到 255
$6+r+4$	Object2_Data	参数记录	Record	0 到 s
……				
……	Objectx_Index	参数 x 的索引	Unsigned16	0 到 65535
……	Objectx_Subindex	参数 x 的子索引	Unsigned8	0 到 255
……	Objectx_Length	参数记录的长度	Unsigned8	0 到 255
……	Objectx_Data	参数记录	Record	0 到 t

ArgBlockID

该块的 ArgBlockID 为 0x7001。

Object1_Index

需要写入的参数的索引可以在这个对象中找到。

Object1_Subindex

需要写入的参数的子索引可以在这个对象中找到。

Object1_Length

该对象或数据存放长度。

Object1_Data

该对象使需要传输的数据可用。

所有进一步的对象在结构上都是相同的。

10.9.6　IO-Link SMI PDIn

ArgBlockID PDIn 规定了应从 IO-Link 设备输入多少过程数据。关于这个对象的大小或长度的信息可以在 10.9.5 的 PortConfigList 中找到。

该服务的结构见表 10.10。

表 10.10　　　　　　　　　　SMI PDIn

偏移量	元素名	定义	数据类型	范围
0	ArgBlockID	0x1001	Unsigned16	—
2	PDI0	输入过程数据（八位字节 0）	Unsigned8	0 到 255
3	PDI1	输入过程数据（八位字节 1）	Unsigned8	0 到 255
		……		
输入数据长度 +2	PDIn	输入过程数据（八位字节 n）	Unsigned8	0 到 255
输入数据长度 +3	PQI	端口限定符输入	Unsigned8	—

ArgBlockID

该块的 ArgBlockID 为 0x1001。

PDIx

ArgBlockID 之后最多有 32 字节的输入过程数据。

PQI（Port Qualifier Information）

PQI 字节是最后一个字节。这个字节提供了关于传输的 PDIn 数据质量的信息。字段 PQ 指定数据是否有效。如果该位被设置，那么数据传输是有效的。

Dev-Err（IO-Link 设备错误）说明所连接的 IO-Link 设备是否正常工作。

当 IO-Link 主站端口出现错误，所连接的 IO-Link 设备无法访问，或者未连接 IO-Link 设备时，SMI 通常会设置该位（见图 10.13）。

PQ	Dev-Err	Dev-Com	预留				

Bit 7　　　　　　　　　　　　　　　　　　　　　Bit 0

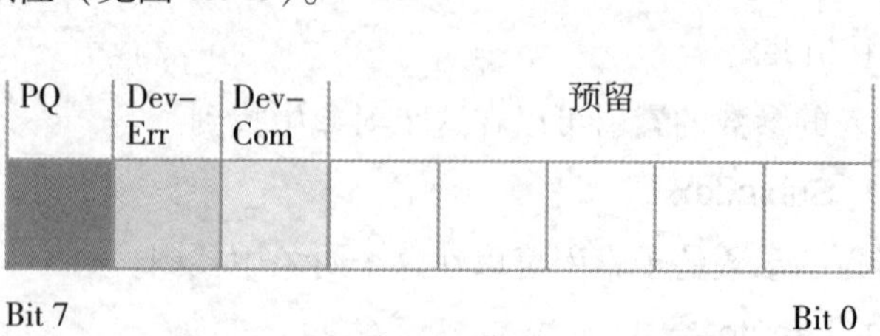

图 10.13　PQI 字节

资料来源：IO-Link 委员会。

位 Dev-Com 在设定状态下显示 IO-Link 设备正在与所连接的 IO-Link 主站端口进行通信。通信状态已被定义为预操作和操作，这意味着当一个 IO-Link 设备被连接到不符合 IO-Link 主站端口预定识别的端口时，该位也被设置。这样的 IO-Link 设备将在 "预操作" 状态下保持通信（见 10.2）。

10.9.7 IO-Link SMI PDOut

ArgBlockID PDOut 说明了需要发送多少过程数据输出到 IO-Link 设备。关于这个对象的大小或者说长度的信息可以在 10.9.5 的 PortConfigList 中找到。

该服务的结构如表 10.11 所示。

表 10.11   **SMI PDOut**

偏移量	元素名	定义	数据类型	范围
0	ArgBlockID	0x1002	Unsigned16	—
2	PDO0	输出过程数据（八位字节 0）	Unsigned8	0 到 255
3	PDO1	输出过程数据（八位字节 1）	Unsigned8	0 到 255
		......		
输出数据长度 +2	PDOm	输出过程数据（八位字节 m）	Unsigned8	0 到 255
输出数据长度 +3	OE	启用输出	Unsigned8	—

ArgBlockID

该块的 ArgBlockID 为 0x1002。

PDOx

ArgBlockID 之后最多有 32 字节的输出过程数据。

OE（Output Enabled）

OE 字节是最后一个字节。这个字节提供了关于传输的 PDout 数据质量的信息。字段 OE 指定数据是否有效如图 10.14 所示。如果该位被设置，那么数据传输是有效的。

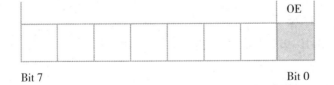

图 10.14　OE 字节（输出使能）

资料来源：IO-Link 委员会。

IO-Link 主站可以执行命令 0x98（Process-DataOutputOperate）发送给所连接的 IO-Link 执行器设备（见 7.5.1）。

如果传输的数值无效，则需要将 OE 位设为零，并且 IO-Link 主站通过命令 0x99（DeviceOperate；见 7.5.1）标记到 IO-Link 设备上。

10.9.8 IO-Link SMI PDInOut

ArgBlockID PDInOut 可以周期性读取过程数据（PD）。关于这个对象的大小或长度的信息可以在 10.9.5 的 PortConfigList 中找到。

该服务的结构如表 10.12 所示。

表 10.12   **SMI PDInOut**

偏移量	元素名	定义	数据类型	范围
0	ArgBlockID	0x1003	Unsigned16	—
2	PDI0	输入过程数据（八位字节 0）	Unsigned8	0 到 255
3	PDI1	输入过程数据（八位字节 1）	Unsigned8	0 到 255
......				
输入数据长度 +2	PDIn	输入过程数据（八位字节 n）	Unsigned8	0 到 255
输入数据长度 +3	PQI	端口限定符输入	Unsigned8	—
输入数据长度 +4	PDO0	输出过程数据（八位字节 0）	Unsigned8	0 到 255
输入数据长度 +5	PDO1	输出过程数据（八位字节 1）	Unsigned8	0 到 255
......				
输入数据长度 + 输出数据长度 +5	PDOm	输出过程数据（八位字节 m）	Unsigned8	0 到 255
输入数据长度 + 输出数据长度 +6	OE	启用输出	Unsigned8	—

ArgBlockID

该块的 ArgBlockID 为 0x1003。

PDIx、PDOx、PQI 和 OE

这些参数与 10.9.6 和 10.9.7 中描述的相同。

10.9.9 IO-Link SMI PDInIQ

ArgBlockID PDInIQ 说明在 M12 端口的引脚 2 上预期输入多少过程数据。关于这个对象的大小或长度的信息可以在 10.9.5 的 PortConfigList 中找到。

该服务的结构如表 10.13 所示。

表 10.13   SMI PDInIQ

偏移量	元素名	定义	数据类型	范围
0	ArgBlockID	0x1FFE	Unsigned16	—
2	PDI0	输入过程数据 I/Q 信号（八位字节 0）	Unsigned8	0 到 255
3	PDI1	输入过程数据 I/Q 信号（八位字节 1）	Unsigned8	0 到 255

ArgBlockID

该块的 ArgBlockID 为 0x1FFE。

PDIx

在 ArgBlockID 之后最多有来自 IO-Link 主站引脚 2 的 4 个字节的输入过程数据。

如果不使用引脚 2，其过程数据字节中将存入数值 0。

10.9.10　IO-Link SMI PDOutIQ

ArgBlockID PDOutIQ 说明了有多少过程数据正在等待发送到 M12 端口的引脚 2 上作为输出内容。关于这个对象的大小或长度，可以在 10.9.5 的 PortConfigList 中找到。

该服务的结构如表 10.14 所示。

表 10.14   SMI PDOutIQ

偏移量	元素名	定义	数据类型	范围
0	ArgBlockID	0x1FFF	Unsigned16	—
2	PDO0	输出过程数据 I/Q 信号（八位字节 0）	Unsigned8	0 到 255
3	PDO1	输出过程数据 I/Q 信号（八位字节 1）	Unsigned8	0 到 255

ArgBlockID

该块的 ArgBlockID 为 0x1FFF。

PDOx

在 ArgBlockID 之后最多有 4 个字节的输出过程数据，这些数据也需要被发送到 IO-Link 主站的引脚 2。

如果不使用引脚 2，过程数据字节的值为 0。

10.9.11　IO-Link SMI 诊断

IO-Link SMI 诊断主要与 IO-Link 主站有关，它可以发送标准化的诊断信息。IO-Link 主站诊断的结构与 IO-Link 设备诊断的类似，可以同样使用。

表 10.15 列出了标准化的 IO-Link 主站错误。

表 10.15　　　　　　　　　　　来自 IO-Link 主站的诊断消息

事件限定符	EventCode IDs	定义和建议的维护行动
ENTITY： 应用来源： IO-Link 主站 （本地）	0x0000 到 0x17FF	制造商特定
	0x1800	预留
	0x1801	启动参数错误——检查参数
	0x1802	不正确的设备——检查级别不匹配
	0x1803	过程数据不匹配——检查子模块配置
	0x1804	C/Q 处短路——检查电线连接
	0x1805	PHY 温度过高
	0x1806	L + 处短路——检查电线连接
	0x1807	L + 处电压过低——检查电源（如 L1 + ）
	0x1808	IO-Link 设备事件溢出
	0x1809	备份不一致——内存超出范围（2048 个八位字节）
	0x180A	备份不一致——数据存储索引不可用
	0x180B	备份不一致——数据存储非特定错误
	0x180C	备份不一致——上传故障
	0x180D	参数不一致——下载故障
	0x180E	P24（B 类）缺失或欠电压
	0x180F	P24（B 类）短路——检查电线连接（如 L2 + ）
	0x1810 到 0x1FFF	制造商特定
见第 16 章	0x2000 到 0x2FFF	安全扩展
未来的无线技术	0x3000 到 0x3FFF	无线扩展
—	0x4000 到 0x5FFF	制造商特定
ENTITY：应用 来源：IO-Link 主站（本地）	0x6000	无效周期时间
	0x6001	修订错误——协议版本不兼容
	0x6002	ISDU 批量失败——参数不一致
—	0x6003 到 0xFF20	预留
ENTITY：应用 来源：IO-Link 主站（本地）	0xFF21 to 0xFFFF	见 9.3 表 9.3

　　这些定义将来可以在标准化的 IO-Link 主站中找到，需要通过更高的实体来使用。对于事件限定符中的实体，现在的结构类似于 IO-Link 设备（见 9.1），总是指 IO-Link 主

站。大多数错误通知是不言自明的，这就是为什么只有需要解释的错误通知可以在下面找到。

制造商特定的错误代码 0x0000 到 0x17FF 和 0x1810 到 0x1FFF

错误代码 0x0000 到 0x17FF 和 0x1810 到 0x1FFF 是制造商特定的，其含义以及可能的、建议的应对措施可在相应 IO-Link 主站制造商提供的说明文件中找到。

过程数据冲突（过程数据不匹配）0x1803

如果出现这种错误，需要检查 IO-Link 主站的所有子模块是否输入了正确的过程数据宽度，这涉及 PDIn 和 PDOut 的数据长度，它们都可以在 PortConfigList 中找到（见 10.9.3、10.9.6 和 10.9.7）。

IO-Link 设备事件溢出 0x1808

当先前发送的事件没有被叠加层/系统处理，但所连接的 IO-Link 设备报告了新的事件，这反过来又耗尽了 IO-Link 主站的事件存储容量时，IO-Link 主站就会发出这种错误通知。即将发生的事件需要快速处理。IO-Link 设备经常报告后续事件，因为到发送该后续事件时，主要问题还没有得到处理。

P24（B 类）缺失或欠压 0x180E

该错误报告 B 类端口的 IO-Link 端口没有收到任何或足够的电压。

需要检查电压，如有必要，需要将另一个电源连接到 IO-Link 主站。端口的位置可以在 IO-Link 主站制造商提供的用户文档中找到。

P24（B 类）短路 0x180F

在 B 类端口的第二电源上有一个短路。

这个短路需要被消除，用户需要确保引脚 1、引脚 3 上的电源和引脚 2、引脚 5 上的附加执行器电源之间仍然存在电隔离（见 7.2 中的 A 类端口和 B 类端口）。

安全扩展 0x2000 到 0x2FFF

这些扩展仅适用于 IO-Link 安全主站。IO-Link 安全规范定义了编码的含义（见第 16 章）。

无线扩展 0x3000 到 0x3FFF

这些扩展仅适用于 IO-Link 无线主站。IO-Link 规范定义了编码的含义。错误代码可以在未来的 IO-Link 无线规范中找到，一旦有了这些代码，可以在 IO-Link 委员会的主页（www.IO-Link.com）上找到。

制造商特定 0x4000 到 0x5FFF

给出了制造商对 IO-Link 主站的错误通知的特定扩展。它们的功能和含义可在各个制造商提供的 IO-Link 主站的用户说明文档中找到。

无效周期时间 0x6000

用户通过 IO-Link 主站在一个 IO-Link 主站端口上设置的周期时间要么太小，以至于 IO-Link 设备无法工作，要么可能超出 IO-Link 定义的范围（见 8.2.1）。

版本错误——协议版本不兼容 0x6001

IO-Link 主站不能与所连接的 IO-Link 设备的协议版本一起工作。需要检查涉及的 IO-Link 组件的版本状态，然后检查这些不同的版本状态是否会产生问题（见 7.9.4）。但是，如果涉及不再完全兼容的 IO-Link 标准扩展和新版本状态的开发，那么问题肯定会在未来出现。

ISDU 批量失败 0x6002

"DeviceParBatch" 中描述的带有多个参数的参数设置失败。需要检查这些参数的范围、长度和内容是否符合 IO-Link 设备的要求。

11 IO-Link 行业规范

IO-Link 通信通常允许对任何测量值进行描述，结果出现了许多不同的数据结构和数据类型。这反而增加了调试、维护（替换 IO-Link 设备）和移植程序从一个 PLC 到另一个 PLC 的费用。

因此，行规的目的就是减少 IO-Link 设备特征的变体从而映射到一个标准的形式，这样显著增强了通用性。这主要涉及过程数据，但也包括配置参数（结构、编码、常规标识和诊断参数）。

IO-Link 通用行规（CommonProfile）定义了 IO-Link 行规的一般原则和基本要求。在基本层面上，需要定义用于唯一识别特征的、可从设备中读取出来的行规 ID（Profil-eID），还有自动处理和识别设备功能的最低配置，涉及一般功能例如识别和诊断。进一步的功能，像版本更新、二进制大对象传输（例如某些厂家需要为系统提供相应组件）也被添加到列表。通过这种方式，功能被扩展到简单的传感和执行功能之外，例如更新或扩展诊断。这些行规叫作智能传感器行规（SmartSensorProfiles），其中定义了过程数据结构、数据范围和极端情况下的行为。除此之外，还有参数化和学习行为的定义。

IO-Link 行业规范的一个目标是在没有 IODD 的情况下，将符合 IO-Link 行规的设备切换到基本操作模式，给使用者带来方便。特殊的功能并没有在行规中提供，但在大多数应用中这些也不是必需的。

IO-Link 行业规范的另一个目标是提供标准化的功能模块，这样用户只需要将符合行规的设备和功能块结合即可。这样能减少错误，因为在系统中所有符合行规的设备具有相同特征。

尽管如此，行规并不能确保跨越厂商界限替换 IO-Link 设备。这种不确定性的首要原因是系统中的制造商标识检测，以及与 IO-Link 无关的不同特征，例如传感器的性能（测量范围、分辨率、测量速度）或动态特性。

11.1 在 IO-Link 之前的普通传感器标准

在 IO-Link 之前公认的技术标准比较简单。甚至在当时不知不觉地有了非常原始又独一无二的规范。根据 IEC 61131 – 2，使用电流吸收器进行评估的二进制数据当今仍然存在。系统中通过电流信号（4～20 mA）和电压信号（0～10 V）传输的模拟数据也是如此。然而测量值代表的意思不尽相同，例如压力传感器使用 13mA 代表压力帕斯卡。在此，物理测量值（此例为帕斯卡）只能通过一个已知的缩放进行计算，这取决于传感器的测量范围和模拟输入的测量缩放。此外，传感器通常可以通过参数化在稍后的点进行缩放。这类通过当前信号对不同测量值进行描述的方式是技术发展的体现，它将永远不会是唯一的。

11.2 IO-Link 通用行规（CommonProfile）

IO-Link 通用行规是 IO-Link 的基本行规，它决定了行规的基本功能。

11.2.1 一般定义

第一部分确定未来 IO-Link 行规的一般需求，例如：
- 识别；
- 参数定义；
- 事件定义；
- 过程数据定义；
- IODD 内容定义；
- 在 IO-Link 一致性测试期间，为自动检查行规特性分配测试规范。

11.2.2 行规标识符功能

在此使用以下基本规则：过程数据、参数、动态行为的定义用功能类 ID（FunctionClassID）标识。这些以特定方式结合的几个功能类 ID 是所有其他行规 ID 的基础，可通过设备行规或通用应用行规描述一个特定的设备类型。

IO-Link 将行规 ID（ProfileID）分成三部分进行识别（见表 11.1）。

表 11. 1 行规标识符编码规则

参数对象名称	数据类型	范围	行规类型
行规标识符 ProfileIdentifier （PID）	UIntegerT16	0x0000	不支持
		0x0001 到 0x3FFF	设备行规 ID （DeviceProfileID）
		0x4000 到 0x7FFF	通用应用行规 ID （CommonApplicationProfileID）
		0x8000 到 0xBFFF	功能类 ID
		0xC000 到 0xFFFF	预留

以下定义适用于该分类：

● 设备行规 ID 定义了可以归属于特定功能组或设备类（如传感器或执行器）的行规。

● 通用应用行规 ID 定义了可以在所有符合设备行规的设备中使用的行规，因为它们描述了总体功能。

● 功能类 ID 定义了装配行规 ID（ProfileID）的特定功能。

IO-Link 通用行规还从根本上为所有包含的行规定义了行规标识符，其特征如表11. 2 所示。

表 11. 2 行规特征

索引 （十进制）	子索引 （十进制）	偏移量	读/写	名称	长度	数据类型
0x000D （14）	1	$(n-1) \times 2$	可读	行规标识符 1 ProfileIDentifier 1	16 位	UIntegerT16
				……		
	n	0	可读	行规标识符 n		

注：n 表示支持行规标识符数量。

每个符合行规的设备都要确保支持的行规 ID 在行规特征参数中按照升序排列。

为了使事情简化，并不是行规 ID 中包含的所有的功能类 ID 都被显式列举出来。

11. 2. 3 过程数据映射（ProcessDataMapping）功能

功能类 0x8002 过程数据映射

这个功能类定义如何在传输中检索过程值（模拟值和数字值）。IO-Link 引入了术语 BDC（二进制通道）用于表示数字值即所谓的开关信息，用 PDV（过程数据变量）

表示模拟值。

为了抑制过程数据不受控制增长，在 2012 年第一个智能传感器行规中已经制定了一些推荐规范，这些仍然有效，并被复制到通用行规（CommonProfile）中。

过程数据基本结构规则

当涉及过程数据的结构时，必须始终遵守以下规则：

- BDC 以升序进行右对齐，总是从偏移量 0 开始。
- PDV 是左对齐的，与下一个最大的字节边界处于同一水平，例如，UIntegerT12 的偏移量为 4。
- 辅助变量（如限定符）在 BDC 中是右对齐的。
- 所有位偏移量大于 16 的变量需要以字节精细对齐，可以接受间隙和空位。

另外，下面的规则也适用：

- 建议将变量映射为 UIntegerT16 或 IntegerT16 格式。
- 有符号整数（IntegerT）优先于无符号整数（UIntegerT）。
- 制造商特定的过程数据可以遵循自己的规则，但建议严格遵循上述规则。

每个用户都可以根据这些规则调整应用程序，相应地接收和处理数据。这将产生以下经常使用的过程数据结构。

IO-Link 通用行规还定义了循环过程数据传输的结构。这种 BDC 和 PDV 数据的组合结构通常如图 11.1 所示。

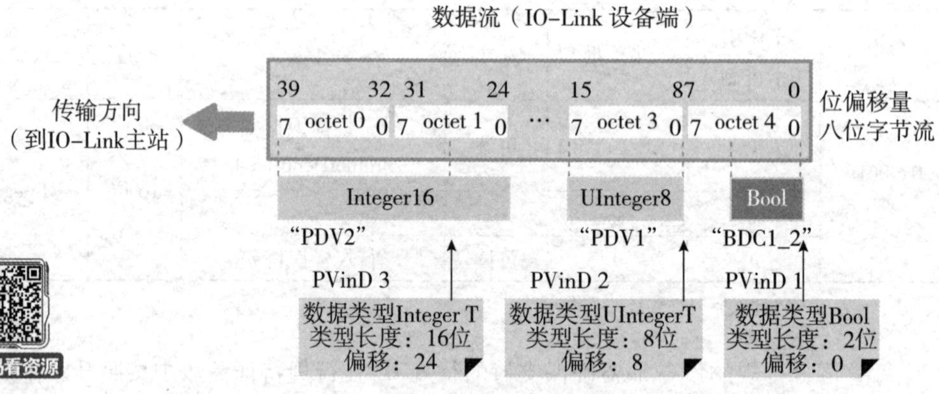

图 11.1　行规中循环数据传输例子

下面描述由 IO-Link 通用行规定义的过程数据结构的几个示例。PDV 值通常总是左对齐的。

如果它是一个只包含二进制或开关量数据的过程数据，其结构如图 11.2 所示。

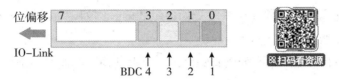

图 11. 2 根据 IO-Link 通用行规 BDC 字节结构

如果传输的仅仅是一个 PDV 值，则过程数据结构如图 11.3 所示。

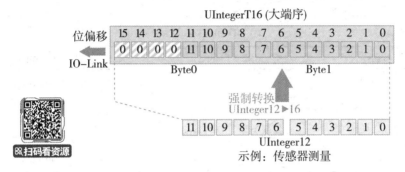

图 11. 3 在 IO-Link 通用行规中仅有 PDV 值传输的数据结构

如果混合使用 BDC 和 PDV，如图 11.4 所示。

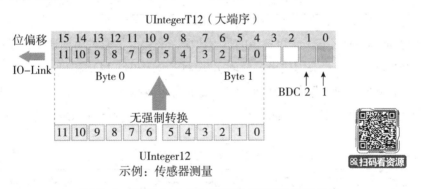

图 11. 4 在 IO-Link 通用行规中 BDC 和 PDV 组合

IO-Link 通用行规还允许一种可能性：在周期过程数据通道中一个行规不仅仅传输一个 PDV 和 BDC 数据，而是多个，并指定制造商特定的范围（见图 11.5）。

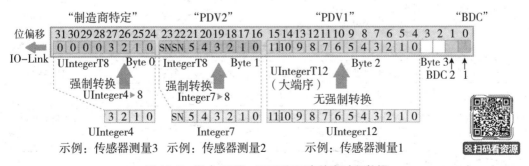

图 11. 5 混合 PDV、BDC 和厂商特定过程数据

所选的行规揭示了过程数据最终是如何组装的。例如，所选择的行规之一是智能传感器行规第2版。

为了允许过程数据中单个元素自动分解，数据结构被存储在一个参数中，并且 IO-Link 通用行规定义了过程数据描述符的内容（PD 输入和 PD 输出描述符，见 8.3），所选择的数据类型的编码放在首位。表 11.3 列出了过程值（PV）的编码和可选择的数据类型。过程数据输入描述符和输出描述符（分别为 PVinD 和 PVoutD）同时在其中被描述。

表 11.3   **PVinD 和 PVoutD 编码**

位（Bit）	元素（Elemet）	编码（Coding）
八位字节 1（Octet 1）	数据类型（DataType）	0：OctetStringT 1：Set of BoolT 2：UIntegerT 3：IntegerT 4：Float32T 5 到 255：预留
八位字节 2（Octet 2）	类型长度（TypeLength）	0 到 255 位
八位字节 3（Octet 3）	位偏移量（Bit offset）	0 到 255 位

IO-Link 通用行规还定义了可解析的过程数据，该数据是通过周期通道传输的过程数据（过程数据输入和过程数据输出）从索引 0x000E（十进制 14）和 0x000F（十进制 15）解析的。所有其他行规都是在此基础上定义值的内容或意义。表 11.4 和表 11.5 分别列出了过程数据输入描述符（PDInputDescriptor）和输出描述符（PDOutputDescriptor）。

表 11.4   **过程数据输入描述符结构**

索引（十进制）	子索引（十进制）	偏移量	读/写	名字	长度	数据类型
0x000E（14）	1	$(n-1)\times3$	只读	PVinD 1	24 位	OctetStringT3
	……					
	n	0	只读	PVinD n		

注：n 表示支持的过程值输入描述符数量。

表 11.5   **过程数据输出描述符结构**

索引（十进制）	子索引（十进制）	偏移量	读/写	名字	长度	数据类型
0x000F（15）	1	$(n-1)\times3$	只读	PVoutD 1	24 位	OctetStringT3
	……					
	n	0	只读	PVoutD n		

注：n 表示支持的过程值输出描述符数量。

　　为了将测量传感器的信息转换为系统或用户在选定单元中选择的数字格式，需要解析数据。特别是对于具有紧凑型过程数据（例如 14 位模拟量和 2 位开关量）的传感器，模拟信息的提取是必要的，需要正确进行，并特别注意代数符号。这里需要用梯度和偏移量来计算。

　　由 IO-Link 设备提供的过程数据通常是与物理单元关联的厂商特定的测量数据。过程数据变量可以用一个简单的线性方程来解析，即传输的值乘以一个常数（梯度），然后加上潜在的偏移量，线性方程在 IO-Link 厂商提供的用户文档中给出。每一个工具和 PLC 可以根据给定的规则简单地转换过程值。传输的过程值通常以整数形式给出，需要转换为可用的过程值（Float32），如式（11.1）所示：

$$变量（Float32T）=梯度（Float32T）\cdot PDV（UInt/Int）+偏移量（Float32T）$$

$$\tag{11.1}$$

　　传感器通常以基本单位测量值进行交付。这些基本单位（有时是原始值）可以通过给定的方法转换为任何期望的单位或小数。该方法如图 11.6 所示。

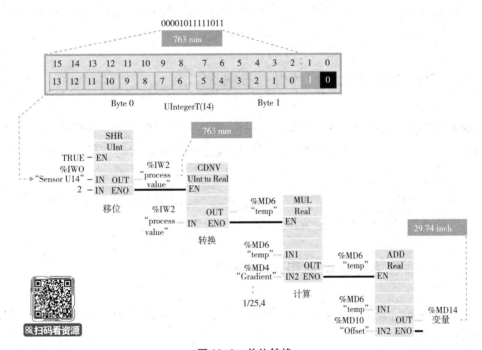

图 11.6　单位转换

11.2.4　设备识别功能

　　这个功能类包括产品 ID（ProductID）、固件版本和特殊应用标签（见 8.3，表 8.9）。对比通信规范，这些不再是可选的，所有符合行规的设备必须实现。确保用户能在所有符合这个行规的 IO-Link 设备中找到这些参数。

11.2.5 设备诊断功能

该功能类包含设备一般状态信息和设备详细状态信息。因此，其符合行规设备的强制要求（见 8.3，表 8.10）。用户可以根据自己的目的利用这些信息，例如，从这些信息中推断出预防性维护措施。

11.2.6 扩展识别功能

这类功能包括功能标签和位置标签。因此，其是行规设备强制要求的（见 8.3，表 8.9），并且对于使用具有此类功能设备的用户是一直有效的。当建造设施时，使用这些参数的时机非常关键。

在使用资产管理系统或计划工具（如 e-plan）的情况下，它们作为 IO-Link 设备的扩展标识使用。

11.2.7 IO-Link 通用行规的进一步指导

通用行规作为基本的行规一般使用 IO-Link 基本规范中的选项，并转换许多选项作为 IO-Link 设备必须支持的标准参数。所有行规支持的参数被列在后文的表 11.9 中。单个参数描述在 8.3。

系统命令类似于参数：IO-Link 通用行规规定哪些需要被符合行规的 IO-Link 设备支持。本章末尾的表 11.30 列出了在行规中有效的系统命令。

11.2.8 公共应用行规识别和诊断 I&D

IO-Link 通用行规定义了表 11.6 中列出的所有功能，因此它是所有从它衍生的设备行规的基础。

表 11.6 公共应用行规 I&D 中功能类概述

行规 ID （ProfileID）	行规特征名称 （Profile feature name）	功能类 （Function class）	
0x4000	识别与诊断	0x8000	设备识别 （DeviceIdentification）

续 表

行规 ID （ProfileID）	行规特征名称 （Profile feature name）	功能类 （Function class）	
0x4000	识别与诊断	0x8003	设备诊断 （DeviceDiagnosis）
		0x8002	过程数据映射 （ProcessDataMapping）
		0x8100	扩展识别 （ExtendedIdentification）

11.3 智能传感器第二版

11.3.1 历史

智能传感器行规第一次试图减少设备特性数量。在当时，为定义严谨的、超越公司界限的行规，产生了一个具有许多可能性和变体的规范。减少过程数据多样性的工作非常出色，此后建立了多个标准，但过程数据的内容，尤其是模拟值，差别很大。

由于客户的压力以及越来越多的关注，这些问题只能一起解决，所以开发了第二版。

简单来说：智能传感器行规（SmartSensorProfile）2012 定义了一个包含许多工具的工具箱。但是，它没有定义哪些工具组合或工具表现必须一起提供。

这在第二版中实现了，基于已有工具和必要扩展，定义了明确的工具包，它们有同样的内容和功能范围。这些工具包可以在所有厂商中被更好地使用。

作为进一步和决定性的要求，提出了以下规则：

● 在不改变 PLC 编程的情况下，一个行规设备可以被另一个行规设备替换。

这对可用的功能有影响，也可能对过程数据内容本身有影响。

允许为 PLC 定义功能块，以标准化的方式支持行规，并将用户从设备技术深度中解放出来。

简单说，过程数据结构和内容定义是所有单个行规定义的基础。任何其他参数只提供相似类型的配置。

11.3.2 SSC（开关信号通道）功能

功能类 SSC 定义了过程数据的结构，所有传感器必须遵循此配置（见图 11.7）。此外，IO-Link 通用行规的预定义或通用行规的已分配特性能确保用户可以在其应用程序中使用这些特性。

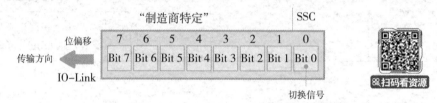

图 11.7　SSC 的 8 位过程数据输入结构

该行规仅将位 0 标准化为相关且具有行规的过程数据。需要检查 IO-Link 设备厂商提供的用户文档，以便在过程数据中找到进一步的过程数据位。因此，这些进一步的过程数据位在用另一个行规设备替换后并不一定是正确的配置设置。

在此，当识别出目标时，可以使能"高"激活输出（常开/使能）或"低"激活输出（常关/断开）。标准设置是高激活（使能）。图 11.8 阐明了高激活输出（使能）的定义。

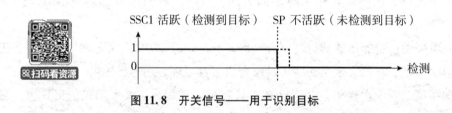

图 11.8　开关信号——用于识别目标

开关点被类似地定义，并在图 11.9 中呈现出来，用于高激活情况。

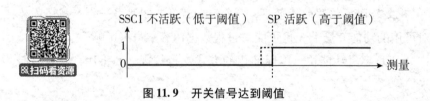

图 11.9　开关信号达到阈值

配置在索引 0x0039（十进制 57）中进行。

在固定的开关信号通道（FFS）的情况下，索引 0x0039 定义了开关行为或开关信号通道的逻辑。表 11.7 定义了用户可以更改的逻辑。子索引和偏移量不使用。工厂复位（FactoryReset）命令通过系统命令将该参数设置成默认值。

表 11.7   FFS 行规（固定开关信号通道）中开关信号逻辑

索引	子索引	偏移量	访问	参数名称	编码	数据类型
0x0039 （57）	n/a	n/a	读/写	逻辑	"0" ＝高激活（检测到目标或测量值超过 SP） "1" ＝低激活（没有检测到目标或测量值低于 SP） 默认为 "0"	BooleanT （1 位）

11.3.3 可变开关信号通道（AdSS）功能

在这个功能类中，SSC 功能被扩展成可变开关点。开关阈值可以直接通过索引 0x0038（十进制 56）调节。

索引 0x0038（见表 11.8）定义了配置类型 AdSS 行规中开关信号通道的开关阈值。不使用子索引和偏移量。工厂复位命令通过系统命令将该参数设置成默认值。

表 11.8   AdSS 行规中开关信号逻辑

索引	子索引	偏移量	访问	参数名称	编码	数据类型
0x0038（56）	n/a	n/a	读/写	SP	最小 SP≤SP≤最大 SP 默认：依靠工艺	IntegerT16 （16 位）

11.3.4 示教（Teach）功能

对于简单的开关类传感器，比如接近开关，开关阈值需要由当前设备通过示教进行确定。

这种示教类似于许多当前设备，需要基于厂商的规范进行控制。

IO-Link 示教功能规范了示教以及示教类型的控制。有三种不同的规程可以适用于不同的应用。传感器技术不能适用于每个应用，因此只有少数传感器支持多个示教规程。

图 11.10 至图 11.12 展示了三种示教类型的行为，但需要考虑是否需要发送示教应用（Teach-Apply）。

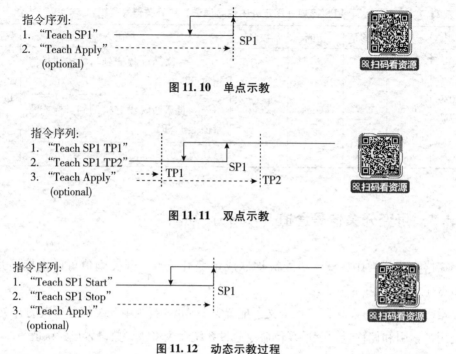

指令序列:
1. "Teach SP1"
2. "Teach Apply"
  (optional)

SP1

图 11.10　单点示教

指令序列:
1. "Teach SP1 TP1"
2. "Teach SP1 TP2"
3. "Teach Apply"
  (optional)

TP1　SP1　TP2

图 11.11　双点示教

指令序列:
1. "Teach SP1 Start"
2. "Teach SP1 Stop"
3. "Teach Apply"
  (optional)

SP1

图 11.12　动态示教过程

系统命令启动示教。IO-Link 设备用正反馈或者负反馈应答系统命令。示教过程的状态可以通过状态参数读取。

为了简化事项,这个过程被集成到一个显示描述的功能块中,这样用户只需要管理简化的功能块接口,而不需要管理参数或状态操作。这些功能块可以由系统制造商固定地集成到自己的系统中,或者可以从额外的库中购买。

表 11.9 列出了标准化命令以及三种示教类型的分配。

表 11.9　　　　　　　　　　　　标准化行规命令

示教命令	值	说明	FC 8007	FC 8008	FC 8009
示教应用（Teach-Apply）	0x40	计算 SP,并应用	O	M	O
示教 SP（Teach SP）	0x41	为设置点确定示教点 1	M	O	O
示教 SP TP1（Teach SP TP1）	0x43	为设置点确定示教点 1	O	O	O
示教 SP TP2（Teach SP TP2）	0x44	为设置点确定示教点 2	O	M	O
启动示教 SP（Teach SP Start）	0x47	启动设定点的动态示教	O	O	M
停止示教 SP（Teach SP Stop）	0x48	停止设定点的动态示教	O	O	M
定义示教（Teach Custom）	0x4B 到 0x4E	厂家特定使用	O	O	O
取消示教（Teach Cancel）	0x4F	终止动态示教	O	M	M

索引 0x003B（十进制59）

自示教（Teach-In）的结果可以从 IO-Link 设备存储的这个索引中读取出来。图
11.13 描述了这个 1 字节长的参数的结构。工厂复位可设置参数为默认值。这些能在 IO-
Link 设备文档中找到。

图 11.13　示教标志及示教状态结构

参数值的解释如表 11.10 所示。

表 11.10　　自示教参数及编码的回读结果

索引	子索引	偏移量	访问	参数名称	编码	描述	数据类型
0x003B (59)	3	5	只读	SP TP2 标志	"0"	示教点没有应用 或没有成功	BooleanT （1 位）
					"1"	示教点成功应用	
	2	4	只读	SP TP1 标志	"0"	示教点没有应用 或没有成功	
					"1"	示教点成功应用	
	1	0	只读	状态	0	空闲	UIntegerT4 （4 位）
					1	成功	
					2	预留	
					3	预留	
					4	等待命令	
					5	忙	
					6	预留	
					7	错误	
					8 到 11	预留	
					12 到 15	厂商特定	

11.3.5　测量功能

第 3 类智能传感器行规或数字测量传感器的行规大幅减少了主要用于可传输测量
的可能的数据结构。DMS（数字测量传感器）行规，像开关类传感器行规，定义了四

组测量值传输，在传感器中有两组有可关断转换器，另两组没有。后文的表 11.21 描述了所有四种可能性。

对于 DMS 行规来说，将定义的数据结构的值范围划分为几个范围通常是有效的。此外，特定的警告和错误状态存在替代值，以便在 PLC 程序构建过程中较容易识别这些状态，并采取相应的反应。这使得在 PLC 程序中对这些状态的特殊处理重复使用成为可能。范围是为测量传感器的所有配置数据类型指定的。每个配置数据类型都可以有特定的替代值。使用特定类型的测量传感器的行为总是相同的。图 11.14 显示了具有极限值和替代值的基本过程数据范围。

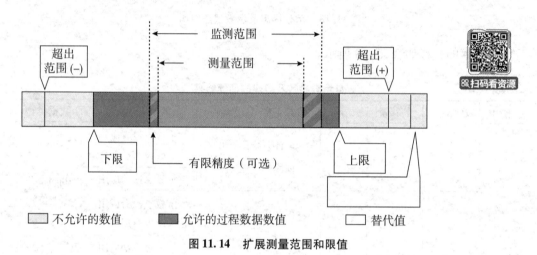

图 11.14 扩展测量范围和限值

表 11.11 中描述的定义对描述的范围有效。

表 11.11 测量定义

名称	定义
超出范围（−） ［Out of Range（−）］	替换过程值（replacement-PD 值）被定义，表明测量值在可测量范围之外；下限
超出范围（＋） ［Out of Range（＋）］	替换过程值（replacement-PD 值）被定义，表明测量值在可测量范围之外；上限
没有测量数据 （No measurement data）	替换过程值（replacement-PD 值）被定义，由于不确定原因，没有测量值
允许的过程数据值 （Permitted PD values）	过程数据可以具有下限和上限之间的任何值，甚至是极限值本身。但是制造商有责任定义下限和上限之间的"检测范围"。此外，过程数据可以提供一个替代值，如果像前面一样需要的话
不允许的过程数据值 （Not permitted PD values）	过程数据不能提供低于下限或高于上限的值，替代值除外

名称	定义
检测范围 （Detection range）	检测范围是传感器可以在过程数据中提供测量值的范围。这个范围由测量范围和限定精度范围组成，限定精度范围是可选的。检测范围由 IO-Link 设备厂商定义
测量值范围 （Measurement range）	IO-Link 设备制造商为每个传感器定义了有效的测量范围。这是传感器能够保证测量精度的范围
限定精度范围 （Limited accuracy range）	测量设备的 IO-Link 设备制造商可以选择定义一个限定精度范围。在该范围内，传感器可以捕获测量值，但不能保证给定的精度。传感器可以定义和使用这些范围，以显示测量趋势，这是有用的应用

DMS（SSP3）行规定义了 16 位和 32 位测量值的有效范围，这个范围如表 11.12 所示。图 11.14 中所示的指定范围的替代值在表 11.13 中给出。

表 11.12 测量范围内的有效值

名称	16 位有符号整数 [IntegerT（16）]	32 位有符号整数 [IntegerT（32）]
下限	-32000	-2147482880
	0x8300	0x80000300
上限	32000	2147482880
	0x7D00	0x7FFFFD00

表 11.13 DMS 行规定义的替换值

名称	16 位有符号整数 [IntegerT（16）]	32 位有符号整数 [IntegerT（32）]
超出范围（-）	-32760	-2147483640
	0x8008	0x80000008
超出范围（+）	32760	2147483640
	0x7FF8	0x7FFFFFF8
没有测量数据	32764	2147483644
	0x7FFC	0x7FFFFFFC

在 DMS 行规中有两个过程数据宽度可用。PDI32. INT16_INT8 的过程数据结构如图 11.15 所示。

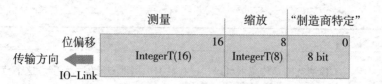

图 11.15　32 位过程数据输入结构

　　低位的过程数据范围是一个 8 位厂商特定范围。紧接着是梯度或缩放。此外，16 位宽的实际测量值也包括在内。过程数据编码如表 11.14 所示。

表 11.14　　　　　　　　　PDI32. INT16_INT8 类型过程数据编码

名称	子索引	偏移量	功能	类型	值范围	定义
厂商特定	厂商特定	0	厂商特定值	任意 8 位类型	厂商特定	厂商特定
缩放	2	8	以 10 为基本要素的梯度	IntegerT（8）	−128 到 127	—
测量值	1	16	过程值	IntegerT（16）	−32768 到 32767	—

　　为了在行规中映射具有更大范围的测量值，有可能在行规中传输 32 字节。标准化的 PDI48. INT32_INT8 见图 11.16。它的编码恰好与 PDI32. INT16_INT8 定位一致。表 11.15 描述了这个过程值的编码。

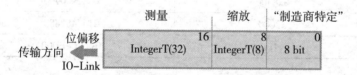

图 11.16　48 位过程数据输入结构

表 11.15　　　　　　　　　PDI48. INT32_INT8 类型过程数据编码

名称	子索引	偏移量	功能	类型	值范围	定义
厂商特定	厂商特定	0	厂商特定值	任意 8 位类型	厂商特定	厂商特定
缩放	2	8	以 10 为基本要素的梯度	IntegerT（8）	−128 到 127	—
测量值	1	16	过程值	IntegerT（32）	−2147483648 到 2147483647	—

　　从测量值 $10^{Scaling}$ 中计算的准则对过程值结果这两种类型都适用。只有在测量中确认了替代值，才有可能直接处理这些值。缩放是静态的，在操作状态下不会动态改变。这就是不打算在 IODD 中描述该值的原因。如果是 IODD 应用程序，则需要使用 IODD

中存储的缩放值。

为了简化工作，定义了一个功能块，它能安全地执行所有必要的计算和测试操作。

为了避免传感器中复杂的浮点数计算和比较，选择了十进制整数值除法。无论哪种情况，分辨率都足以反映传感器的动态。

为了进一步简化，定义了有效测量值的首选物理单位。这就进一步简化了解释过程。

行规 DMS 支持 SI 单位，如表 11.16 所示。摄氏温度在这里相当于开尔文，因为它是更被普遍接受的温度单位。

表 11.16 **DMS 行规的单位**

测量值	单位（SI）	IO-Link 中编码	测量值数据类型
压力	Pa	1133	IntegerT（16）
温度	℃	1001	IntegerT（16）
距离	m	1010	IntegerT（16）
距离（高精度）	m	1010	IntegerT（32）
倾角	°	1005	IntegerT（16）
速度	m/s	1061	IntegerT（16）
流量	m^3/h	1349	IntegerT（16）
电流	A	1209	IntegerT（16）
电压	V	1240	IntegerT（16）
体积	m^3	1034	IntegerT（32）

为了使传感器的特性可用，所有重要的数据都可以从一个参数中读出。这再次简化了这些传感器的集成，而不需要 IODD。

这个参数包含 DMS 行规的过程数据在几个子索引中的结构，例如：

- 最低测量范围
- 最高测量范围
- 单位编码
- 测量值的缩放或梯度

上述参数如表 11.17 所示。为了进一步简化，将数据类型"lower measurement range"和"upper measurement range"从 IntegerT（16）扩展到 IntegerT（32）。

表 11.17   DMS 行规中测量数据通道（MDC）的描述

索引	子索引	偏移量	访问	参数名称	编码	数据类型
	1	56	只读	下限	下测量范围（见表 11.12）	IntegerT32（32 位）
0x4080（16512）	2	24	只读	上限	上测量范围（见表 11.12）	IntegerT32（32 位）
	3	8	只读	IO-Link 中单位编码	见表 11.16	UIntegerT16（16 位）
	4	0	只读	缩放	见表 11.15	IntegerT8（8 位）

11.3.6 转换器关闭（TransducerDisable）功能

SSP 1.2（智能传感器行规类型）的独特在于在输入过程数据的基础上又增加了一个 8 位的输出过程数据字节。其具有与图 11.7 中的输入过程数据相似的结构，但具有不同的数据方向。图 11.17 显示了输出过程数据。

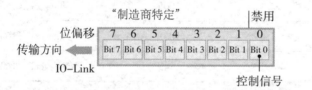

图 11.17　SSC 的 8 位输出过程数据结构

正如输入过程数据所描述的，输出过程数据也是最低位被定义为控制信号，其他位所有的使用由 IO-Link 设备制造商负责。潜在的含义可以在相应的文档中查找。

这个输出数据位用于配置打开和关闭测量设备，如光学传感器的激光源。可能出现这种开关的原因是多方面的，例如，为了避免相邻传感器的相互影响，为了节约能源，或为了延长传感器元件的寿命。可能还有其他原因，但这取决于用户和传感器制造商的要求。此外，过程数据的内容或使用是在关闭状态下定义的。例如，在 DMS 中，"NoData"被传输。

11.3.7 具有固定开关点的开关类传感器设备行规

这些行规提供固定的开关点，并且传感器可以被停用。

因此，将表 11.18 中的下列功能类组合在一起。

表 11.18   行规类型 SSP1-FSS 的描述

行规类型	行规 ID	行规特征名	功能类		过程数据结构
			开关信号通道	停用转换器	
SSP1.1	0x0002	固定开关类传感器	0x8005	—	PDI8.BOOL1
SSP1.2	0x0003	固定开关类传感器，可停用功能	—	0x800C	PDI8.BOOL1 PDO8.BOOL1

11.3.8 具有灵活开关点的开关类传感器设备行规

这些行规提供了具有不同示教过程的可变阈值，并且传感器可以被停用。由此产生的可能性列于表 11.19。

表 11.19   行规类型 SSP2-AdSS 的描述

行规类型	行规 ID	行规特征名	开关信号通道	自示教			停用转换器	过程数据结构
				单值示教	双值示教	动态示教		
SSP2.1	0x0004	可调开关传感器，单值示教		0x8007	—	—		PDI8.BOOL1
SSP2.2	0x0005	可调开关传感器，双值示教		—	0x8008	—	—	
SSP2.3	0x0006	可调开关传感器，动态示教		—	—	0x8009		
SSP2.4	0x0007	可调开关传感器，单值示教，可停用转换器	0x8006	0x8007	—	—		
SSP2.5	0x0008	可调开关传感器，双值示教，可停用转换器		—	0x8008	—	0x800C	PDI8.BOOL1 PDO8.BOOL1
SSP2.6	0x0009	可调开关传感器，动态示教，可停用转换器		—	—	0x8009		

由于不同的过程数据，特定的配置不能被组合。表 11.20 列出了允许的组合。

表 11. 20 SSP2 行规的组合

SSP 类型	行规 ID
SSP2. 1 + SSP2. 2	0x0004 + 0x0005
SSP2. 1 + SSP2. 3	0x0004 + 0x0006
SSP2. 2 + SSP2. 3	0x0005 + 0x0006
SSP2. 1 + SSP2. 2 + SSP2. 3	0x0004 + 0x0005 + 0x0006
SSP2. 4 + SSP2. 5	0x0007 + 0x0008
SSP2. 4 + SSP2. 6	0x0007 + 0x0009
SSP2. 5 + SSP2. 6	0x0008 + 0x0009
SSP2. 4 + SSP2. 5 + SSP2. 6	0x0007 + 0x0008 + 0x0009

11. 3. 9　测量传感器设备行规

不同的过程数据宽度的组合在这里产生了差异。表 11. 21 列出了可能的表现。

表 11. 21 行规类型 SSP3-DMS 的描述

行规类型	行规 ID	行规特征名	功能类		过程数据结构
			测量值	停用转换器	
SSP3. 1	0x000A	测量传感器	0x800A	—	PDI32. INT16_INT8
SSP3. 2	0x000B	高精度测量传感器	0x800B		PDI48. INT32_INT8
SSP3. 3	0x000C	测量传感器，禁用功能	0x800A	0x800C	PDI32. INT16_INT8 PDO8. BOOL1
SSP3. 4	0x000D	高精度测量传感器，禁用功能	0x800B	—	PDI48. INT32_INT8 PDO8. BOOL1

11. 3. 10　未来发展

上面描述的行规，对 IO-Link 的配置还没有结束。目前正在讨论开关类和测量类传感器以及多过程值传感器的组合。执行器的标准化也是有可能的。

在未来，扩展是可能的和可想象的，但还没有投入生产。

11.3.11　功能/配置——根据2012年起的智能传感器行规

在2012年发布的智能传感器行规已经被智能传感器行规第二版取代。之前的定义根据新的规则以新的方式组合，保留了智能传感器原有的可能性。这意味着，遵循这一规则的传感器仍然是可用的，特别是具有比行规描述允许的更多特征的传感器。使用旧行规传感器的用户在行规传感器使用的定义上会产生额外的消耗。

然而，计划逐渐用特定的行规取代自由行规。

11.4　固件更新/BLOB

IO-Link定义了一个行规，它可以通过标准核心工具联系IO-Link设备（这些设备已经挂载在应用中），并对所选的IO-Link设备进行固件更新。8.3.2和10.2描述了识别参数以及它们的译码，其在将各自的固件安装到相应的设备上发挥了关键作用。

固件更新行规是两个行规。为了一致传输大型数据包，行规使用了一个扩展协议的定义，该协议需要知道两个终端。这个协议就是所谓的BLOB（二进制大对象）。这种叠加协议定义的优点是，如果设备允许的话，可以在已经与IO-Link主站建立的基础设施中进行固件更新。

下面的说明允许用户在有能力的设备上实现BLOB传输。

11.4.1　BLOB功能

固件更新的基础是BLOB，如图11.18所示。它表明两个终端需要了解BLOB的功能和结构，但中间的基础设施不需要。基础设施无须解译，可以直接传输BLOB数据。

单个步骤如下所述，系统将提供额外的数据通道作为未来的标准。

BLOB传输被定义为单独的（附属）行规，使用在行规ID范围内的行规ID（ProfileID）0x0030（十进制48）（见表11.5）。

BLOB在行规范围内占据两个索引。索引0x0031（十进制49）是特定于行规和制造商的写和读访问的BLOB_ID。索引0x0032（十进制50）是BLOB-CH，数据和相应的控制信息在其中寻址。两个索引都列在表11.22中。

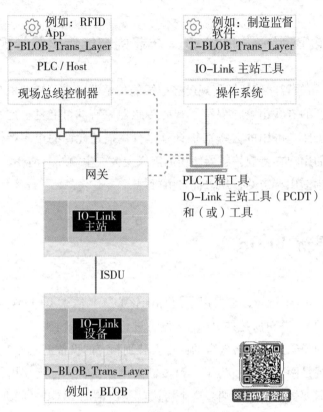

图 11.18   BLOB 传输描述

表 11. 22   **BLOB 目录**

索引	对象名称	访问	长度	数据类型
0x0031（49）	BLOB_ID	读	2 个八位字节	IntegerT
0x0032（50）	BLOB_CH	读/写	变量	OctetStringT

参数 BLOB_ID 是一个状态通知，用于标识当前激活的 BLOB。此外，对于具体的内容有固定的数量范围。这些将在未来通过行规进行扩展。BLOB_ID 如表 11.23 所示。

表 11. 23   **BLOB_ID**

值范围（十进制）	定义
− 32768	无效
− 32767 到 − 8193	预留
− 8192 到 − 4096	厂商特定的读取
− 4095 到 − 1	行规特定的读取
0	BLOB 的空闲状态
1 到 4095	行规特定的写
4096 到 8191	厂商特定的写
8192 到 32767	预留

如果 BLOB_ID 同时为空闲（IDLE），则可以开始 BLOB 传输。

IO-Link 设备支持的 BLOB_ID 的枚举在设备 IODD 中的此参数下列出。

BLOB-CH（BLOB 通道）的结构类似于 ISDU。需要传输的数据块接收一个标头，其中存储着功能和通过子功能添加的功能。此外，可传输部分用校验和进行保护，以确保在分段传输期间数据的正确性或合理性。传输对象长度的信息也被编码。

在 BLOB 中可用的编码列在表 11.24 中。

表 11.24　　　　　　　　　　　　　　BLOB 的标头编码

传输对象	读/写	功能	子功能	定义/参数
—	—	0x0	0x0 到 0x0F	预留
BLOB_Info_Read	读	0x1（读信息块）	0x0	参数（信息关于读通道）
BLOB_Info_Write	读		0x1	参数（信息关于写通道）
BLOB_Segment	读/写	0x2	0x0 到 0xF（流控）	分段技术模块 16。以 0 开始，从 15 回到 0。参数：片段
BLOB_Last	读/写	0x3	0x0	参数：BLOB 的最后一个段
BLOB_CRC	读/写	0x4	0x0	参数：全部 BLOB 的 CRC 校验
—	—	0x5 到 0xE	0x0 到 0xF	预留
BLOB_Abort	写	0xF（命令）	0x0	命令用于取消激活的传输通道。无参数
BLOB_Start	写		0x1	命令用于选择 BLOB_ID 和传输通道的安装。参数：BLOB_ID
BLOB_Finish	写		0x2	命令用于结束激活的传输通道。无参数
—	—	0xF	0x3 到 0xF	预留命令

BLOB 的试运行从命令 BLOB_Start 开始，它基于 ISDU 传输，并且有一个错误通道，允许接收错误命令。此外，该命令需要 BLOB_ID、方向（读或写）。图 11.19 显示了 BLOB 开始的结构。

功能	BLOB_CH	子功能
0xF		0x1
BLOB_ID Byte 0 (MSB)		
BLOB_ID Byte 1 (LSB)		

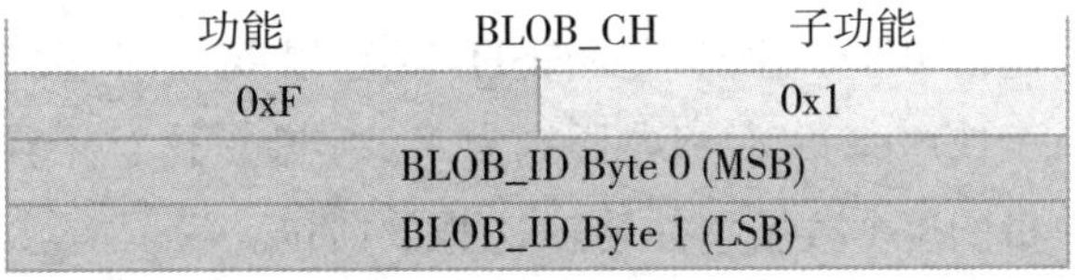

图 11.19　BLOB 启动命令结构

BLOB 试运行命令会导致错误通知 0x8030（参数值超出了取值范围）和 0x8036（功能暂时不可用，BLOB 通道已经激活）。错误通知是标准化的，在表 9.2 进行了描述。

根据通信方向，确定可读 BLOB 尺寸或最大可写 BLOB 尺寸以及所选 BLOB_ID 的最大 ISDU 尺寸发生在第二次访问期间。确定通信尺寸并开始分段传输（如 ISDU）。图 11.20 显示了结构，用 UIntegerT32 编码的 BLOB 的长度规范在除标头以外范围使用。

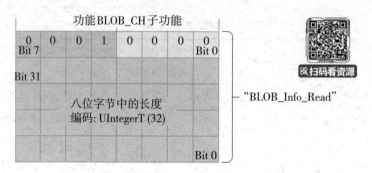

图 11.20 BLOB_Info_Read 结构

还有关于写入方向的 BLOB 长度的信息，该信息在使用各自的 BLOB_ID 的 BLOB_Start 之后选择。其可以通过 BLOB_Info_Write 读取。与 BLOB_Info_Read 相比，可用 ISDU 的长度是作为 BLOB 长度之外的信息存储的，这允许使用比最大 232 更短的 ISDU 长度来节约开销。图 11.21 显示了这种结构。

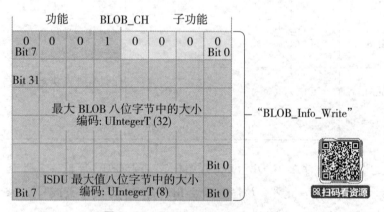

图 11.21 BLOB_Info_Write 结构

需要构建的 BLOB 片段（见图 11.22）以 IO-Link 设备支持的 ISDU 尺寸为基础。最大尺寸由于使用的 ISDU 机制限制为 232 字节。这意味着 BLOB 传输将传输的数据分割成适当数量的单个数据包并传输这些数据包。为了能够识别顺序上的错误，传输由所谓的流控决定，它允许以正确的顺序传输每个段，并识别丢失或双传输块。对于一个段的结构，在写入和读取方向上没有区别，只是标头随着段的编码方向略有不同。

段的结构如图 11.22 所示。

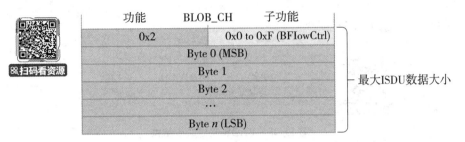

图 11.22 BLOB 分段结构

标头根据表 11.24 编码，分段后的数据可用于传输。

最后一个分段只包含剩余的数据，因此可能不一定具有完整的 ISDU 长度。图 11.23 显示了这种差异。

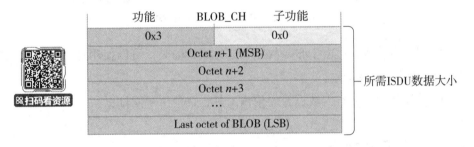

图 11.23 最后的 BLOB 段结构

BLOB 为整个可传输数据包定义了一个 CRC，以确保数据包传输过程中不会发生错误。

CRC 传输结构依赖于 BLOB 的传输分段。CRC 结构如图 11.24 所示。

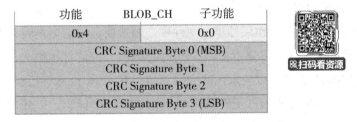

图 11.24 在 BLOB 通道中的 CRC 结构

用户需要在读出时通过数据计算出 CRC，然后与接收到的 CRC 进行比较。发送方在写入过程中通过数据计算 CRC 并将这些数据发送给设备。然后检查 CRC 与内部通过接收的数据计算的 CRC。当结果相同时，CRC 写入将获得肯定的应答。如果发生错误，会有一个负反馈，接收块将被抛弃。

如果这是肯定的，IO-Link 设备会收到一个肯定的应答，以完成当前传输并再次释放通道。

图 11.25 显示了这个命令。

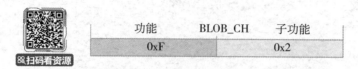

图 11.25　BLOB 完成命令结构

如果在通信过程中发生错误，则可以主动中止。终止命令如图 11.26 所示。

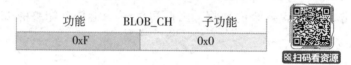

图 11.26　BLOB 终止命令结构

当 PC 工具启动传输后由于自身故障无法完成传输时，可以使用这个命令。这样阻塞的通道就可以再次被释放。

BLOB 传输是用于所有大数据量的传输工具，目前用于固件更新。

11.4.2　固件更新功能

固件更新本身为 IO-Link 设备厂商定义了需要如何构造固件更新文件的模式。所包含的固件将叠加的 BLOB 传输到相应的 IO-Link 设备。图 11.27 显示了这一点。

由于固件的更新需要足够满足某些安全要求，以绝对防止无意识编程或用不合适的固件破坏 IO-Link 设备，执行以下措施。

IO-Link 设备的标识存储在固件更新文件中。制造商标识需要与设备对应。IO-Link 设备发送一个硬件标识，这需要对应一个允许的标识，占位符也被允许在其中。为了进一步防护，IO-Link 设备可以要求访问密码，随后 IO-Link 设备将检查密码。

制造商还可以在最后的固件更新数据块中构建另一个标识，以便能够注意到对更新文件的操作。标识完成后，IO-Link 设备通过一系列命令转移到引导加载程序中。

例如，如果一个 IO-Link 设备在上传过程中掉电，引导加载程序将在电压中断后保持不变，以确保第二次尝试编程。

过程中需要注意，IO-Link 设备在更新过程中不能提供任何过程数据或参数。

在引导加载状态下的 IO-Link 设备标识也必须不同于正常的 IO-Link 设备标识，以便能够识别没有正确固件的设施的无意调试。

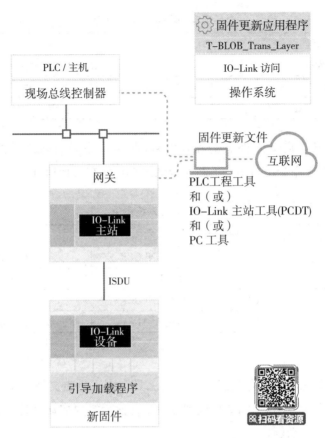

图 11.27　固件文件传输原理描述

上传完成后，参数是否保持不变，是否需要更新配置，甚至 IO-Link 设备的识别是否发生变化，取决于制造商、IO-Link 设备以及更新类型。

固件更新行规定义了表 11.25 中描述的参数。

表 11.25　　　　　　　　　　　固件更新行规参数

索引（十进制）	对象名称	访问	长度	数据类型
0x43BD（17341）	FW-Password	写	变量	StringT
0x43BE（17342）	HW_ID_Key	读	变量	StringT
0x43BF（17343）	Bootmode-Status	读	1 八位字节	UIntegerT

密码由 IO-Link 设备制造商决定，其可以根据需要提供密码。HW_ID_Key 也由 IO-Link 设备厂商定义，它与可能的固件更新紧密相连，并且只允许更新 IO-Link 设备中存在的固件，如果密钥匹配的话。

最后一个参数（引导模式状态）主要服务于固件更新的过程控制。现在定义了两种状态："引导加载程序激活"和"引导加载程序未激活"，这在表 11.26 中列出。

表 11. 26　　　　　　　　　　引导模式（Bootmode）状态

编码	定义
0x00	引导加载程序未激活
0x01	引导加载程序激活
0x02 到 0xFF	预留

固件更新定义了启动固件更新和在 IO-Link 设备中激活新固件的系统命令。表 11.27 中列出的系统命令由与固件更新兼容的工具环境在后台运行。

表 11. 27　　　　　　　　　　固件更新的系统命令

命令（十六进制）	命令（十进制）	名字	注释
0x50	80	BM_UNLOCK_S	开启解锁序列
0x51	81	BM_UNLOCK_F	解锁命令 1
0x52	82	BM_UNLOCK_T	解锁命令 2
0x53	83	BM_ACTIVATE	停止通信并启动最新加载的程序

用户通常需要使用一个有关固件更新的工具，该工具也支持这个行规。固件包将由 IO-Link 设备制造商交付，需要集成到接口中，然后需要启动固件更新。图 11.28 显示了工具接口的一个示例。

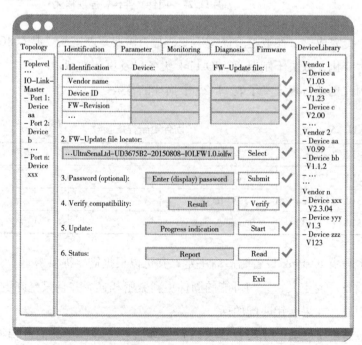

图 11. 28　工具中固件更新接口示例

该工具负责所有的检查机制，用户通过相应的固件更新指示哪个 IO-Link 设备将获得新的更新。

关于固件更新，需要注意 IO-Link 设备文档，其中制造商说明哪些区域受到更新的影响。

如果更新仅用于故障排除，那么 IO-Link DeviceID 通常不会受到影响。如果 IO-Link 设备的新固件包含新的或扩展的功能，则 IO-Link DeviceID 将更改。

请注意

如果固件更新导致 IO-Link DeviceID 改变，端口配置中的标识需要相应调整（见 10.2）。如果带有新的 IO-Link DeviceID 的新固件不能兼容以前的 IO-Link DeviceID（见 8.5），则需要将带有新的 IODD 的 IO-Link 设备重新包含到 PLC 配置中。

11.5　最新定义的行规 ID、参数和系统命令的概述

11.5.1　行规 ID

表 11.28 列出了所有的行规 ID 和它们的规范。

表 11.28　　　　　　　　　行规 ID

行规类型	长名称	Abb.	类型	行规 ID 十六进制	行规 ID 十进制	规范
设备行规	一般行规传感器	GPS	GPS	0x0001	1	IO-Link 智能传感器第二版
	固定开关传感器	FSS	SSP1.1	0x0002	2	
	固定开关传感器，可关闭功能		SSP1.2	0x0003	3	
	可调节开关传感器，单值示教	AdSS	SSP2.1	0x0004	4	
	可调节开关传感器，双值示教		SSP2.2	0x0005	5	
	可调节开关传感器，动态示教		SSP2.3	0x0006	6	
	可调节开关传感器，单值示教，可关闭功能		SSP2.4	0x0007	7	
	可调节开关传感器，双值示教，可关闭功能		SSP2.5	0x0008	8	
	可调节开关传感器，动态示教，可关闭功能		SSP2.6	0x0009	9	

行规类型	长名称	Abb.	类型	行规 ID		规范
				十六进制	十进制	
设备行规	测量传感器	MDC	SSP3.1	0x000A	10	
	测量传感器，高精度		SSP3.2	0x000B	11	
	测量传感器，可关闭功能		SSP3.3	0x000C	12	
	测量传感器，高精度，可关闭功能		SSP3.4	0x000D	13	
通用应用行规	二进制大对象传输	BLOB		0x0030	48	BLOB 传输及固件更新
	固件更新	FWUP		0x0031	49	
	识别与诊断	I&D		0x4000	16384	IO-Link 通用行规
功能类	设备识别			0x8000	32768	IO-Link 智能传感器第二版
	开关信号通道（SSC）		SSC	0x8001	32769	
	过程数据变量（PDV）		PDV	0x8002	32770	
	诊断			0x8003	32771	
	学习通道		TI	0x8004	32772	
	固定开关信号通道			0x8005	32773	
	可调节开关信号通道			0x8006	32774	
	单值动态示教			0x8007	32775	
	双值动态示教			0x8008	32776	
	动态示教			0x8009	32777	
	测量数据通道		MDC	0x800A	32778	
	测量数据通道，高精度		MDC	0x800B	32779	
	关闭转换器			0x800C	32780	
	IO-Link 安全			0x8020	32800	IO-Link 安全扩展
	扩展识别			0x8100	33024	IO-Link 通用行规

11.5.2　参数

表 11.29 列出了在行规中定义的所有参数。如果支持相应的功能类（Function-Class），则保证所有这些参数都可用。

表 11.29   **与行规相关的参数**

	索引 十六进制	子索引 十进制	名称	读/写	长度	数据类型	解释
系统索引	2	2	系统命令	写	1 字节	Octet	支持的索引，看后续的描述
	000D	13	行规特征	读	变量	ArrayT of UIntegerT16	设备支持的行规 ID 列表
	000E	14	过程数据输入描述符	读	变量	ArrayT of OctetStringT3	输入过程数据结构的描述
	000F	15	过程数据输出描述符	读	变量	ArrayT of OctetStringT3	输出过程数据结构的描述
识别数据	13	19	产品 ID	读	最大 64 字节	StringT	例如：订货号或订单号的纯文本
	15	21	序列号	读	最大 16 字节	StringT	厂商特定信息
	16	22	硬件版本	读	最大 64 字节	StringT	厂商特定信息
	17	23	固件版本	读	最大 64 字节	StringT	厂商特定信息
	18	24	应用特定标签	读/写	最大 64 字节	StringT	用户特定的设备信息
	19	25	功能标签	读/写	最大 32 字节	StringT	用户特定的功能信息
	001A	26	位置标签	读/写	最大 32 字节	StringT	用户特定的位置信息
诊断	24	36	设备状态	读	1 字节	UIntegerT	
	25	37	设备详细状态	读	变量	RecordT	与行规相关的额外信息
扩展行规参数	31	49	BLOB_ID	读	2 字节	IntegerT	激活 BLOB 传输的 BLOB_ID
	0032	50	BLOB_CH	读/写	变量	OctetStringT	BLOB 的传输通道
	38	56	SSC 参数	读/写	2 字节	IntegerT	二进制信号的开关阈值
	39	57	SSC 配置	读/写	1 字节	IntegerT	二进制信号的配置
	003B	59	TI 结果	读	1 字节	IntegerT	示教状态机状态
	4080	16512	MDC 描述符	读	11 字节	St ruKtur	测量过程数据的描述
	43BD	17341	FW_Password	写	最大 64 字节	StringT	需要设备检测的密码
	43BE	17342	HW_ID_Key	读	最大 64 字节	StringT	明确的硬件识别
	43BF	17343	引导模式状态	读	1 字节	UIntegerT	引导加载程序的状态

11.5.3 系统命令

系统命令类似于参数：IO-Link 通用行规规定了符合行规的 IO-Link 设备必须支持哪些命令。表 11.30 列出了行规中可用的系统命令。

表 11.30   **支持的系统命令**

命令十六进制	命令十进制	名称	在基本规范中强制/可选	在 IO-Link 通用行规中强制/可选	解释
0x01	1	ParamUploadStart	O	C	启动参数上传
0x02	2	ParamUploadEnd	O	C	停止参数上传
0x03	3	ParamDownloadStart	O	C	启动参数下载
0x04	4	ParamDownloadEnd	O	C	停止参数下载
0x05	5	ParamDownloadStore	O	C	停止参数化并开始数据存储
0x06	6	ParamBreak	O	C	中断数据存储及参数化
0x82	130	restore factory settings	O	C	

11.5.4 行规和功能块

IO-Link 中的行规需要通过控件中的功能块来使用。为此，有一些典型的实现方法可根据相应的行规 ID 进行调整。

这些典型的实现方法可以在 www. IO-Link. com 上查看，也可以在下载区域作为规范获取。

12　输入输出设备描述（IODD）

IO-Link 希望在调试期间为用户尽可能提供方便。遗憾的是，由于其设备的复杂性，没有适当的工具是无法实现这点的。为了实现这一愿望，IODD 被开发出来。它是一个描述当前 IO-Link 设备及其基于电子数据处理的特性的 XML 文件。这个描述比数据手册要详细得多，但是仍然可以比较两者。最重要的信息在两种描述性媒介中都给出了。

标准化描述的一个主要优势是系统专用工具的可用性，所有制造商的所有 IO-Link 设备都可以参数化。这样，所有 IO-Link 设备的接口都是相似的。

12.1　IO-Link IODD

IODD 是一个特定设备的描述文件，它需要与 IO-Link 设备建立连接。这意味着每个 IO-Link DeviceID 都有自己对应的描述文件（IODD）。

例如，如果一个 IO-Link 设备有几个无法映射到一个 IODD 中的复杂功能，那么 IO-Link 设备厂商可能会为同一设备提供几个 IODD。另外，这意味着 IO-Link 设备有几个 IO-Link 设备 ID。有了这些工具的帮助，就有可能为 IO-Link 设备找到正确的功能，并在端口配置中存储正确的标识或所需的 IO-Link 设备 ID（见 10.2）。

IODD 的结构遵循非常严格且独立于制造商的模式。IODD 有一个用于变量、菜单和逻辑的主文件。基本 IODD 的标准语言始终是英语。除了实际的描述性文件（XML 文件）外，IODD 包含一个 IO-Link 设备的图片、一个 IO-Link 设备的图标、一个公司图标，并且在大多数情况下还包含一个引脚分配图片。

由于 IODD 只使用所谓的 TextID 而不是直接文本，其很容易使用其他语言。根据制造商的不同，有更多引用基本 IODD 的 TextID 的 XML 文件可用。

为了将这些文件放在一起，它们被组合在一个 zip 文件中。IODD 的命名严格遵循"公司名 – 设备 ID – 日期 – IODD1.1xml"规则。

如图 12.1 显示，基本 IODD 是最大的文件，语言文件仅包含各自 TextID 的翻译文本。语言 XML 文件使用所使用语言的起源国家的国际缩写进行标记。而且，它是一个带有 IO-Link 修订版本 V1.1 的 IODD，这可以根据文件名末尾的 IODD1.1 确定。

Name ^	Date modified	Type	Size
Example-company-000315-20171213-IO...	12/29/2017 3:47 PM	XML Document	20 KB
Example-company-000315-20171213-IO...	12/29/2017 3:47 PM	XML Document	4 KB
Example-company-000315-20171213-IO...	12/29/2017 3:47 PM	XML Document	4 KB
Example-company-000315-20171213-IO...	12/29/2017 3:47 PM	XML Document	4 KB
Example-company-000315-20171213-IO...	12/29/2017 3:47 PM	XML Document	4 KB
Example-company-000315-20171213-IO...	12/29/2017 3:47 PM	XML Document	4 KB
Example-company-000315-20171213-IO...	12/29/2017 3:47 PM	XML Document	3 KB
Example-company-000315-20171213-IO...	12/29/2017 3:47 PM	XML Document	4 KB
Example-company-000315-20171213-IO...	12/29/2017 3:47 PM	XML Document	3 KB
Example-company-000315-20171213-IO...	12/29/2017 3:47 PM	XML Document	3 KB
Example-company-AB1234-con-pic.png	12/29/2017 3:47 PM	PNG File	9 KB
Example-company-AB1234-icon.png	12/29/2017 3:47 PM	PNG File	2 KB
Example-company-AB1234-pic.png	12/29/2017 3:47 PM	PNG File	21 KB
Example-company-logo.png	12/29/2017 3:47 PM	PNG File	5 KB

扫码看资源

图 12.1　一个 IODD zip 文件目录

工程工具使用 IODD 向用户显示参数、范围和诊断，同时人们可以方便地更改它们。

工具中的 IODD 如图 12.2 中的示例所示。

扫码看资源

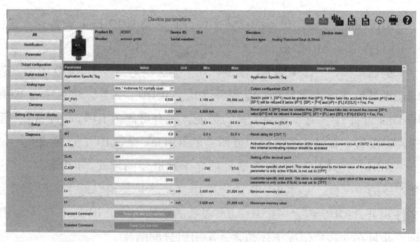

图 12.2　在工具设置中的一个 IODD 描述

在本例中，通过左侧菜单根据主题选择 IODD 的参数，还可以同时显示所有参数和诊断。这种整体演示的缺点是，它可能会难以理解、难以滚动，这取决于参数和诊断的数量。

12.2 IODD 详解

IODD 描述 IO-Link 设备的以下相关内容：

- 识别
- 带地址参数、值范围或枚举、默认值和数据类型
- 过程数据结构，包括长度、结构和值范围
- 事件列表
- 语言文件的参考文本
- 菜单结构

由于根据所选参数设置 IODD 中的描述，所选工具可以在菜单结构中显示和隐藏菜单。这防止了不必要和不合适的参数输入，并简化了控制。简单说，IODD 使显示或隐藏与上下文相关的参数成为可能。

对于参数和过程数据，IODD 中使用梯度、偏移量和小数位所描述的缩放是同样有效的。

此外，IODD 中给出了 IO-Link 设备特定的信息类字符内容。传输层可以判断出在预操作和操作中使用的传输速率、最小周期时间和选择的 M 序列类型。

IODD 让使用所谓的用户角色成为可能。它们是观察者、维护人员和专家。根据调整后的用户角色，可以限制参数的访问和可见性。例如，HMI 的程序员可以扮演观察者的角色，只查看 IODD 中的所有值，而不影响它们。专家还可以影响并主动改变这里的参数值。

除了电气和协议特定的部分，IODD 还阐述了机械特性，比如 IO-Link 设备选择的电气端口（M5、M8、M12、电缆）。但是，机械特性不会导致新的 IO-Link DeviceID 出现，因此也不会创建新的 IODD。IO-Link DeviceID 和连接的 IODD 取决于 IO-Link 设备的电气特性或应用特性。例如，具有相同 IO-Link DeviceID 的 IO-Link 设备可以在它们的过程连接（1/4 英寸和1/2 英寸）中有所不同，是机械设备的变形。如果它们在机械上有一定的适应性，它们可以被用作替代品。在更换一个 IO-Link 设备之前，为了不处理机械问题，建议事先找出具有相同 DeviceID 的两个 IO-Link 设备之间的确切机械差异是什么。例如，替换具有相同 DeviceID 的设备可采用更长的电缆或另一种过程连接。具有相同 IODD 的 IO-Link 设备变形可以这样区分：

- 注册不同
- 机械不同（颜色、线长、类型、材料等）

作为一种规则，IODD 在纯粹的信息基础上描述了与 IO-Link DeviceID 无关的设置，此外，IODD 对 IO-Link 设备家族的不同订货号给出了一些指示。这意味着 IODD 列出

具有相同 IO-Link DeviceID 的所有货号（最大255）。

请注意

一个 IODD 恰好是一个 IO-Link 设备的一部分，更准确地说，一个 IODD 恰好是一个 IO-Link DeviceID 的一部分。如果向 IO-Link 设备添加另一个特性，则 IO-Link 设备厂商必须分配一个新的 IO-Link DeviceID，该 DeviceID 又有一个新的 IODD。IODD 可能会有版本变更，这主要是由于 IODD 内部的修改，但这与 IO-Link 设备的功能无关。大多数情况下，其将是对拼写错误或有问题的参数范围的修正，对菜单显示和隐藏的设置以及对语言文件的添加。

12.3 为 IO-Link 设备获取 IODD 文件

每个 IO-Link 设备的 IODD 可以在所有 IO-Link 设备厂商的主页上找到。IODD 是 IO-Link 设备的固有部分，随同设备一起被用户购买。

使用 IODD 查找器主页（www. IO-Link. com）是获取 IODD 的最简单方法。所有著名的 IO-Link 设备制造商都在这里提交了自家的 IODD 文件。图 12.3 显示了页面的结构。IODD 查找器的界面允许搜索产品、产品名称、制造商、IO-Link 修订版本，将来还可以搜索 IO-Link DeviceID。

图 12.3 IODD 查找器

如果一个 IODD 有几个版本号（因为制造商修改了部分 IODD），这些版本号将显示在界面上，并在"所有版本"链接下可见，也可以加载旧版本。图 12.4 显示了 IODD 查找器这一特性。

用户通过选择第一列中的下载符号来下载 IODD。该下载将以下载压缩文件的形式进行，其中包含 12.1 描述的所有相应文件。

可以手动下载在 IODD 查找器中能找到的所有 IODD，但这相当烦琐。大多数当前的工具都有一个插件，它通过相应的 API 钥匙与 IODD 查找器连接，然后让用户轻松地下载所需的 IODD，并让它们在工具中可用。通过使用该工具下载 IODD，用户不需要手动搜索如制造商和货号。该工具通过 IO-Link 主站读取 IO-Link VendorID 和 IO-Link DeviceID，然后，它将询问用户的许可（弹出窗口，带有相应的许可要求），以拨入 IODD 查找器。一旦完成这一操作，该工具就会在后台下载相应的 IODD，解压缩它并

图 12.4　IODD 查找器中老版本 IODD 的链接

将下载的 IODD 存入该工具的目录中。IODD 随即可以使用了。

IODD 查找器还允许对可用的 IO-Link 设备进行全面、独立于制造商的概述。

12.4　IODD 检查器

为了确保 IODD 的质量，IO-Link 委员会提供了一个测试工具，比如用于制造商声明的测试工具（见第 13 章）。所谓的 IODD 检查器必须总是在许可之前检查 IODD。IODD 检查器分析 IODD 的结构，并检查缺少的部分。检查成功后，IODD 检查器将在 IODD 主文件中填写一个校验和。解释器工具和导入 IODD 的工程工具也会产生一个校验和。如果这两个校验和一致，解释器和工程工具将接受 IODD 作为有效的 IO-Link 描述。通常，IODD 此时会在相应的系统中授权和归档。如果用户更改 IODD XML 文件中的任何内容，由于这些更改，IODD 将不再有效，因为校验和此时已被破坏。所有解释器工具以及使用 IODD 的其他工具都将判定当前 IODD 是无效的。相应的系统将拒绝这样的 IODD。

12.5　解释工具

IODD 解释器加载一个 IODD，并可以描述适合用户的内容。

多个制造商提供这样的工具。可以在下面找到一个清单，但它并不是详尽的。关于解释器工具的更多信息，可以联系 IO-Link 委员会：www. IO-Link. com。此外，IO-Link 能力中心可以提供更多的信息，www. IO-Link. com 也可以提供。

现有的解释工具有：

- SIMATIC Step7 PCT（西门子）

- IODD Interpreter DTM for FDT（M&M）
- PC works（Phoenix Contact）
- LR Device（ifm 电子）

12.6 IODD 现状

下面展示 IODD 解释器工具的工作，以及将 IODD 导入设备配置的典型示例。它主要关于基本要素，所有制造商都是一样的。至于制造商之间的差异，需要参考制造商文档。

12.6.1 IODD 解释工具和 DTM（IODD-DTM）

IODD 解释器和 DTM 结合了 IODD 和 DTM 的优点。

用户向 IODD-DTM 提供一个 IODD。在 FDT 设置（例如 PACTWare）的设备目录更新的帮助下，IODD-DTM 为每个 IO-Link 设备生成一个通用的 DTM。IODD-DTM 在后台运行。

- 复制 IODD 文件到目录

＞C：\ Documents and preferences \ All Users \ IO-Link（见图 12.5）。

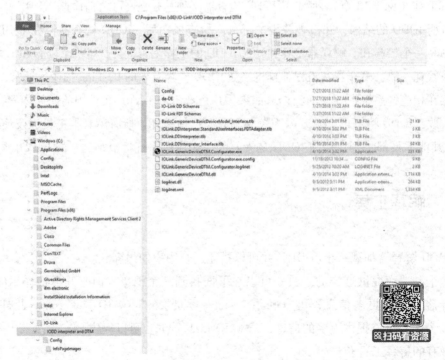

图 12.5　目录结构

更新设备目录后，设备将显示在名称下，并可以方便地集成到设备系统中。

- 厂商（IODD）
- IO-Link（IODD）

如果一个 IODD 支持多个 IO-Link 设备，所有具有相同 IODD 的 IO-Link 设备将被列在设备目录中。

12.6.2 IODD 集成到设施配置中

大多数 PLC 制造商提供设备配置工具。由于不可能详细介绍所有的配置工具，下文应被视为理解 IODD 集成的示例。所有的工具都非常相似。需要查阅各自的文档以了解更多详细内容。

12.6.3 配置工具调试

启动各自的配置工具。随后，出现一个窗口（见图 12.6）。

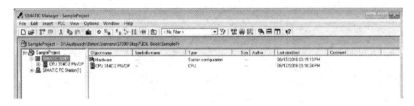

图 12.6 配置工具

配置工具通常简要地描述设备。图 12.7 以示例的方式显示工具接口可能是什么样的。

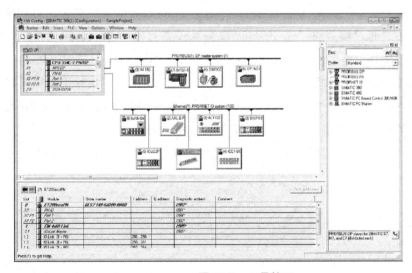

图 12.7 工具接口

可以在工具或配置设置中通过各自的菜单启动 IODD 解释器工具。制造商提供的配置工具文档中详细解释了如何使用不同的工具。

12.6.4 导入 IODD

所有配置工具均支持导入待集成的 IODD。通常，随后会出现一个列出所有集成 IODD 的设备目录。IODD 被描绘成 IO-Link 设备和公司标识的图片。然后用户可以将虚拟设备集成到虚拟设施中。这可以通过"拖放"或各自的菜单来完成。如图 12.8 所示。

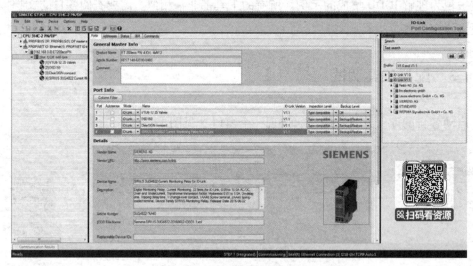

图 12.8　传输设备到设施中

其中槽位标签为 1。IO-Link 主站将来自尚未选择的 IO-Link 设备的数据映射到所选端口上。随后，用户通过拖放将一个 IO-Link 设备从设备目录中移动到所选槽 2。IO-Link 设备的检测准确性也需要由用户设置（3；见 10.2）。由于 SMI（见 10.9）将只确保历经几年时间才能迎来关于检测准确性的标准化条款，现在这些条款仍然因不同的工具厂商而有所不同。在本例中，"same type"意味着对相同的 IO-Link VendorID 和相同的 IO-Link DeviceID 进行检查，尽管 IO-Link 设备也可以兼容。

IO-Link 主站将各自端口选择的操作模式设置为"操作模式"（4；见 10.3）。

13 IO-Link 标准的品质

IO-Link 希望保证通信的质量标准。这基于 3 个支柱：每个开发的规范都有相应的测试规范；IO-Link 委员会在持续改进规范并且发布新的规范集合和修订文本；年度 IO-Link 互操作测试大会，在这个会议上 IO-Link 厂商会讨论和测试自家产品。

对用户来说最明显的质量特征是每个 IO-Link 设备所附带的制造商申明。

13.1 测试规范

每个规范都有自己的测试规范来指导测试。测试工具厂家通常将测试用例从测试规范编码到自己的测试系统，这意味着不必手动进行测试。

13.2 规范集合和修订

IO-Link 处于持续改进中，这主要是因为该标准是公开的。任何与该规范打交道的人如果发现了错误或定义缺失，都可以个人和公司的名义发送一个所谓的更正请求（CR）。由于这个原因，每个发布的规范的第二页都有登录账号和密码，每个人都可以通过登录账号访问所使用规范的更正数据库。通过该链接，每个人都能够查看自己或他人提出的更正请求进度，以及 IO-Link 委员会专家组的决定。

专家组（核心团队）会对已发布规范的更正请求进行回复，IO-Link 委员会会总结这些回复，并选择其中必要的内容添加到修订文本中。委员会也会将当年发布的修订以及相应的规范（比如 IO-Link 接口和系统规范、IO-Link 测试规范、IOOD – IO-Link 设备描述规范以及制造商声明），打包到一起形成一个规范集合发布。对所有的 IO-Link 制造商来说，都必须遵循更正数据库和发布的规范集合。

13.3 互操作性

IO-Link 通信标准品质改进的一个重要部分是年度互操作测试大会。所有的 IO-Link 组件厂商都被邀请参会。每次开会前，委员会讨论可能的重要议题，通常有 3 或 4 个议题在不同的测试地点被呈现给现场专家。所有的与会制造商相互测试其产品与其他制造商的产品的兼容性。此外，大家会向 IO-Link 专家组提问，请求其解决在不同制造商之间产生的互操作性难题，并对涉及的规范提出更正请求。这些会议在 IO-Link 通信标准的品质保证上起着重要作用，保证了 IO-Link 通信。

13.4 制造商声明

IO-Link 在提供高质量标准的同时，控制了成本。这就是为什么每个制造商都有义务为其每个 IO-Link 设备提供一份制造商声明。该制造商声明是作为强制性 CE 声明的一部分而做出的。

所有的 IO-Link 制造商在发布 IO-Link 或 SDCI 设备的时候被要求发布制造商声明。如果是 IO-Link 设备，还必须有一份经过 IODD 校验工具校验的 IODD 文件。制造商声明需要包含涉及基于 IO-Link 接口和系统规范的电磁兼容的校验清单，以及设备无害化的校验清单，并应带有有效标准的 CE 标示。随后，需要进行强制性物理层和协议层测试。只有以上内容都完成（测试通过）后，才有可能提交制造商声明。测试可交由 IO-Link 能力中心和 IO-Link 测试实验室完成。

已发布的制造商声明保证严格遵循 IO-Link 标准。如果设备没有制造商声明，用户应向相关制造商询问，并要求提交声明。如果对 IO-Link 设备质量有疑问，用户可要求获得测试协议和日志文件。如果用户无法评估这些内容，则可以向 IO-Link 能力中心或 IO-Link 测试中心寻求帮助。

制造商声明是可靠的，因为 IO-Link 制造商通常使用标准测试工具为制造商提供测试报告。测试工具涵盖了 IO-Link 测试规范。针对未能通过测试的例外情况必须给出明确的声明，或由 IO-Link 委员会专家组发表声明。

13.5 制造商声明的结构

发布的制造商声明是一份像标准 CE 声明的文件宣言。IO-Link 设备（主站或从站）

的用户可以查看该文档，或是将其作为 IO-Link 设备的一部分，就像 CE 声明一样。

图 13.1 显示了制造商声明的标准格式。IO-Link 制造商在表格中说明设备的名称，以及哪些标准和 IO-Link 规范被用于设备的检查（包括 IO-Link 主站和从站）。此外，必须说明 IO-Link 协议测试的标识。相应的测试工具会发布测试标识，并清晰而全面地声明测试报告。

MANUFACTURER 'S DECLARATION
OF CONFORMITY

We:

Example Company LLC

Sample street 1

34120 Model city, USA

declare　under　our own responsibility that the product(s):

Exemplary device　2232　"IO-Link Optical Sensor M12 IP67"

IO-Link device

to whi ch this declaration refers conform to:

☒　• IO-Link Interface and System Specification, V1.1, July 2013　(NOTE 1,2)

　　• IO Device Description, V1.1, August 2011

☐　• IO-Link Interface and System Specification, V1.0, January 2009　(NOTE 1)

　　• IO Device Description, V1.0.1, March 2010

The conformity tests are documented in the test report:

Example –Company　–MD –2232 –M12 –20170526 –Device Test Report.pdf

Issued at　*Model city*　, *June　10, 2017*　Authorized signatory

　　　　　　　　　Name:　　　Max Mustermayer

　　　　　　　　　Title:　　　Vice President R&D

　　　　　　　　　Signature:

Reproduction and all distribution without written authorization prohibited

NOTE 1 Relevant Test specification is V1.1，July 2014
NOTE 2 Additional validity in Corrigendum Package 2015

图 13.1　制造商声明示例

13. 6 测试、分析和诊断工具

像任何其他通信系统一样，IO-Link 需要测试、分析或诊断工具。它们的特征确实不同。这些工具有单纯的 IO-Link 监视器或所谓的嗅探器，可以用来侦听 IO-Link 物理层上的通信并对其进行解释。协议测试工具（所谓的 IO-Link 主站测试仪和从站测试仪）可以辅助制造商发布制造商声明。

与总线系统相比，IO-Link 系统分析相当简单，它被设计为点对点连接，任何寻址和潜在问题都可避免。此外，IO-Link 系统具有以下优点：一些故障将通过自诊断显示。如果有漂移，误差分析很困难，例如，对时间行为产生负面影响的 IO-Link 设备或 IO-Link 主站。大多数情况下，数据内容会导致这些问题，而不是通信本身。

为了检查处于无法清楚理解的问题状态的应用程序或设施，可使用下文所述的分析工具或方法。

13. 7 测试工具

IO-Link 制造商有义务提交有关遵守 IO-Link 标准的制造商声明。为了避免手动运行所有 IO-Link 测试规范中的测试用例，IO-Link 委员会已发布了授权的测试工具。有一个确定的 IO-Link 主站测试工具。该 IO-Link 测试设备由硬件、计算机接口以及相应的软件组成，通过软件控制 IO-Link 测试工具并分析发现的数据。IO-Link 测试工具还具有总线接线，以充分集成 IO-Link 主站用于检查，并使用 IO-Link 主站的原始接口。此过程允许检查 IO-Link 主站，以及在实际使用过程中它最终将如何在应用中发挥作用。通过工具设置（用户计算机上的软件）可以控制 IO-Link 测试工具并管理 IO-Link 规范范围内的测试以及检查，并对错误主动做出反应。因此，其可以检查正确的 IO-Link 主站行为。

至于 IO-Link 从站测试，有一个合适的等同于 IO-Link 测试工具的设备，即所谓的 IO-Link 测试主站。这个 IO-Link 测试主站连接到计算机，就像 IO-Link 测试工具一样，安装了相应的用户软件来控制 IO-Link 测试主站。首先，IO-Link 测试主站检查（如 IO-Link 测试设备）IO-Link 规范中定义的过程是否正确运行。IO-Link 测试主站还可以执行有针对性的单一测试用例，这些用例处于定义的边缘，以检查 IO-Link 设备是否仍在按照规范行事。它也可以执行一些测试用例来重现或分析工厂中可能出现的错误。

这些工具是 IO-Link 能力中心和测试实验室的标准配置，它们也可以在那里被找到

或从相应的制造商处购买，如果用户选择并熟悉测试。

这些工具是 IO-Link 能力中心和测试实验室的标准工具。如果用户熟悉测试也可以从各自的制造商那里购买它们。

13.8　诊断工具

一些制造商提供特殊的 IO-Link 监测器，它由几个组件组成。IO-Link 监测器通常由干扰 IO-Link 线缆的硬件、计算机接口（例如通过 USB）和分析读取数据的软件组成。硬件使得共同写入通过 IO-Link 线缆接收到的数据成为可能（嗅探器功能）。分析软件通过 USB，即 IO-Link 接口接收原始数据。分析软件可以将读取的原始数据分解成相应的数据结构，从而映射 IO-Link 的通信阶段，还可以显示数据内容（如果它们是标准化的）纯文本。一些工具现在使用 IODD 来解释通过电线发送的所有数据。大多数 IO-Link 监视器不能确定来自正在运行的通信的 M 序列类型（尤其是在调试时已经启动，并且 IO-Link 监视器缺少相应的数据），进而无法分析沟通。使用 IODD 的 IO-Link 监视器在这方面具有优势，因为相应的数据存储在 IODD 中（见第 12 章）。

如果 IO-Link 物理的协议分析表明协议正在不正确运行，需要检查电气冲击，以及静电值（见 15.1.2 和 15.2.2）。

潜在的变化可能会导致 IO-Link 的通信问题，这就是为什么它强制要求两个电压（U_S 和 U_A）在 B 类端口上进行电气隔离。

尽管 IO-Link 系统的 EMC 非常可靠，但还是建议检查设置可能的 EMC 干扰。IO-Link 监视器提供重要信息，这可能表明负 EMC 行为，它是典型的电磁影响（EMC 影响）。例如，重复 M 序列，IO-Link 监视器在视觉上突出显示或标记，甚至在最坏的情况下，IO-Link 监控可以检测到通信的重新委托，这可能是由于 EMC 的影响更大。IO-Link 监视 EMC 稳定性的困难直到本书外文版出版才被知道。

如果检查没有结果，需要联系 IO-Link 设备和 IO-Link 主站制造商。也有可能需要借助 IO-Link 能力中心和测试实验室（更多信息请访问 www.IO-Link.com）。

一些 IO-Link 监视器可以记录较长时间的 IO-Link 通信，当偶发错误出现，例如，导致机器进程的故障，或者在最简单的情况下导致零星的、莫名其妙的行为，这尤其有趣。可以通过长期监测来识别，当单个 IO-Link 设备发生故障时，哪些信息是在 IO-Link 以及这些是否可以与行为相关联。

请注意

如果用户在他们的设施中遇到问题，IO-Link 制造商可以用工具分析，单个 IO-Link 设备已发送或接收的信息。无论如何，询问您的 IO-Link 的组件制造商这句话对 IO-Link

都是有效的。

13.9　参数集分析

一些 IO-Link 制造商提供 USB – IO-Link 主站。其可以用于分析，特别是当数据集或参数集已意外更改时。用电脑和相应的工具，设置参数可以查看 IO-Link 设备并将其恢复到原始状态或具有相应 IODD 的智能应用程序的范围。此外，当 IO-Link 设备在旧设施中用作传统设备时，可以使用此工具，并且其参数集（例如开关点和复位点）通过非现场参数化写在"办公桌"上（见10.8）。

13.10　电磁干扰

IO-Link 规范规定了电磁场的典型测量通信系统的兼容性（EMC）。由于 IO-Link 定义其电线 20 m 的长度低于所需的 30 m 电线长度，此浪涌测量 IO-Link 组件不是必需的。

关于突发、有线外来辐射和干扰的测量表明，尽管高的电压范围通常为 24 V，但 IO-Link 设置仅受到轻微影响。即使存在干扰，通信对干扰非常稳健，例如爆炸。一方面，这是由于物理原因，另一方面，这是由于可能被破坏的 M 序列的重复机制。M 序列中可能的未识别错误的数量非常低，因为汉明距离为 4。因此，IO-Link 通信可以处理苛刻的行业环境。

所谓的 IO-Link EMC 主站和设备可以保证用于测量的 EMC 检查质量更高。

14 实际使用中的规划、调试和服务

在规划与构建设施时，相对于使用二进制、模拟或其他接口的传统设备，使用 IO-Link 的设备采用了一套不同的规则。通过机械设计和电气设计，有可能实现简化并减少复合接线。硬件侧配备简单插接技术，数据侧通过接收器为软件中的工业 4.0 应用提供基本信息，两者的结合实现了软件调试和设计的可能。

本章描述使用 IO-Link 时的典型情况，即所谓的用例，涵盖 IO-Link 设备与 IO-Link 主站调试之前、期间和之后发生的情况，但并未详尽列举。在集成 IO-Link 设备时，有一个共同的思路可以帮助理解基本程序，那就是细节并不重要，但是技术可能性很重要。如有疑问，建议查看制造商提供的相应用户文档，在系统无故障运行期间不需要查看这些内容。如果 IO-Link 主站等与 IO-Link 设备对应的设备和其他更高级别的基础设施允许，首次操作即可使用"即插即用"应用。

14.1 规划、开发和建设的实用技巧

IO-Link 的一大优势是现场总线的独立性。现场总线没有通用标准，都是根据控制器制造商的要求提供单独的总线系统。机械工程师或集成商倾向于根据客户对硬件的意愿进行调整。这意味着机器制造商会根据 PLC 选择相应的硬件（如 PROFINET、以太网/IP 或 EtherCAT 主站）。IO-Link 作为底层技术的通用过程接口不受影响。借助适当的配置工具可保持对 IO-Link 设备的访问始终相同。这意味着机器制造商可以不考虑现场总线来安装数据集。投资保护由此产生。与未来的现场总线系统（如 TSN）相互独立可让 IO-Link 网关下方的最大一部分基础设施保持不变。最坏的情况就是更换总线节点和主站或更新软件。

IO-Link 主站在配置方面与标准现场总线部件略有不同：需要为所有总线节点定义和设置地址、数据长度、错误行为等。

14.1.1 控制器的 IO-Link 连接

市场上有多种控制方式。具体选择由许多标准决定。当前专有技术或设施、可靠性、长期可用性（投资保护）、可拓展性与可扩展性、服务以及最终的价格都是需要考虑的重要因素。与设施调试相关的工程性能和整个一揽子服务对设施或机器的价格有直接影响。这一点必须从一开始就予以考虑。如果一切都能正确集成到设施中，IO-Link 有助于降低成本。成功使用 IO-Link 的基本规则总结如下。通常由用户的规范决定选择。

像"IO-Link 兼容性"和"IO-Link 库"等其他标准也许会在未来发挥作用。几乎每家主要控制器制造商的产品组合中都有 IO-Link。为特定用途提供 IO-Link 的第三方供应商可以补漏。这些用途可能涉及卫生要求，甚至焊接强度。

从技术角度看，IO-Link 主站是控制器的一部分，还是分散外围模块的一部分，两者存在区别。如为前者，则可以通过内部（后面板）总线与 PLC 处理器进行快速通信。

对于低扩展性的机器，确实应该使用中央结构。考虑到 IO-Link 系统中 20 米的接线长度，如果控制器位于中央，则机器理论上最多可延长至 40 米。应该考虑总线系统是否为更佳选择，特别是考虑到布线工作时。

中央控制概念（见图 14.1）还可通过如插入设施扩展件的方式实现有限扩展。风险仅限于使用相应外围设备的中央控制器。在使用（有时数量相当多）外围模块时，根据用户程序，一个控制周期可能达到 100 毫秒。如果设施相当紧凑且距离短，则集成解决方案是明智的选择。

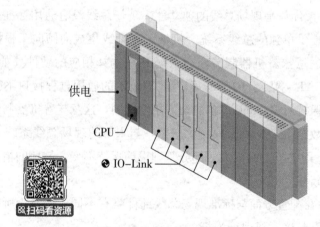

图 14.1　中央控制概念

由于处理器（CPU）周期、现场总线周期和 IO-Link 周期之间存在异步性，以分散式控制概念使用现场总线接口可能会在现场总线通信方面出现时间延迟。时间异步性的大小取决于设施布局。对于连接到总线系统的部件，需要占用带宽的部件越多，循环周期越慢。通过分散控制器的方式可以减少此问题，因此不会给系统带来太多负担。该系统的一大优势是可以将风险分散到多个控件器和不同的硬件上，因而可以缩短 IO-Link 电缆长度。由于预处理数据和设施扩展可以在之后集成，无论是机械层面还是软件层面，循环周期都更短（见图 14.2）。分散控制概念意味着，像是在模块化设施中，每个设施段的程序控制由一个特殊控制器（PLC）完成。但所有控制器都通过总线系统或以太网相互连接，因此可以实现状态数据交换和工件的相应传输。控制器是协调处理分散控制概念中所有进一步控制操作的主控制器。分散系统编程与集中构建控制概念没有太大区别。

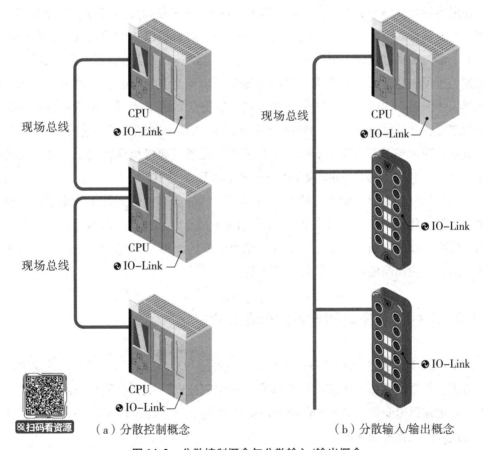

（a）分散控制概念　　　　　　（b）分散输入/输出概念

图 14.2　分散控制概念与分散输入/输出概念

14.1.2　总线主站和 IO-Link 多点主站

现场总线将中央控制 CPU 与分散的输入模块和输出模块连接起来。

因此，现场总线主站可以将集中式设施概念转变为分散式设施概念。总线主站，基本上只是通过总线电缆收集所有外围信号，主要用于控制而不是集中（背板）模块。

这个概念在分散的外围概念中得到证实。以前的布线需要多芯电缆，而现在的总线系统只需要一根总线电缆和单一电源。

这减少布线花费、使用更少的电缆信道，还可以极大地降低布线的出错频率。

IO-Link 将这一理念发扬光大。IO-Link 主站不是仅仅将二进制或模拟信号传输到分散的外围模块，而是通过集成的方式将传感器和执行器直接与总线连接起来。所以，从 IO-Link 设备的角度看，IO-Link 主站就是主控单元，而从现场总线的角度看，其是分控模块或是两个世界之间的转换器，也就是网关。

使用多种测量信号的多个传感器只需单一的 IO-Link 接口即可传输多个测量值。考虑到机身上具有多个测量点，电气方面只使用一个接口可以相应节省成本。此处的一个重要术语是传感器融合。另一个重要术语是智能数据，与原始数据或测量数据不同，该数据经过预先处理。举例来说，智能数据是对体现速度的脉冲信号的分析结果。将传感器元件输出不同频率的脉冲信号作为测量数据，传感器通过时钟将这些脉冲信号转换为速度，之后借由 IO-Link 提供给覆盖系统。IO-Link 在最底层的传感器/执行器处收集数据，而现场总线将远近不同的所有设备连接到一起提供到控制层。这样做的一项优势是可以直接访问 IO-Link 设备的标识及其设置（见 10.2）。

线缆预先配置 M12、M8 或 M5 接口降低了接线故障和接触问题的发生率。用插拔式跨接线缆取代复杂的逐芯线缆是 IO-Link 的基本概念。从过往经验看，很大一部分故障出在接线和接触方面（如暴露于潮湿环境所引发的故障）。借助 IO-Link 设备标识和断线消息，可快速简便发现疑似的接触问题。

14.1.3 IO-Link 主站和设备的配置软件

IO-Link 提高了对主站和设备配置软件（主要是 PLC 软件包的一部分）的要求。到目前为止，控制组件和 I/O 模块（多数属于一个制造商）配置在网络中就足够了，但外部世界正在迅速变化。SMI（见 10.9）应该有助于制造商加以了解各种组件，并最大限度地减少配置中的种种差异。

目前市面上已经有多种多样的设备可供用户选择，这些组件都能完美解决相关问题。通过配置，控制器应该可以通过总线主站和可能的网关直接访问 IO 模块和集成的 IO-Link 接口（见图 14.3）。要使系统具有更好的互操作性，需要独立于制造商的软件描述和接口，它们可以集成到叠加的配置软件中。对于 IO-Link 设备、网关和 IO-Link 主站都是如此。

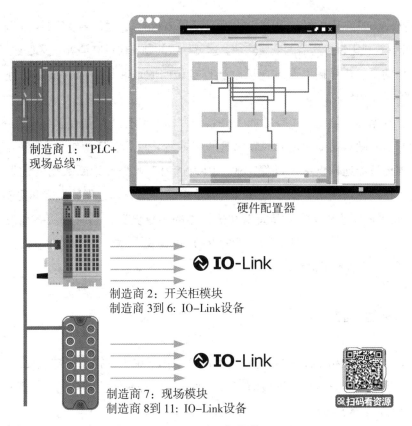

制造商 1："PLC+现场总线"

硬件配置器

制造商 2：开关柜模块
制造商 3到 6: IO–Link设备

制造商 7：现场模块
制造商 8到 11: IO–Link设备

图 14.3　跨层级通信

请注意

互操作性通常是指系统有效协同工作和交换信息以完成任务的能力。这一点不需要进一步定义，因为接口及其操作均已高度标准化。这意味着对于IO-Link来说，通信基本上是高度标准化的。

各IO-Link主站上的每个IO-Link设备的通信功能均独立于制造商。IO-Link设备的电源有限制，各IO-Link设备的每个IO-Link主站接口上的电流至少为200mA。进一步的限制是接口类别（见7.2）。

用于 IO-Link 设备的高效配置软件日益重要，尤其是当该软件支持不同 IO-Link 设备的通用配置或（甚至更进一步）支持不同设备和制造商时。IO-Link 设备的当前配置软件通常都支持访问 IODD 查找器，因此可以为集成在设施中的 IO-Link 设备下载所需的 IODD（见 12.3 和 www. IO-Link. com）。

到目前为止，传感器和执行器的参数设置是直接在原位手动完成或在"控制台"上完成的。

在过去，参数设置是先手动完成，再传输到相应的纸质列表中进行存档。传感器和执行器后来配备了特殊的配置接口，这些接口不仅是制造商特定的，而且需要制造商特定的控制软件。如果出现故障（因而产生停产等压力状况），通常会发生找不到适配器的情况或是维修计算机上缺少所需的安装软件。这就导致问题不仅没有消失，反而变得更糟。

标准化的第一步是提供通过现场总线直接访问的可能性，因为设备的现场总线接口是在总线系统内定义的。

此外，数据标准化简化了参数的中央数据存储。专有适配器或软件工具大幅减少。这种早期开发的缺点是要使用当时较昂贵的传感器并且具备通信组件所需的路由能力。因此，此类传感器通常仅用于过程工业，因为过程工业需要诊断数据的优先级较其他场景更高。在此种情况下，在停机或以更高价格获得未失真过程数据之间更易取舍。

IO-Link 可简便集中实现对传感器和执行器的参数设置，同时可从终端设备获取诊断数据。其还有一个优势是独立于总线的 IO-Link 定义，这为在不同的总线系统上运行更多 IO-Link 设备铺平了道路。

14.1.4　速度和循环周期

正如14.1.3 所指出的，循环周期在现代自动化系统中变得越来越重要。图14.4 展示了不同通信系统因异步性而导致的时间叠加。在应有速度方面，仍应考虑到：

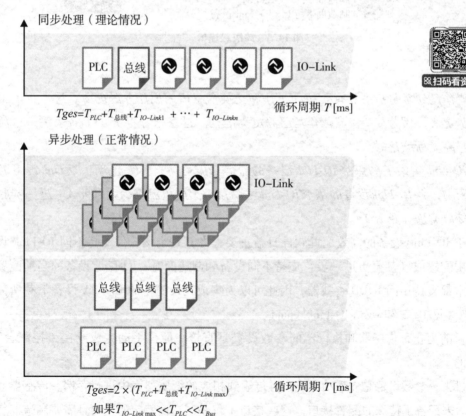

图 14.4　自动化系统的循环周期叠加

- 速度就是金钱;
- 机械元件的反应时间几乎总是比电子元件的长;
- 高速通信时出错率增加。

出错率在网络扩展的情景下尤其重要。

当然,程序的复杂性随着每一代机器的增加而相应提高,因而需要更好的性能,来保证比先前的版本更快处理所有事务。

这种竞争导致需要更高效的 CPU、更大的存储模块以及在 PLC 方面必要的更高成本。

该串行链路中的影响是由于速度增加而导致的数据过载,这一因素需要取舍电缆长度。物理层面无法改变,高时钟频率需要更短的电缆长度。如果这种发展延续到 IO-Link,则需要在上层有更高的带宽要求才能处理这种"数据负载"。例如,将 100 个传统传感器更换为智能 IO-Link 传感器时,可能会产生 100×10 kB 的额外参数数据,即现场总线上的总额外负载为 1 MB。大多数从业者会开始担心总周期时间出现大问题。IO-Link 为此提供了周期性与非周期性数据传输的智能通信组合。简言之,重要的过程数据多数由几个字节组成,会在现场总线上进行周期性传输,而这种传输带来的压力很小。而数百字节的较大数据则会在系统上分段后以非周期性方式传输到现有协议中。因此,净传输速率仅扩展了一定幅度。但是这种非周期性数据可能需要几秒钟传输,具体取决于总线工作负载,这些数据仅在参数、诊断和事件数据方面发挥次要作用。

IO-Link 可在两毫秒内传输典型的 2 字节过程数据(例如压力测量值)。不过,传输速度取决于 IO-Link 设备制造商的实现方式;数据通道规范时间计算见 7.8。多个 IO-Link 设备的时间不会叠加,因为通信不只使用一条总线,而是独立并行的点对点通信。IO-Link 主站或 SIO 模式下数字输入上的切换位自然要快得多,因为 IO-Link 传输的时间无足轻重。由于现场总线周期的关系,总线周期仍会限制到控制器的位传输。因此,IO-Link 不是一般现场总线使用过程中的瓶颈;PROFINET 循环周期往往在 10 毫秒以上。循环周期与以太网/IP 和 EtherCAT 等其他总线系统处于相似水平。如果使用实时网络,则取决于网络负载,循环周期可以短得多,通常在 1 到 2 毫秒。

速度通常与 IO-Link 设备的参数设置无关。物理访问集成 IO-Link 设备的时间通常比慢速远程连接要长得多,这一点显而易见。冬天在温暖的控制室对 IO-Link 设备进行参数设置远比从积雪路面艰难跋涉到储罐要舒服得多。

14.1.5 设备、IODD 和正确的工具选择

使用 IO-Link 设备时,必须牢记不同的选择标准。图 14.5 中的选择树对此应有所帮助。首先有一个问题:针对哪些设备启用 IO-Link,只有传感器、执行器、组合设

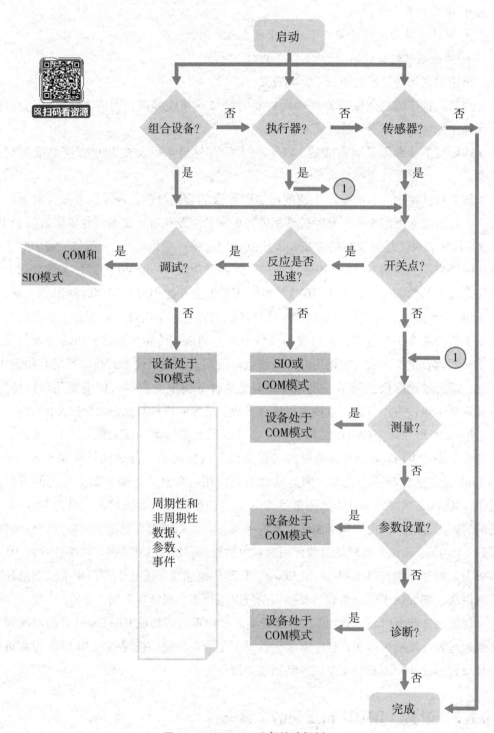

图 14.5　IO-Link 设备的选择树

备，还是要组合使用？如果所选设备可用，是否有可能获得 IO-Link 版本的设备？是否可以使用 IO-Link 传感器（出于后勤原因），这些传感器具有额外的模拟或数字输出作为旧设备的备件？使用 IO-Link 设备的主要原因是什么（例如诊断能力、适应不断变化的环境条件、减少接线）？IO-Link 传感器是否仅用于关键设施部件，还是可用于一般设施？制造商是否为每个选定的 IO-Link 设备（见 12.3）提供了 IODD，这些 IODD 是否可以集成到现有的软件架构中？有许多问题需要回答。所有问题的总体目标都是以较低的安装工作量和制造商的快速执行速度实现最佳机器可用性。此外，IO-Link 可以进入新的操作领域。截至发稿前，IO-Link 组件的额外费用已基本涵盖，在 IIoT 和工业 4.0 背景下升级旧机器非常有意思，关键词是"改造"。现有的基础设施可用于以后的更改或扩展。

14.1.6 模拟值到测量值

对于大多数设施而言，输入模块读取的测量值是以等效电流或电压电平的模拟数据方式呈现的。由于所有现代控制器以及传感器和执行器都使用数字处理器，在传输通道的许多地方都不可避免地存在模拟和数字之间的转换。由于结构和选择的分辨率不同，使用模数转换器容易出错。测量的不准确度与级联模数转换器（见图 14.6）的数量正相关，在极端情况下，将会导致百分位数范围内的误差并且该误差被控制器所采用。在模拟指令信号输出过程中，转换器的误差会反向发生。在过程技术中，此类不准确情况都是需要特别避免的，尤其是在需要精确控制用量的时候。IO-Link 设备解决了这个问题，因为其以数字方式传输测量值，从传感器输出开始就具有一致的精度。唯一的例外是基础传感器后面的单个转换器。IO-Link 现在经常以物理值传输测量值，例如以 bar 或 kPa 为单位传输压力传感器值。这消除了与控制程序转换有关的所有比例错误。

请注意

一些 IO-Link 传感器允许将测量值转换为不同的物理值，然后在 IO-Link 中以任何指定单位值的方式传输。如果在多个地方转换成其他物理值，则会出现舍入误差，从而导致不准确。必须特别注意这些值的转换只能发生一次。此外，对测量有影响的参数设置（例如开关点）应由 IO-Link 设备以原始物理值进行测量，以达到最大精度而不会对参数值（例如开关点）造成舍入误差。还有一点很重要的是要知道 PLC 程序通常用来计算设施控制器过程值的参数值（有时会包含物理值）。IO-Link 不仅可以通过参数更改传感器显示屏上物理值的显示值，还可以更改通过 IO-Link 传输的测量值。这样做的结果是，测量值范围因物理尺寸的变化而改变，PLC 程序不了解单位转换的存在，从结果中得出完全错误的结论。这可能会导致操作设施时出现较小的不一致，甚至会

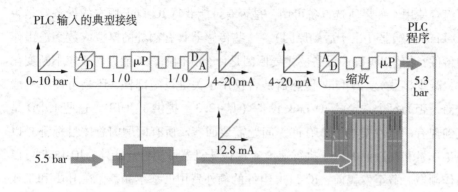

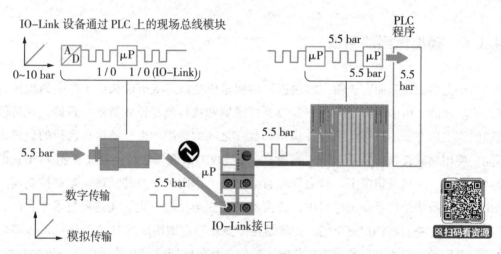

图 14.6　转换损耗与数字测量传输

导致设施被破坏。如果需要更改 IO-Link 通道上的物理单位（如果 IO-Link 设备像是传感器允许这样做），则必须在控制编程期间加以考虑。

这意味着必须通知控制器有关转换的信息，并且必须将部件的数值范围转换为相应的物理单位。实用的方法是始终通过 IO-Link 为控制器传输和处理相同的物理测量值，而传感器显示则根据国家/地区而定。

14.1.7　IO-Link 作为接线系统

IO-Link 的一个用例是作为 IO-Link 输入/输出模块（也称为 IO-Link 模块）使用。这些使用二进制或模拟输入和输出的模块可以连接到 IO-Link 主站接口，并与简单、传统的传感器和执行器切换（见图 14.7）。这些 IO-Link 模块不应与 IO-Link 主站混淆，也不与现场总线模块冲突。与 IO-Link 主站和现场总线模块不同的是，这些模块通过简单的 M12

和 M8 接口与设施相连，它们也像所有其他 IO-Link 设备一样不需要进行寻址。但应该注意的是，IO-Link 主站的电缆长度有 20 米的限制，并且不同制造商的电流分配理念不同。如果分配的 IO-Link 主站出现故障，所有连接的 IO-Link 模块也会自动中断，因此建议进行风险告知。借助这些设备，可以在一个 IO-Link 接口上连接多个标准信号。

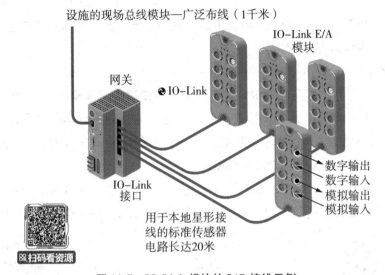

图 14.7　IO-Link 模块的 I/O 接线示例

这些 IO-Link 设备可以使用数字或模拟输入/输出，也可以混合使用模拟和数字输入/输出。

这样一来，IO-Link 主站就可以使用标准 I/O 进行扩展。这有时能节省（额外的分散式外围现场总线模块）成本。

在规划此模块时，应注意：

- 只有传统设备或处于 SIO 模式的 IO-Link 传感器才能在 IO-Link 模块上运行。

- 需要额外的 IO-Link 主站模块（在控制器、配电盘中或作为现场总线模块）来操作与控制器的通信。

- IO-Link 模块通常具有更高的功率需求，因为它们需要供给更多的传感器和（或）执行器。因此，必须检查所选 IO-Link 主站是否可以提供必要的电源。此外，必须考虑接口类型。

- 确保电压 U_S 和 U_A 的电流隔离（见 7.2 和 13.8）。

- 典型循环周期（见 7.8）必须足够，例如，在四个模拟通道的情况下。

- IO-Link 模块不应并联或串联。

- 使用正确的模块提供必要的保护类型。

- 输出的 24 V 电压接地并融入设施安全理念。

除了这些特点，IO-Link 模块的操作还有优势，特别是模块简单快速更换这一点。

与需要准确地址的总线模块相比，IO-Link 模块没有地址，这意味着它们的更换与其他 IO-Link 设备（传感器）一样简单。

14.1.8 配电和保护概念

在建设使用 IO-Link 的设施期间，电源的规划相当重要。下面介绍快速检视选择正确组件时的多方面内容。

IO-Link 主站和设备的选择

在规划有关部件的供压接线时，需要决定是否使用带有 A 类或 B 类接口的 IO-Link 主站。通常，传感器连接到 A 类接口，而 B 类接口连接到执行器或混合设备。由于使用单独的 B 接口电源，可以在不中断通信的情况下关闭执行器（在与 IO-Link 存在安全相关性时），或者可以按照功率需求增加设备。

在根据设施布线的相应要求确定接口配置后，则需要选择 IO-Link 主站（网关）。首先，需要回答电流分布概念 A、B、C 或 D 的问题（见图 14.8），也可以组合使用。

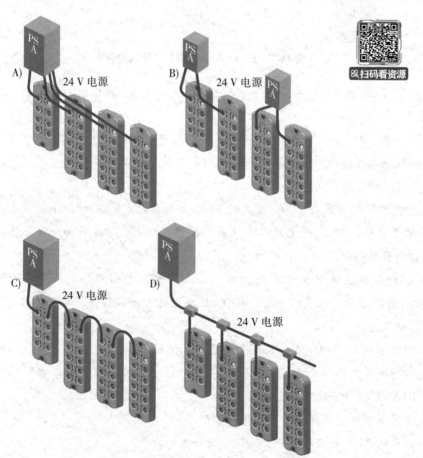

图 14.8　IO-Link 主站的不同电流分配概念

A）集中配电

由于集中配电，所有设备都通过单独的电缆（并联）与电源连接。这种接线系统通常用于开关柜，也可用于现场。与串行接线相比，其优势是导线横截面较小并且故障安全性高。如果需要更多的电源，可以在面板中添加更多或更大的电源，并可以调整模块配电。

B）分散配电

如图 14.8 中的 B）所示，可以在分散的现场控制箱中使用多个电源。分散配电的优势在于电压降较小、可用性高和诊断更简单，但由于成本较高，很少使用。如出于安全和冗余角度考虑，分散配电可能是一个不错的选择，即使基础设施的其他部分出现故障，也可以保持单一设施部分运行。对于现场供电，防护等级为 IP67 和 IP69（K）的特殊电源可以发挥作用，因为它们不需要单独的机柜。

C）串行配电

也称"菊花链"，允许通过一根电缆为多个 IO-Link 模块供电。每个模块都自带电源输入插头和用于转接到下一个模块的输出插座。串行配电的优点是连接电源只需要一根电缆。但是这带来了故障风险增高的缺点。当中央电源或某一环路模块出现故障时，所有后续设备都将出现故障。在选择这种布线系统时，考虑这种风险是一个重要的标准。

另一个标准是选择的插头连接。由于标准 M12 插头（A 型）在物理上只能传导 4 A，许多制造商依赖其他具有更高电流负载能力的插头连接（见图 14.9）。此类连接通常更昂贵且更难以进行机械处理。

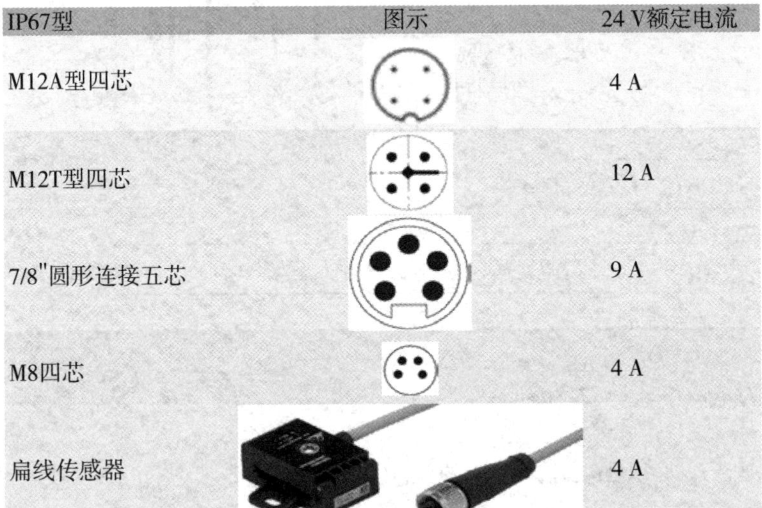

扫码看资源

IP67型	图示	24 V额定电流
M12A型四芯		4 A
M12T型四芯		12 A
7/8"圆形连接五芯		9 A
M8四芯		4 A
扁线传感器		4 A

图 14.9　插头连接示例及其载流能力

串行布线能否保持电力平衡以确保所有模块和插头连接在通道上分布正确非常重要。图 14.10 描述了计算总功率的示例。如果系统中发生短路或过载，这可能会变得至关重要。对于这种情况，需要安装电子保险丝，当前也提供 IO-Link 接口，可以更好诊断错误。更多关于这些设备的信息可以在下文找到。定制电缆通常是在满足插头连接器最大容量的情况下使用的。关于插头连接器的封装，需要注意与电流负载和电压降有关的单根电缆尺寸，同时应尽可能注意所有连接点。

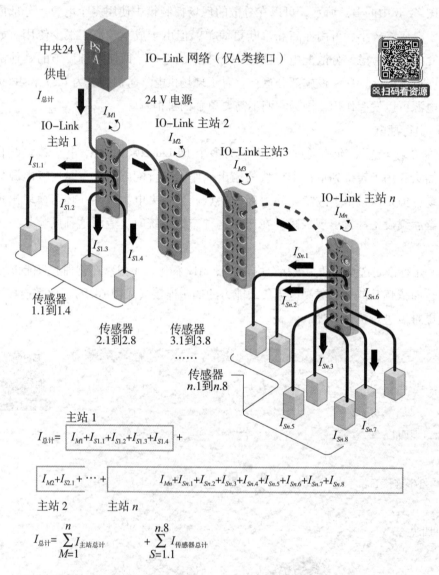

需要注意的是，$I_{总计}$ 必须是 $I_{插头连接器}$ 和 $I_{适配器}$ 的总和！

图 14.10　电力平衡的确定

　　总电流是所有连接的 IO-Link 设备、传感器和执行器的单个电流值之和再加上 IO-Link 主站内部消耗之和。需要对现有的 A 类接口和相应的电源进行类似计算。IO-Link 设备的工作电流可以在制造商提供的数据表中找到。在使用 IO-LinkI/O 模块时，是使用 A 类接口还是 B 类接口为模块供电，或两者都供电对当前计算很重要。此外，需要计算连接的二进制或模拟设备及其连续电流。

　　使用表格计算软件可以轻松完成当前工作负载的实际计算，如图 14.11 所示。对于没有连接 IO-Link 设备的电子设备自身所需的电流值，经常会估计不足。对于 IO-Link 主站和 I/O 模块，除了总电流之外可能还需 40～300mA，在规划网络和电源时也必须考虑到这一点。事实证明，在确定电源适配器的尺寸时，考虑到不可预见的条件或扩展，比较可靠的方式是规划 10%～20% 或更高的特定电流储备。借助支持 IO-Link 的保险丝，可以确定电源的工作负载，并由此推导出电源的效率。这能够帮助确定现有电源是否足够或是否需要不同的电源，像是在设施扩展时，甚至能在真实发生之前预估情况。

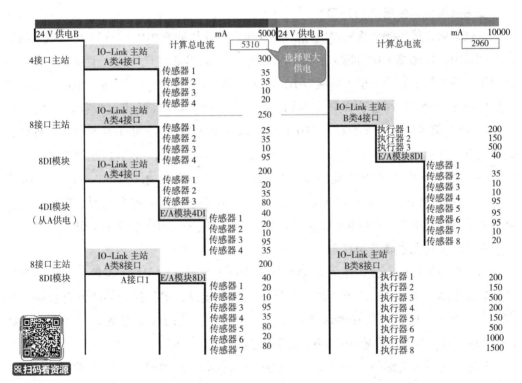

示例性计算：1 个 4 接口 IO-Link 主站、2 个 8 接口 IO-Link 主站、8 个带 8 个 DI 的 I/O 模块、1 个带 4 个 DI 的 I/O 模块、79 个混合传感器：电感、光学、压力、温度、流速。

图 14.11　使用 A 和 B 接口的 IO-Link 主站最大电流负载计算示例

　　D）并联配电

　　可以在现场使用并联配电，见图 14.8 的 D）。通常接线方法是将主电源线安装到机器上。电源电压分配通过圆形电缆或扁平电缆连接器的分散式接线盒与 IO-Link 模块利用穿孔技术实现。该技术非常稳健，可以使用更高的总电流，而且不必通过所有连接的模块分配。总电流仅流过 24 V 主扁平电缆，无须在途中切断或破坏扁平电缆，需要根据功率需求确定尺寸。这在构建模块时更简单并且可以提高发生故障时的可用性。多年来，扁平电缆布线系统以快速经济高效的布线优势确立了自身的地位，并且可用于超低电压和低电压。以后的扩展可以通过简单添加扁平电缆分配器来完成，而无须切断电缆。

分离 A 类和 B 类接口供电

所有使用 B 类接口的 IO-Link 现场主站都有两个单独的连接端口用于单独配电。即使这些端口经常被引到同一个插头上，整个通道上仍然必须留有严格、安全的电位隔离，从单独的电源开始，通过电缆一直到模块，以确保在故障期间不会出现危险情况。传感器和执行器电源线分开安装。这意味着可以通过 IO-Link 或现场总线（见 7.2）仍然有效通信来保证执行器的正常关闭。

使用机柜模块生成 B 类接口

与现场通常使用颜色或标签区分 A 和 B 接口的连接插座相比，IO-Link 面板主站通常不这样做。常用端子块名称 L + /L − 和 C/Q 表示简单的接口 A。这个简单的接口 A 可以很容易地扩展到开关柜中的接口 B，因为区别仅在于电源不同。附加电源可以从开关柜中的另一个 24 V 电源获取（见图 14.12）。一般可以推断出面板模块上的所有 IO-Link 接口都可以作为 A 类和 B 类接口运行。如果 A 类接口的电源比平时大，可以直接通过电源供电（见图 14.12）。需要注意的是，IO-Link 主站（PSA）同样是使用同一电源供电！一条始终适用的规则是 IO-Link 通信的电源（始终且唯一）不仅来自 IO-Link 主站，并且至少来自同样为 IO-Link 主站 A 类接口供电的电压源。更高的性能可以通过直接从电源为 IO-Link 设备供电而不是使用模块的内部电源来实现。

在现场设备上生成 B 类接口

与面板模块相比，从具有高安全标准的 IO-Link 主站上的 M12A 类接口生成 B 类接口需要做更多工作。例如，当主站只需要一个 B 类接口，但是执行器或混合设备只具有 8 个 A 类接口时，就会发生这种情况。一种经济高效的解决方案是内置供电电缆（见图 14.12）。领先的几家制造商已经提供完整接线的电缆。

还有一种需要警惕的情况是出于"削减电源成本"的考虑，会从 A 类接口生成 B 类接口，但是这种情况只能对两类接口（混合 U_S 和 U_A）使用相同的电压。这会消除两类接口之间的安全隔离，从而可能导致设施中出现不必要和潜在的危险情况，比如短路或通信故障。

适当的线路保护

机器和设施面临的挑战与日俱增。设施透明度、远程维护和远程访问变得越来越

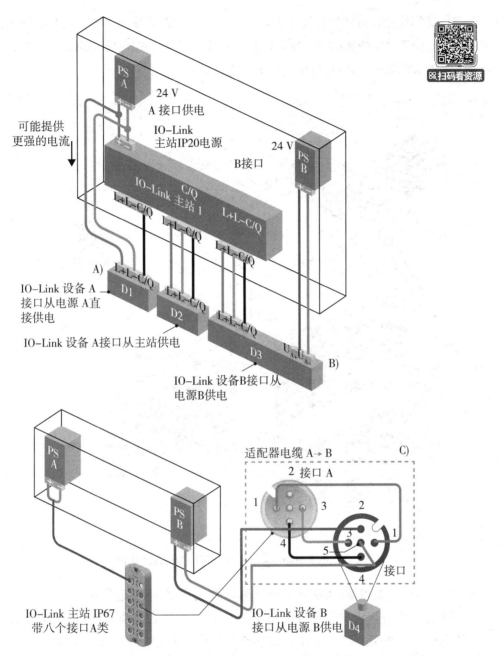

图 14.12　从 IO-Link A 类接口生成 B 类接口

重要。在可能出现故障的情况下及早通知以及对现有问题快速反应可以提高设施可用性，从而节省资金并提高生产过程的稳定性。

与高压电源（230 V 初级侧）不同，次级电路的接线保护常常被忽视。一项漏洞是正常的机械断路器不会在 24 V 电流电压供应故障下触发。举例来说，在长电缆上可能发生这种情况，而用于低压电路的电子保险丝可以完美监控电路，并在必要时可靠切断，还可以选择性地关闭单个电路（见图 14.13）。这可以减小开关电源负载电路中的导线横截面。由于是模块化结构，分断电路可以完美适应设施电路和机器，此外，可以获得重要的诊断数据，并可通过 IO-Link 主站进行分析。

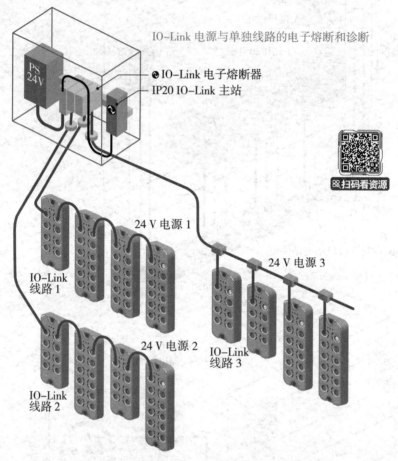

图 14.13　电子 IO-Link 保险丝（下）对单段的保护

带有集成 IO-Link 设备的电子熔断器除了作为开关触点提供简单的安全功能外，提供光学故障显示。与 IO-Link 设备一样，每个通道都提供广泛的诊断信息（例如释放电流、过载、短路和其他状态信息）。所有这些数据都可以通过正常的周期性过程数据通道访问，不需要任何其他功能块（见图 14.14）。此外，可以通过 IO-Link 在本地或远程重置触发的监控通道。这意味着 IO-Link 保险丝提供了更高的设施可用性，同时，有针对性的细粒度诊断方式特别适合集成到工业 4.0 的软件概念中。

电子 IO-Link 熔断
每个通道的诊断数据：最新的电流值、
输出状态过载、短路、阈值等

过程数据　　　总字节长度：216
(输入过程数据)

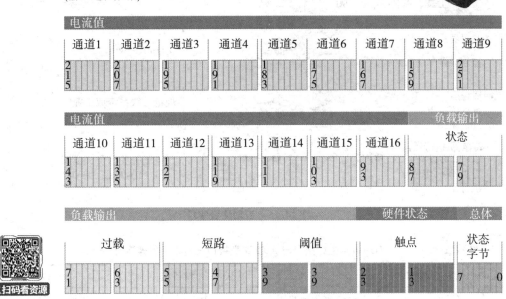

图 14.14　IO-Link 保险丝的诊断（摘自 IODD）

资料来源：ifm 电子。

14.1.9　IO-Link 安装

下文有助于从一开始就正确使用 IO-Link 并在规划阶段避免错误，同时提供了有关调试和维护的大量信息。

成功安装 IO-Link 的重要建议如下。

正如前几章所述，IO-Link 是一种串行数字通信工具。它可用于传感器、执行器或混合设备。IO-Link 可以在传感器执行器级别的自动化金字塔中找到（见图 14.15）。这是为控制机器收集重要信息或执行其关联结果的层级。在即将发布的 IIoT 论文中找不到自动化金字塔，但可以看到其他图片，垂直通信和水平通信都有考虑，但是布线仍然很重要。

为避免规划错误，必须注意 7.2 中关于电缆、电源和长度限制的 IO-Link 物理数据。如果始终使用带有定制 M12、M8 或 M5 电缆的模块和设备，IO-Link 不需要专门的安装知识。单个核心的排列或极性混淆不可能发生。对于此类电缆，仅需要注意根据 A 类或 B 类指定 IO-Link 接口。根据制造商的不同，模块上的插座可以通过印记或不同颜色进行区分。兼容性信息列于表 14.1。

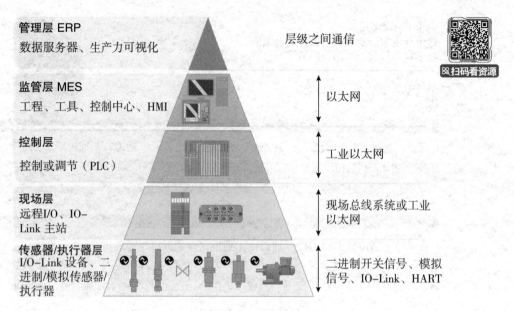

图 14.15　自动化金字塔

表 14.1　　　　　　　IO-Link 主站接口与 A 和 B 类接口设备之间的兼容性

IO-Link 主站接口	IO-Link 设备接口		
	A 类引脚 2 未使用	A 类引脚 2 激活	B 类（执行器）
A 类引脚 2 未使用	兼容	IO-Link/SIO 兼容，引脚 2 未激活	B 类供电后需要 A 类引脚，观察电力需求
A 类引脚 2 使用	兼容	兼容，在引脚 2 上观察相同的信号	不兼容
B 类	兼容*	不兼容	兼容

注：＊首选 3 针电缆。

　　安装开关柜时，正确的极性尤为重要。三根电线与 A 类接口一起使用，主要用于 IO-Link 的 C/Q、用于电源正极的 L＋或 24 V 直流、用于接地连接的 L－或 0 V。出于抗干扰的原因，双绞线（每个 IO-Link 接口分开）是优先选择。目前公认的电气工程规则是在安装时需要符合［ZVEI］（如 ZVEI 建议）。

14.2　关于工厂工程的要点

　　IO-Link 在工厂建设和运营方面的优势如下。

　　正如前面章节所述，IO-Link 具有显著的优势，例如测量值的数字传输（见第 7

章)、早于工厂调试的诊断功能（见第 9 章）以及舒适的参数设置（见第 8 章），同时在需要时可以简单更换 IO-Link 设备（见 10.8）。所有这些都极大地减少了设施停机时间。

如果从 IO-Link 设备获得的数据可与设施的诊断行为智能关联，则可以生成用于主动维护的数据，从而实现设施按计划停机。

IO-Link 还能够处理配方管理，因为所有 IO-Link 设备都可以从设施的中央位置进行参数设置。

建造设施时，应注意所用组件的总循环周期足够快。这意味着检查 IO-Link 设备、总线系统和 PLC 处理周期等所有时间总和是否足以控制设施/机器（见图 14.4）会非常重要。

请注意

在单一情况下以通信模式操作 IO-Link 设备可能并不明智，可以使用更快开关输出（SIO 模式）等并且仅在设施维护周期使用 IO-Link 通信用于诊断目的和参数设置（见 10.1）。

IO-Link 主站接口两种模式之间的切换会影响设施的行为并可能导致故障，如果退出 SIO 模式，在维护期间应注意这一点。

14.2.1　关于 IO-Link 设备

建造设施时，应在开始时列出所有 IO-Link 设备。这有助于确定功率需求和所需的 IO-Link 接口类别。对于通过 M12、M8 和 M5 接口的电气连接（见 7.2），功率需求被限制在不同的最大电流值。此外，IO-Link 制造商声明了 IO-Link 设备的最大功率需求，还会说明是否应使用 IO-Link 主站 A 类或 B 类接口（见 14.1.8）。

这些对于选择 IO-Link 匹配主站很重要。

必须检查所有需要的传感器和执行器是否可实现 IO-Link：如果不可实现，一些制造商会提供适配器，比如将 4 ~20 mA 传感器的模拟信号数字化后传输到 IO-Link。反向操作也可以实现。电压信号也同样适用。一些制造商还提供电阻输入和 PT1000/PT100 输入。在规划阶段，还应考虑或检查应用程序是否有此选项（见 14.1.5）。

14.2.2　关于 IO-Link 主站

IO-Link 主站通常集成到网关中再叠加到现场总线系统或 IT 接口。用户将为设施选择合适的现场总线系统和（或）正确的 IT 连接。应该考虑到并非所有的现场总线系统都能够映射 IO-Link 传输的总数据量，因为带宽明显不够，一些 IO-Link 主站对需要中继的最大带宽有限制。

这就是为什么必须事先注意即将连接的 IO-Link 设备有哪些数据是需要和必须提供的。过程值应当明确清楚。例如，如果传感器/IO-Link 设备通过 IO-Link 传输多个测量值，考虑机器需要哪些过程值来进行控制就会很重要。通过巧妙规划，可以将传送大量数据的 IO-Link 设备分向多个 IO-Link 主站，而不是全部集中在一个 IO-Link 主站上。尽管这样做的缺点是并非所有数据都在 PLC 中可用。

需要注意的点是连接 IO-Link 主站的电源线路可能导致电压下降。必须确保在最大电流通量期间每个 IO-Link 主站接口的输出上至少有 20 V DC 可用。如果低于此级别，则无法保证通信畅通。

有时，不同的 IO-Link 设备可能需要同时使用 IO-Link B 类接口和标准 IO-Link A 类接口。需要注意的是，IO-Link 主站 A 类接口上的引脚 2 还有其他功能。数字输入和输出通常用于 IO-Link 设备，如图 14.16 中的引脚 2 第四条链路所示。

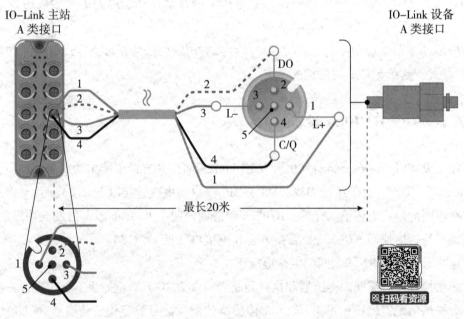

图 14.16　IO-Link 主站和设备在 A 类接口之间的连接

如果 IO-Link 设备需要 B 类 IO-Link 接口，请务必注意第二个电压与第一个电压相互之间电气隔离。在经典的自动化技术中，这两个电压通常称为"传感器电源电压 U_S"（主要用 L + 和 L − 表示并分配在引脚 1 和引脚 3 上）和"执行器电源电压 U_A"（主要用 2L + 和 2L − 表示并分配在引脚 2 和引脚 5）上，相互之间电气隔离。IO-Link 使用此原则定义 IO-Link 主站 B 类接口。因此，原则上只需要使用同类型的 IO-Link 设备进行连接，这意味着需要 A 类接口的 IO-Link 设备只能在这些接口上运行；同样的原则适用于需要 B 类接口的 IO-Link 设备。

　　例外情况：如果需要 A 类接口的 IO-Link 设备可以保证连接到 B 类接口时不会影响电气隔离，则可以在 B 类接口上运行此类 IO-Link 设备。如果可以确保满足此先决条件，那么用户可在构建设施时采取以下操作：如果 IO-Link 设备要通过 M12 连接的引脚 2 进行其他输入或输出，但是缺少引脚，那么，可以让其放心地在 B 类接口上运行。如果即将使用的 IO-Link 设备有 M12 连接的引脚 2，但是连接电缆只有三根线并且连接到引脚 1、引脚 3 和引脚 4，仍然可以让其在 B 类接口上运行。或者，也可以从机械上移除 IO-Link 设备的引脚 2。

　　由于缺少额外的 U_A 电源，需要 B 类接口的 IO-Link 设备无法在 A 类接口上运行。此处的替代方法是在相应的 IO-Link 设备之前通过 T 形或 Y 形部件等加入附加电压，操作的前提是始终确保 A 类接口的 IO-Link 设备具备前述的电气隔离。

　　IO-Link A 类和 B 类接口的整体问题仅存在于 M12 连接器系统中。其通常也具备 IP65/67 防护等级。B 类接口没有定义 M8 和 M5，防护等级 IP20 与开关面板通用，允许单芯接线，不会出现增加执行器电源的问题（见 14.1.8）。图 14.17 显示了所有合规的 IO-Link 连接器（见 7.2）。

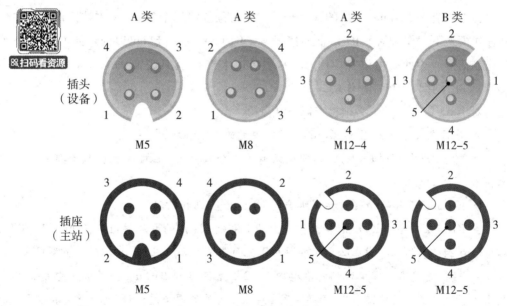

图 14.17　IO-Link 用于 M5、M8、M12 的 A 类接口和仅用于 M12 的 B 类接口的定义连接器

请注意

　　如果 A 类接口的 IO-Link 设备在 B 类接口上运行，必须如前所述，确保电源 U_A 和 U_S 之间的电气隔离。有可能会出现 IO-Link 设备在空闲引脚 2 上附加开关输出的情况。如果将其连接到 B 类接口，则两侧电压的电气隔离失效，在最坏情况下，关断的 U_A 电源会继续由 U_S 供应电压（见图 14.18）。

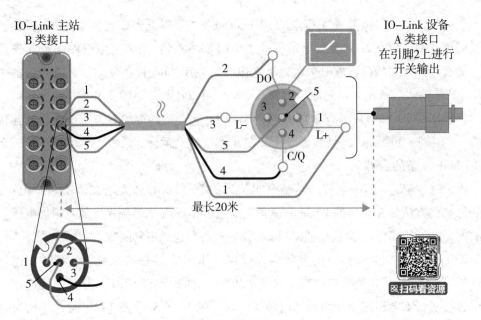

图 14. 18　IO-Link 主站（B 类接口）和设备（A 类接口）之间的连接

在考虑有关 IO-Link 主站的最后步骤时，必须厘清每个 IO-Link 主站接口需要在哪些操作模式下工作。除了 IO-Link 通信信号，IO-Link 主站接口可以处理如 DI 和 DO 等二进制信号。因此，可以在 IO-Link 主站接口上连接经典交换机。10.1 深入介绍了 IO-Link 主站接口的可能操作模式。

对于 IO-Link 主站，必须检查以下几点

- 是否需要不同的 IP65/67/69（K）主站或 IP20 面板安装。
- 对于 IP65/67/69（K），需要确认有多少个 IO-Link 主站 A 类和 B 类接口必须考虑在内。
- IO-Link 设备的功耗需要与所选的 IO-Link 主站相匹配。
- IO-Link 设备（IO-Link 主站接口上的 L＋和 L－）的电压供应应在 20 V 到 30 V，典型值为 24 V。这意味考虑必要的电源和横截面会很重要。图 14.19 描述了典型接线。
- "1"是具有所需电流的标准电源。"2"是连接到 IO-Link 网关的主电缆，其横截面必须适应所需的电流。"3"描述了 IO-Link 网关的现场总线连接。"5"和"7"是连接到 IO-Link 主站的 IO-Link 设备。"4"和"6"是这些 IO-Link 的跨接电缆，具有长度限制。
- 必须遵循到 IO-Link 设备的电缆长度限制（最长 20 米）。
- 强烈建议新设施使用符合 IO-Link 修订版 V1.1 的 IO-Link 主站，该版本向后兼容 IO-Link 设备的 1.0 版（见 7.10、7.11 和 8.5）。

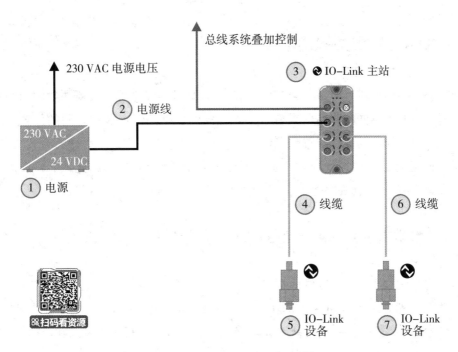

图 14.19 典型 IO-Link 现场接线

表 14.2 应该有所帮助。

表 14.2   IO-Link 主站的检查点

名称	类型	IP20	IP65/67	A 类接口	B 类接口	IS 电流	IA 电流
设备名称	IO-Link 设备类型（传感器/执行器）	主体安全类型	主体安全类型	IP65/67	IP65/67	传感器电流	执行器电流
B1	转速传感器		√			50 mA	
Q21	接触器		√		√	≤200 mA	250 mA
	动力单元						
Q22	动力装置的电机安全		√	√		5 mA	
B2	RFID 传感器		√	√		50 mA	
B3	光学距离传感器		√	√		70 mA	
B71	IO-Link 模拟转换器		√	√		25 mA	
K1	电磁阀		√		√	3 mA	400 mA
P1	信号灯		√	√		410 mA	
	IO-Link 主站			6	2	813 mA	650 mA

　　根据叠加的现场总线系统，也可以有其他划分方式，例如两口 IO-Link 主站甚至采用不同 A 类和 B 类接口划分的 16 口主站。随着产品组合的日益发展，其他形式也可能存在，此处未详尽列出。建议咨询 IO-Link 主站制造商。

14.3　IO-Link 网关的实际调试

在现场总线中集成 IO-Link 接口和主站时，让软件接口准确定义所映射的两侧数据非常重要。这样，不同制造商的设备可以将相同的数据始终存储在相同的位置。这意味着为用户提供连续的硬件配置和变量分配。

IO-Link 已经通过映射规则被许多现场总线集成（见 10.4）。因此，下面仅描述总线系统及其 IO-Link 集成的一小部分示例。

14.3.1　以带有 IO-Link 主站的 AS-i 模块为例说明的调试

为更清晰说明 IO-Link 与执行器传感器接口（AS-i）的集成，这里首先展示 AS-i 从站的功能，然后展示 AS-i 主站的功能。随后必须检查作为传感器/执行器总线的 AS-i 的简单性是否考虑了这种 IO-Link 集成，还是系统因此而变得过于复杂和笨拙。

带有 IO-Link 接口的 AS-i 从站模块

AS-i/IO-Link 模块是 IO-Link 主站和 AS-i 从站之间的网关。它在 AS-i 侧获得正常的总线地址并且立即可供 IO-Link 接口使用，也就是在模块启动和调试后立即可用。

AS-i 上 IO-Link 的相同映射是通过独立于制造商的相应 IO-Link 映射规范定义的。

该模块的工作原理简述如下。它有两个 IO-Link 接口，交付时处于扫描模式，并会搜索 IO-Link 通信设备。如果 AS-i 从站识别到接口上的 IO-Link 设备，模块将启动所谓的"即插即用"模式（相当于 10.1 中的 ScanMode）并与 IO-Link 设备交换周期数据，不需要任何参数设置操作。此设置可为用户快速检查接线；此外，在此模式下可以交换不同类型的 IO-Link 设备数据。连接的 IO-Link 设备会自动向 AS-i 主站传输每个 IO-Link 设备的两字过程数据和一个切换位（见表 14.3）。如参数集和服务数据等大量数据进行传输，是以透明传输通道方式进行的，这意味着数据保持完整，但在两个通信级别上都有不同协议的数据包。

表 14.3　　　　　　　　　　　　AS-i/IO-Link 网关传输方式示例

2 接口模块	IO-Link 接口	AS-i 从站接口	备注
切换位	2xDI，周期性	2xDI，周期性	自动
过程值	2x16 位，周期性	2x16 位，非周期性	自动
参数	非周期性	非周期性	通过功能模块
配置	非周期性	非周期性	通过功能模块
进一步服务	非周期性	非周期性	通过功能模块

请注意

"即插即用"模式不会根据10.2的描述对IO-Link设备进行识别。需要检查是否要对要运营的设施进行标识。AS-i从站具有通过参数识别所连接IO-Link设备的响应能力。

AS-i 主站

AS-i 主站为 IO-Link 主站模块的 AS-i 接口提供服务，并处理与所连接部件的周期与非周期通信。同时，其会建立叠加现场总线的网关功能。IO-Link 的数据交换也在这里透明发生，因此连接的 IO-Link 设备可以通过 AS-i 网关和 IO-Link 网关借由现场总线使用各自的诊断工具进行访问。PLC 的现场总线主站也可进行同样操作。

示范调试

IO-Link AS-i 现场总线网络的调试肯定有不同的方法。基本上，控件接线、控件编程、现场总线调试和 AS-i/IO-Link 调试需要彼此独立完成。查看 AS-i/现场总线网关下方的区域可得出以下实用方法：AS-i 模块、传感器和执行器的机械安装。

将黄色 AS-i 扁平电缆重新接到模块上。

使用标准传感器电缆将传感器和执行器连接到 IO-Link 接口。

将 AS-i 电源电压与黄色电缆相连并接线至开关柜中的 AS-i 网关。

通过 IO-Link 设备和主站接口上的电源/状态 LED 控制正确接线。

如有必要，检查连接电缆、电源、AS-i 模块和 AS-i/现场总线网关。

根据接线计划对 AS-i 模块进行寻址。工作时细心谨慎或使用"自动寻址功能"可以避免双重寻址。

在 AS-i/现场总线网关的显示器上或使用合适的诊断工具检查现有传感器信号。

如果所有信号都可用，程序员就可以开始进行软件配置和控制程序安装。此处可以将 IO-Link 接口的配置设置为数字输出或 COM 模式，以免在调试期间对 IO-Link 接口进行持续性扫描。

调试到这里就基本完成了。尽管 IO-Link 提供了相当多的扩展功能，但 AS-i 仍然保持着简单性与独特魅力。实际上，对于来自 IO-Link 部件的几个字节长的较大过程数据，其总体传输的循环周期可能在 10～400 毫秒。在构建和使用 IO-Link 设备时必须考虑这一点，例如，传输超过四个字节的周期性数据时。

14.3.2 调试说明——以带有 IO-Link 主站的 PROFINET 模块为例

带有 IO-Link 接口的 I/O 模块可用于具有不同防护等级的 PROFINET 模块，从面板安装的 IP20 到现场操作的 IP67，甚至到食品工业使用的 IP69K。这些模块结合了三种功能：PROFINET 从站、经典输入和输出以及 IO-Link 接口。PROFINET 将 IO-Link 数据透明地传输到连接的 IO-Link 设备，或以相反的方向从设备传输到 PLC。

通过相应的 IO-Link 映射规范，PROFINET 上定义了相同的 IO-Link 映射，无论制造商来自哪里。

安装和调试 PROFINET/IO-Link 模块时必须参考制造商文档。可能的流程如下。

安装 IO-Link 设备、总线模块、电源适配器和带有总线主控的控制器。

使用最长 20 米的简单非屏蔽电缆对 IO-Link 组件进行接线。

根据 PROFINET 要求连接 PROFINET 屏蔽电缆。根据网络扩展和拓扑结构，考虑相应的交换机。

连接开关柜内的电源电压。

通过电源 LED 控制所有连接设备的正确电压供应。

在配置管理器（软件工具，有时也称为硬件管理器）中控制总线通信。

通过硬件制造商提供的 GSD-ML 文件建立所有连接部件的 PROFINET 配置。设备可以通过拖放方式添加到配置树中，IO-Link 设备也可以添加到相应的接口（见图 14.20）。

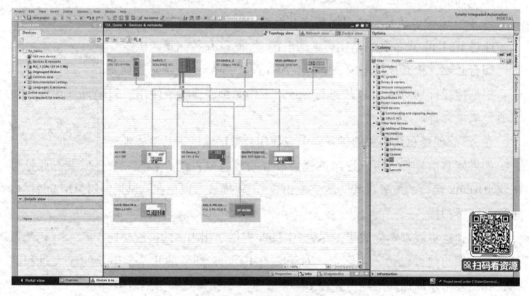

图 14.20　配置工具截图

每个 IO-Link 设备的参数设置和配置都是通过配置管理器的在线功能完成的。通常由上向下配置，从控制层向下到传感器和执行器。

配置成功下载到 Profibus 主站后，在控件对应的数据数组中可使用 IO-Link 文件。

创建 PROFINET 电缆的测量协议（连接部件的信号强度等）。必要的测量设备是当今的标准配置，可以使用 Wireshark 等工具进行诊断。

由于每个从站的数据量可能增加，PROFINET 配置会提供比 AS-i 更多的设置内容。这就是配置更复杂并且需要有关 PROFINET 特定知识的原因。

14.4　IO-Link 传感器的调试

由于 IO-Link 传感器的数量及其各自的应用不同，很难描述某项调试场景。基本上可以说，IO-Link 设备的调试比 PROFINET 设备容易得多。下面描述了两种不同类型并且时间阶段不同的情形。

初始配置和调试

IO-Link 接口配置设置 IO-Link 传感器的操作模式，这意味着 SIO 或通信开始（见10.1）。参数可以更改，并且通常会对应于应用的需要。这些值永久（即不会出现电压故障）存储在 IO-Link 传感器中，如果设置可用，它们也可以作为数据存储对象在 IO-Link 主站中找到（见10.8）。

IO-Link 传感器的参数设置可以通过不同的方式完成。

第一个选项需要带有相应 USB/IO-Link 网关的 PC 设置（例如 FDT/DTM 参数设置软件）。使用此解决方案（见10.1），可以在办公室的办公桌上预先设置 IO-Link 传感器的参数。

第二个选项也建立在 PC 解决方案上，但会更复杂，因为该设备会作为服务工具位于以太网总线上，并在线管理网络的树状结构。通过这种方式，可以从计算机一路点击以太网/LAN、现场总线、I/O 模块、IO-Link 主站进入传感器并更改参数设置。这需要 IO-Link 网关具备路由功能，目前仅有某些制造商提供该功能。这两种基于 PC 的解决方案都需要集成特定于设备的描述文件，如 DTM 和 IODD。

参数设置的第三个选项可以通过 IO-Link 主站完成。主站通过模块与现场总线主站进行通信，从而与控件进行通信。相应的接口将从这里通过命令或函数调用进行配置，并准备连接到传感器。部分 IO-Link 主站通过集成的网络服务器和带有浏览器的连接设备提供配置选项。

下面描述了调试 IO-Link 传感器/设备期间的一些用例。总是存在这样或那样或它们混合出现的情况。

用例：离线配置

参数将在没有真实设备的情况下预先设置，即在桌面端"离线"。例如，可以选择安装或设置测量点名称（应用特定标签、功能标签、位置标签；见表8.9）、开关点、显示或其他值。这可以手动完成，也可以通过已经存储（克隆）的数据集完成。

稍后需要相应安装传感器/IO-Link 设备。IO-Link 主站可以随后验证 IO-Link 设备/

传感器（见 10.2），并在需要时将配置安装在其存储空间中。

用例：未连接 PLC/控件的在线配置

IO-Link 主站和 IO-Link 设备/传感器已安装在此处。PLC 尚未连接或运行。

如果尚未配置，可以选择使用配置工具输入传感器/执行器参数。配置通常独立存储在 IO-Link 主站和 IO-Link 设备中，并且不会出现电压故障（持续保存）。此外，需要使测量值合理，要回答下列问题：距离传感器是否正确安装？信号是否适合旋转编码器？执行器的功能检查是否有效，如阀门是否正确打开/关闭？

由于 IO-Link 传输数字值，可以选择校准过程值。之后，必须确保正确传输。

用例：具有叠加控件的在线配置

如果已采取前面的步骤，则调试将简化为检查程序或可视化过程值。

不过，即便在此阶段，也可以在操作期间对传感器进行参数设置。

由于 IO-Link 主站的数据存储机制（备份/恢复）（见 10.8），不需要单独存储传感器参数。即使一个组件（即 IO-Link 主站或 IO-Link 设备）出现故障，也会自动恢复正确的状态。

下面示例性地展示参数设置。

可以在配置工具的帮助下对虚拟设备进行参数设置。通过单击鼠标选择相应的 IO-Link 设备。随后页面将打开一个窗口，其中配置工具在 IODD 的帮助下显示所有可更改的参数，并将新输入的值传输到所调试的相应 IO-Link 设备。图 14.21 以此选项作为示例展示。

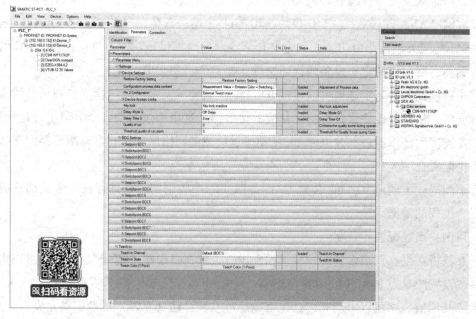

图 14.21　工具与 IODD 结合的参数描述

还可以使用配置工具显示每个 IO-Link 设备的标识数据。这些工具在此数据上具有特定功能。图 14.22 展示了如何显示这些数据。

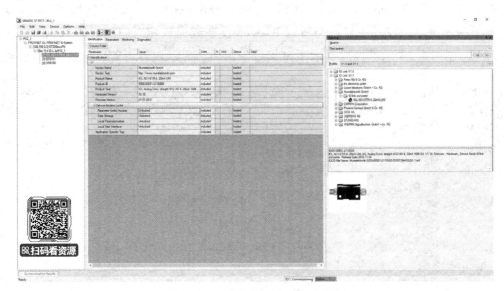

图 14.22　IO-Link 设备的标识数据

在所有配置工具中都有一个选项（如果设施正在运行并且该工具在相应的 PLC 上在线工作）以观察当前过程数据。图 14.23 显示待选择的属于任一 IO-Link 设备的相应

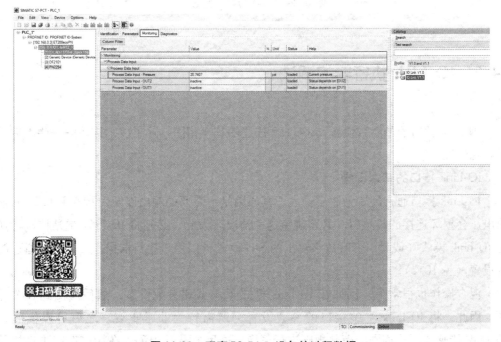

图 14.23　观察 IO-Link 设备的过程数据

过程数据通道。在选择 IO-Link 设备或相应的过程数据通道后，通常需要通过该通道告知工具需要实现的功能。例如，当前的过程数据应该显示在显示器上，这是相应菜单上的一个选项。如果在菜单中选择了 ObserveProcessData（观察过程数据），则会打开另一个窗口，在其中显示与所选 IO-Link 设备或通道相对应的过程数据（见图14.24）。图 14.24 示例性地显示了过程数据描述。显示内容可能因配置工具而异。

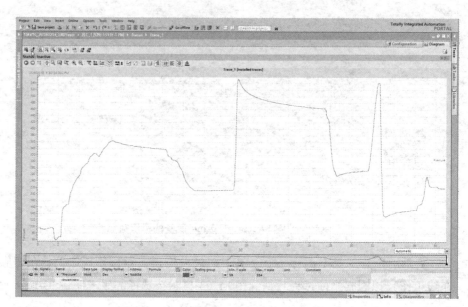

图 14.24　在线跟踪工艺数据

14.5　IO-Link 执行器的调试

IO-Link 执行器的参数设置与 14.1.9 描述的基本相同，除了以下描述的一些小例外或特殊情况。

IO-Link 接口的基本设置

IO-Link 接口通常配置为数字输入。其原因是不需要的输出以及引脚 4 上的 24 V 输出电压会损坏连接的传感器。必须避免这种情况。为此，必须将 IO-Link 主站接口转换为 IO-Link 模式（或者，带有数字输出的 SIO 模式）以用于执行器操作。这需要通过配置设置（见 10.2）。

混合操作也很常见，例如在 IO-Link 模式下调试和参数设置，然后返回到开关操作。因此，将 IO-Link 主站接口的参数设置为所需行为非常重要。之后可以依照与 IO-Link 传感器所述相同的简单规则进行更换。这里涉及是否可以在操作期间更换执行器的问题。这只能由制造商根据机器和人员的安全目的来回答。

独立的电压供应/紧急关闭

在大多数情况下，一个 A 类接口上的电源不足以满足执行器的操作。这就是为什么有不同的方式来使用外部电压电源工作（见 14.1.8）。最简单的实现方式是执行器使用五芯连接电缆接到 B 类接口，这样可以使用单独的 24 V DC 电压（见 7.2）。关于所需电源，必须查阅有关执行器和 IO-Link 主站模块的数据表。如果需要使用更高的电压，例如用于电机控制的 400 VAC 三相电源，则通过单独的电缆连接。

这种单独的电压电源可以集成到机器的紧急切断电路中，确保工作电源切断。IO-Link 通信不受此影响，并保持活动状态，以便执行器仍然可以发送错误和状态通知。

请注意

如果为 A 类接口设计的传感器连接到 IO-Link 主站 B 类接口，则传感器引脚 2 上的开关输出可能会无意中为 B 类接口上的执行器供电。三芯电缆可以帮助解决这个问题（见 7.2、13.8 和 14.1.9）。

14.6 IO-Link 模块的调试

IO-Link 模块的工作方式与无源分配器模块类似。其可用于连接数字和模拟信号（见 14.1.7）。

与 IO-Link 传感器、执行器和组合设备一样，IO-Link 模块需要对接 IO-Link 主站或接口。如上所述（见 14.1.7），必须针对 I/O 配置设置（见图 14.25）和每个外部传感器连接的数据大小进行相应配置。两者都由电子数据表 IODD 提供支持。

开关二进制输入和输出的单个位值或已知 4~20 mA 输入和输出的数字化模拟值可以在 IO-Link 主站接口的最长 32 字节的周期数据中找到。可以在 IO-Link 设备制造商提供的文档中找到相应开关位或模拟值到接口的分配。相应 IO-Link 主站接口的周期性现场总线数据（连接到此类 IO-Link 模块）必须根据 IO-Link 设备的要求提供。

也可使用 14.3 中描述的工具进行调试。初始配置后，可以在 IO-Link 主站中找到参数设置，如果数据存储处于活动状态，即便断电，该主站也会安全地存储这些参数。因此，无须寻址，只需更换旧设备即可快速轻松更换模块。

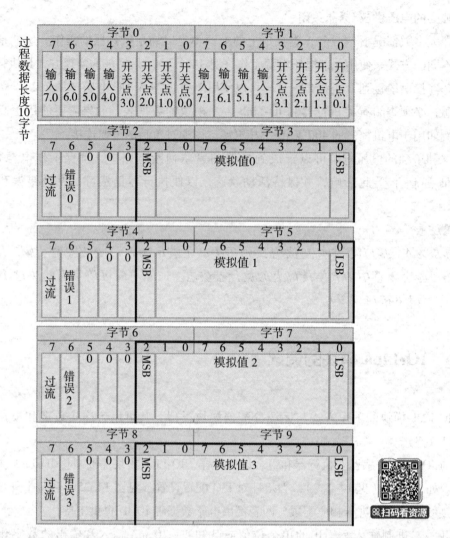

图 14. 25　使用模拟输入的 IO-Link 模块的典型过程数据分配

资料来源：巴鲁夫。

14. 7　维护、维修、故障排除

IO-Link 的设计可实现简单维护与日常设备更换，不需要任何特殊的专业知识。通过对配置的冗余存储与产品识别的自动比较，只需无防护简单接线即可。接下来更深入地研究这些场景。

14.7.1　设备更换

更换 IO-Link 设备就和更换传统传感器一样。使用相同结构的传感器替换之前的传感器。IO-Link 主站通过内部 IO-Link DeviceID（设备 ID）和 VendorID（供应商 ID）检查新传感器是否与之前的传感器兼容（见 10.2 和 10.8）。

在运行过程中更换 IO-Link 设备时，必须留意 IO-Link 主站模块不会产生外围故障进而导致控制程序关闭。这种操作必须可控，并且根据机器情况及用户行为采取行动。

14.7.2　维修

IO-Link 可以访问到传感器和执行器的最低控制级别，因而可以为维修承包商提供新选择。迄今为止，维修主要用于维护或故障排除，但由于状态信息的传输，现在开辟了新领域。

传感器还具有将诊断数据（除了过程值）发送到叠加控件的选项。例如，可以报告光学传感器的镜头脏了。传感器棒从传导微波传感器脱落也可以报告为故障。通过评估 PQI 字节（见 10.9）与主要的过程数据有效位，始终可以得到过程值有效或无效的通知。

14.7.3　维护

在连续的过程技术设施中，定期维护尤其不可避免，这可以最大限度减少停机时间。这意味着需要对组件进行预防性更换，以避免这些组件很快失效。有了 IO-Link 之后，这种耗时且昂贵的方法现在在许多地方都已成为过去。通过智能传感器和执行器，可以选择持续传输有关服务、磨损和维护的信息。集成的错误计数器和趋势分析可实现对下一次维护操作的针对性评估与规划。因此，当前趋势正在向组件监控和预期维护发展，以避免不必要的机器停机。同样，所用术语递进为基于条件的维护。结合与SAP 系统的数据连接，机器可以自主生成警报并启动维护任务。具备机器间通信和规则评估功能是工业 4.0 精髓所在。

14.7.4　故障排除

简单搜索和快速排除故障的一个重要步骤是获得有关当前设施状态的信息。电气技术人员已经可以分析 PLC 程序及其连接的现场总线组件中的协议状态，从而对故障得出结论。这种透明度通常到二进制或模拟输入或输出结束，因为这些接口（开关信号或测量除外）没有进一步的通信方式。

在此处，IO-Link 为故障排除人员带来了透明度。如果需要，即使常在 SIO 模式下运行的设备也可以实现通信操作，这样一来，就可以将通知、故障和事件存储传输到诊断软件（注意 10.1 中的注释）。因此，在工厂进行第二步操作之前，可以从中心点进行第一次错误诊断。模块和传感器/执行器之间的断线和短路可以在 IO-Link 中检测到（见 9.4.1）。有故障的 IO-Link 设备和 IO-Link 接口也可以非常快速定位，并且故障组件可以直接进行更换。

14.8　Y 路径

在工业物联网的背景下，从机器收集和分析数据变得越来越有趣和必要。为了不必再次让现有传感器适应机器，所谓的 Y 路径使得来自 IO-Link 设备（例如来自传感器）的数据可用于控件与独立于控件的部件。

Y 路径还能够改造现有工厂以从机器处获取额外数据并分别进行分析。这无须更改控制器中的程序即可完成。和使用 IO-Link 设备一样，不过在没有 IO-Link 的情况下连接传感器时可用的数据较少（通常只有过程数据）。

Y 路径可以采用不同的形状。可以在 IO-Link 网关和边缘网关处进行拆分。

下面显示了两个基本应用示例。

14.8.1　现场总线线路上带有 IP 地址的 Y 路径

Y 路径的第一种形式是"软件实现型"，这意味着云端控件和 IT 系统使用与现有现场总线相同的通信基础设施。现场总线具有从连接设备生成的所有数据和来自控件的控制信号。图 14.26 显示了带有现场总线的网络的基本结构。周期性、时间敏感的信号与非周期性和时间不敏感的信号相结合。

这种拓扑结构的优点是设施中只有一个数据基础设施需要管理。控件所用数据始终优先，以保持机器控制的确定性。此部分为关键数据，以确保高优先级的现场总线设备占据主要的通信基础设施，而 IT 数据的传输速度可能会越来越慢。

这种形式的一个缺点是，并非所有采用自动化技术的现场总线都可以处理这种类型的 Y 路径，这取决于它们的总线物理特性。标准 IT 基础设施可能会被控件的数据和相应的自动化总线节点淹没，如果处于最坏的情况甚至可能关机。还可能存在现场总线对通过基于 Windows HMI/SCADA 系统的"外部"访问或入侵者开放的危险。因此，

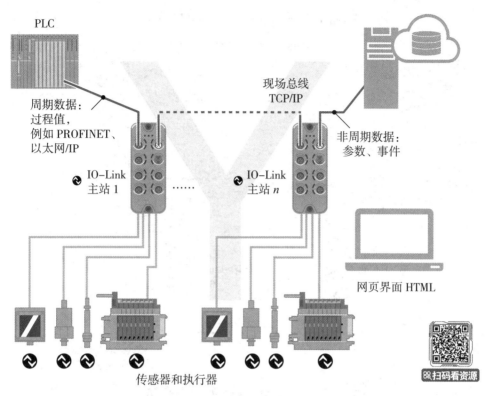

图 14.26 使用基于以太网的现场总线的 Y 路径典型结构

资料来源：ifm 电子。

恶意软件可能会在此自动化层面传播。

14.8.2 现场总线和基础设施使用单独 IP 地址的 Y 路径

Y 路径的第二种形式是所谓的"硬件实现型"。这将现场总线的自动化基础设施与 IT 基础设施严格分开。

支持这种 Y 路径的现场总线节点通常具有两个以太网连接，分别位于不同的 IP 地址区域中：一个用于常见现场总线自动化技术形式的自动化部分，另一个用于以太网连接（TCP/IP）的标准 IT 世界。不过，原理是一样的。可用于控件的所有数据也可用于 IT 世界，而控件只需要所有生成数据的一小部分即可用于控制设施。图 14.27 显示了具有两个独立以太网连接的"硬件实现型"Y 路径基本结构。

这种拓扑结构的优点是自动化技术的基础设施与 IT 基础设施明确分离。此外，自动化部分实施的现行法规仍然有效，无须考虑 IT 问题（如插槽和增加的数据流量）。

这种形式的一个缺点是设施需要有相应的以太网电缆。以太网现场总线通常在每个接入部件中都有一个集成的双口交换机，允许在没有任何其他基础结构组件的情况

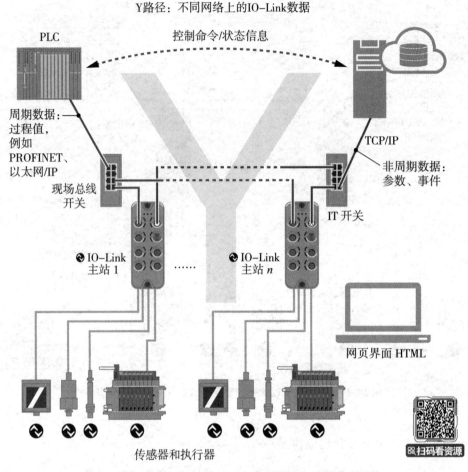

Y路径：不同网络上的IO-Link数据

控制命令/状态信息

PLC

周期数据：
过程值，
例如
PROFINET、
以太网/IP

现场总线
开关

IO-Link
主站 1

……

IO-Link
主站 n

TCP/IP

非周期数据：
参数、事件

IT 开关

网页界面 HTML

传感器和执行器

扫码看资源

图 14.27　使用不同的基于以太网连接的 Y 路径典型结构

资料来源：ifm 电子。

下实现与总线的环通。但接入部件连接仍然是通过中央交换机在 IT 端进行的。

　　使用两个独立 IP 地址的通信解决方案是该领域的首选。这主要是因为由于承担组织基础设施总体责任的信息技术的限制性要求，其对安全性有很高的要求。相应地，定义出网络和子网，它们通过托管交换机和路由器连接。独立的 IT 和 OT 网络还可以减少自动化人员和网络技术人员之间的冲突。有关此应用的更多信息，参见 3.4.2。

14.8.3　正确通路：数据从传感器到云端

　　通常配备基于互联网协议 TCP/IP 接口的 IO-Link 网关和边缘网关还允许在 IT 网络中简单使用数据收集，而无须连接到 PLC。这就可以轻松地将内部（LAN）或外部（WAN）网络上的 IO-Link 过程和诊断信息合并到数据库中。以前，这里只供控件或多或少地访问，并且需要将 IO-Link 数据从过程数据存储移动到数据模块中。这意味着对

PLC 的额外编程和更高的性能要求。通过正确的 Y 路径，可以更有效实现即插即用，无须绕道，直接在本地服务器或云端数据库（如 Azure）上存储 IO-Link 数据。当然，用于数据保护的相应安全解决方案对于通路和数据库中的 WAN 连接至关重要。类似 OPC-UA 这样的系统提供了初步且有前景的方法。

14.8.4 Y 路径的各方面

两个演示的 Y 路径都使用了一个或多个 IO-Link 网关作为数据源。IT 以非周期性数据方式拥有所有 IO-Link 主站接口的输入和输出过程数据，例如 IO-Link 网关上 IO-Link 索引 0x0028 和 0x0029（见表 8.10），从而可以分析设施。此外，其提供每个 IO-Link 主站接口的诊断数据（见第 9 章）和总体参数数据（见第 8 章）。可以从所有这些数据中确定各种不同的分析信息，包含从预防性维护到产品质量再到每个生产部件能源消耗的所有内容。

受到影响并导致控制方向错误，因而可能进一步导致设施的损坏。

如果控件在用于自动化技术的部件上周期交换数据，则 IT 侧的访问通常仅限于读访问。使用物理分离的 Y 路径（"硬件实现" Y 路径）比使用混合协议（如"软件实现" Y 路径）更容易实现这种分离。

14.8.5 工业 4.0 下的 Y 路径

工业 4.0 背后的众多理念都基于更高效生产和更好使用资源。这些都基于充分的规则生成数据库（在这里"人工智能"很重要）和对物联网的操作能力（"机器对机器通信"）。这些功能需要智能传感器作为机器的感官，同时拥有智能连接来有效使用这些信息。将 IO-Link 与 Y 路径结合作为自动化和信息技术之间的桥梁建设者可能是最好的先决条件。

15 进阶知识

下面您将更深入了解 IO-Link 系统。这些知识可以帮助系统解决问题，但对于 IO-Link 的正常使用不是必需的。

15.1 IO-Link 接口的结构

IO-Link 接口由两个不同的部分组成：IO-Link 主站部分和 IO-Link 设备部分，两者通过中间传输介质（电缆）连接（见图 15.1）。IO-Link 设备接口和 IO-Link 主站接口之间的区别将在下面更详细描述。

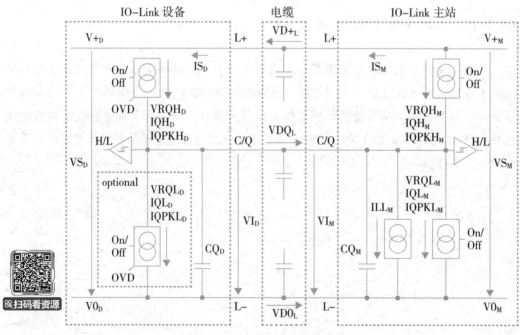

图 15.1　IO-Link 接口概览

15.2　IO-Link 设备接口结构

根据不同的版本，IO-Link 设备有一个纯 P 开关驱动器或一个推挽级。推挽级对于传输速度为 COM2 和 COM3 的 IO-Link 设备来说是正常的，它能够相应快速重新加载，从而使接收者高质量地接收信号。作为纯 P 开关驱动器的 IO-Link 设备在最小的传输速度 COM1 下工作。选择 COM1 方式是为了使时间长到足以识别逻辑和物理上的"0"。

一个 IO-Link 设备总是有三个触点（见 7.2）。这些触点在图 15.2 中被标记为 L +、L – 和 C/Q。标有"optional"的电流灌注器被描述为将 IO-Link 器件级添加到推挽级。此外，需要一个比较器来分析收到的数据。所描述的容量是 IO-Link 接口的所谓输入容量。已经为该输入容量定义了一个最大值，IO-Link 设备制造商必须遵守该值。因此，IO-Link 接口被完整地描绘出来。在 IO-Link 应用中，有一个或七个控制器控制着一个 IO-Link 设备的应用并操作 IO-Link 接口。

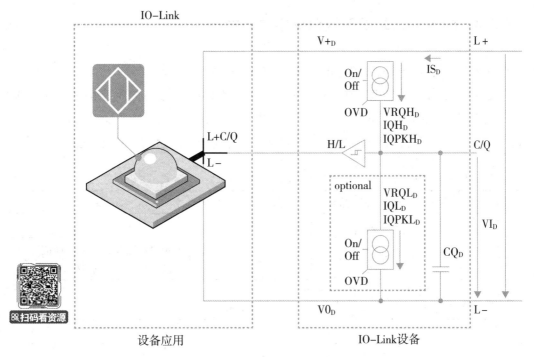

图 15.2　IO-Link 设备接口

图 15.2 所示的功能结构——取决于制造商——是离散的，或者使用目前市场上许多集成开关之一（ASIC）实现的。可用的输入和输出电路（ASIC）有不同的规格，有些有一个集成的 M 序列转换器，有些被指定为纯电平转换器。

根据接口的规格和实现情况，IO-Link 测试规范可确保每个 IO-Link 设备接口与每个 IO-Link 主站接口具有互操作性。

请注意

IO-Link 设备的电源需求必须由 IO-Link 主站提供。必须注意有关 IO-Link 设备和 IO-Link 主站的电源的数据表规格。

15.2.1 设备接口的功能

图 15.2 中的电流源/灌注器控制通信电平，这意味着通信控制器或输出电路设置电源取决于即将传输的 UART 比特。比较器在接收模式下向通信控制器提供来自 UART 的接收数据。在接收阶段，电流源关闭或处于无源状态，以便 C/Q 接口占据高阻抗状态。

如果 IO-Link 设备处于 SIO 模式，通信控制器将开启与所需输出信号相关的电源，并相应地分配"高"或"低"电平。

15.2.2 向 IO-Link 设备接口提供参数数据

在发生故障或调试时，检查电压水平是很重要的。

表 15.1 给出了特征值。在测量过程中，应检查 IO-Link 设备的质量电位（L－）是否仅比 IO-Link 主站的电位高 1 V。L＋上的电位也是如此，它可能只比 IO-Link 主站上的电位小 1 V。但是，必须按照表 15.1 的规定观察电压值。否则，系统不能正常工作。

表 15.1 IO-Link 设备侧的特征值

变量	含义	最小值	标准值	最大值	单位	备注
VS_D	电源	18	24	30	V	—
VS_D	纹波	n/a	n/a	1，3	Vpp	绝对不能超过"峰—峰值"纹波的频率在 0 到 100 kHz 之间
IQH_D	输出电流为"高"电平	50	n/a	IO-Link 主站最大电流值	mA	—
IQQ_D	剩余电流	0	n/a	15	mA	—
V_{hi}	高阈值电压	10，5	n/a	13	V	—
V_{lo}	低阈值电压	8	n/a	11，5	V	—
CQ_D	输入容量	0	n/a	1	nF	在接收状态下，IO-Link 设备的 C/Q 和 L＋或 L－之间的有效容量

在选择电源时必须注意，来自 IO-Link 设备的电源线的纹波不能大于表 15.1 中所列的值。

此外，剩余电流的最大值为 15 mA，这里指 C/Q 输入。如果电流确实更大，那么 IO-Link 器件上可能存在缺陷。

在开关模式（SIO 模式）下，一个 IO-Link 设备通常只能吸收 IO-Link 主站可以提供的电流 IQH_D 减去其自身的需求。但不同的 IO-Link 设备制造商之间存在着差异。建议查看各制造商提供的用户文件。

还应考虑的是，"高"电平的开关阈值在 10.5 V 和 13 V 之间，"低"电平的开关阈值在 8 V 和 11.5 V 之间。这些值是根据 IEC 61131 – 2 标准设定的。

15.3　IO-Link 主站中的接口结构

IO-Link 主站每个端口都有一个推挽级。规范 1.1 的 IO-Link 主站主控所有传输速度，规范 1.0 的 IO-Link 主站不一定支持 COM3。应检查制造商的文件来确定。

如 7.2 所示，一个 IO-Link 主站总是有三个触点（端口等级 A）。图 15.3 列出了这些触点，它们用 L +、L – 和 C/Q 表示。图 15.3 还显示，IO-Link 主站有一个与电流源平行的电流汇，可以打开和关闭，其中流过电流 ILL_M。该电流源用于纯二进制开关输出，

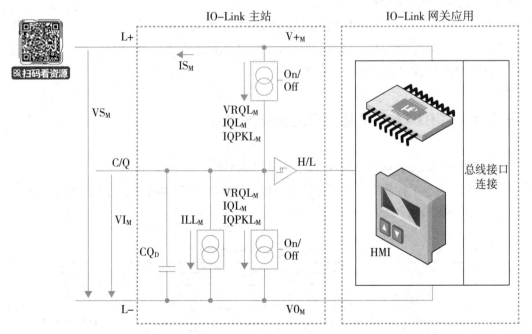

图 15.3　IO-Link 主站接口

如传感器、开关或 SIO 模式下的 IO-Link 设备。根据 IEC 61131 - 2 标准，该电流源对减少微型电流是必要的。换句话说，根据 IEC 61131 - 2 类型 2，这个电流灌注器实现了数字输入。比较器对于解释接收到的数据是必要的，根据表 15.1 对其进行高信号和低信号分析。所描述的容量是 IO-Link 主站输入容量。IO-Link 规范涉及 IO-Link 主站的输入容量。IO-Link 规范为 IO-Link 主站制造商必须符合输入容量设定了一个最大值。因此，IO-Link 接口被完全描绘出来。在 IO-Link 应用中，有一个或多个控制器控制 IO-Link 主站的应用并操作 IO-Link 接口。控制器还有一项任务是以网关应用的形式为各自的总线系统采用数据映射，并对叠加的系统或总线进行相应标准映射。

图 15.3 所示的功能结构因制造商的不同而不同，大多数情况下，这里使用的是带有不同微控制器的 ASIC 解决方案。根据规范和接口的实际执行情况，测试规范确保（特别是在接口端口）每个 IO-Link 主站接口与每个 IO-Link 设备接口都是可互操作的。最终，由于制造商声明（见第 13 章），这一质量标准得到了保证。

15.3.1 IO-Link 主站接口的功能

图 15.3 中的电流源和汇流排控制着通信电平，这意味着来自 UART 的可释放位通过电流源的相应开关将输出级转变为 24 V 脉冲信号。比较器在接收模式下向通信控制器提供接收的数据。在接收阶段，IQH 和 IQL 的电流源被关闭或其是无源的，而电流源 ILL_M 是活跃的以保持静态电平稳定。

如果 IO-Link 主站处于 DO 模式，通信控制器将根据所需信号"高"或"低"关闭电流源。在有输入的情况下，根据 IEC 61131 - 2，汇流排 ILL_M 被打开，并根据二进制信号减少"高"或"低"的相应电流。

15.3.2 向 IO-Link 主站接口发送参数数据

在发生故障或调试时，检查电压水平是很重要的。

表 15.2 给出了特征值。必须保持电压值，以便在 20 米电缆后，电源仍在电源阈值内操作 IO-Link 设备。

表 15.2   IO-Link 主站侧的特征值

变量	含义	最小值	标准值	最大值	单位	备注
VS_M	电源电压	20	24	30	V	—
IS_M	电源设备电流	200	n/a	n/a	mA	最大电流由制造商决定

变量	含义	最小值	标准值	最大值	单位	备注
ILL_M	0 V < VIM < 5 V	0	n/a	15	mA	符合 IEC 61131 – 2 标准的汇流板
	5 V < VIM < 15 V	5	n/a	15	mA	
	15 V < VIM < 30 V	5	n/a	15	mA	
IQH_M	高电平的 DO 驱动电流	100	n/a	n/a	mA	—
$IQPKH_M$	唤醒电流	500	n/a	n/a	mA	最大值 85 μs
IQL_M	低电平时的 DO 驱动电流	100	n/a	n/a	mA	—
$IQPKL_M$	唤醒电流	500	n/a	n/a	mA	最大值 85 μs

一个 IO-Link 主站通常可以在开关模式（SIO 模式）下，在 L + 和 L – 上以最小 200 mA 的电流 IS_M 运行。但不同的 IO-Link 主站制造商仍有偏差。这就是为什么必须遵守各制造商提供的用户文件。

"高"电平的开关阈值在 10.5 V 和 13 V 之间。至于"低"电平，阈值为 8 V 至 11.5 V。这些值是根据 IEC 61131 – 2 标准设置的。

可以在 DI 模式下检查 IO-Link 的主站输入。表 15.2 给出了 ILL_M 的范围，输入电流应在其中。还可以检查 IO-Link 主站的输出情况。在 DI 操作期间，IO-Link 主站应该能够提供至少 100 mA 的高低电平。最高阈值通常为 200 mA，但这可能在不同的主站制造商中有偏差。确切的数值在 IO-Link 主站制造商提供的用户文件中给出。可以在通信模式下检查唤醒电流。可以用一个合适的电阻和一个示波器来测量电流脉冲。

15.3.3 唤醒脉冲

唤醒脉冲用于将二进制开关的 IO-Link 设备转移到 IO-Link 通信中。为了避免对输出级的损害，在 IO-Link 主站用反向极化的信号冲击 C/Q 电缆的时候，有严格的时间框架。图 15.4 描述了 IO-Link 主站 a）段中反向电平的高信号和低信号的情况。这种描述纯粹是理论上的，因为在 IO-Link 设备和主站中不需要根据输出阶段进行电平改道。这就是为什么在测量这一事件时，电流是更重要的测量值，它需要在这一阶段明显升高。

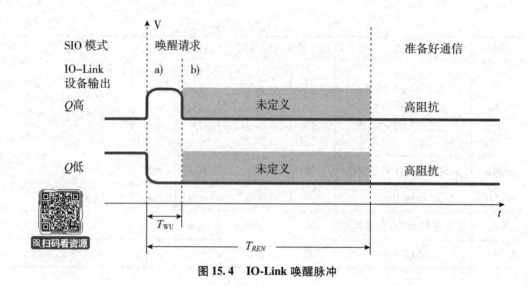

图15.4 IO-Link 唤醒脉冲

表15.3列出了a）阶段的时间阈值。

表 15.3			唤醒脉冲的定义			
变量	描述	最小值	标准值	最大值	单位	备注
IQ_{WU}	主站的唤醒请求电流的振幅量	IQPKLM bzw. IQP – KHM 500 mA	n/a	n/a	mA	根据从属装置的开关状态显示的电流值
T_{WU}	唤醒请求的脉冲长度	75	n/a	85	μs	IO-Link 主站属性
T_{REN}	接受就绪延迟	n/a	n/a	500	μs	IO-Link 设备属性

唤醒脉冲被定义为500 mA，但根据制造商的不同，它的电流值可以向上偏移。其长度被限制在75～85 μs，因此与耦合的、相当随机的EMV故障有明显的区别。如果IO-Link设备在电缆上观察到这样的事件，它将关闭输出电平的电流源，并在一个未定义的阶段后跳入高阻抗状态。从调试到达到高阻抗阶段的时间被测量的最大值为500 μs。因此，可以用示波器非常容易地测量和检查这一事件。

IO-Link 主站随后建立了通信（见7.4）。

15.3.4 供电时间

一个IO-Link设备应该在供电后最多300 ms后进行通信。这时可能发生的情况是，由于测量设备的自动化校准过程尚未完成，传感器的测量应用还不能正常工作。在这段时间内，IO-Link设备可能以传感器的形式发送过程数据，但这些数据被标记为无效。供电时间在图15.5中描述，并在相应的表15.4中说明。

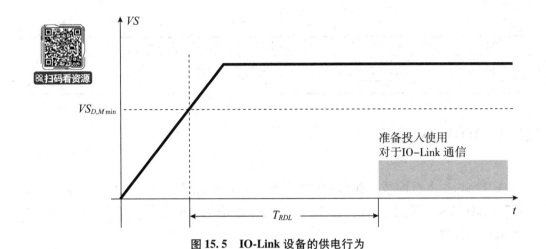

图 15.5　IO-Link 设备的供电行为

表 15.4　　　　　　　　　　　　　IO-Link 设备的供电时间

变量	描述	最小值	标准值	最大值	单位	备注
T_{RDL}	供电后的唤醒准备工作	n/a	n/a	300	ms	直到唤醒信号识别的设备运行时间

15.3.5　IO-Link 标准接入线

　　IO-Link 电缆不需要屏蔽，符合标准传感器电缆的截面通常为 0.34 mm^2。可以有 3 线、4 线和 5 线特性的定制电缆，最大长度限制为 $L=20$ m。这有两个原因：一个是保持电压（纯粹的阻抗），另一个是在通信过程中，电缆的电荷逆转时间保持在一个范围内，在这个范围内，高信号和低信号可以在所有的传输速度下安全识别，与电缆质量无关。阻抗电缆的电阻 R_L 被限制在 6 Ω；有效的电缆容量 C_L 最大为 3 nF，<1 MHz。电缆结构示意如图 15.6 所示，包括用于测量电阻 R_L 的测量桥。

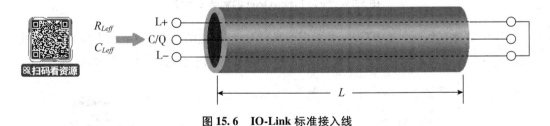

图 15.6　IO-Link 标准接入线

　　相关数值描述如表 15.5 所示。

表 15.5　　　　　　　　　　　　　相关数值描述

变量	名称	最小值	标准值	最大值	单位
L	电缆长度	0	n/a	20	m

变量	名称	最小值	标准值	最大值	单位
R_{Leff}	总回路电阻	n/a	n/a	6	Ω
C_{Leff}	有效性能容量	n/a	n/a	3	nF（<1 MHz）

15.4　IO-Link 通信

下文将讨论电报的结构和由此产生的帧。在此应注意，由于 IEC 的限制，术语"帧"在 IO-Link 中可能无法使用。IO-Link 说的是所谓的 M 序列甚至是消息序列，其作为帧的等同物。

在系统调试期间，IO-Link 主站与 IO-Link 设备替换了最重要的通信参数，从而确定了要使用的帧类型（M 序列）。

物理电缆上的 M 序列内的数据传输遵循 UART 标准。这意味着一个字节/八位组的 8 个比特又增加了 3 个比特（三位）。这些位是起始位和停止位以及奇偶校验位。图 15.7 中描述了 UART 的结构。

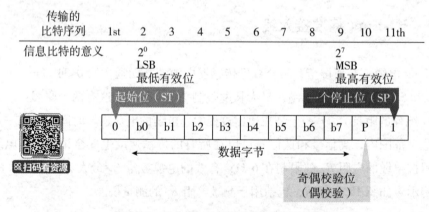

图 15.7　作为 FrameOctet 的标准 UART

一个 M 序列是一个 UART 包，因此其是来自 IO-Link 主站的打包信息和来自 IO-Link 设备的响应。图 15.8 以示意的方式描述了这一点。这些通信包又被划分为字节或八位组。

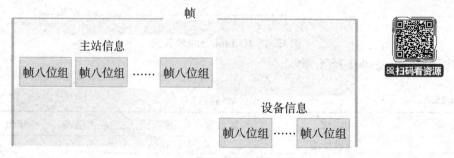

图 15.8　M 序列

请注意

一个处于 *IO-Link 模式或通信模式的 IO-Link 主站端口，只要启动通信，就会重复通信调试的顺序。这意味着，如果要在一个 IO-Link 端口上使用二进制执行器，该端口必须配置为数字输出（见 10.1）。*

通信启动导致纯二进制执行器的开关动作不受控制（没有 IO-Link 或 SDCI 能力）！

这种通信定义可实现从 IO-Link 主站到 IO-Link 设备的多达 32 字节的执行器数据的可变传输，以及同时在相反方向的多达 32 字节的传感器数据的传输。因此，IO-Link 设备的制造商可以根据各自 IO-Link 设备的要求对过程数据宽度进行最佳调整。

前面提到的非循环通道由于其复杂性而被限制在 1 字节、2 字节、8 字节和 32 字节。IO-Link 设备的制造商可以在此再次为 IO-Link 设备选择最佳的数量。

图 15.9 描述了一个典型的传感器 M 序列过程。

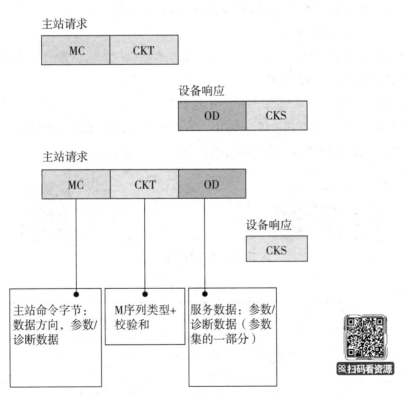

图 15.9 传感器的 M 序列示例

IO-Link 主站通过主站请求启动通信。主站请求基本上由一个命令字节和一个检查字节组成。如果参数或诊断数据尚待处理，则该数据将占据该字节或原本为空的 OnRequest 数据字节。如果所连接的 IO-Link 设备是一个执行器，则 M 序列最多可扩展 32 个过程数据字节。

IO-Link 设备接受由 IO-Link 主站发送的报文序列，检查校验和并处理收到的数据。

如果校验和正确，IO-Link 设备在给定的时间范围内对 M 序列给出答复。响应时间和 IO-Link 设备的响应序列由这个过程产生（在 IO-Link 接口上也有一个确定的周期时间）。

典型的 IO-Link 设备响应序列是由例如来自过程数据的传感器（如果有的话）、以逻辑数据形式的 OnRequest 数据字节（1 字节、2 字节、8 字节或 32 字节）和一个检查字节组成（如果在这之前有 IO-Link 主站的读访问）。

如果 IO-Link 设备是一个执行器，并且如果 IO-Link 主站没有要求读取参数或诊断数据，设备的响应序列可以只由一个校验字节组成。

15.4.1 报文结构 IO-Link 主站（M 序列的 IO-Link 主站部分）

一个 IO-Link 主站电报是由一个命令字节（MC，主站控制）组成的。该序列由下面的校验字节/类型来保证。如果所连接的 IO-Link 设备是一个执行器，那么该序列将被扩展为最多 32 个过程数据字节。

在 IO-Link 主站的命令字节中，设定了非周期性数据的方向，或者当使用特定的 M 序列时，设定了周期性数据的方向。

数据的类型也在 IO-Link 主站的命令中进行编码。这些数据包是过程数据、参数、诊断数据或需要通过特殊应用协议（ISDU，索引服务数据单元）传送的数据包。最后一部分是地址（见图 15.10）。数据通道的值如表 15.6 所示。

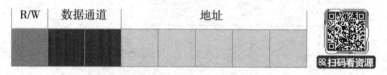

图 15.10　命令字节的结构

表 15.6　　　　　　　　　　　　数据通道的值

值	数据通道
0（00_{bin}）	过程
1（01_{bin}）	页
2（10_{bin}）	诊断
3（11_{bin}）	ISDU

除了校验和，IO-Link 主站的校验和字节具有所用 M 序列的编码（见图 15.11）。校验和保护了 M 序列中主控部分的所有字节。M 序列类型如表 15.7 所示。

图 15.11　结构检查/类型字节

表 15.7　　　　　　　　　　　　　　M 序列类型

值	Frame 类型
0（00_{bin}）	类型 0
1（01_{bin}）	类型 1
2（10_{bin}）	类型 2
3（11_{bin}）	预留

M 序列类型 0 被定义为没有周期性过程数据，主要用于建立 IO-Link 通信。

M 序列类型 1 被定义为无过程数据的快速参数化。这允许每个 M 序列提供 1 字节、2 字节、8 字节或 32 字节的 OnRequest 数据。

M 序列类型 2 通常是 IO-Link 中的通信序列。这种 M 序列的特点是周期性和非周期性数据数量变化，在 IO-Link 的运行模式下使用。

15.4.2　IO-Link 设备报文结构（M 序列的 IO-Link 设备部分）

根据 IO-Link 设备的要求，IO-Link 设备报文由一个或几个 OnRequest 数据字节组成，并根据 IO-Link 设备的规格，进一步由 1 至 32 个过程数据字节组成。在 IO-Link 设备报文的末尾有一个所谓的校验字节，其中包含该报文的校验和。IO-Link 设备报文的校验和保证了报文中所有字节的安全（与 IO-Link 主站一样）。此外，IO-Link 设备的最后一个报文字节包含一个状态位。可以用它来通知 IO-Link 主站有关事件。该字节还包含另一个位，说明过程值的有效性。图 15.12 显示了校验和/状态字节。

表 15.8 和表 15.9 显示了事件编码和 PD 无效位的相关内容。如果相应的位被设置为"0"，则一切正常。

图 15.12　校验和/状态字节

表 15.8 事件标志的值

值	定义
0 (0_{bin})	无事件
1 (1_{bin})	事件

表 15.9 PD 状态的值

值	定义
0 (0_{bin})	过程数据有效
1 (1_{bin})	过程数据无效

15.5 M 序列及其用法

下面对可能的 M 序列进行概述。

基本上，系统使用一个 M 序列，根据 IO-Link 设备的要求，它可以有不同的规格。图 15.13 说明了 M 序列的可能规格。每个 IO-Link 设备都由制造商根据其要求配备合适的 M 序列。

OnRequest 数据的宽度可以在 1 字节、2 字节、8 字节和 32 字节之间变化。OnRequest 数据的宽度由 IO-Link 设备制造商根据设备的要求来设定，在索引 0 的 M 序列能力中确定（见 8.1.1 和 IO-Link 设备制造商提供的用户文件）。

M 序列类型还可以对每个方向的过程数据宽度进行可变处理。2. V 型可以处理一个字节的过程数据（2.1 型），也可以处理多达 32 个字节的过程数据宽度（见图 15.13）。

15.5.1 最初的开始 M 序列

通信调试只使用一种类型的 M 序列。这种所谓的 0 型不能交换过程数据，而只是用于传输参数和诊断数据。在 IO-Link 调试中，IO-Link 主站和 IO-Link 设备交换关于过程数据宽度、最小周期时间、IO-Link 版本以及控制 IO-Link 设备通信的命令的内部数据。在调试阶段，IO-Link 主站还控制设定的配置。它还管理所有端口上的标识，如果这些标识被设定的话（见 10.2）。

一个典型的 IO-Link M 序列，即 IO-Link 调试序列，由 IO-Link 主站电报和 IO-Link 设备电报组成。图 15.14 描述了这样一个 M 序列。这个调试顺序对所有的 IO-Link 设备都是一样的。这是必要的，以便能够开始与所有 IO-Link 设备进行初始通信，然后在进一步的步骤中根据所选择的 IO-Link 设备调整 IO-Link 系统至最佳。

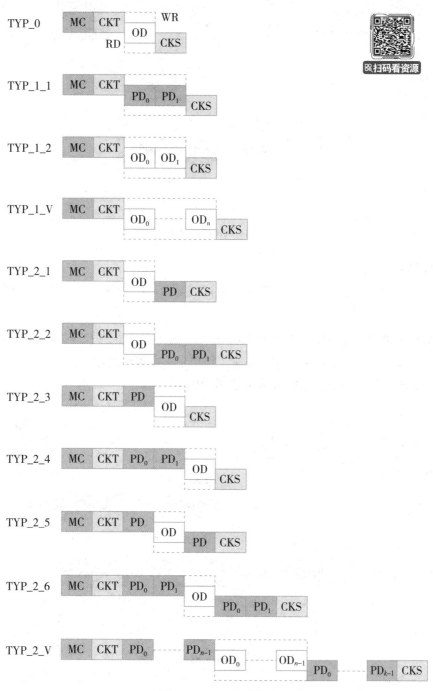

图 15.13 M 序列类型

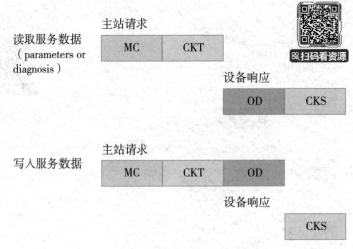

图15.14 M 序列类型 0

预操作 M 序列

系统可以在预操作阶段改变为不同的 M 序列类型。IO-Link 制造商决定需要使用哪种类型。

参数集的大小是选择预操作 M 序列的一个主要因素。由于用户对 M 序列的选择没有发言权，图15.13 显示的 1. V 偏差基本上给出了可能类型概述。

图15.15 显示了一个预操作 M 序列类型的例子。

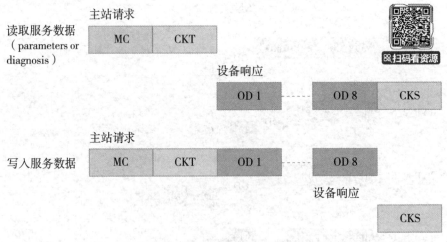

图15.15 预操作 M 序列类型

15.5.2 周期操作中的 M 序列类型的例子

IO-Link 中的其他 M 序列类型最好根据其用途进行调整。各 IO-Link 设备制造商根据其应用数据为设备设定最佳的 M 序列类型。IO-Link 提供了为传感器、执行器和它们的组合实现最佳过程数据传输的可能性。由于所有 IO-Link 设备的调试阶段都是相同的，下面给出了周期性数据流量中典型 M 序列的几个例子。

图 15.16 描述了一个典型的传感器 M 序列。

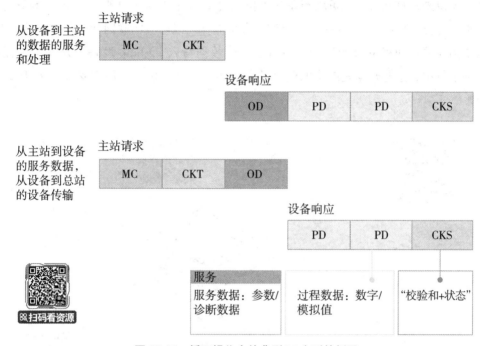

图 15.16 循环操作中的典型 M 序列的例子

图 15.16 中描述的例子可以是模拟传感器的一部分，模拟值最多 16 位。第一个例子显示了带有一个字节读取参数/诊断数据的 IO-Link 主站请求。第二个显示的 M 序列是带有一个字节的写入参数/诊断数据的 IO-Link 主站请求。过程数据的顺序是相同的，在两个请求中都是读取访问。通过读取过程数据访问，M 序列被确定为传感器的 M 序列。

通过 IO-Link 可以在一个端口上操作一个所谓的组合设备。IO-Link 组合设备一般是执行器与传感器的组合。例如，这样的组合设备是一个阀头，它将阀门设置作为模拟值提供给应用程序，后者反过来计算阀门设置并向执行机构提供新的模拟值。IO-Link 协议为这种情况提供了相应的 M 序列类型（见图 15.13，例如，M 序列类型 2.5、2.6，但也包括 2.V）。例如，M 序列类型 2.5 对一个小型组合设备来说就足够了，每个模拟值有 8 位，或者每个方向有 8 个开关点。根据组合设备的复杂性，可以使用 M 序列类型，它可以在 IO-Link 过程数据宽度为 32 字节的全部范围内工作。传输的值可以是一个模拟值或一个数字值，也可以是几个模拟值或它们的组合（查看制造商提供的 IO-Link 设备文档）。

阀头的例子阐明了 IO-Link 通信的结构。

在这个例子中，阀头收集阀门的设置信息并提供一个16位模拟值。阀头将开关位存入第三个过程数据字节中，它从相关开关点的模拟值中确定了这些开关位。这种划分是为了记录模拟值，而不会给 PLC 带来开关点计算的压力。PLC 本身可以立即抓住八个开关位来计算状态。也可以想象开关位经过 PLC 进入状态分析，但 PLC 本身用模拟值进行计算。IO-Link 在这一阶段允许多种可能性，以适应物联网和工业4.0的要求。

所描述的周期将 IO-Link 主站的参数/诊断数据写入 IO-Link 设备，并发送过程数据，在示例中，这些数据是阀头的模拟设定值和八个开关位，可用于阀头的 LED 显示（见图15.17）。

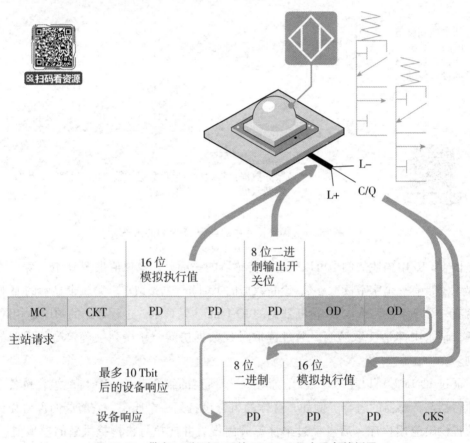

图 15.17　带有 M 序列 2. V 的 IO-Link 组合设备的例子

如图15.18所示，一个组合设备的最简单版本可以用数据流量来描述。

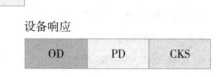

图 15.18 带有 M 序列 2.5 和每八位过程值的 IO-Link 组合设备的例子

过程数据的确切分配可以在各设备制造商提供的用户文件中查询。如果 IO-Link 设备遵循某个行规，它将采用标准的过程数据分配方式，因此 IO-Link 设备可以轻松进行（见第 11 章）。

有了这样的 M 序列，输入和输出数据可以在一个周期内传输，而且对每个方向最多 32 字节的数据宽度没有任何限制。

有一些特殊的 M 序列类型被指定用于纯 IO-Link 执行器设备。这些类型与 IO-Link 传感器的 M 序列类型类似。图 15.19 中的类比非常清楚。

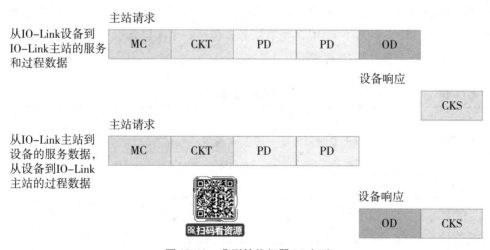

图 15.19 典型的执行器 M 序列

就像 IO-Link 传感器 M 序列一样，执行器接收明确分配的过程数据——在图 15.19

中，这些是 16 位的周期过程数据。与所有的 M 序列类型一样，OnRequest 数据的方向可以被切换和寻址。例如，图 15.18 所示的 M 序列类型可以是模拟执行器的一部分，它以 16 位的数值映射其计划的路线。

重要信息的概述

- 系统使用中央 M 序列类型 0 进行通信调试。
- IO-Link 通常在周期通信中使用 M 序列，其周期和非周期通道的宽度不同。这些都是根据各个 IO-Link 设备的要求来调整的。
- 过程数据的分配可在 IO-Link 设备制造商提供的用户文件中找到。

15.6 ISDU 的详细信息

下文描述 ISDU 的结构和功能。

由于 IO-Link 的 M 序列类型可以传输不同数量的 OnRequest 数据（1 字节、2 字节、8 字节、32 字节），有必要定义一种机制，对许多字节的数据包进行分割，并能一致地传输这些数据。ISDU 就是这样一种协议。它将任何大小的数据包分割成相应的小数据包，可以通过一个 M 序列传输，并在另一端将这些数据包重新组合成一个一致的数据包。ISDU 有一个检查和机制，以确保数据包安全，防止损坏；单段传输也通过所谓的流量控制得到保障。ISDU 的最大有效载荷被限制在 232 字节，根据寻址索引范围，最多可以添加 6 个字节的标头。

标头的一部分是必须执行的服务，因此它是一个写或读请求，以及来自 IO-Link 设备的对写或读的肯定或否定响应的服务确认。如果不存在任何行动，它将被编码为"无服务"。表 15.10 列出了 ISDU 的所有服务，包括一个 8 位索引、一个带子索引的 8 位索引和一个带子索引的 16 位索引。

表 15.10   **ISDU 服务**

I-Service（二进制）	含义		索引格式
	IO-Link 主站	IO-Link 设备	
0000	无服务	无服务	n/a
0001	写入请求	预留	8 位索引
0010	写入请求	预留	8 位索引和子索引
0011	写入请求	预留	16 位索引和子索引
0100	预留	写入响应（－）	不必要的

续 表

I-Service（二进制）	含义		索引格式
	IO-Link 主站	IO-Link 设备	
0101	预留	写入响应（＋）	不必要的
0110	预留	预留	
0111	预留	预留	
1000	预留	预留	
1001	读取请求	预留	8 位索引
1010	读取请求	预留	8 位索引和子索引
1011	读取请求	预留	16 位索引和子索引
1100	预留	读取响应（－）	不必要的
1101	预留	读取响应（＋）	不必要的
1110	预留	预留	
1111	预留	预留	

ISDU 由控制字节、索引规格、总长度和检查字节组成。第一个字节是服务字节，其中字节的顶部是服务的代码（见表15.10），下面的小数点作为长度说明，长度不超过15。如果超过15，则在服务字节中加入一个长度字节，在服务字节的长度位上有一个"1"。

在长度信息之后，是8位索引、8位索引和（及其）子索引或16位索引和（及其）子索引。在写入请求 ISDU 的情况下，写在相应索引上的数据遵循这些索引规格。最后是一个校验字节，即所谓的 CHKPDU。IO-Link 设备通过该内容检查被分割的、传输的数据包是否又是完整的，是否已被传输并正确地重新组合在一起，也就是它是否与输入的数据包是一致的。图15.20 显示了五个可能的 ISDU 情况。

请求

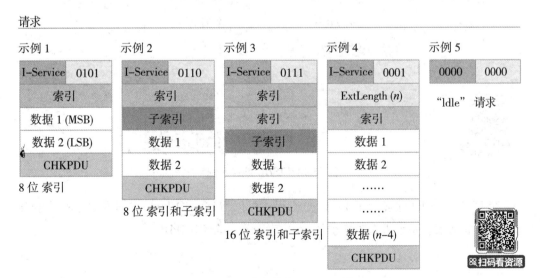

图 15.20 写入请求 ISDU 示例

示例5是一个特殊情况。如果没有任何东西需要传输，IO-Link主站处于空闲状态，它在ISDU中发送"无服务"，逻辑上其长度为0。

IO-Link设备响应的长度根据服务的不同而不同。该结构依赖于IO-Link主站发送的查询结构。

响应的第一个字节是服务响应代码在该字节的服务片段中的编码（见表15.10）。根据IO-Link主站的请求，响应ISDU的结构是不同的。如果IO-Link主站通过ISDU触发了一个写请求，并且如果IO-Link设备已经检查了发送的索引数据（见8.4），将根据检查的结果有一个肯定或否定的响应。该ISDU有两个字节长，并以CHKPDU字节为保障。如果IO-Link主站触发了一个读请求，IO-Link设备将向服务发送一个肯定的请求，长度（如果不超过15字节）在服务字节长度范围内。如果是一个较长的数据包，那么服务字节中的长度为"1"，随后是一个长度字节——就像请求时一样。随后是可传输的索引数据和最后的校验字节CHKPDU。图15.21显示了四个ISDU响应示例。示例4也构成了一个反常现象。如果IO-Link主站已成功地向IO-Link设备发送其请求，它将改变为结果请求。如果IO-Link设备不能立即响应，因为它仍然需要建立可传输的响应ISDU，可以用一个所谓的忙字节响应这个请求。IO-Link主站现在知道IO-Link设备还不能提供适当的响应。IO-Link主站将不断尝试读取响应——不过，响应必须在最长5秒钟后开始。

响应

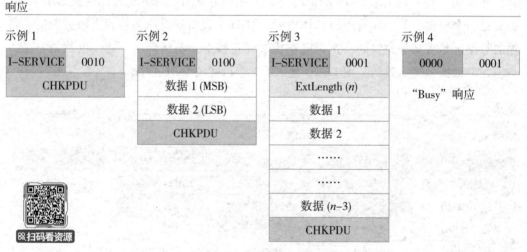

图 15.21　ISDU 响应示例

表15.11示例性地显示了ISDU的流程。可以看出，IO-Link主站发送了一个长度为5的读取请求、一个带有子索引的16位索引和一个CHKPDU。

表15.11 ISDU 的流程实例

	IO-Link 主站				OnRequest 数据		IO-Link 设备
					主站	从属	
Comment	Comment	Cycles	RW	Flow CTRL (hex)	如果 RW = "0"	如果 RW = "1"	Comment
发出服务字节	发出服务字节	1	0	10	1011 0101	—	收集服务字节
发出服务字节	发出服务字节	2	0	01	index (hi)	—	收集服务字节
发出服务字节	发出服务字节	3	0	02	index (lo)	—	收集服务字节
发出服务字节	发出服务字节	4	0	03	subIndex	—	收集服务字节
发出服务字节	发出服务字节	5	0	04	CHKPDU	—	收集服务字节
等待响应	等待响应	6	1	10	—	0000 0001	进程反应 (is busy)
等待响应	等待响应	7	1	10	—	0000 0001	进程反应 (is busy)
等待响应	等待响应	8	1	10	—	0000 0001	进程反应 (is busy)
等待响应	等待响应	9	1	10	—	0000 0001	进程反应 (is busy)
等待响应	等待响应	10	1	10	—	0000 0001	进程反应 (is busy)
收集服务字节	收集服务字节	11	1	10	—	1101 0001	发送服务字节
收集服务字节	收集服务字节	12	1	01	—	0001 1110	发送服务字节
收集服务字节	收集服务字节	13	1	02	—	数据 1	发送服务字节
收集服务字节	收集服务字节	14	1	03	—	数据 2	发送服务字节
收集服务字节	收集服务字节	15	1	04	—	数据 3	发送服务字节
收集服务字节	收集服务字节	16	1	05	—	数据 4	发送服务字节
收集服务字节	收集服务字节	17	1	06	—	数据 5	发送服务字节
收集服务字节	收集服务字节	18	1	07	—	数据 6	发送服务字节

续 表

| IO-Link 主站 | | | | OnRequest 数据 | | IO-Link 设备 |
Comment	Cycles	RW	Flow CTRL (hex)	主站 如果 RW = "0"	从属 如果 RW = "1"	Comment
收集服务字节	19	1	08	—	数据 7	发送服务字节
收集服务字节	20	1	09	—	数据 8	发送服务字节
处理 event "service"	21	X	—	?? ??	?? ??	reports event
处理 event "service"	22	X	—	?? ??	?? ??	处理 event "service"
处理 event "service"	23	X	—	?? ??	?? ??	处理 event "service"
处理 event "service"	24	X	—	?? ??	?? ??	处理 event "service"
处理 event "service"	25	X	—	?? ??	?? ??	处理 event "service"
处理 event "service"	26	X	—	?? ??	?? ??	处理 event "service"
处理 event "service"	27	X	—	?? ??	?? ??	处理 event "service"
处理 event "service"	28	X	—	?? ??	?? ??	处理 event "service"
处理 event "service"	29	X	—	?? ??	?? ??	处理 event "service"
处理 event "service"	30	X	—	?? ??	?? ??	处理 event "service"
处理 event "service"	31	X	—	?? ??	?? ??	处理 event "service"
收集服务字节	32	1	0A	—	数据 9	发送服务字节
收集服务字节	33	1	0B	—	数据 10	发送服务字节
收集服务字节	34	1	0C	—	数据 11	发送服务字节
收集服务字节	35	1	0D	—	数据 12	发送服务字节
收集服务字节	36	1	0E	—	数据 13	发送服务字节

续 表

| IO-Link 主站 | | | | OnRequest 数据 | | IO-Link 设备 |
Comment	Cycles	RW	Flow CTRL (hex)	主站 如果 RW = "0"	从属 如果 RW = "1"	Comment
收集服务字节	37	1	0F	—	数据 14	发送服务字节
收集服务字节	38	1	00	—	数据 15	发送服务字节
收集服务字节	39	1	01	—	数据 16	发送服务字节
收集服务字节	40	1	02	—	数据 17	发送服务字节
收集服务字节	41	1	03	—	数据 18	发送服务字节
收集服务字节	42	1	04	—	数据 19	发送服务字节
收集服务字节	43	1	05	—	数据 20	发送服务字节
收集服务字节	44	1	06	—	数据 21	发送服务字节
收集服务字节	45	1	07	—	数据 22	发送服务字节
收集服务字节	46	1	08	—	数据 23	发送服务字节
收集服务字节	47	1	09	—	数据 24	发送服务字节
收集服务字节	48	1	0A	—	数据 25	发送服务字节
收集服务字节	49	1	0B	—	数据 26	发送服务字节
收集服务字节	50	1	0C	—	数据 27	发送服务字节
收集服务字节	51	1	0D	—	CHKPDU	发送服务字节
进程反应	52	1	11	—	0000 0000	slave "idle" (no_Service)

IO-Link 主站随后询问 IO-Link 设备，并收到五个关于繁忙的响应。IO-Link 设备在第六次请求后发送响应。这配备了一个肯定的读取响应，其长度为 30 字节。这意味着必须传输一个 3 字节的标头（服务字节、长度字节和 CHKPDU）和 27 个有效载荷字节。IO-Link 主站接收这个 ISDU，并在每个传输的字节后加 1 到流量控制——而且总是从 0x00 到 0x0F。值 0x10 开始一次 ISDU 流控制，值 0x11 代表 IDLE 传输。这个例子表明，ISDU 传输可以被中断，然后继续进行。传输中的错误会导致重试最后一个不正确传输的 ISDU 字节的请求。最多重试两次。如果两次重试后，传输任务仍不正确，就会出现错误通知，这反过来又中断了 ISDU 传输。

16　IO-Link 安全

本章概述 IO-Link 安全的性能能力和其局限性，用于指导通过安全设备来进行风险保护的自动化系统中的以下角色：

- 管理者
- 设计者、开发者
- 集成商

IO-Link 安全依赖于 IEC 61131 – 9 标准化的 IO-Link 技术，该标准规定了用于传感器、执行器和机械电子的单点数字通信接口技术（SDCI）。它扩展了 IEC 61131 – 2 中定义的传统的开关输入和输出，通过编码切换实现点对点通信。该技术允许数字输入/输出过程数据周期交换，也允许 IO-Link 主站和与其相连接的 IO-Link 设备之间非周期传输参数和诊断信息。IO-Link 主站可以通过网关（如可编程控制器）与叠加系统连接。

IO-Link 用于安全通信作为"黑色通道"（见 16.3）的主要优势包括：

- 低成本和最小测量；
- 不需要专用的 ASIC；
- 每个设备仅一个接口；
- 强大的数字通信能力；
- 拥有所有现场总线的网关；
- 设备标准化工程。

IO-Link 是工业 4.0 与物联网的前提条件。它正在将最底层的传感器和执行器之间的传统分离扩展到集成传感器自动化和执行机构机电一体化单元方向。

IO-Link 安全是对 IO-Link 的扩展，它提供了用于 IO-Link 主站和设备的安全通信层，并因此使其成为安全主站（FS-master）和安全设备（FS-device）。这一概念已经通过 TÜV-SÜD 组织的检查。

这些技术得到国际 IO-Link 委员会的支持。有关 IO-Link 安全的更多信息和规范，请访问 www.IO-Link.com。

16.1 自动化中的安全

过去20年来，自动化中的安全通信已得到证明。多个行规——所谓的FSCP（功能安全通信行规）——在现场总线系列标准 IEC 61784 – 3 – x 中被标准化。

依据 IEC 62061 或 ISO 13849 –1，安全功能通常通过安全传感器（如光幕）、安全控制 FS-PLC 和安全执行器（如驱动器或其他终端元件）来实现。这些设备通过 FSCP 来交换安全过程数据。

除此之外，图16.1 展示了远程 I/O 中的 FS-DI，它能够通过冗余信号连接电子安全设备，即所谓的 OSSD（输出开关传感设备）。简单电子机械设备（如紧急停机按钮）也可以在这些 FS-DI 模块上运行。

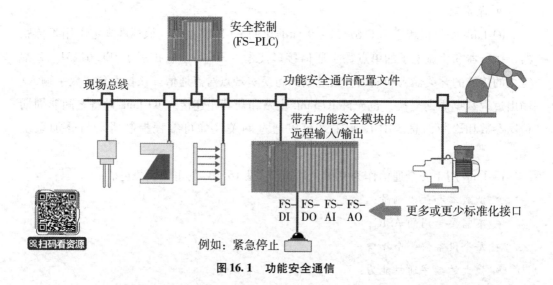

图 16.1 功能安全通信

其他模块类型如 FS-DO 能够关闭继电器。如图16.2 所示，功能安全模拟输入模块（FS-AI）用来连接测量传感器。

这些模块类型有几种标准化接口，设备制造商可以在全球范围内提供一种安全设备，用于远程 I/O 操作。

16.2 为什么 IO-Link 安全

就创新安全设备而言，制造商会考虑两方面策略，其中包括：

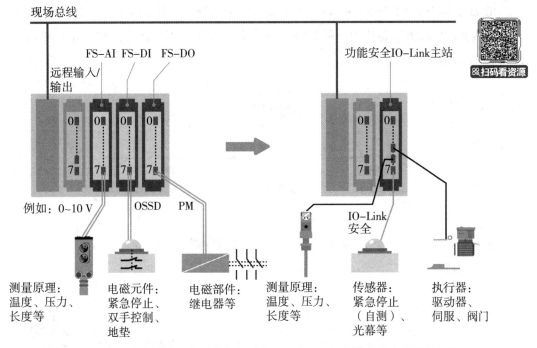

图 16.2　具有功能安全通信行规（IEC 61784–3）现场总线上的远程 I/O

● 微控制器越来越便宜，新功能可以集成到产品中。不过，像 OSSD 这样的接口不支持这一点。

● FSCP 可以是解决方案。由于设备需要在全球范围内运行，必须根据图 16.3 实施和监督多个 FSCP。

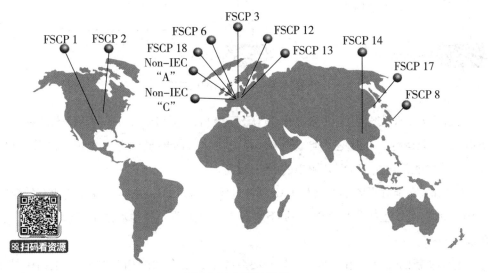

图 16.3　FSCP 世界

IO-Link 单个 FSCP 协议的"隧道"并没有太大帮助，必须实现和支持多个 FSCP。

制造商的解决方案是使用一种 FS-IO-Link 设备类型（见图 16.4）进行单独专用的 IO-Link 安全通信。

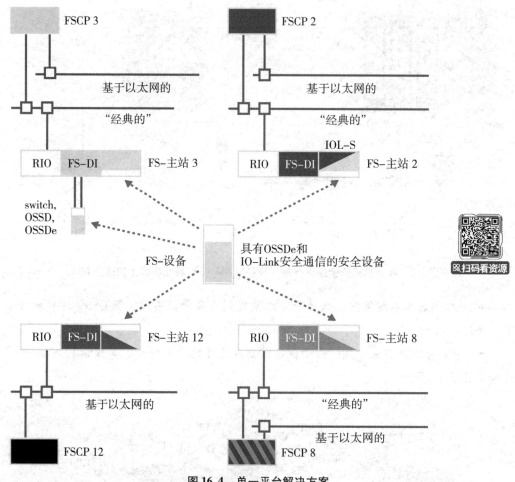

图 16.4 单一平台解决方案

由于 IO-Link 安全也提供标准化的 OSSD 接口（OSSDe），FS－设备也能在传统的 FS-DI 模块上运行，这避免了类型的多样性。当然，需要至少有一个包含网关"x"的 FS－主站才能使用相应 FSCP 域中的 FS－设备。

IO-Link 安全对于紧凑型远程 I/O 非常重要，因为 FS－主站允许在其所有端口（见图 16.2 的右侧）上操作任何规格的 FS－设备（传感器、制动器甚至复杂的机电一体化设备）。

这允许新的安全应用，例如，与叠加系统中的安全功能相关的 FS－主站中的本地安全逻辑。

它进一步简化了安全相关与非安全相关数据传输可能性，例如，具有紧急停机按钮的运行设备。

IO-Link 安全的点对点通信很大程度降低了客户端的整体工作量（见 16.4）。

16.3　IO-Link 作为"黑色通道"

16.3.1　原理

大部分 FSCP 遵循"黑色通道"原理。现有的现场总线用作由安全数据和附加安全编码组成的特殊类型通知的传输通道。安全编码的目的是将数据传输的残余误差幅度降低到相关安全标准（如 IEC 61784 – 3 或更高标准）要求的数量。通知处理在现场总线上的安全通信级别（SCL）上完成。

IO-Link 功能安全也遵循该原理，如图 16.5 所示。

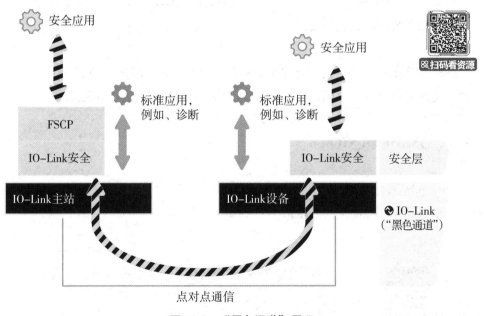

图 16.5　"黑色通道"原理

IO-Link SCL 可以在 FS – 设备与 FS – 主站的协议栈上找到。与叠加 FSCP 系统的安全过程数据交换在 FS – 主站的网关中进行。通常，SCL 实体、网关和 FSCP 层级可以通过冗余的微控制器在一个单元中实现。

16.3.2　前提条件

IO-Link 通过点对点连接满足周期数据交换和发送方与接收方之间 1：1 关系的要

求。不允许在 FS – 主站端口和 FS – 设备之间存储网络单元和无线传输路径。

由于 FS – 设备的自检，它们从开机后到唤醒，通常需要超过最长要求的时间。因此，IO-Link 被轻微修改（见图16.6），FS – 主站延迟唤醒过程，直到 FS – 设备准备就绪（准备脉冲；见7.4）。

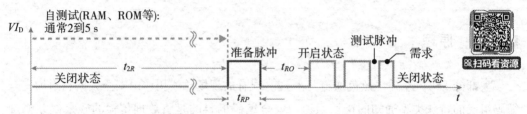

图16.6 FS-IO-Link 设备的启动行为

每个端口在启动时，FS – 主站都会发送"验证记录"，使得 FS – 设备能够检查存储的参数、真实性（FSCP，端口号）和 I/O 数据结构的正确性。

IO-Link 安全可以使用 IO-Link 的数据存储机制，无须更改（见10.8）。有缺陷的 FS – 设备可以不使用工具进行更换。

请注意

设备访问锁索引0x000C被挂起是很重要的，因此，它在逻辑上处于"0"。

FS – 主站可以打开和关闭端口电源，以消除 OSSD 操作上的潜在阻塞。

16.3.3 OSSDe 和 SIO

IO-Link 安全规定 IO-Link 中的第二个信号线（引脚2）与主信号线（引脚4）一起运行冗余信号操作。标准化的版本称为 OSSDe（见图16.7）。

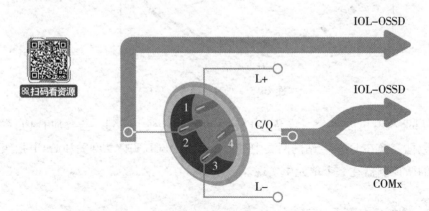

图16.7 具有功能安全扩展的 IO-Link

表16.1列出了图16.7中单个引脚的功能。

表 16.1　　　　　　　　　　　　　　**FS-IO-Link** 的连接分配

引脚	信号	描述	标准
1	L+	24 V	IEC 61131 − 2
2	I/Q	不连接，DI/IOL-OSSD2e，或 DO	IEC 61131 − 2
3	L−	0 V	IEC 61131 − 2
4	Q	DI/IOL-OSSD1e，或 DO	IEC 61131 − 2
	C	"编码开关" COM1…3 + 新的 IO-Link 功能安全行规	IEC 61131 − 9 + "扩展" + "行规"

安全通信仅使用主信号线并以 COM1、COM2 和 COM3 三种传输速度运行（第 7.2）。

16.3.4　OSSDe 向后兼容性

图 16.2 显示了带有 OSSDe 接口的安全传感器的使用情况，如果这些传感器具有 IO-Link 通信功能，并且之前通过例如 USB IO-Link − 主站进行了参数化，则这些传感器随后可以在 OSSDe 模式下在 FS-DI（功能安全数字输入）上运行。如果支持 OSSDe，这样的传感器应能向后兼容以运行在传统的 FS − 主站上。FS-IO-Link 设备和传统 OSSDe 设备在 FS-IO-Link 主站上的混合运行是可能的。该兼容性运行的描述如图 16.8 所示。

16.4　IO-Link 安全通信

16.4.1　安全目标

残差率必须由安全通信的三个主要特征决定：

- 实时性（数据按时到达）
- 真实性（数据来自正确的发送方）
- 完整性（数据是当前的、正确的）

FS − 主站和 FS − 设备之间的通知传输过程中可能会发生许多错误，例如丢失、延迟、损坏。IEC 61784 −3 是一个信息源，它帮助计算特定条件下的残留误差范围。选择下文提到的安全措施，可将残留误差幅度降低到如 IEC 61784 − 3 等相关标准要求的水平，甚至更低。因此，IO-Link 安全通信可用于 SIL 3 或 PLe 的安全功能。

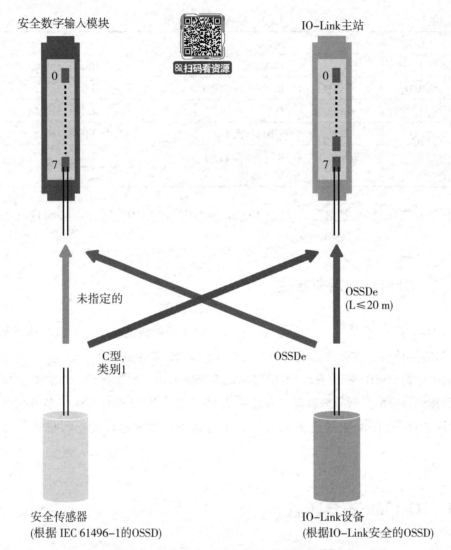

安全数字输入模块

扫码看资源

IO-Link主站

未指定的

OSSDe
(L≤20 m)

C型,
类别1

OSSDe

安全传感器
(根据 IEC 61496-1的OSSD)

IO-Link设备
(根据IO-Link安全的OSSD)

图 16.8　**OSSDe 与 FS-IO-Link 的兼容性运行**

16.4.2　安全措施

安全措施包括以下内容。

● 确定 FS-主站与 FS-设备之间通知的数量。FS-主站使用循环的 3 位计数器。FS-设备有自己的计数器并且在协议开始时同步。它使用 1 的补码值来响应。

● 通过"看门狗"确认时间预期，在 IO-Link 安全通知到达后，看门狗重新启动一个新的计数值。

● 协议启动时认证：FS-设备与正确的 FS-主站（无歧义的 FSCP-连接 ID）和正确的 FS-主站端口（"PortNum"）连接。只有"PortNum"（端口号）周期性地被检查。

● 通过过程数据和安全编码进行 CRC 签名（循环冗余校验）。

IO-Link 安全使用所谓的安全措施进行显式传输。

16.4.3　格式和数据类型

图 16.9 描述了 FS－主站和 FS－设备之间的通知。它们由两部分组成。第一部分包含四个段，如安全协议数据单元（SPDU），最后是可选的、与安全无关的过程数据（PDU）。

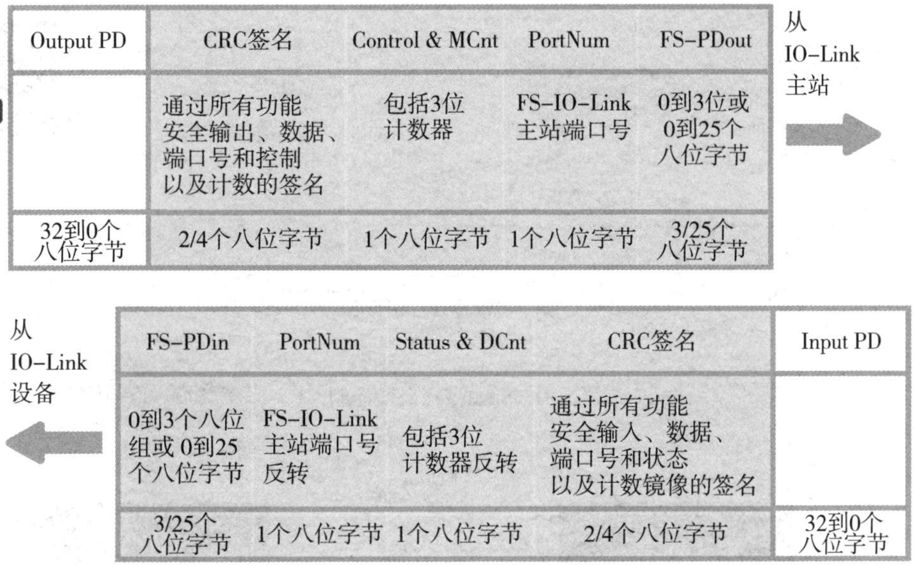

Output PD	CRC签名	Control & MCnt	PortNum	FS-PDout	从 IO-Link 主站
	通过所有功能安全输出、数据、端口号和控制以及计数的签名	包括3位计数器	FS-IO-Link 主站端口号	0到3位或0到25个八位字节	
32到0个八位字节	2/4个八位字节	1个八位字节	1个八位字节	3/25个八位字节	

从 IO-Link 设备	FS-PDin	PortNum	Status & DCnt	CRC签名	Input PD
	0到3个八位组或0到25个八位字节	FS-IO-Link 主站端口号反转	包括3位计数器反转	通过所有功能安全输入、数据、端口号和状态以及计数镜像的签名	
	3/25个八位字节	1个八位字节	1个八位字节	2/4个八位字节	32到0个八位字节

图 16.9　具有 SPDU 的 IO-Link 功能安全通知

依赖于传输的方向，第一段具有安全输入或输出数据：FS-PDout/FS-PDin。它们可以被编码为布尔类型（BooleanT）、16 位整型（IntegerT16）或者 32 位整型（IntegerT32）。将首先发送最高顺序的八位字节和（或）位。填充位为"0"。

IO-Link 安全有两种格式。一种用于短过程数据，如断电时需要快速处理的位，最多可使用 3 个八位字节。另一种用于较长的过程数据，如测量和执行值，在这种情况下，最多可使用 25 个八位字节。

接下来三段包括所谓的安全编码。第一个八位字节包含端口号，是 FS－主站知道的或者是试运行时 FS－设备收到的。

安全编码的第二段（1 八位字节）是影响和同步协议活动的控制位或状态位，以及 3 位计数器值。

安全编码的第三段是 CRC 签名。对于短的 SPDU（2 个八位字节），16 位 CRC 签名就足够了，对于长的 SPDU，需要 32 位 CRC 签名（4 个八位字节）。

16.4.4 服务

SPDU 的发送方与接收方位于通信协议栈"黑色通道"的上层，如图 16.5 和图 16.10 所示。该层的主要部分被描述为状态机。它们控制 SPDU 的常规周期性处理和例外如启动、电压开/关和 CRC 错误。图 16.9 说明了 SCL 与 FS - 设备中技术部分如何交互，或者 SCL 实体与 FS - 主站中的 FSCP 网关如何交互。

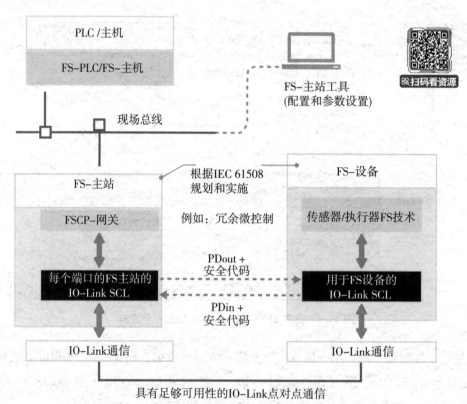

图 16.10　SCL 通信层

FS - 主站最重要的服务是管理 FS-PDout 与 FS-PDin 的交换。在启动过程中或发生故障时，当前的过程数据将使用安全数据（SDout，SDin）来交换。设置替代值全为"0"来表示接收方进入安全状态，例如：关闭/断电。

如果安全状态不是关闭/断电，而是较慢的传输速度，在这种情况下，IO-Link 的安全通过在字节中具有"标志"形式的附加服务（"激活安全状态"）控制。相应的 FS - 设备可以通过"标志"通知接收方已激活的安全状态（"安全状态已激活"）。

IO-Link 安全通信错误将强制 FS - 主站中的 SCL（见图 16.10）进入安全状态。在此情况下如果没有人工访问，安全特征不能自动"解锁"。服务通知 FSCP 关于挂起的访问和来自人员的确认（"…AckReq…"）。FS – 设备还以可选此服务的方式用于状态显示，例如 LED 显示。通过 FSCP 到达 FS – 主站的确认（"…Ack…"）。

FS – 设备技术的服务包括 FS-PDin 与 FS-PDout 的交换、可选的激活或通知安全数据（SD）以及上面提到的可显示的控制调用。

FS – 设备的 SCL 诊断通过服务"SCL 错误"来完成。

16.4.5 协议参数

IO-Link 安全中的协议参数具有"FDP_"前缀，如果涉及 FS – 主站真实性则具有"FSCP_"前缀。此参数的目的是使 SCL 行为适应于各自应用的查询和检查设置。它们在记录中被分成三个索引。

真实性记录（authenticity record）存在于

- FSCP_Authenticity1/2
- FSCP_Port
- FSCP_AuthentCRC

第一个包含作为 FSCP 网络参与者的 FS – 主站的连接 ID，因此 FS – 设备能够发现 FS – 主站上的连接错误。第二个包含端口号并且能够检查正确的 FS – 主站端口。第三个包含用于存储正确值的 CRC 签名。

协议记录（protocol record）存在于：

- FSP_ProtVersion
- FSP_ProtMode
- FSP_Watchdog
- FSP_IO_StructCRC
- FSP_TechParCRC
- FSP_ProtParCRC

FSP_ProtVersion 携带设置的协议版本。FSP_ProtMode 设定短或长的 SPDU。FSP_Watchdog 监控提供下一个有效 SPDU 到达的时间（毫秒数）。FSP_IO_StructCRC 在 FS – 设备的过程数据描述上提供签名。FSP_TechParCRC 保持 FS – 设备技术参数的签名可用（见 16.6）。FSP_ProtParCRC 中的签名保护协议记录中的值。

验证记录（FSP_Verigy-Record）中的值作为 FS – 设备启动过程中所有参数的隐藏的多样化验证工具。该机制对用户是不可见的（见 16.5 和图 16.11）。

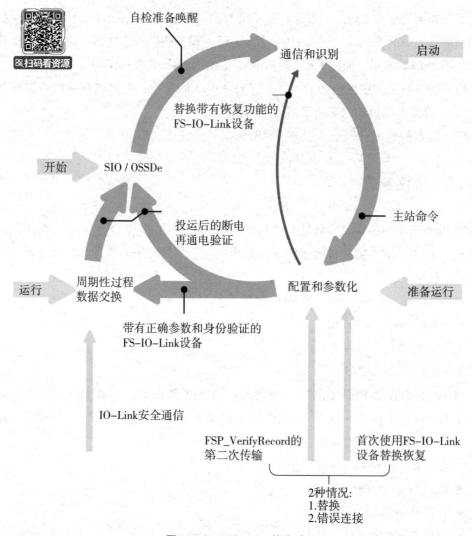

图 16.11 FS-device 的启动

在调试期间，借助 FS-主站工具和 FS-设备附加安全参数的 IODD 设置协议参数。一些参数值，如用于身份验证的参数值和 FSP_TechParCRC，需要在调试期间预先设置用于锁定和解锁。在调试过程中，人员将对此进行监控。

16.5 配置和验证

图 16.11 说明了 FS-设备启动期间的大部分活动。在开机和安全自检（通常比给定 IO-Link 限制花费更长的时间）后，FS-设备通过"准备就绪"脉冲显示其准备好被"唤醒"。参数检查后，FS-主站开始通信并发送 FS-主站验证记录用于安全检查

（数据存储，见 16.4.5）。

FS－主站和 FS－设备在身份验证和参数化都正确的情况下进入"周期过程数据交换"状态，同时安全通信层（SCL）自动开始运行。

IO-Link 安全描述了除上述常规情况之外的几种情况：

- OSSDe 运行（见 16.7）
- 调试—测试
- 调试—待命"准备行动"
- FS－设备更换
- 已配置 FS－设备的错误连接

这些都是在 IO-Link 安全规范中设置的。

16.6　技术参数

16.6.1　IODD

IO-Link 的设备描述（IODD）用来描述特定 FS－设备技术（如光幕、激光扫描仪、接近开关等）的参数及其允许范围。它们应具有前缀"FST_"。在调试和测试期间，用户借助 FS－主站工具分配参数值。

16.6.2　"专用工具"

"专用工具"是一个简单的 PC 程序，与 FS－设备及其 IODD 一起交付。其任务是在所有技术参数上安全计算 CRC 签名。结果被复制到 FSP_TechParCRC 中。

FS－设备将本地计算的签名与上述参考签名进行比较。

16.6.3　"设备工具接口"

IO-Link 安全规定了一个简单的"设备工具接口"（DTI）用于专用工具的调用与参数值的传输。

16.6.4　离线的/外部的参数化

IO-Link 知道用于离线参数化和设备测试的"USB－主站"。如果相应的 PC 程序

"主站工具"已升级为具有安全协议参数的 IODD 的 "FS - 主站工具",这对于 FS - 设备也是可能的。桌面或离线的参数化/外部的参数化如图 16.12 所示。

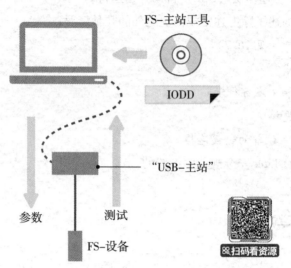

图 16.12　桌面或离线的参数化/外部的参数化

16.7　OSSDe 操作

以下假设适用于 IO-Link 安全中设置的 OSSDe,如 16.3.3 所示:

- 冗余和相等的开关信号;
- 由固态电子器件产生;
- 测试脉冲长度限制在 1000 微秒(ZVEI - CB24I 中 "C" 型与 "1" 类)。

这些限制满足了 FS - 主站端口或 FS-DI 模块的较低的复杂性,例如,由于固定的滤波器时间。

对于 FS-DI 操作的安全设备来说,仅使用集成的 IO-Link 通信进行参数化是可能的。但必须注意 IO-Link 委员会规则(见 16.10.1)。

16.8　到 FSCP 的网关

16.8.1　IO-Link 安全的定位

图 16.13 显示了如何将 IO-Link 安全集成到自动化和 IT 的层次结构中。安全网关包

括"功能安全通信行规"（FSCP），但不限于此。本地控制，如驱动器，也可以使用
IO-Link 安全技术。

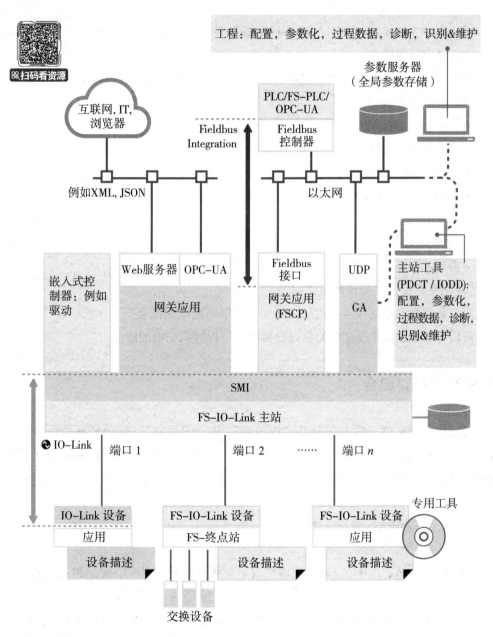

注：▢ 安全技术与非安全技术结合。

图 16.13　FS-IO-Link 作为 IO-Link 安全的标准 IO-Link 定义/位置的补充

16.8.2　标准化的主站接口

标准化的主站接口（SMI）是 IO-Link 的新技术。它促进了主站的实现，并使安全概念更容易理解和检查。

此外，它为不同制造商的 IO-Link 主站上的工具访问提供了前提条件。

SMI 规定服务：

- IO-Link 主站标识
- 配置管理（CM）
- 数据存储（DS）
- 非周期通信（读/写）
- 诊断（事件）
- 过程数据交换

一些服务已经扩展到 IO-Link 安全中。

CM 服务确保访问授权和验证记录。

用于非周期通信的服务提供了切换端口供电与断电的机会。

可以为 SPDU 和非安全相关数据找到用于过程数据交换的服务。

16.8.3　分离/组合

过程数据交换单元的一部分是"拆分器"和"编写器"。拆分器从输入通知中提取 SPDU。编写器将 SPDU 和非安全相关数据组合为输出通知。在这两种情况下都保持值状态（限定符）。

16.8.4　数据映射

图 16.14 举例给出了在 FSCP 或虚拟现场总线远程 I/O 方向中安全相关与非安全相关的过程数据的映射。

该模型允许 FSCP 通知中面向位的数据结构的高效映射，FS-DI 模块也一样。FS – 设备中更复杂的数据结构可以直接被映射为单独的 FSCP 通知。该模型还展示了如何映射与安全无关的数据和诊断信息（事件）。

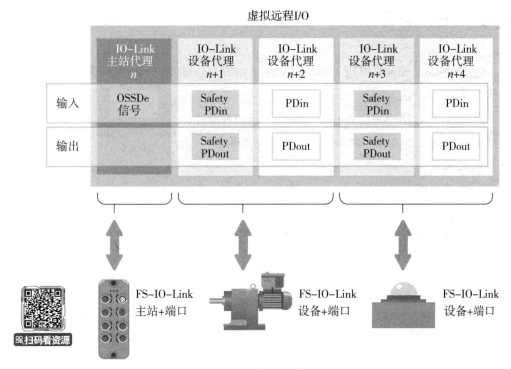

图 16.14　映射的首选例子

16.8.5　端口特定的保护

如果 FSCP 提供"通道 – 粒度"的保护，则 IO-Link 安全端口特定的保护必须被考虑。

16.9　设备开发

16.9.1　技术组件

除了可能自主实现 IO-Link 安全规范，可以购买技术组件。IO-Link 委员会不提供通用的开发包。作为其成员，技术提供商公司将提供技术组件。更多信息可以在 www. IO-Link. com 或研讨会中找到。技术组件优势明显：具有支持和附加值信息的预先认证的软件模块，例如 IODD 设计和工具。

16.9.2 FS – 设备

即使 IO-Link 安全可以用于 SIL 3 或 PL e 的安全功能，也没有必要再为这些层级设计和实现 FS – 设备。

IO-Link 安全为 FS – 设备和应用提供了新的可能性：

- 用于接近、应力、扭矩、压力的传感器等
- 编码器
- 光幕与激光扫描仪
- 数码相机
- 带自检的紧急停止，以避免年检
- 操作面板
- 智能夹具
- 开关柜
- 电机启动器
- 智能驱动器

16.9.3 FS – 主站

许多公司现在都熟悉现场总线的集成，有用于安全设备的 FSCP 开发包。如果安全开发流程已经建立，FS – 主站 SCL 协议栈的集成就相当容易。

16.9.4 测试

测试规范和测试正在制定中，已经为协议状态机生成了自动化协议测试器的测试模式。

16.10 评估和认证

16.10.1 政策

为了防止 IO-Link 委员会在安全相关开发和应用中可能产生的误解或错误期望和严重疏忽，所有希望参与 IO-Link 安全的人——IO-Link 安全设备的培训师、辅导员、设计者、实现者或用户，都应该注意以下几点：

● 当使用 IO-Link 和安全通信级别时，每个非安全设备都不能自动处理与安全相关的应用程序。

● 为开发与安全相关应用的产品，需要根据安全标准配置合适的开发流程，和（或）与相应的检验机构进行认证。

● 安全产品的制造商负责正确实现安全通信技术（根据 IEC 61508 或 ISO 13849 - 1），以及保证产品文档和信息的准确性和完整性。

● IO-Link 规范中的所有信息不包括对准确性和完整性的任何责任。

● IO-Link 品牌名字与设计标识的使用是有版权的，需要特别约定。

16.10.2 安全评估

根据 IEC 61508 或 ISO 13849 - 1 的安全评估必须由以下评估机构进行：
● TÜV（全球）
● IFA（德国）
● SP（瑞典）
● SUVA（瑞士）
● HSE（英国）
● FM、UL（美国）

16.10.3 认证

IO-Link 提供了关于测试、认证以及关于创建制造商声明的信息。

16.10.4 EMC 与 E-safety

IEC 61000 - 6 - 7 包含 FS - 主站与 FS - 设备的 EMC 检查要求，不存在产品标准。

IEC 61010 - 2 - 201：2017 包含电器安全要求，特别是关于 SELV/PELV（安全超低电压/保护超低电压）的。

16.11 部署

16.11.1 FSCP 指南

现场总线组织通常为远程 I/O 等外围设备提供规划和安装指南。它们还包含 IT 安全法规或参考 IEC 62443 系列标准。

可能需要根据这些指南对 IO-Link 的安全进行调整。

16.11.2　IO-Link 指南

IO-Link 委员会提供设计指南，可以从 www. IO-Link. com 下载。

16.12　客户的利益

16.12.1　IO-Link 通用

在引言和"IO-Link 系统描述"中列出的 IO-Link 的优点也适用于 IO-Link 的安全。但是迁移策略是从 OSSDe 迁移到 IO-Link 安全，而不是从 SIO 迁移到 IO-Link。图 16.15 显示了 IO-Link 安全的主要优点。

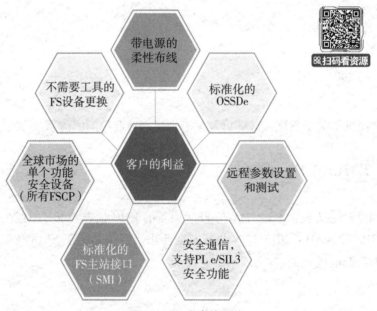

图 16.15　客户的利益

设备制造商的益处包括以下内容。

- 不需要许可费用的标准技术；
- 用于 FS-DI 和 FS - 主站的设备类型；
- FS - 数据的双向交换；

- 非安全和安全数据混合；
- 机电模块的预接线；
- 集成诊断支持"状态监测"和"预测性维护"；
- 通过身份认证支持验证；
- 通过 IODD 和"专用工具"简化工程；
- 用于工业4.0、物联网与"智能制造"的前提条件。

16.12.2 集成商和用户

集成商和用户的优势包括以下内容。
- 通过 SMI 可以为不同的 FS－主站提供一个 FS－主站工具。
- 通过 IODD 及下列信息集成工程的安全功能。
- 系统安全（PL/SIL）；
- 每小时危险故障的概率（PFH）；
- 设备的运行时间。

16.12.3 未来的投资

IO-Link 安全由 IO-Link 委员会开发，这是一个快速发展的组织，由全球运营的知名公司组成。

16.13 设备尺寸的优势

IO-Link 安全已经实现了数据类型的减少，并包含数据类型 Boolean、Integer16 和 Integer32。这种限制减少了在创建与安全相关的控制程序时可能出现的错误，因此减少了调试和认证安全应用程序期间的工作量。

通过 FS－主站可以混合安全相关的数据和非安全数据，也可以将安全和非安全数据分配到两个主站。

也可以在 FS－主站中以安全特性的形式处理所谓的智能解决方案，并通过这种方式创建本地、独立和安全的机器部件。这样，当安全功能被触发时，就可以不关闭整个机器或设备，而只关闭可能对操作造成威胁的一部分。

16.13.1　安全措施的单个激活（选择性保护）

对于智能解决方案来说，单个安全功能可以关闭其各自的域是必需的。这意味着，由于效率的原因，之前在故障事件中仅触发相关安全功能是不可能的。直到现在，FSCP-PDU 内的所有安全功能都必须一起触发。IO-Link 安全引入了端口选择性保护（见图 16.16）。

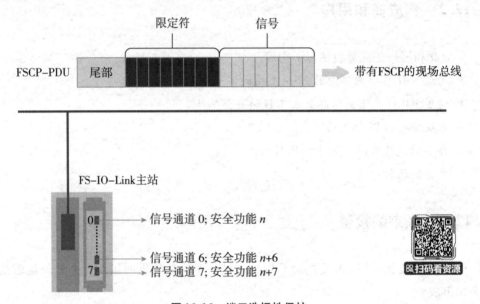

图 16.16　端口选择性保护

该用例（见图 16.16）描述了 FS-IO-Link 设备的信号通道。FS-IO-Link 主站中的检查和确认机制是根据各自的 FSCP 规范实现的，这意味着必须注意用户文档。如果用户指定 FS-IO-Link 设备必须要求用户确认才能重新启动安全功能，可能会有所帮助。

信号 ChFAckReq 可以选择单独连接到 FS_PortMode OSSDe 中相应的 FS – 设备显示。

通用的设计规则适用于这些 FS – 设备的确认机制；这些应在安全过程数据中实施。

在 IO-Link 网关等应用中分散操作安全功能对于智能解决方案的实现可能具有重要意义。图 16.17 显示了不同 FSCP 设计的一种可能性。分布式方案的理由是多样的，其中两项是反应时间或设备扩展。

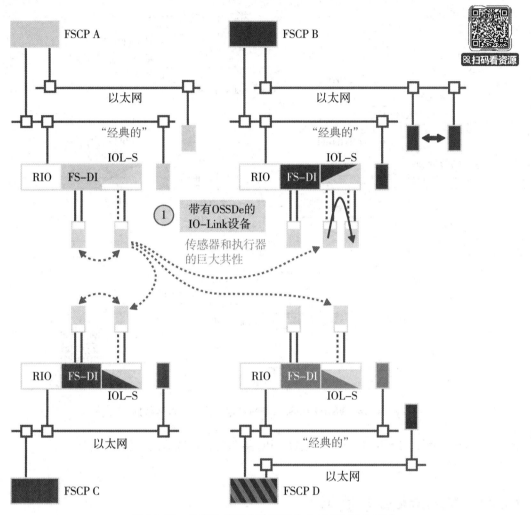

图 16.17　具有本地安全功能平台上的 IO-Link 安全

16.13.2　IO-Link 索引区的扩展

IO-Link 功能安全引入了基本类型与复杂类型的安全参数范围（见 7.7）。对 7.7 中的图 7.25 进行了扩展，将图 16.18 中深色标记的部分作为 FSP 参数。这意味着没有进一步扩大标准参数范围，而只是确定哪些参数范围与安全相关。

由于 IODD 直接连接到 IO-Link 设备或 FS-IO-Link 设备，在 IO-Link 的参数范围内存在安全与非安全部分的混合（见图 16.18）。

与标准 IO-Link 设备的情况一样，参数及其值或 FSP 参数值的分配发生在调试期间。随后，将通过 CRC 签名进行备份。它将系统作为数据集存放在 FS-IO-Link 主站和设备中。因此，系统在每次启动时检查 CRC 的奇偶性，而 FS IO-Link 主站将此数据集传输

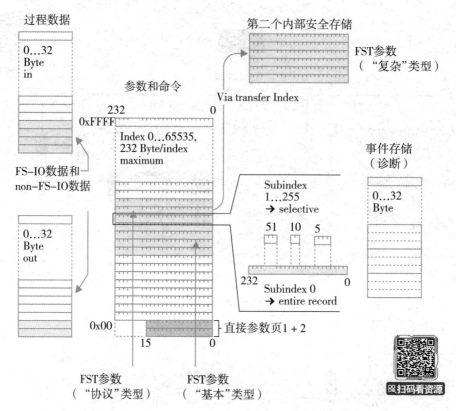

图16.18 FS-IO-Link设备的参数、诊断与过程数据

到FS-IO-Link设备。FS-IO-Link设备借助CRC签名检查参数值的完整性。

16.14 IO-Link 安全使用

未来的工作场所将创造新的工作空间，在那里人类将与机器人一起工作。在所谓的类机器人协作中，人类的安全性很重要。这可以通过传感器与执行器中的IO-Link安全应用来实现。

到目前为止，机器人主要工作在隔离的区域。人类和机器人合作，只有在有限的区域才有可能实现。这些区域通常通过多种措施和安全传感器保护以避免事故发生。这种安全组织不可避免地导致无法从工作经济的角度利用区域。

当机器人被集成到安全技术中时，未使用的区域会随着"人类—机器人"的协作而消失。这意味着安全传感器可以识别机器人接近障碍物或人类，进而影响机器人手臂的工作速度等。这样，就可以避免与之前不存在的障碍物（比如在机器人工作附近移动的人）发生碰撞。这首先使人与机器一起联合工作成为可能。

简言之，利用IO-Link安全功能，可以安全监控移动路径和房间，这对于"人—机器人"协作是非常重要的。

监控尺寸的示例包括：

- 涉及所有轴的运动范围；
- 轴的运动速度；
- 监控整个机器人工作空间中临时出现的障碍物；
- 机器人使用工具的速度；
- 工具替换的保护。

可以在机器人的工作空间中限制和监控移动速度，以避免危险情况的发生。

IO-Link 的安全性将在未来发挥更大的作用，因为它结合了几个优点。IO-Link 可以通过安全通信将传感器和执行器与 FSCP 连接，从而更加安全。所有这些都与非安全标准有关，这意味着目标的实现，就像非安全变体一样，独立于制造商，也独立于安全协议和安全相关的现场总线。标准 IO-Link（IO-Link 设备可在所有现场总线上运行）的优势已被用于 IO-Link 安全方法。因此，IO-Link 安全可以映射到其他安全相关的现场总线或协议（FSCP）上。大多数 FSCP 使用"黑色通道"原理（见图 16.5）。现有现场总线用作特殊 FS 数据（如通知、安全过程数据和附加安全代码）的载体。其原因是减少了数据传输的残余误差幅度，以符合相关安全标准（如 IEC 61784 – 3）的要求。

与标准 IO-Link 设备相比，与安全相关的 IO-Link 设备（如 FS-IO-Link 设备和主站）在其协议栈中集成了一个安全通信层。安全数据或安全过程数据应通过 FS-IO-Link 主站侧的网关与附加的 FSCP 进行交换。IO-Link 安全层实体、FSCP 层和网关通常作为软件在冗余微控制器单元中实现。

总之，通过 16.13.1 所述的设置，可以达到为各个应用程序定义的性能水平（PL）。系统集成商需要对机器人有更深入的了解和足够的专业知识，以确保必要的安全性，并同时实现高可用性和高安全标准。

16.15　IO-Link 安全系统详细信息

参考第 7 章和第 10 章，下文描述了 IO-Link 安全的扩展。它概述了设置 IO-Link 安全系统所需的工具背后发生的情况。其中列出并简要描述了所有参数。

16.15.1　FS – 主站类别

IO-Link 功能安全分为四种可能的 FS-IO-Link 主站类别。此处可以确定非安全标准中所见的关于端口等级的类似差异。仅支持与 SPDU 进行 IO-Link 通信的 FS-IO-Link

主站位于最低级别的 A 类 FS - 端口，其中所需的三个端口被 M12 端口占用。两个高级扩展级别具有四个占用端口，引脚 5 在 M12 端口上没有电连接。两个级别都支持与 SPDU 的 IO-Link 通信，b 级容忍 OSSDe 脉冲，而 c 级分析 OSSDe 脉冲（见图 16.19）。d 级构成 B 类 FS - 端口，这使得（在非安全范围内）引脚 2 和引脚 5 之间的附加电源可用。这与引脚 1 和引脚 3 上的 IO-Link 电源形成电隔离（见 7.2）。

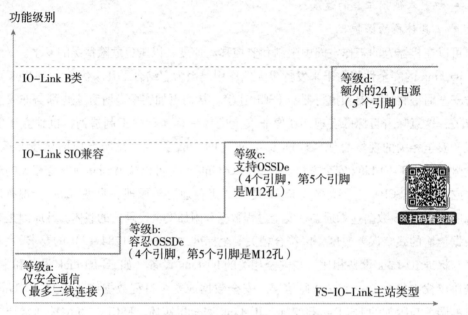

图 16.19　FS - 主站端口类别

不同的 FS - 端口类别可能的操作类型如表 16.2 所示。

表 16.2　　　　　　　　　　a 到 c 级的操作模式（A 类端口）

特征等级	FS-IO-Link 设备		FS-IO-Link 主站	
	引脚 2	引脚 4	引脚 2	引脚 4
"a"	– NC, DI, DO	– DI, DO – IO-Link – IO-Link + IOL-S	– NC, DI, DO	– DI, DO – IO-Link – IO-Link + IOL-S
"b"	– NC, DI, DO – OSSD2e	– DI, DO – OSSD1e – IO-Link – IO-Link + IOL-S	– NC, DI, DO	– DI, DO – IO-Link – IO-Link + IOL-S

续　表

特征等级	FS-IO-Link 设备		FS-IO-Link 主站	
	引脚 2	引脚 4	引脚 2	引脚 4
"c"	– NC，DI，DO – OSSD2e	– DI，DO – OSSD1e – IO-Link – IO-Link + IOL-S	– NC，DI，DO – FS-DI	– DI，DO – FS-DI – IO-Link – IO-Link + IOL-S

注：IOL-S = IO-Link 功能安全；NC = 不连接。

对于 FS-IO-Link 的 b 级和 c 级主站和设备的端口分配描述如图 16.20 所示。与非安全变体相比，连接 FS-IO-Link 设备的最大供电电流限制为 1A。

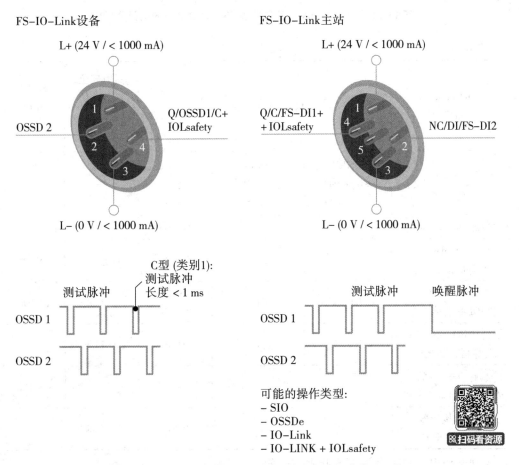

图 16.20　FS-IO-Link 主站与设备 FS – 端口 A 类的端口分配

对于 d 级或 B 类 FS – 端口，端口分配类似于 7.2 的非安全变体。

图 16.21 显示了 FS – 端口类的端口分配，包括引脚 2 和引脚 4 的选项。表 16.3 列

出了扩展级别 a 到 c 的 IO-Link 安全互操作性检查的不同可能性。

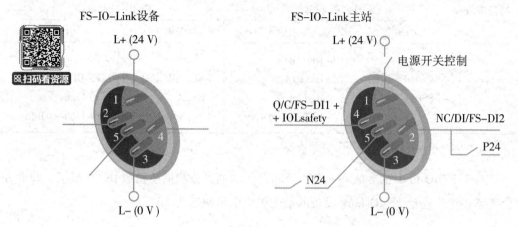

图 16.21　FS-IO-Link 主站与设备 FS – 端口 B 类的端口分配

表 16.3　　　　　　　　　　　互操作性表

IO-Link 设备类型	FS-IO-Link 主站			具有安全参数化的"USB – IO – Link 主站"	FS-DI 模块（FSCP）
	具有 SPDU 的 IO-Link 通信 "a" 等级	OSSDe 容忍 "b" 等级	OSSDe 支持 "c" 等级	—	—
具有 OSSDe 的传感器[1]	—	—	OSSDe	—	OSSDe
具有 OSSDe 和 IO-Link 的传感器	—	—	OSSDe	IO-Link[2]	OSSDe
具有 OSSDe 和 IOL-S 的传感器	IOL-S	IOL-S	OSSDe 或 IOL-S	IO-Link	OSSDe
仅具有 IOL-S 通信的传感器，如光幕	IOL-S	IOL-S	IOL-S	IO-Link	—
具有 OSSDm 的传感器，如紧急停机					OSSDm
IOL-S 的执行器，如 400 V 驱动	IOL-S	IOL-S	IOL-S	IO-Link	—

注：IOL-S = IO-Link 功能安全，包括 IO-Link 非安全。

1）引脚配置符合 Klaus Grimmer，AIDA_IP – 67 – Safety_Positionspapier，June 27th，2013。

2）引脚分配可有所不同。

USB = 通用串行总线。

16.15.2 具有 SMI 扩展的 FS-IO-Link 主站

对比 10.9 中的图 10.11 和图 16.12，中间浅色标记的为安全典型扩展。如 10.9 所述，使用标准化接口（SMI）。

FS-IO-Link 主站负责 FSCP 中安全 IO-Link 数据的映射，并将安全通信作为 IO-Link 标准通信的附加协议进行处理。

作为 10.9 中提到的 SMI 服务的补充，为 FS-IO-Link 主站定义了三个与安全相关的服务，这些在表 16.4 中被标记为深色。该分解被转移到 ArgBlock 中，ArgBlocks 在表 16.5 中被再次分解（见表 10.3）。

表 16.4   扩展的 SMI 服务

服务名称	注释
SMI_MasterIdentification	见 10.9
SMI_FSMasterAccess	—
SMI_PortConfiguration	见 10.9
SMI_ReadbackPortConfiguration	见 10.9
SMI_PortStatus	见 10.9 节
SMI_DSBackupToParServ	到参数服务器的数据存储，见 10.9
SMI_DSRestoreFromParServ	从参数服务器的数据存储，见 10.9
SMI_DeviceWrite	ISDU 传输，见 10.9
SMI_DeviceRead	ISDU 传输，见 10.9
SMI_PortCmd	见 PortPowerOffOn，见 10.9
SMI_DeviceEvent	见 10.9
SMI_PortEvent	见 10.9
SMI_PDIn	见 10.9
SMI_PDOut	见 10.9
SMI_PDInOut	见 10.9
SMI_SPDUIn	—
SMI_SPDUOut	—

表 16.5   **ArgBlock 类型与 ArgBlockID**

ArgBlock 类型	ArgBlockID	注释
MasterIdent	0x0000	见 10.9.1
FSMasterAccess	0x0001	见 16.3.1

续　表

ArgBlock 类型	ArgBlockID	注释
PDIn	0x1001	见 10.9.6
PDOut	0x1002	见 10.9.7
PDInOut	0x1003	见 10.9.8
SPDUIn	0x1004	见 16.3.5
SPDUOut	0x1005	见 16.3.6
PDInIQ	0x1FFE	见 10.9.9
PDOutIQ	0x1FFF	见 10.9.10
DS_Data	0x7000	见 10.9.4 数据存储对象
DeviceParBatch	0x7001	多个 ISDU 传输，见 10.9.5
PortPowerOffOn	0x7002	见 16.3.2
PortConfigList	0x8000	见 10.9.2
FSPortConfigList	0x8001	见 16.3.3
WPortConfigList	0x8002	意味着使用无线
PortStatusList	0x9000	见 10.9.3
FSPortStatusList	0x9001	见 16.3.4
WPortStatusList	0x9002	意味着使用无线

16.15.3　FSMasterAccess ArgBlockID 0x0001

表 16.6 中的 ArgBlock FSMasterAccess 显示了通过 FSCP 的工程工具分配给 FS-IO-Link 主站的 FSCP 认证代码。或者，这可以通过 DIP 开关实现。

表 16.6　　　　　　　　　　　　**ArgBlcok FSMasterAccess**

偏移量	元素名称	定义	数据类型	范围
0	ArgBlockID	0x001	Unsigned16	—
2	FSCP_Authenticity1	FSCP A-Code part1	Unsigned32	—
6	FSCP_Authenticity2	FSCP A-Code part2	Unsigned32	—

16.15.4　PortPowerOffOn ArgBlockID 0x7002

ArgBlock 类型 PortPowerOffOn 用于在操作期间验证 FS-IO-Link 设备。通过模拟端口的插入或拔出来激发相应的行为，由与 ArgBlock 相关的 SMI_PortCmd 触发。各自的内容定义如表 16.7 所示。

表 16.7   **ArgBlock PortPowerOffOn**

偏移量	元素名称	定义	数据类型	范围
0	ArgBlockID	0x7002	Unsigned16	—
2	PortPowerMode	0：一次关闭（PowerOffTime） 1：端口电源关闭（永久） 2：端口电源打开（永久）	Unsigned8	—
2	PowerOffTime	关闭 FS – 主站端口的时间（ms）	Unsigned16	1 到 65535

16.15.5 FSPortConfigList ArgBlockID 0x8001

与标准 IO-Link 主站一样，FS-IO-Link 主站有一个 PortConfigList。此列表通过附加端口模式和安全 PDU 长度、FSP_VerifyRecord 以及 FS-I/O 数据结构描述对 FS 设置进行了扩展。该框架与 10.9.2 的表 10.5 相同。参数通常由用户处理，因此不必在此描述内容。

16.15.6 FSPortStatusList ArgBlockID 0x9001

与标准 IO-Link 主站一样，FS-IO-Link 主站有一个 PortStatusList。

PortStatusList 基本上包含 10.9.2 中表 10.6 中的条目，但对 PortStatusInfo 中 FS-IO-Link 的相关部分进行了扩展。OSSDe 被添加为相当于 C/Q 和 I/Q，也相当于 SPDU 与 FS-IO-Link 设备关于安全数据的 SPDU 交换。

16.15.7 SPDUIn ArgBlockID 0x1004

安全输入数据 SPDUIn 的描述类似于 10.9.6 中表 10.9。

16.15.8 SPDUOut ArgBlockID 0x1005

安全输出数据 SPDUOut 的描述类似于 10.9.6 中的表 10.10。

16.15.9 FS-IO-Link 设备的参数扩展

表 16.8 列出的索引大多数根据安全协议 SCL 来进行检查，在这里只对用户具有信息目的。

表 16.8 **FS-IO-Link 设备的参数扩展**

索引	子索引	对象名称	访问	长度	数据类型	强制/可选	目的／参考
0x4000 到 0x41FF		行规特定的索引					例如智能传感器行规
0x4200（16896）				真实性（11 八位字节）			
	1	FSCP_ Authenticity_ 1	R/W	4 八位字节	UIntegerT	M	来自叠加的 FSCP 系统的 "A-Code"
	2	FSCP_ Authenticity_ 2	R/W	4 八位字节	UIntegerT	M	来自叠加的 FSCP 系统的扩展 "A-Code"
	3	FSP_ Port	R/W	1 八位字节	UIntegerT	M	端口号，标识指定的 FS 设备
	4	FSP_ AuthentCRC	R/W	2 八位字节	UIntegerT	M	通过真实性参数表获得的 CRC－16
0x4201（16897）				协议（12 八位字节）			
	1	FSP_ ProtVersion	R/W	1 八位字节	UIntegerT	M	协议版本：0x01
	2	FSP_ ProtMode	R/W	1 八位字节	UIntegerT	M	协议模式，如 16/32 位 CRC
	3	FSP_ watchdog	R/W	2 八位字节	UIntegerT	M	监视 I/O 更新：1 到 65535ms
	4	FSP_ IO_ StructCRC	R/W	2 八位字节	UIntegerT	M	通过 I/O 结构描述获得的 CRC－16 签名

续　表

索引	子索引	对象名称	访问	长度	数据类型	强制/可选	目的/参考
	5	FSP_ TechParCRC	R/W	4 八位字节	UIntegerT	M	通过 FST（技术特定参数）获得的功能安全编码（CRC）
	6	FSP_ ProtParCRC	R/W	2 八位字节	UIntegerT	M	通过协议参数获得的 CRC - 16
				Verification record（23 字节）			
0x42002（16898）		FSP_ VerifyRecord	W	23 八位字节	RecordT	M	FS - 主站在 PREOPERATE 期间发送包含真实性和协议参数验证记录。该索引对用户是不可见的
				辅助参数			
0x4210（16912）		FS_ Password	W	32 八位字节	StringT	M	FST 参数和专用工具的安全访问密码
0x4211（16913）		Reset_ FS_ Password	W	32 八位字节	StringT	M	重置 FST 参数为出厂设置，并隐式重置 FS 密码
0x4212（16914）		FSP_ ParamDescCRC	R	2 八位字节	UIntegerT	M	CRC - 16 签名的真实性，协议和 FS I/O 结构描述在 IODD 内
0x4213（16915）到 0x42FF（17151）		预留，用于 IO-Link 功能安全					
0x4300 到 0x4FFF		行规特定的索引		……			如 BLOB 和固件升级

注：M = 强制的；O = 可选的；C = 有条件的。

索引 0x4200 子索引 1 与 2 FSCP_Authenticity 1 与 2

此参数的标准值为 "0"，包括在离线启动或桌面参数化期间。在 FS-IO-Link 主站调试期间，用户获得 FSCP 认证（"A-Code"）。FS-IO-Link 主站工具只能将正确 CRC 签名值传输到 FS-IO-Link 设备，以检查可信度。激活安全功能后，FS-IO-Link 设备会在每次启动和重新启动期间将其本地值与 FSP VerifyRecord 中的值进行比较，以识别错误的连接，从而识别错误的 FS-IO-Link 主站或错误的端口。

索引 0x4200 子索引 3 FSP_Port

FS-IO-Link 主站工具识别已连接 FS-IO-Link 设备的 FS-IO-Link 主站端口号，并随后将其存储在此参数中，编号以 "1" 开头。FS-IO-Link 设备不能接受 "0"。此外，IO-DD 的标准端口号为 "0"，这意味着尚未分配端口号。

索引 0x4200 子索引 4 FSP_AuthentCRC

FS-IO-Link 主站工具只能向 FS-IO-Link 设备传输完整的真实性参数块，包括 FSCP_Authenty 和 FSP_Port。该工具只能使用给定的 CRC – 16 表格，并以值 "0" 开始。

索引 0x4201 子索引 1 FSP_ProtVersion

表 16.9 列出了 FSP_ProtVersion 的支持值。

表 16.9　　　　　　　　　　　FSP_ProtVersion 的支持值

值	定义
0x00	不允许
0x01	本协议版本
0x02 到 0xFF	预留

索引 0x4201 子索引 2 FSP_ProtMode

表 16.10 给出了 FSP_ProtMode 的编码。

表 16.10　　　　　　　　　　FSP_ProtMode 的支持值

ArgBlock 类型	ArgBlockID	注释
SMI_MasterIdent	0x0000	见 10.9.1
SMI_FSMasterAccess	0x0001	见 16.15.3
SMI_PDIn	0x1001	见 10.9.6
SMI_PDOut	0x1002	见 10.9.7
SMI_PDInOut	0x1003	见 10.9.8
SMI_SPDUIn	0x1004	见 16.15.7
SMI_SPDUOut	0x1005	见 16.15.8

续　表

ArgBlock 类型	ArgBlockID	注释
SMI_PDInIQ	0x1FFE	见 10.9.9
SMI_PDOutIQ	0x1FFF	见 10.9.10
SMI_DS_Data	0x7000	见 10.9.4 数据存储对象
SMI_DeviceParBatch	0x7001	多个 ISDU 传输，见 10.9.5
SMI_PortPowerOffOn	0x7002	见 16.15.4
SMI_PortConfigList	0x8000	见 10.9.2
SMI_FSPortConfigList	0x8001	见 16.15.5
SMI_WPortConfigList	0x8002	意味着使用无线
SMI_PortStatusList	0x9000	见 10.9.3
SMI_FSPortStatusList	0x9001	见 16.15.6
SMI_WPortStatusList	0x9002	意味着使用无线

索引 0x4201 子索引 3 FSP_Watchdog

FS-IO-Link 设备使用输入/输出更新时间，并将这些时间作为 IODD 内的标准值。输入/输出更新时间由两个安全 PDU 构成，包括计数器值（输入/输出样本）和 IO-Link 通信电平的可能重复。FS-IO-Link 主站工具通过参数默认值（输入/输出更新时间）、SPDU 的传输时间和 FS-IO-Link 主站过程时间确定总时间，并将其存入参数 FSP_Watchdog。取值范围为 1～1.65535 ms。不允许值"0"出现。

索引 0x4201 子索引 4 FDP_IO_StructCRC

此参数包含输入和输出数据的 CRC 结构。FS-IO-Link 主站工具传输 FS-IO 映射器的内容，这使得 FSCP 的映射成为可能。通过相应的安全工具（专用工具）确定数据并传输至 FS-IO-Link 设备。

索引 0x4201 子索引 5 FSP_TechParCRC

此参数包含为技术特定参数（FST）计算 CRC 的方法。

SMI_PortCmd 服务可与命令（CMD）＝"0"（DeviceParBatch）一起使用，用于 232 字节以上的技术特定参数块传输（见 10.9）。

索引 0x4201 子索引 6 FSP_ProtParCRC

FS-IO-Link 主站工具只能将具有所有协议参数的完整协议块传输到 FS-IO-Link 设备。系统通过专用工具传输计算的 CRC。

索引 0x4202 FSP_VerifyRecord

此数据集包含具有真实性和协议参数的记录，该记录与服务"SMI_PortConfiguration"一起传输，然后存放在 FS-IO-Link 主站的配置管理器中。

FS-IO-Link 设备启动后，FS-IO-Link 主站将预操作中的数据集传输到 FS-IO-Link

设备。此参数通常用于安全功能合理性和识别。用户无法通过 IODD 访问该参数。

索引 0x4210 FS_Password

此参数用于存储 FS-IO-Link 设备的 FST 参数。需要通过专用工具输入密码。

索引 0x4211 Reset_FS_Password

FS-IO-Link 设备的密码可在相应制造商提供的用户文档中找到。此密码用于释放复位功能，使 FS-IO-Link 设备恢复出厂设置，包括 FS_Password。

索引 0x4212 FSP_ParamDescCRC

此参数用于确保 IODD 内安全参数的所有相关描述的安全性，防止存储和处理过程中的数据损坏，包括通过 IODD 内的整个参数描述计算得到的 CRC 签名。图 16.22 显示了这一点。

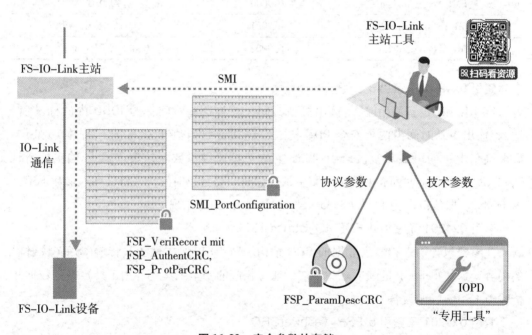

图 16.22　安全参数的存储

16.16　小结

关键数据：

- 具有 OSSDe 的安全设备可以使用标准 IO-Link 作为参数化通道。
- FST 参数（技术）的合理性需要"专用工具"。
- FS-设备的 IODD 扩展了安全相关的部分。
- 与标准 IO-Link 相比，A 类端口的电流被限制到 1A。至少一个 FS-主站端口必须提供这样的电流强度。

- B 类端口必须遵守两个电压源的严格电流隔离（见 7.2）。
- 对于 IO-Link 功能安全，线路电阻 R_{Leff} 设置为 1.2 Ω（保证通信功能，1 A 和 20 m 电缆长度）。

IO-Link 结合安全性的优点：

- 不需要许可费用的标准化技术；
- 用于 FS-DI 和 FS–主站的设备类型；
- 安全数据双向交换；
- 安全与非安全相关的过程数据混合；
- 预接线复杂的机电模块；
- 支持状态监控和预测维护集成诊断；
- 通过身份验证来帮助验证；
- 是工业 4.0 与物联网的前提条件；
- 通过 IODD 和"专用工具"简化工程。

请注意

最新有效的规范和变更请求数据库对于实现和测试至关重要！

参考文献

Amberg, J. (2015): Cyber-physische Prozesse (CPS). Einordnung und Praxisbeispiel. In: Kohler-Schulte, C. (Ed.): Industrie 4.0. Ein praxisorientierter Ansatz. Berlin: KS-Energy-Verlag, p. 44–55.

Bauernhansl, T. (2014): Die Vierte Industrielle Revolution. Der Weg in ein wertschaffendes Produktionsparadigma. In: Bauernhansl, T.; t. Hompel, M. and Vogel-Heuser, B. (Ed.): Industrie 4.0 in Produktion, Automatisierung und Logistik. Wiesbaden: Springer Vieweg, p. 5–35.

Bauernhansl, T.; Emmrich, V.; Döbele, M.; Paulus-Rohmer, D.; Schatz, A.; Weskamp, M. (2015): Geschäftsmodell-Innovation durch Industrie 4.0. München: Dr. Wieselhuber & Partner GmbH.

Bauernhansl, T.; t. Hompel, M.; Vogel-Heuser, B. (Ed.) (2014): Industrie 4.0 in Produktion, Automatisierung und Logistik. Wiesbaden: Springer Vieweg.

Becker, M.; Kloock, J.; Schmidt, R.; Wäscher, G. (Ed.) (1998): Unternehmen im Wandel und Umbruch. Transformation, Evolution und Neugestaltung privater und öffentlicher Institutionen. Stuttgart: Schäffer-Poeschel.

Büttner, K.-H.; Brück, U. (2014): Use Case Industrie 4.0-Fertigung im Siemens Elektronikwerk Amberg. In: Bauernhansl, T.; t. Hompel, M. and Vogel-Heuser, B. (Ed.): Industrie 4.0 in Produktion, Automatisierung und Logistik. Wiesbaden: Springer Vieweg, p. 121–144.

Community IO-Link (2018): IOOD-Finder. Available online: https://ioddfinder.io-link.com/#/, last access: 12.01.2018.

Deloitte & Touche GmbH Wirtschaftsprüfungsgesellschaft (2013): Assessment "Linerecorder Agent". Fürth.

DIN 19226: Leittechnik; Regelungstechnik und Steuerungstechnik. Control Engineering; Definitions and Terms.

DIN EN ISO 9000 (2005): Qualitätsmanagementsysteme-Grundlagen und Begriffe. Quality Management Systems – Fundamentals and Vocabulary.

Eckhardt, J. (2015): Industrie 4.0. Rechtliche Aspekte. In: Kohler-Schulte, C. (Ed.): Industrie 4.0. Ein praxisorientierter Ansatz. Berlin: KS-Energy-Verlag, p. 143–165.

Eigner, M.; Stelzer, R. (2009): Product Lifecycle Management. Ein Leitfaden für Product Development und Lifecycle Management. Berlin, Heidelberg: Springer-Verlag.

Faeste, L.; Gumsheimer, T.; Scherer, M. (2015): How to Jump-Start a Digital Transformation. Boston: bcg. perspectives.

Felsmann, D. (2006): Die Bedeutung der Losgröße in der betrieblichen Produktion. Norderstedt: GRIN-Verlag.

Finkenzeller, K. (2012): RFID-Handbuch. 6. Ed. München: Carl Hanser Verlag.

Fleisch, E. (2005): Die betriebswirtschaftliche Vision des Internets der Dinge. In: Fleisch, E. and Mattern, F. (Ed.): Das Internet der Dinge. Berlin, Heidelberg: Springer-Verlag, p. 3–37.

Fleisch, E.; Mattern, F. (Ed.) (2005): Das Internet der Dinge. Berlin, Heidelberg: Springer-Verlag.

Frese, E. (2000): Grundlagen der Organisation. Konzept-Prinzipien-Strukturen. 8. Ed. Wiesbaden: Gabler.

Ganschar, O.; Gerlach, S.; Hämmerle, M.; Krause, T.; Schlund, S. (Ed.) (2013): Produktionsarbeit der Zukunft-Industrie 4.0. Fraunhofer-Institut für Arbeitswissenschaft und Organisation IAO. Stuttgart: Fraunhofer Institut.

Gärtner, D.; Schimmelpfennig, J. (2015): Vom Sensor zum Geschäftsprozess. In: Kohler-Schulte, C. (Ed.): Industrie 4.0. Ein praxisorientierter Ansatz. Berlin: KS-Energy-Verlag, p. 128–136.

Gassmann, O.; Frankenberger, K.; Csik, M. (2013): Geschäftsmodelle entwickeln: 55 innovative Konzepte mit dem St. Galler Business Model Navigator. München: Carl Hanser Verlag.

Gengeswari, K. A. (2010): Integration of electronic data interchange: a review. In: Jurnal Kemanusiaan, p. 64–71.

Gerdes, K.-H. (2015): Industrie 4.0. Versuch einer pragmatischen Einordnung jenseits der Ideologie. In: Kirsch, A.; Kletti, J.; Wießler, J.; Meuser, D. and Felser, W. (Ed.): Industrie 4.0 Kompakt I. Systeme für die kollaborative Produktion im Netzwerk. Köln: NetSkill Solutions GmbH, p. 54–58.

Gevatter, H.-J.; Grünhaupt, U. (Ed.) (2006): Handbuch der Mess- und Automatisierungstechnik im Automobil. Fahrzeugelektronik, Fahrzeugmechatronik. Berlin, Heidelberg, New York: Springer.

Hanser (2018): Hanser Konstruktion. Available online: https://www.hanser-konstruktion.de/.

Hornung, V. (1996): Aachener PPS-Modell. Das Prozeßmodell. Sonderdruck des FIR 10/95. 2. Ed. Aachen: Forschungsinstitut für Rationalisierung an der RWTH Aachen.

Howald, J.; Kopp, R. (2015): Industrie 4.0 und die Zukunft der Arbeit. In: Frankfurter Allgemeine Zeitung, V6.

IIC – Industrial Internet Consortium. Available online: http://www.iiconsortium.org/index.htm, last access: 10.01.2018.

IO-Link Firmengemeinschaft (2018): IO-Link Kompetenzmatrix. Available online: http://io-link.com/en/WirUeberUns/competencyMatrix_new.php?thisID=43, last access: 20.10.2018.

Jahn, M. (2015): Neue Transparenz in der Industrie 4.0 schafft Vertrauen und Mehrwerte. In: Kirsch, A.; Kletti, J.; Wießler, J.; Meuser, D. and Felser, W. (Ed.): Industrie 4.0 Kompakt I. Systeme für die kollaborative Produktion im Netzwerk. Köln: NetSkill Solutions GmbH, p. 106–109.

Kagermann, H.; Wahlster, W.; Helbig, J. (2013): Umsetzungsempfehlungen für das Industrieprojekt Industrie 4.0. Available online: https://www.bmbf.de/files/Umsetzungsempfehlungen_Industrie4_0.pdf, last access: 20.10.2018.

Kaufmann, T. (2015): Geschäftsmodelle in Industrie 4.0 und dem Internet der Dinge. Wiesbaden: Springer Vieweg.

Keller, D.; Zosel, W. (2017): Alternativlose Technologie. Hydraulikzylinder-Montageanlage: Mit IO-Link einfach verkabelt, schnell in Betrieb und flexibel in der Produktion. Schweiz. Available online: https://www.businesslink.ch/fachberichte/alternativlose_technologie, last access: 14.12.2017.

Kirsch, A.; Kletti, J.; Wießler, J.; Meuser, D.; Felser, W. et al. (Ed.) (2015): Industrie 4.0 Kompakt I. Systeme für die kollaborative Produktion im Netzwerk. Köln: NetSkill Solutions GmbH.

Kleinemeier, M. (2014): Von der Automatisierungspyramide zu Unternehmenssteuerungsnetzwerken. In: Bauernhansl, T.; t. Hompel, M. and Vogel-Heuser, B. (Ed.): Industrie 4.0 in Produktion, Automatisierung und Logistik. Wiesbaden: Springer Vieweg, p. 571–579.

Knolmayer, G.; Mertens, P.; Zeier, A. (2000): Supply Chain Management auf Basis von SAP-Systemen. Berlin: Springer.

Kohler-Schulte, C. (Ed.) (2015): Industrie 4.0. Ein praxisorientierter Ansatz. Berlin: KS-Energy-Verlag.

Kriesel, W.; Madelung, O. (1994): ASI: Das Aktuator-Sensor-Interface für die Automation. München: C. Hanser Verlag.

Manzei, C. (Ed.) (2015): Industrie 4.0 im internationalen Kontext: Kernkonzepte, Ergebnisse, Trends. Berlin: VDE.

Maskell, B. (1994): Software and the Agile Manufacturer. Portland: Taylor & Francis.

Mattern, F. (2005): Die technische Basis für das Internet der Dinge. In: Fleisch, E. and Mattern, F. (Ed.): Das Internet der Dinge. Berlin, Heidelberg: Springer-Verlag, p. 39–66.

Mikus, B. (1998): Make-or-buy-Entscheidungen in der Produktion. Wiesbaden: Gabler.

Moubray, J. (1996): RCM. Die hohe Schule der Zuverlässigkeit von Produkten und Systemen. Landsberg: Moderne Industrie.

Much, D.; Nicolai, H.; Schotten, M. (1994): Aachener PPS-Modell. Das Aufgabenmodell. Sonderdruck des FIR 6/94. 6. Ed. Aachen: Forschungsinstitut für Rationalisierung an der RWTH Aachen.

Müller, S. (2015): Manufacturing Execution Systeme (MES). Norderstedt: Books on Demand.

Pantförder, D.; Mayer, F.; Diedrich, C.; Göhner, P.; Weyrich, M.; Vogel-Heuser, B. (2014): Agentenbasierte dynamische Rekonfiguration von vernetzten intelligenten Produktionsanlagen. Evolution statt Revolution. In: Bauernhansl, T.; t. Hompel, M. and Vogel-Heuser, B. (Ed.): Industrie 4.0 in Produktion, Automatisierung und Logistik. Wiesbaden: Springer Vieweg, p. 145–158.

Picot, A. (1991): Ein neuer Ansatz zur Gestaltung der Leistungstiefe. In: ZfbF 43, p. 336–357.

Plattform Industrie 4.0 (2015): Industrie 4.0. Whitepaper FuE-Themen. Available online: https://www.din. de/blob/67744/de1c706b159a6f1baceb95a6677ba497/whitepaper-fue-themen-data.pdf, last access: 24.04.2015.

Plattform Industrie 4.0 (2016): Netzkommunikation für Industrie 4.0. Available online: https://www. plattform-i40.de/I40/Redaktion/DE/Downloads/Publikation/netzkommunikation-i40.pdf?__ blob=publicationFile&v=9, last access: 16.01.2018.

Rögner, M. (2010): MES-Schulung. Garbsen.

Schallmo, D. (2013): Geschäftsmodell-Innovation. Grundlagen, bestehende Ansätze, methodisches Vorgehen und B2B-Geschaftsmodelle. Wiesbaden: Springer Gabler.

Schöning, H. (2015): IT-Sicherheit in Industrie 4.0. In: Kohler-Schulte, C. (Ed.): Industrie 4.0. Ein praxisorientierter Ansatz. Berlin: KS-Energy-Verlag, p. 97–104.

Schreiter, C. (2012): RFID Speicherchip. Ein standardisierter Datenzugang zu ifm-Geräten. Essen.

Schuh, G. (2013): Industrie 4.0. Leipzig.

Schuh, G.; Kampker, A.; Odak, R. (2009): Verfügbarkeitsorientierte Instandhaltung. Aachen: Apprimus.

Schuh, G.; Kuhn, A.; Stahl, B. (2006): Nachhaltige Instandhaltung. Trends, Potenziale und Handlungsfelder nachhaltiger Instandhaltung. Frankfurt am Main: VDMA-Verlag.

Schürmeyer, M., Sontow, K. (2015): ERP/PPS im Kontext von Industrie 4.0. In: Kirsch, A.; Kletti, J.; Wießler, J.; Meuser, D. and Felser, W. (Ed.): Industrie 4.0 Kompakt I. Systeme für die kollaborative Produktion im Netzwerk. Köln: NetSkill Solutions GmbH, p. 102–105.

Szyperski, N. (Ed.) (1989): Handwörterbuch der Planung. Stuttgart: Schäffer-Poeschel.

Szyperski, N. (1989): Zielplanung. In: Szyperski, N. (Ed.): Handwörterbuch der Planung. Stuttgart: Schäffer-Poeschel, col. 2302–2316.

t. Hompel, M. (2014): Logistik 4.0. In: Bauernhansl, T.; t. Hompel, M. and Vogel-Heuser, B. (Ed.): Industrie 4.0 in Produktion, Automatisierung und Logistik. Wiesbaden: Springer Vieweg, p. 615–624.

Theisinger, F. (2015): Der Weg zu Industrie 4.0. Modularisierung, Standardisierung & Digitalisierung. In: Wissensmanagement 1, p. 25–27.

Thiesse, F. (2005): Architektur und Integration von RFID-Systemen. In: Fleisch, E. and Mattern, F. (Ed.): Das Internet der Dinge. Berlin, Heidelberg: Springer-Verlag, p. 101–117.

Vogel-Heuser, B. (2014): Herausforderungen und Anforderungen aus Sicht der IT und der Automatisierungstechnik. In: Bauernhansl, T.; t. Hompel, M. and Vogel-Heuser, B. (Ed.): Industrie 4.0 in Produktion, Automatisierung und Logistik. Wiesbaden: Springer Vieweg, p. 37–48.

Wießler, J. (2015): Neue Prozesse statt noch mehr IT und Sensorik. In: Kirsch, A.; Kletti, J.; Wießler, J.; Meuser, D. and Felser, W. (Ed.): Industrie 4.0 Kompakt I. Systeme für die kollaborative Produktion im Netzwerk. Köln: NetSkill Solutions GmbH, p. 15.

Wight, O. (1995): Manufacturing Ressource Planning: MRP II. Unlocking America's Productivity Potential. 2. ed. New York: John Wiley.

Wikipedia (2008): IO-Link. Available online: https://de.wikipedia.org/wiki/IO-Link, last access: 03.06.2017.

Wikipedia (2018): Hub. Available online: https://en.wikipedia.org/wiki/Hub_(network_science), last access: 10.01.2018.

Zelewski, S. (1998): Auktionsverfahren zur Koordinierung von Agenten auf elektronischen Märkten. In: Becker, A.; Kloock, J.; Schmidt, R. and Wascher, G. (Ed.): Unternehmen im Wandel und Umbruch. Transformation, Evolution und Neugestaltung privater und öffentlicher Institutionen. Stuttgart: Schäffer-Poeschel, p. 305–337.

Zetter, K. (2014): An unprecedented look at Stuxnet, the world's first digital weapon. Available online: https://www.wired.com/2014/11/countdown-to-zero-day-stuxnet/, last access: 22.10.2018.

Zosel, W. (2018): Powering Africa. Getting a hydroelectric power plant online quicker using intelligent cabling technology. In collaboration with B. Wiesinger, M. Ober and B. Schneider. Published by Balluff GmbH. Available online: https://www.balluff.com/fileadmin/user_upload/solutions/io-link/Solution_Report-IO-Link_in_Hydro-Power_EN.pdf, last access: 06.02.2018.

Zumann, M. (2017): Sicherer Nachschub dank IO-Link. In: PI Journal 1/17, p. 6–7.

ZVEI – Zentralverband Elektrotechnik- und Elektroindustrie e. V. (2009): Identifikation und Traceability in der Elektro- und Elektronikindustrie. Leitfaden für die gesamte Wertschöpfungskette. Frankfurt am Main: ZVEI.

ZVEI – Zentralverband Elektrotechnik- und Elektroindustrie e. V. (2011): Funklösungen in der Automation. Überblick und Entscheidungshilfen. In collaboration with M. Bregulla, W. Feucht, J. Koch, G. de Mür, M. Schade, J. Weczerek and J. Wenzel. 1. ed. Frankfurt am Main: ZVEI.

ZVEI – Zentralverband Elektrotechnik- und Elektroindustrie e. V. (2015): Referenzarchitektur Industrie 4.0 (RAMI). Produktion (13). Available online: https://www.vdi.de/fileadmin/user_upload/VDI-GMA_Statusreport_Referenzarchitekturmodell-Industrie40.pdf, last access: 19.10.2018.

ZVEI – Zentralverband Elektrotechnik- und Elektroindustrie e. V.: EMV leicht erreicht. Pocket-Guide. Available online: http://eval.ifm-electronic.com/obj/emv_pocket_guide_de.pdf, last access: 19.10.2018.

鸣　谢

本书共 16 章，涉及 IO-Link 技术、应用、开发、测试等较多内容的翻译校对，在编写工作中得到了编委会领导、专家的指导和支持，也得到了下列企业及相关人员的鼎力相助，在此深表感谢！

巴鲁夫自动化（上海）有限公司
北京鼎实创新科技股份有限公司
广州虹科电子科技有限公司
合肥安胜智能电子有限公司
赫优信（上海）自动化系统贸易有限公司
堪泰电子科技（上海）有限公司
穆尔电子元器件（上海）有限公司
南京菲尼克斯电气有限公司
上海倍加福工业自动化贸易有限公司
深圳市华茂欧特科技有限公司
天津市森特奈电子有限公司
天津吉诺科技有限公司
中国科学院沈阳自动化研究所

（排名不分先后）